21 世纪普通高等教育规划教材

电子制造技术基础

吴懿平　丁　汉　吴丰顺
熊振华　安　兵　徐　勇　编著

机械工业出版社

本书介绍了电子产品的主要制造技术，内容包括电子制造概述、芯片设计与制造技术、元器件的互连封装技术、无源元件制造技术、光电子封装技术、微机电系统工艺技术、封装基板技术、电子组装技术、封装材料以及微电子制造设备。书中简要介绍了晶圆制造，重点介绍了电子封装与组装技术，系统介绍了制造工艺、相关材料及应用。

本书可作为机械、材料与材料加工、微电子、半导体、计算机与通信、化工等相关专业本科生、研究生的教材，也可作为广大科技工作者、工程技术人员了解电子制造技术的入门参考书。

图书在版编目（CIP）数据

电子制造技术基础/吴懿平等编著. -北京：机械工业出版社，2005.5

（2024.1 重印）

21 世纪普通高等教育规划教材

ISBN 7-111-16343-5

Ⅰ.电…　Ⅱ.吴…　Ⅲ.电子产品—生产工艺—高等学校—教材　Ⅳ.TN05

中国版本图书馆 CIP 数据核字（2005）第 023087 号

机械工业出版社（北京市百万庄大街 22 号　邮政编码　100037）
责任编辑：王保家　王玉鑫　　责任印制：张　博
北京建宏印刷有限公司印刷
2024 年 1 月第 1 版・第 6 次印刷
169mm×239mm・22.5 印张・435 千字
标准书号：ISBN 978-7-111-16343-5
定价：59.80 元

电话服务　　网络服务
客服电话：010-88361066　机　工　官　网：www.cmpbook.com
010-88379833　机　工　官　博：weibo.com/cmp1952
010-68326294　金　书　网：www.golden-book.com
封底无防伪标均为盗版　机工教育服务网：www.cmpedu.com

序

电子制造技术发展日新月异，在我国电子信息产业中所发挥的作用越来越突出，地位越来越重要。中国改革开放以来，正值国际电子制造技术的几次革命，世界范围内的电子产品迅速普及形成了强大的市场，这些因素的互动，使得我国的电子制造业有了飞速的发展，电子制造已经形成了非常庞大的体系，带动和促进了材料、微电子、先进制造、材料加工、装备等一大批基础产业。我国已经成为世界电子产品的制造基地。

应该看到，一方面电子制造业的发展非常迅速，需要大量的具有从事电子制造的专门人才；另一方面，国内的高校基本上没有直接面对这一领域去培养高级人才。由于电子制造技术属于交叉学科，涉及到许多全新的领域，很多院校都在调整相应的教学内容，迫切希望能够有一本介绍电子产品主要制造技术的教材。

本书的主要作者吴懿平教授和丁汉教授各自在华中科技大学材料学院和上海交通大学机械学院从事电子封装工艺与设备的研究，并讲授"电子制造工艺基础"课程。本书就是在他们讲稿的基础上形成的。这是一本内容新颖详实、深入浅出地介绍电子制造技术的教材，反映了电子制造的最新技术，内容包括电子制造概述、芯片设计与制造技术、元器件的互连封装技术、无源元件制造技术、光电子封装技术、微机电系统工艺技术、封装基板技术、电子组装技术、封装材料以及微电子制造设备。因此建议有志于在电子制造领域发展的机械、材料、微电子、物理、力学、高分子等专业的学生和工程技术人员能够阅读这本书，将大有裨益。

中国工程院院士

崔崑

2005 年 5 月

前 言

微电子产业(电子信息产业)已经成为当今世界第一大产业,也是我国国民经济的支柱产业。电子制造是微电子产业的基础。广义地讲,电子制造就是电子产品与电子系统的物理实现过程,包括集成电路与器件的制造、电子封装与组装两大生产制造过程。

微电子制造业作为一项战略性基础产业,对于促进我国国民经济持续发展和保证我国国家安全具有举足轻重的地位。随着民用电子产品的广泛普及,电子制造已经形成了非常庞大的体系,带动和促进了材料、微电子、先进制造、材料加工、装备等一大批基础产业。

高等院校的机械、材料、微电子、高分子等专业的毕业生很多都在从事与电子制造相关的工作。由于电子制造技术属于交叉学科,涉及到许多全新的领域,参考书籍较少。很多院校都在调整相应的教学内容,迫切希望能够有一本内容新颖翔实、深入浅出地介绍电子制造技术的教材。为此,我们编写了《电子制造技术基础》。

本书是作者在上海交通大学、华中科技大学等高校讲授同类课程讲稿的基础上编写完成的。本书的主线是系统地介绍电子产品从硅片到成品的物理实现过程中的各种制造技术,力求反应本领域的最新技术。

本书全面介绍了现代电子制造技术的基本概念、主要过程、相关工艺、材料及应用等。全书共分为十章。其中第一、二、三、四章和第六章由吴懿平和丁汉共同撰写;第五章由徐勇撰写;第七章和第九章由吴丰顺撰写;第八章由安兵撰写;第十章由熊振华撰写。全书由吴懿平和丁汉统稿。

本书可作为高等院校机械、材料、微电子、高分子、物理等专业的本科生、研究生教材,也可供相关专业的师生和工程技术人员参考。

本书部分工作得到了国家自然科学基金重大项目“先进电子制造中的重要科学技术问题研究”(No. 50390060)和上海市科委项目的资助。

在编写过程中,参考了大量专著和文献,限于篇幅未能一一列出,在此表示感谢。

编　者

于上海交通大学

目　　录

第一章 电子制造概述

第一节 电子制造的基本概念

一、制造与电子制造

人们一般将“制造”理解为产品的加工工艺过程。例如著名的 Longman 词典对“制造”(Manufacture)的解释为“通过机器进行(产品)制作或生产,特别是适用于大规模、大批量的方式运作”。

随着人类生产力的发展,“制造”的概念和内涵在“对象”和“范围”两个方面得到了极大的拓展。对象方面,制造涉及的领域远非局限于机械制造,它包括了机械、电子、化工、轻工、食品和军工等行业;过程方面,制造不是仅指具体的工艺过程,而是包括市场分析、产品设计、生产工艺过程、装配检验和销售服务等在内的产品的整个生命周期过程。国际生产工程学会 1990 年给“制造”下的定义是:制造是一个涉及制造工业中产品设计、物料选择、生产计划、生产过程、质量保证、经营管理、市场销售和服务的一系列相关活动和工作的总称。这是一个“大制造”的概念,是对“制造”的广义的理解。

和广义的制造相比,我们有时将制造及制造过程理解为从原材料或半成品经过加工和装配后形成最终产品的过程。这是一个“小制造”的概念,是对“制造”的狭义的理解。

与大、小制造概念相对应,对制造技术的理解也有广义和狭义之分。广义的制造技术涉及生产活动的各个方面和全过程,是从产品概念到最终产品的集成活动和系统。狭义理解的制造技术主要涉及产品的加工和装配工艺及过程。以机械制造为例,狭义的机械制造被理解为经过加工和装配形成机械产品的过程,包括毛坯制作、零件加工、检验、装配等,其重点是机械加工和装配工艺。广义的机械制造应该包括机械产品从市场分析、经营决策、工程设计、加工装配、质量控制、销售运输直至售后服务的全过程。

在当今信息时代,社会和经济发展对信息资源、信息技术和信息产业的依赖程度越来越大,信息化程度已成为衡量一个国家现代化水平的重要标志。而信息化程度与先进电子制造业的代表产品——计算机和微电子产品的普及与发展密切相关,也是当今世界竞争最激烈、发展最迅速的领域。据统计,当今发达国家国民生产总值增长部分的 65%与电子有关。电子工业增长速率一般为 GDP 增长速率的3倍，目前已经发展成为全球第一大产业，是一个国家繁荣的核心工业。

现有的各类电子产品，可分为航空航天电子产品、军用电子产品、工业控制电子产品与通信设备、消费类电子产品等。航空航天电子产品是一类需要工作10～20年而不修理的设备，在高性能、高可靠、轻重量、小尺寸以及低能耗方面有着极其苛刻的要求，有非常高的开发和制造成本；军用电子产品必须能够承受非常恶劣的环境以及高可靠性；工业控制电子产品与通信设备（包括计算机产品）的需求非常广，最优的性能、最快的市场反应是至关重要的；而消费类电子产品（如移动电话、个人娱乐电子产品、计算器和手表等）市场巨大、价格竞争压力大，轻便且低能耗的要求突出，其使用期一般为几年，而无需替换和修理。尽管生产制造这些电子产品的具体要求不尽相同，但大致的制造过程基本是一样的，如图1-1所示。

和机械制造一样，“电子制造”（Elecrtonic Manufacture）也有广义和狭义之分。广义的电子制造也包括电子产品从市场分析、经营决策、工程设计、加工装配、质量控制、销售运输直至售后服务的全过程。本书讲述的主要内容则属于狭义的电子制造，是指电子产品从硅片开始到产品系统的物理实现过程。由于篇幅限制和本书的内容和性质等原因，其他的一些重要技术，如VLSI电路设计、PCB板设计、资源管理、销售运输等不在本书介绍。

图1-1中被椭圆框包含的部分又称为电子封装（Electronic Packaging），而晶片的制造则称为半导体制造（Semiconductor Manufacture）。

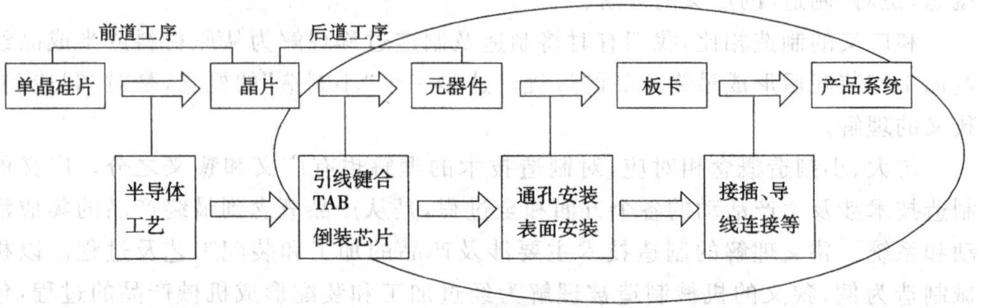

图1-1 电子产品的物理实现过程

电子封装指的是从电路设计的完成开始，根据电路图，将裸芯片、陶瓷、金属、有机物等物质制造成芯片、元件、板卡、电路板，最终组装成电子产品的整个过程。

半导体制造指的是利用微细加工技术将各单元元器件按一定的规律制作在一块微小的半导体片上进而形成半导体芯片的过程，也称为集成电路制造。

在半导体元器件制作过程中，有前道工序和后道工序之分。二者以硅圆片（Wafer）切分成晶片（Chip）为界，在此之前为前道工序，在此之后为后道工序。

所谓前道工序是从整块硅圆片入手，经过多次重复的制膜、氧化、扩散，包括照相制版和光刻等工序，制成三极管、集成电路等半导体元件及电极等，开发材料的电子功能，以实现所要求的元器件特性。

所谓后道工序是从由硅圆片切分好的一个一个的小晶片入手，进行装片、固定、键合连接、塑料灌封、引出接线端子、检查、打标等工序，制作成器件、部件的封装体，以确保元器件的可靠性并便于与外电路连接。电子封装主要是在后道工序中完成。

电子制造也可视为是广义的“机械制造”：芯片制造对应于二维零部件成形，芯片封装对应于结构联结（装配），只是前者的精度要远远高于后者，在芯片和元器件层面上分别具有纳米级和微米级的制造精度，为此采用具有分子尺度加工单位的薄膜生长、刻蚀等成形工艺和焊接、粘结等直接互连工艺。实际上 IC 制造工艺，无论是前道中的光刻还是后道中的键合，均已成为典型的微机械制造工艺，并和传统的超精密加工工艺、特种加工工艺、以及 LIGA 工艺、STM 表面加工工艺等一些有发展前景的新工艺一道构成了完整的微制造工艺体系。另一方面微电子制造装备作为一种自动化装备与传统的机械制造装备有很多共性之处，但亦有其特殊之处，主要表现在以下两个方面：

（1）具备高性能的运动控制系统，如光刻机可实现运动平台和掩模平台的十二轴联动，定位精度＜10nm；引线键合机的运动加速度达 12～15g，频率 10～15Hz，定位精度 2～5μm。

（2）广泛采用光学元器件实现显微缩放或传感检测，如光刻机中采用曝光显影技术实现图形转移、采用激光干涉仪作为位置反馈元件；引线键合机中采用机器视觉技术实现芯片定位。此外在封装设备中一般还要求在实现精密运动定位的同时能精确控制温度、压力和流量等过程参数。微电子制造装备已成为典型的复杂光机电一体化设备。

近 30 年来，微电子技术的发展一直遵循摩尔定律和按比例缩小原理，即每隔 3 年芯片的集成度翻两番（增加 4 倍），特征尺寸缩小 1/3，发展如此迅速的一个重要原因是由于电子制造的原理探索和技术创新的高度融合和渗透，目前电子制造已成为一项集当今世界最先进科技成果于一体的综合和多学科交叉，其技术进步远不像所表征的多少线宽和多大规模那么简单，而是一个及其庞大和复杂的系统工程和综合技术，其内容包括：材料制备、微细制造工艺、高密度集成元器件可靠性设计、高速高精度复杂光机电系统集成方法、系统测试技术、质量控制和生产自动化等。每一次缩小线宽和增大规模都要求突破已有制造工艺和装备的工作极限，综合应用材料、力学、光学、机械、信息和自动化等多学科的最新成果，解决大量的科学技术难题，同时也对这些学科理论的发展产生积极的促进作用。

二、电子产品总成结构的分级

图 1-2 给出了一个电子产品系统的总成结构。可以看到，由半导体材料（硅片）制作出一个个的有特定功能的晶片并不是一个孤立的东西，它必须同其他元件通过输入输出（I/O）进行互连才能发挥其功能。封装技术（Packaging）就是如何将一个或多个晶片有效和可靠地封装和组装起来。电子封装的主要功能如下：①提供给晶片电流通路；②引入或引出晶片上的信号；③导出晶片工作时产生的热量；④保护和支撑晶片，防止恶劣环境对它的影响。

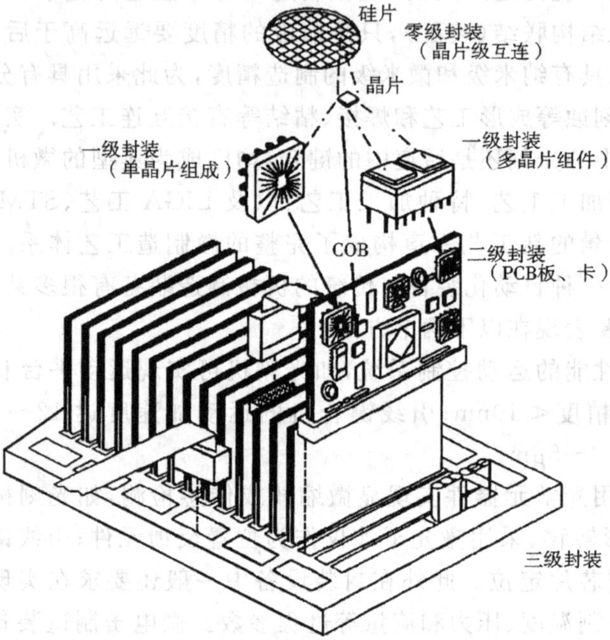

图 1-2　三级电子封装与组装总成示意图

封装与组装可分为零级封装（晶片级的连接）、一级封装（单晶片或多个晶片组件或元件）、二级封装（印制电路板级的封装）和三级封装（整机的组装）。通常把零级和一级封装称为电子封装（技术），而把二级和三级封装称为电子组装（技术）。由于导线和导电带与晶片间键合焊接技术的大量应用，一级和二级封装技术之间的界限已经模糊了。

1. 零级封装

零级封装就是晶片级的连接。通常晶片级的连接方法有引线键合（Wire Bonding）、载带自动键合（TAB，Tape Automated Bonding）和焊球植入（Solder Bumping）。这三种技术中以焊球植入技术（倒装芯片）提供的封装密度最高。

2. 一级封装

一级封装就是集成电路(IC)元件的封装。它是电子封装中最活跃、变化最快的领域。一级封装的种类繁多、结构多样。图 1-3 列出了部分一级封装的结构与外形。

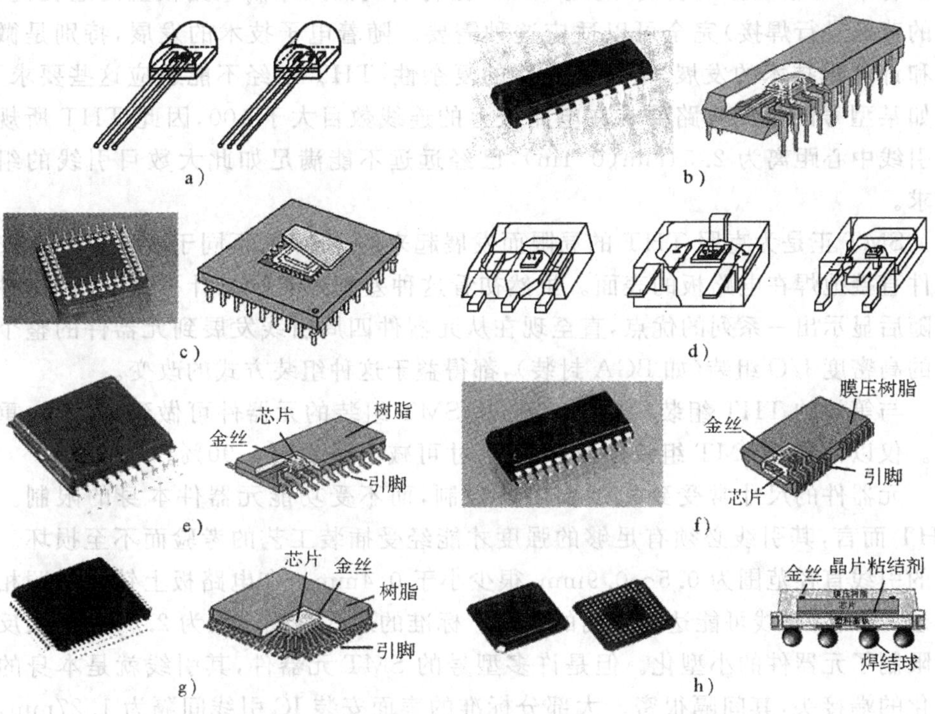

图 1-3 几种集成电路元件封装形式的结构示意图

a) 晶体管 b) DIP 外观和内部结构 c) PGA 外观和内部结构
d) 贴装晶体管的内部结构 e) SOP 的外观和内部结构 f) SOJ 外观与内部结构
g) QFP 封装外观与内部结构 h) BGA 封装外观和内部结构

随着集成度的提高和密度的增加,要求在一个晶片上引出的脚越来越多,由于引线对信号的延迟,极大地影响了工作频率。计算机的发展已经要求有超过1 000个引脚和工作在 4GHz 频率下的集成电路。目前的封装技术还不能完全适应这些要求,因此封装一直是微电子工业的最主要的瓶颈。这也迫切地要求封装技术不断适应微电子的发展。近年来封装技术有了很大的突破,特别是 BGA 封装技术的出现,标志着高密度、多 I/O 引脚的 IC 成功应用于微电子工业产品中。

3. 二级和三级封装

二级和三级封装就是将 IC、阻容元件、接插件以及其他的元器件安装在印制电路板上,并组成为整机的技术。二级封装主要有两大技术:通孔组装技术

(THT,Through Hole Technology)和表面安装技术(SMT,Surface Mounting Technology)。由于SMT的优点非常突出,因此已成为电子制造领域里的主流技术。

印制电路技术从20世纪60年代才开始得到了广泛的采用。由分立元件组装而成的电子电路,要求在电路板上的连接的线并不太多,而且早期的集成电路也很少有带16根以上的引线,因此THT(指将引线插入印制电路板上的通孔内,在板的背面进行焊接)完全可以适应这种需要。随着电子技术的发展,特别是微电子和计算机技术的发展,增加了电路的复杂性,THT已经不能适应这些要求了。比如某型号的集成电路要求在电路板上的连线数目大于100,因此THT所规定的引线中心距离为2.54mm(0.1in),已经远远不能满足如此大数目引线的组装要求。

SMT正是为克服THT的局限而发展起来的。SMT不同于THT,表面安装元件直接地焊在电路板的表面。虽然初看这种差别好象没有什么意义,但这种改变随后显示出一系列的优点,直至现在从元器件四周引线发展到元器件的整个表面的高密度I/O组装(如BGA封装),都得益于这种组装方式的改变。

与等效的THT组装的电路相比,用SMT组装的元器件可做到尺寸小、重量轻。仅以常规的SMT组装件而言,其尺寸可减小到25%～90%。

元器件的尺寸常受到组装要求的限制,而不受功能元器件本身的限制。就THT而言,其引线必须有足够的强度才能经受插装工艺的考验而不至损坏。典型的引线直径范围为0.5～0.9mm,很少小于0.4mm。在电路板上钻孔与照相的公差,限制着引线可能达到较高的间隔。标准的通孔引线线距为2.54mm,又反过来限制了元器件的小型化。但是许多型号的SMT元器件,其引线就是本身的金属化的端接头,其间隔很密。大部分标准的表面安装IC引线间隔为1.27mm,还有些元器件的引线中心距更接近0.5mm。其结果是表面元器件的封装结构尺寸与之等效的通孔元器件尺寸大大减小,缩小到1/5甚至更小。

SMT的另一个优点是互连性能好。互连性是指在印制电路板单位面积上可实现的焊点数量。互连性对复杂的数字电路设计非常重要。计算机制造工业及其他微电子工业中由于集成化程度越来越高,需要的输入输出(I/O)引线也越来越大,SMT从技术上正好满足了现代电子工业的需要。

第二节　电子制造技术回顾

自从有人类以来,社会的进步可以用当时人类使用的器物来代表,从远古的石器时代到铜器,再进步到铁器时代。现今,以硅为原料的电子组件产值,则超过了以钢为原料的器物产值,人类的历史因而正式进入了一个新的时代,也就是硅的时代。

硅是地壳中最常见的元素，许多石头的主要成分是二氧化硅(SiO_2)，然而，经过数百道工艺做出的集成电路，其价值可达上万美金；把石头变成硅芯片的过程是一项点石成金的成就，也是近代科学的奇迹！

一、晶体管的发明

20世纪，物理学发生了重大变革：爱因斯坦、玻耳等一批杰出科学家建立了相对论和量子力学；瑞士物理学家布洛赫(F. Bloch)在量子力学的基础上，于1929年提出能带理论，认为在晶体的导带和价带之间存在一条禁带，而半导体的导带和价带之间的能级差很小，光照或加热可以激发电子，使之跃入禁带，产生电流。

第二次世界大战前，最早申请有关半导体元器件专利的是德国人。美国在战前得到德国有关技术情报后，Bell实验室研究部主任凯利(M. J. Kelly)就组织了由肖克莱(W. Shockley)和摩尔根(S. O. Morgan)领导的固体物理研究小组，其成员包括巴丁(J. Bardeen)和布拉顿(W. H. Brattain)。肖克莱首先提出一种固体放大器的设想，但第二次世界大战后，通过实验未能达到预期功能。然后，巴丁进行半导体表面性质理论研究，提出控制表面态上束缚电荷的设想，布拉顿使用两根铁丝触及锗晶体时，发现了巴丁所预见的放大作用。随后，巴丁和布拉顿经过反复实验，终于在1947年12月23日诞生了具有划时代意义的发明——第一个点接触型晶体管，于1948年6月申请了专利，同时在美国《时代》杂志上公开了这一发明。由于肖克莱、巴丁和布拉顿等在晶体管方面的贡献，使他们共同获得了1956年诺贝尔物理学奖。

晶体管发明的前80年间，电子放大器采用的都是真空管。而晶体管与其相比，具有体积小、无需预热、节能、快速、耐冲击、长寿命、低成本等优点。但是，最早的点接触型晶体管存在某些缺点，例如噪声大、大功率时难于控制、适用范围窄、制造困难等等，因此使用受到很大限制。不久，肖克莱提出面结型晶体管的专利技术，从而克服了这些缺点，大大提高了实用性，使这个专利成为半导体技术的第一个基本专利。今天生产的大部分面结型晶体管都是基于这种晶体管结构，所不同的就是在材料特性、电学性质的控制以及各种高频、大功率等方面的改进。

二、集成电路的诞生

1952年春夏之交，英国皇家雷达研究所的渡墨(Dummer. G. W. A)在美国工程师协会第二次会议上首次以论文形式提出集成电路的可能性，这又是一个里程碑式的想法。他在文中指出，“可以想象，随着晶体管和一般半导体工业的发展，可以在由绝缘体、导体、整流、放大等材料层构成的固体层上实现电子设备”。自觉或不自觉根据这种想法不断进行的研究，终于导致美国德克萨斯仪器公司(TI)的基尔比(J. S. Kilby)于1958年研制成世界上第一块集成电路。他于1959年2月6日提出第一块集成电路专利申请，并在3月的无线电工程师协会(IRE)上首次公开此项发明。

1958 年，德克萨斯仪器公司履行与美国陆军通信部签订的合同，对微型组件进行了研究。被委派去制定有关微小型化方案的新聘任工程师基尔比在美国无线电公司(RCA)的沃尔马克(J. T. Wallmark)等人发表的 PN 结隔离基本思想以及西屋公司的“分子电子学”的概念上，用单根硅棒制成一个相移振荡电路元器件。该电路由一张驰振荡器和电阻、电容组成，这个振荡电路中各个元件不需要用金属导线相互连接，硅棒本身既可用来构成振荡电路所需要的电子元件，又成为电路的通道。这就是世界上第一块集成电路，从此打破了半个世纪以来电子线路的旧概念，在电子学研究人员面前闪烁着一个诱人的火花，开创了集电子元器件与某些电子元件于一体的新局面。这种新型封装元器件的体积和功耗都很小，具有独立的功能，有些甚至具有系统功能。集成电路概念的提出和发明是电子学发展的一次重大飞跃，使电子技术开始进入微电子技术的新时代。

几乎与此同时，美国仙童(Fairchild)公司的诺伊斯(R. Noyce)和摩尔(G. Moore)在研究杂质扩散工艺时，用 SiO_2 作为结的钝化保护层；Bell 实验室的费罗斯(C. J. Frash)和德里克(L. Derrick)发现 SiO_2 对硅中许多常用掺杂材料是一种很好的扩散阻挡层；该实验室的阿特拉(M. M. Atalla)等人的氧化硅钝化工艺等为平面工艺奠定了基础。发明平面工艺的桂冠最终被仙童公司的赫尔尼(J. A. Hoerni)于 1959 年 5 月 1 日摘取。这项技术是半导体微电子工艺技术的第一个里程碑，它与早期发明的金属真空镀膜等技术一起，构成了集成电路的主要生产工艺。

赫尔尼在硅平面工艺发明的同时，制作了第一个新型扩散晶体管——硅平面双极晶体管，使晶体管性能稳定、可靠，并成为硅晶体管的主要发展方向。1959 年诺依斯申请了第一个采用平面工艺制成的硅集成电路专利，以反向偏置的 PN 结作为元器件的隔离，并在氧化硅表面加上金属薄膜以实现电路元件之间的电连接。在美国无线电公司的 J. T. Wallmark 和 H. Nelson 发明的使用 PN 结作为隔离的二维结型场效应晶体管阵列的基础上，1961 年 3 月，仙童公司宣布制成一种数字集成电路的触发器，从此之后，集成电路获得了迅速的发展。

三、MOS 管的出现

场效应晶体管(FET)是利用场效应原理工作的晶体管，在原理上不同于双极型晶体管或面结型晶体管。早在 1935 年，德国的海尔(O. Hale)建议用一个控制电极来控制一层半导体薄膜中的电流而构成固体放大器，这可能是最早的薄膜场效应晶体管(FET)元器件的结构模型，但由于时代局限，在工艺上未能实现。1952 年 11 月，Shockley 在 IREL(一本杂志)上发表单极型“场效应晶体管”基本理论。最早实现它的是 Ream Wallmark，他于 1957 年获得场效应晶体管(FET)专利。集成电路刚诞生时，电路中包含的晶体管都是双极型的晶体管，它虽然工作速度快，但需要占据较大的心片面积，并产生较大的功耗，因而阻碍了集成电路集成度的提高。后来人们发现场效应晶体管具有功耗小、结构简单，在电路中适于直接耦合等易于集成的特点。于是，开始进一步利用场效应原理研制场效应晶体管。由于覆盖致密氧化膜的硅制造工艺的成熟以及半导体表面研究的深入，1960年Bell实验室的阿特拉和卡恩发展了金属—氧化物—半导体场效应晶体管(MOSFET)。

MOSFET的出现，打开了通向大规模集成电路的隧道。因为一个MOSFET所占据的芯片面积只有双型晶体管的1/5左右，而且其制造工序大为减少，功耗也大幅度降低。MOSFET被移植到集成电路后，随着加工精度的提高，导致大规模集成电路(LSI)的诞生。MOS集成电路以无可比拟的生命力最突出地体现在推动现代电子计算机技术的发展上。

1949年J. Forest发明的铁氧体磁心随机存储器(RAM)赋予了计算机惊人的记忆力和灵活而全面的功能。但是，这种铁氧体磁心的随机存储器制作工艺复杂，体积与重量不能达到小型化的要求，严重地阻碍了电子计算机向大存储容量和小型化方向发展。虽然在集成电路问世后不久，人们就已知道可用小型的半导体存储器来代替日益相形见拙的磁心存储器。但由于当时作为计算机主存储器的半导体RAM的价格比磁心存储器贵，所以还不能完全取代它，只有在少数电子计算机中作为高速缓冲器使用。1967年7月，美国IBM公司的丹纳德(R. H. Dannand)用一个MOSFET和一个电容组成一个存储器单元，因此发明了场效应晶体管存储器。该MOSFET的结构非常简单(以前每个存储单元至少需要3个晶体管)，易于集成，是RAM中成本最低的动态存储器(DRAM)，并作为计算机的主存储器完全代替了磁心存储器。由于半导体存储器电路包含大量相同的单元电路，电路图呈现有规则的排列和对称结构形式，使集成电路版图的设计工作大为简化，为超大规模集成电路的实现奠定了基础。

四、集成电路的发展

进入20世纪70年代后，微电子技术的进展十分迅速，这首先表现在工艺技术方面。半导体集成电路的工艺技术是以单晶生产、扩散、光刻等精细加工技术为基础的。

最早发明的PN结隔离方法虽然简便，但存在着寄生电容大、耐压低、高频特性差等缺陷。为彻底消除上述缺陷，1966年10月荷兰飞利浦(Philip)公司的E. Tooi发明了介质和PN混合隔离方法，即所谓硅的局部氧化工艺(LOCOS)，这种工艺是继平面工艺后又一个半导体工艺技术的专利。

微电子的最小加工线宽已成为集成度或加工技术水平的代名词。在1962年刚出现集成电路产品时，最小加工线宽为30μm，集成度为100个元件，为小规模集成电路(SSI)；而1967年第一块大规模集成电路(LSI)问世时，最小加工线宽已缩小到7～8μm，集成度为1 000个元件，实际上已跨越了中规模集成电路(MSI)；

1977年第一块超大规模集成电路(VLSI)发明时,最小加工线宽进一步减小到2～3μm,集成度在10^5个元件。而今的最小加工线宽已进入0.13μm阶段,集成度达数10亿只晶体管。但随着最小加工线宽的降低,工艺越来越困难,废品率也随之增加,散热问题不易解决,电子波动性引发的信号串扰也达到较严重的程度。另外据估计,在0.025μm时经典半导体理论将会失效,因此微电子技术的未来向何处发展就成为大家所关心的问题,不少科学家和发明家也在探索其他途径来开辟微电子技术的新道路。

硅集成电路的高集成化和高性能化一直是遵照按比例缩小的原理和微细化工艺来实现的。若加工尺寸小于0.1μm,由于杂质的起伏、短沟道效应的出现,对现有结构的元器件不能沿用比例缩小法则。例如,就16M DRAM集成电路而言,在一个电容上积累的电子数量为几十万个,因而通过栅电压可以控制沟道电流。但是几十纳米区域所涉及到的电子数量为几百个,再不能由电压来控制这种电子数,而需要一种能准确控制电子数量的新型元器件。另一方面,随着芯片上元件密度的不断增大,元器件的散热也会越来越困难。为此,研究人员正在探索一种可逆逻辑门技术。由于可逆逻辑门实际上会重新吸收部分已耗用的能量,因此它们产生的废热较少。所以,随着IC技术的发展,元器件的尺寸变小以至于达到考虑单个电子的状态。这样,再过几年在微电子学的很多领域将非采用量子力学不可,即出现所谓量子电子学或纳米电子学。

迄今为止,电子元器件只利用了电子波粒二象性的粒子性,各种传统电子元元器件都是通过控制电子数量来实现信号处理的。随着集成度的提高,功耗、速度成为严重的问题。现有的硅和砷化镓元器件无论怎样改进,其响应速度最高只能达到10^{-12}s,功耗最低只能降低到1μW。

利用电子的量子效应原理制作的元器件称为量子元器件或纳米元器件,也叫单电子晶体管。在量子元器件中,只要控制一个电子的行为即可完成特定的功能,即量子元器件不单纯通过控制电子数目的多少,主要是通过控制电子波动的相位来实现某种功能的。因此,量子元器件具有更高的响应速度和更低的功耗,从根本上解决日益严重的功耗问题。由于元器件尺度为纳米级,集成度大幅度提高,同时还具有结构简单、可靠性高、成本低等诸多优点,因此,有理由相信纳米电子学的发展,必将在电子学领域中引起一次新的革命,从而把电子工业技术推向一个更高的发展阶段。

据权威机构预测,21世纪初叶,微电子技术仍然是以硅基CMOS电路为主流的技术。Si CMOS集成技术所具有的高性能、低成本以及易于制造等特点,是使之成为微电子技术主流的重要因素。Si CMOS集成技术涉及元器件物理学和元器件集成方法学等两大课题,在围绕解决这些课题中,事实上形成了两个牵引半导体技术及其发展的基本动力。

一条是 1974 年由丹纳德提出集成元器件按比例缩小的原理。MOS 晶体管的沟道长度、宽度等横向尺寸和栅氧化层厚度、结深等纵向尺寸都按一定比例 K（$K \geqslant 1$）缩小，并把电源电压按同样比例降低，衬底掺杂浓度按同样比例提高，则元器件上的电场强度和单位面积的功耗可以保持不变，而特征尺寸缩小 K^2 倍，速度提高 K 倍，功耗降低 K^2 倍。这就是说，元器件尺寸按比例缩小，不仅使得相同面积的硅片上可以集成更多、更好的元器件，而且还降低了单位元器件的相对成本。

另一条是基于摩尔定律的半导体元器件集成度随时间的倍增规律。1965 年摩尔把仙童公司投产的几个数据，其中包括 1959 年第一个硅平面管和预计 1968 年推出的含有 64 个元器件的集成电路，用半对数坐标连成一条直线，并由此得到芯片集成度每年翻一番的结论。据此，摩尔预测十年后单片集成度将达到65 000 个元器件。1975 年 INTEL 公司生产的 64K DRAM 准确地落在这条外推直线上，完全验证了摩尔的预测，稍后它把此定律修改为每 18 个月集成度翻一番，人们就把这个规律叫做摩尔定律。摩尔定律为上述微电子技术进一步发展规定了时间竞争表，促使芯片集成规模由 1959 年的单个元件发展到 20 世纪 60 年代的中规模，70 年代的大规模，80 年代的超大规模和 90 年代的特大规模（ULSI），直至今天的吉大规模集成电路（GLSI），每十年上一层次，线宽缩小 2/3，集成度提高 2 个数量级，而年器件成本则下降一个数量级。微电子技术有极强的统一性和渗透性，它大大地推动了信息产业的蓬勃发展，加速了全球的一体化进程。

五、电子封装技术的发展

电子封装技术是伴随着电子元器件的发展而发展的。

1947 年第一只晶体管的诞生，引发了一场彻底的革命，也开创了电子封装的历史。

1951 年发明了场效应晶体管，并出现了区域提纯技术，使得元器件单晶材料的质量大为提高。

1956 年左右氧化物掩模技术和光刻技术的出现使得硅平面晶体管的出现成为可能。自从晶体管问世之后，科学家们就一直在研究它的微型化、集成、封装等问题，以适应电子产品与系统大规模化、高可靠性的要求。起初，是尽量把元件做得很小，然后封包在一个外壳里，但是这种微型组装不符合现代设备的要求，更不用说需要容纳几十万、几百万的晶体管等元器件的复杂电子系统。

1958 年美国得克萨斯仪器公司用锗和硅做出了世界上第一块集成电路，导致了多引线封装外壳的出现。但是受当时工艺设备的限制，引线宽度为 100μm 左右，集成度较低。仍然以玻璃封装外壳为主——TO 型封装（TOP，Transistor Outline Package），其互连主要是靠手工进行焊接。

20 世纪 60 年代后期出现的双列直插封装（DIP，Double Inline Package）的引脚数目范围在4～64根之内，而到70年代就成为了中小规模IC电子封装的系列主导产品。

20世纪70年代是IC飞速发展的时期，一个硅片已经可以集成上万个晶体管或者门电路，称作大规模集成电路(LSI，Large Scale Integration)，它不单纯是元器件集成数量的大大增加($10^7 \sim 10^8$MOS/cm^2)，其集成对象也发生了根本变化，它可以是一个具有复杂功能的部件(如电子计算器)，也可以是一台电子整机(如单片电子计算机)。一方面集成度迅猛增加，另一方面芯片尺寸不断扩大。由此出现了针栅阵列封装(PGA，Pin Grid Array)。

以DIP和PGA为代表的插入式器件需要分别通过波峰焊接和机械接触实现元器件的机械和电学连接。由于需要较高的对准精度，因而组装效率较低，同时元器件的封装密度也较低。

20世纪80年代出现了SMT，这是电子制造技术的一场划时代的革命。使得与此相适应的各类表面贴装元器件(SMC、SMD)等的出现与快速发展，例如无引线陶瓷芯片载体(LCCC，Leadless Ceramic Chip Carrier)、塑料短引线芯片载体(PLCC ，Plastic Leaded Chip Carrier)以及四边引线扁平封装(QFP，Quad Flat Package)等。表面安装元器件通过印焊膏——表面贴片——整体回流技术完成互连焊接，使得产量提高，可靠性提高，成本降低。元器件封装类型以PLCC(QFJ)和QFP为主，由于采用了四面引脚结构，因而在很大程度上提高了封装的强度和组装的密度。

由于改性环氧树脂材料的性能不断提高，使得封装密度高、引线间距(Pitch)小、成本低，非常适合于大批量生产，并广泛用于规模的SMT，于是塑料四边引线扁平封装(PQFP，Plastic Quad Flat Package)成为20世纪80年代电子封装的主导产品，其I/O高达240个。这个时期，荷兰飞利浦公司还研发出了两边引线的小外形封装(SOP，Small Outline Package)的系列产品。

20世纪80～90年代，随着IC特征尺寸不断减小以及集成度的不断提高，芯片尺寸也不断增大，IC发展到了超大规模电路(VLSI，Very Large Scale Integration)阶段，集成的门电路数高达数百万乃至千万，其I/O数达到1 000。由于四边引线扁平封装的引脚间距已经达到极限(0.3mm)，于是出现了球栅阵列封装(BGA，Ball Grid Array)。

20世纪90年代美国开发出微型球栅阵列(μBGA)，日本也开发出了芯片尺寸封装(CSP，Chip Scale Package)，这两种封装的实质是一样的，其封装面积/芯片面积≤1.2，于是CSP解决了芯片小而封装大的根本矛盾，使得微电子封装技术更快地发展。与此同时，倒装芯片(Flip Chip)技术也出现了。BGA、CSP、Flip Chip均为面阵列封装结构，可以沿用SMT生产技术，加上计算机的普及和个人移动产品的普及，使得市场与技术互动向前推进，完成了继SMT之后的又一次新的技术革命。

为了充分发挥芯片自身的功能和性能，不再要求每个IC芯片封装好后组装到一起，而是将多个未加封装的大规模集成电路和专用的IC芯片先按照电子系统功能贴装在多层布线基板上，再将所有芯片互连后整体封装起来，这就是所谓的多芯片组件，它使现代电子封装技术达到了新的高峰，最终使得各类IC芯片彻底挣脱种种束缚它的封装外壳，直接以一级封装的形式进行芯片直接贴装（DCA，Direct Chip Attach）。

毫不夸张地说，BGA技术的出现加快了个人电子产品的技术进步和普及。典型的BGA以有机衬底（如BT）代替了传统封装内的引线框架，且通过多层板布线技术实现焊点在元器件下面的阵列平面分布，既减轻了引脚间距不断下降在贴装上面所遇到的阻力，同时又实现了封装、组装密度的大大增加，因而很快获得了大面积的推广，在产业中的应用急剧增长。倒装芯片技术和芯片尺寸封装CSP开始使用的是铜凸点，后发展为在芯片上制备高铅焊料凸点再将芯片正面朝下直接贴在陶瓷衬底上，使用回流焊接实现多个焊点的一次性组装。既大大提高了生产效率（当时的金丝球焊机焊接速度较慢），同时由于无引线而使其天生具有电阻小、寄生电容小、封装密度高和可靠性高等一系列优异的性能，特别是高频性能大大提高。随着底层填充技术、导电胶技术、凸点技术、凸点下金属化技术以及无铅工艺技术的出现，大大地增加了以BGA技术和倒装芯片技术为代表的封装技术的应用与普及，同时也给在电子封装和光电子封装领域的研究人员提出了很多有待研究和急需解决的课题。

进入21世纪，电子封装也进入了超高速发展时期，新的封装形式不断涌现并获得应用，除倒装焊接和芯片尺寸封装以外，又出现了多种发展趋势，封装标准化工作已经严重滞后，甚至连封装领域名词的统一都出现困难，例如：多芯片封装（Multi Chip Package）；三维迭层封装（Stack Packages）；单封装系统SIP（System In a Package）；多芯片模块MCM（Multi Chip Module）；微机电系统MEMS（Micro Electronic Mechanical System）；微光机电系统MEOMS（Micro Electronic Optical Mechanical System）以及将整个系统集成于单芯片技术SOC（System On A Chip）等等。随着封装、组装的发展，晶片级（Wafer Level）、芯片级（Chip Level）、组装级（Board Level）、系统级（System Level）的界线已经逐渐模糊。原来一些仅仅用于晶片级的技术已经开始用于封装和组装级。

第二章 芯片设计与制造技术

晶体管诞生至今已愈58个春秋。在这期间，由它引发的微电子技术以空前的规模和速度渗透到社会生活的每一个角落，并仍在以惊人的广度和深度引发社会、政治、经济等各个领域的巨大变革。在整个高技术群体中，微电子技术处于核心地位，它是其他技术赖以发展的重要基础。

集成电路，也叫微电子芯片，是微电子技术的核心。它是利用微细加工技术，将成百、上千甚至上万个电子元器件及其互连线，按照一定规律，全部制作在一块微小的半导体硅片上。也就是将各种分立的元器件"集"合而"成"为一个整体。这个整体硅片具有由许多单个元器件制作的电子线路的功能，而且性能比普通电子线路更好。

集成电路的制造是在严格的环境中进行的，涉及到超净技术、超纯技术和超微加工技术。因为半导体集成电路采用了硅平面工艺技术在半导体表面形成晶体管，非常适合于大批量的自动化生产。

在本章中，我们力求采用较少的篇幅给读者一些半导体制造技术的基本概念。

第一节 集成电路物理基础

一、半导体的导电性

在微电子技术发展的过程中，半导体发挥了极其重要的作用。半导体是一种导电能力处于导体和绝缘体之间的材料。影响半导体导电性的是杂质元素、晶格缺陷、界面、表面等一系列因素，但最主要是掺杂元素导致的结构敏感性，它使半导体的电学性能发生大幅度变化。也就是说价电子可控，微电路中的电流可控，从而导致了微电子器件奇迹般的发展。

1. 半导体中的电子态

单晶体中的电子实际上可以在整个晶体中运动，无法区分哪个电子究竟属于某个特定的原子，而只看作整个晶体所共有，因此称为电子共有化。

晶体中的电子既有围绕原子运动的属性，又有作共有化运动的属性。它们的能谱在原子能级的基础上按电子共有化运动的不同而分裂成若干组。在能级图上，每一组中的能级彼此靠得很近，组成一定宽度的带。由能级组成的带叫能带。在半导体的能带中存在导带和禁带，禁带区域不存在电子。禁带和导带的存在对半导体或固体的电学和光学性质起着重要作用。电子能带结构由它们所在势场决定，因而与组成晶体的原子结构和晶体结构有关，而与晶体中原子数目无关。当晶体中原子数目增加时，只增加每个能带中的电子态数，即增加能带中能级的密集程度，而对于能带结构并无影响。

因此，晶体中电子的能量与动量之间的关系与晶格结构有关，它由能带结构决定。而半导体材料表现出的电学、光学性质，实际上就是由能带结构决定的。能带中电子的导电必须考虑电子填充能带的情况。若能带中所有状态都被电子占满，那么即使有外电场作用，晶体中也没有电流，即满带电子不导电。只有未填满的能带才有导电性，即未填满的能带中的电子，在外场作用下，可以产生电流。那么，如何对满带中大量电子进行简化计算呢？为此我们引入了“空穴”的概念。空穴为一准粒子，不仅带有正电荷，而且还具有正有效质量，即空穴的质量 m_p 等于电子的质量 m_N，$m_P=m_N$。空穴的能量 E_P 等于原来空状态内电子能量 E_N 的负值，即 $E_P=-E_N$。这样，空穴的物理性质就可以用价电子的性质来描述。因此半导体的导电机构由“电子—空穴”构成，并统称它们为载流子。半导体的一系列性质是载流子相互作用的结果。

那么半导体中载流子是怎样分布的呢？由上述讨论可知，晶体中能量状态是呈能带分布，那么晶体中载流子本身又是如何按能量分布的呢？根据统计物理学的结论，它们满足费米分布，即电子在能量 E 的能态上的分布几率为

$$f(E)=\frac{1}{1+\exp[(E-E_F)/kT]} \tag{2-1}$$

式中，E_F 为费米能级；T 为绝对温度；k 为波耳兹曼常数。

只要知道 E_F 的数值，那么在一定温度下，电子在各量子态上的统计分布就完全确定。分布几率是描述热平衡状态下电子在允许的量子态上的分布状况，也是能量为 E 的一个量子态被另一个电子占据的几率。当 $T=0\text{K}$ 时，其 $E<E_F$，则 $f(E)=1$；若 $E>E_F$，则 $f(E)=0$。即费米能级的能级全为电子占据，以上为全空，因此，费米能级是量子态基本上被占据或是全空的一个标志。

没有任何掺杂并且无结构缺陷的纯净半导体称为本征半导体(Intrinsic Semiconductor)。它的电子特性只受材料本身固有的性质确定。

2. 非本征半导体

对本征半导体掺杂时，半导体的导电性就会产生很大的变化，这类半导体常称为非本征半导体。以硅半导体为例，向硅中掺入施主杂质磷(P)时，由于磷的电离能只有 0.012eV，所以在常温下，杂质全部电离，硅中的电子浓度等于磷的密度。因此，半导体的导电性可以用掺入微量的杂质来控制。杂质原子进入半导体晶格内时一般都以置换方式存在，即替代原晶格上的相应原子。V 族杂质在硅、锗中电离时能够释放电子而产生导电电子，而其本身形成正电中心，称之为施主杂

质。主要依靠导带电子导电的半导体称为N型半导体。Ⅲ族杂质在硅、锗中能够接受电子而产生导电空穴，并形成负电中心，称之为受主杂质。主要依靠空穴导电的半导体称为P型半导体。当施主、受主两种杂质同时掺入时，在某种温度下，两种杂质均电离，由于补偿效应，使大部分载流子互相抵消，只有两种杂质浓度之差才对半导体导电有贡献。对于同时含有N、P型掺杂的半导体，总的正电荷数目应等于负电荷数目。

3. 载流子的漂移运动和迁移率

载流子在无电场作用下尽管有热运动，但这是随机运动，不会产生净位移，所以也无电流产生；而在电场作用下，会产生定向运动，称为漂移运动。定向运动的速度称漂移速度。漂移速度 υ 和电场 E 之间有如下关系

$$\upsilon = \mu E \tag{2-2}$$

式中，μ 为载流子的迁移率，单位为 $cm^2/(V \cdot s)$。

根据载流子种类可分别定义电子及空穴的迁移率 μ_N、μ_P。迁移率表示单位场强下电子的平均漂移速度。载流子在运动过程中，由于晶格热振动，电离杂质以及其他缺陷的影响，不断地散射，载流子运动的速度大小和方向将不断地改变，这就产生了描述热碰撞而发生散射的平均自由时间概念，其值等于散射几率。因此，平均漂移速度成为平均自由时间内载流子在电场作用下达到的漂移速度。

迁移率受材料性质、掺杂浓度和温度等影响，它反映了载流子在半导体中运动的难易程度。半导体材料中，电导率 σ、载流子浓度和迁移率的关系式可表示为

$$\sigma = nq\mu_N + pq\mu_P \tag{2-3}$$

式中，μ_N、μ_P 分别表示电子和空穴的迁移率。

4. 非平衡载流子

用热激发、光照、电注入或高能粒子辐射等方法，可以使载流子的浓度超过热平衡时的浓度 n_0、p_0，把这多出的一部分电子或空穴（Δn、Δp）称为过剩载流子，或非平衡载流子。非平衡载流子在半导体中扩散、漂移，并在此过程中会通过复合而消失，其平均存在的时间称为非平衡载流子寿命 τ（它决定于载流子的复合）。复合过程大致可分为两种，即直接复合和间接复合。直接复合是电子在导带和价带之间的直接跃迁，引起电子和空穴的直接复合。间接复合是电子和空穴通过复合中心进行的复合。由复合过程发生的不同位置，间接复合又可分为体内复合和表面复合。如果半导体的杂质及晶格缺陷越多，寿命就越短。非平衡载流子寿命 τ，与费米能级在禁带中的位置密切相关。位于禁带中央附近的深能级是最有效的复合中心。Cu、Fe、Au在硅中形成深能级，它们是有效的复合中心。表面复合是指半导体表面发生的复合过程，表面处的杂质和表面的缺陷也在禁带中形成复合中心能级，故表面复合是间接复合。

5. 扩散运动

在半导体中，载流子除漂移运动外，还存在一种对电流也有贡献的扩散运动。任何物质都有一种从浓度高的地方向浓度低的地方运动，使其达到均匀分布的趋势，也就是浓度梯度引起的扩散。同样，在半导体中，非平衡载流子存在浓度梯度时，也将产生扩散运动。

如果半导体中非平衡载流子浓度不均匀，同时又有外加电场的作用，那么除了非平衡载流子的扩散外，载流子还要作漂移运动。由前述可知，扩散系数反映了存在浓度梯度时载流子运动的难易程度，而迁移率反映的是在电场作用下载流子运动的难易程度。当同时存在扩散和漂移时，半导体中的电流可视载流子类型分别表示为电子电流和空穴电流。空穴和电子一样，对半导体中的电流都有贡献。

二、PN 结

PN 结是采用某种方法使半导体中一部分区域成为 P 型，另一部分区域成为 N 型，则其交界面就形成了 PN 结。集成电路和半导体器件的各种特性都是 PN 结相互作用的结果，它是半导体器件和微电子技术的基础。PN 结的形成方法有多种多样，如生长法，可用外延方法生长一层电荷类型相反的薄膜构成 PN 结，也可通过扩散法，如在 P 半导体中扩散进施主杂质形成 PN 结。在大规模集成电路中，PN 结被用作二极管或电容。

1. 平衡 PN 结的空间电荷区

由前述可知，PN 结两侧不同类型的半导体会产生载流子浓度差，从而相互产生扩散作用，P 的空穴扩散进入 N 区，使 P 区边界剩下一些失去了空穴的离化受主杂质，带有负电；同时，N 区中的电子扩散进入 P 区，在 N 区边界处剩下一层失去了电子的离化施主杂质，而带有正电。这些带电的离化杂质位于晶格之中，不能运动，就在 PN 结两侧的附近形成了一个带电区域，称之为空间电荷区。由空间电荷区中的正负离化杂质形成的电场叫自建电场。这个电场的方向由正电荷指向负电荷，那么在 PN 结中可以看到，自建电场的方向由 N 型区指向 P 型区。在自建电场的作用下，载流子将要进行漂移运动。显然电子和空穴在自建电场的作用下的运动方向分别与各自的扩散运动方向相反，也就是说自建电场起着阻碍扩散运动的作用。

自建电场建立的同时形成相应的静电场分布。根据静电场原理，在自建电场中，电荷分布与位置有关，那么在空间电荷区之外，两侧的半导体内部区域，仍保持电中性，其电位为恒定值。若取 P 区电位为参考点，则 N 区将呈现为正的电荷，如图 2-1 所示。PN 结两边中性区之间的电位差 U_D 称为接触电势差，或内建电势差，相应的电子电势的差，即能带的弯曲量 qU_D 称为 PN 结的势垒高度。而势垒高度与 PN 结两侧掺杂浓度的高低有关。在一定温度下，PN 突变结的两边掺杂浓度越高，接触电位差越大，禁带宽度 E_g 越大，本征载流子浓度越小，U_D 也就越大。

2. PN 结的电流—电压特性

PN 结加正向偏压 U_F 后，它基本降在势垒区，即 P 区的空穴将被拉向 N 区，而 N 区的电子将被拉向 P 区，减弱了势垒区的强度，使势垒区宽度减小，势垒高度从 qU_D 下降为 $q(U_D-U_F)$。

势垒区电场减弱，破坏了载流子的扩散和漂移之间的平衡，使扩散电流大于漂移电流，即形成正向的扩散电流。同时，PN 结两侧 N、P 区的少子浓度增加，这种在偏压条件下少子增加的现象，称为少子注入。

在理想 PN 结模型下，通过势垒两侧的非平衡少数载流子的分布可以导出其电流电压方程为

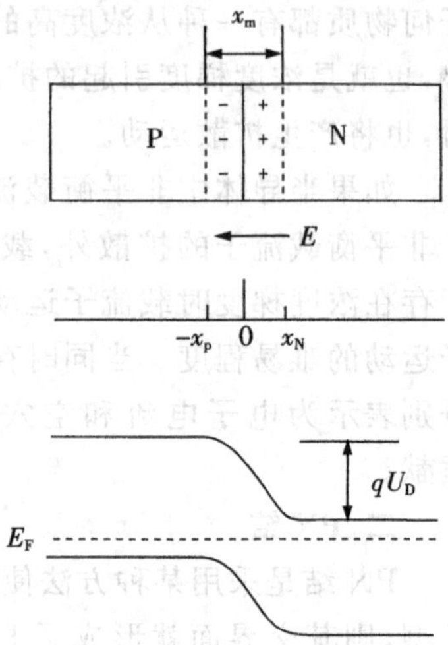

图 2-1 PN 结及其能带

$$I=I_{C0}\exp\left(\frac{qU}{kT}-1\right) \tag{2-4}$$

$$I_{C0}=Aq\left(D\frac{D_N n_{P0}}{L_N}+\frac{D_P p_{N0}}{L_P}\right) \tag{2-5}$$

式中，I_{C0} 为反向饱和电流；A 为 PN 结面积；D_N 为电子扩散系数；D_P 为空穴扩散系数；n_{P0} 为 P 区平衡少子(电子)浓度；p_{N0} 为 N 区平衡少子(空穴)浓度；L_N 为电子扩散长度；L_P 为空穴扩散长度。式(2-4)和式(2-5)是有名的 Shockley 方程。

由上式可见，当给 PN 结加正向电压时，PN 结电流随正向电压的加大呈指数上升的趋势，而 PN 结在加反向电压时，外加电压在势垒区产生的电场和内建电场方向一致，结果使势垒宽度增加。势垒高度上升，导致漂移电流大于扩散电流。但是由于 P 区的电子和 N 区的空穴均是少子，所以因漂移作用产生的反向电流是很小的。这也就是说，PN 结具有单向导电性。这是二极管的一个重要特性，正是这一特性才能使半导体器件具有开关特性、整流特性等。

三、晶体管的工作原理

1. 双极型晶体管

双极晶体管是 1948 年由肖克利、巴丁和布拉顿发明的，这是最早的半导体三极管，这项发明是今天信息时代的最重要的成就之一，这三位发明者因此获得了 1956 年的诺贝尔物理学奖。

(1)基本结构　所谓双极是指这种器件中参与导电的是两种极性的载流子：电子和空穴。它的基本结构由两个 PN 结组成，如图 2-2a 所示。两个结之间的距离应尽量小，使得从一个 PN 结注入的载流子可以毫不衰减地达到另一个 PN 结。

也就是说，两个 PN 结间的距离应小于载流子的扩散长度，图中所示两个 PN 结分别是发射结(BE 结)、集电结(BC 结)。对应的三个区分别称为发射区、基区和集电区，由于发射区与集电区是 N 型，基区是 P 型，因而称之为 NPN 晶体管。反之，则称之为 PNP 晶体管。

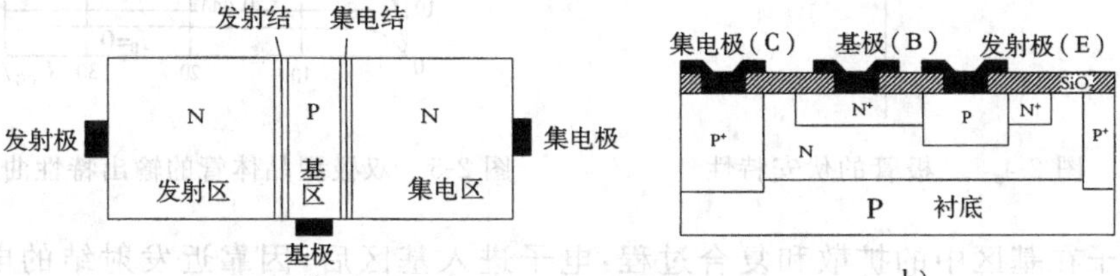

a)　　b)

图 2-2　双极型 NPN 晶体管

a) 示意图　　b) 结构图

实际上在双极型集成电路中晶体管的结构正是图 2-2b 中的结构。它是用平面工艺制作的，包括外延生长、杂质扩散、离子注入等。

(2)电流放大作用　取一个晶体管，按图 2-3 构成电路。如果将集电极开路，在基极和发射极之间加一正向电压，则基极电流 I_B 随 BE 之间的电压 U_{BE} 变化的特性曲线将与图 2-4 的二极管特性曲线一致，因为发射极电流 I_E 和基极电流 I_B 相等。

如果将＋12V 电压通过集电极电阻 R_C 加到集电极 C，则情况和二极管不同了。此时，产生了较大的集电极电流 I_C，I_C 基本上等于 I_E，而 I_B 只是 I_E 中很小的一部分。通过实测得到晶体管的输出特性曲线，如图2-5所示，若令 $U_{CE}=10V$，将 I_B 由 0.2mA 加大到 0.4mA，I_C 集电极电流就由原来的 7mA 增加到 20mA，即 I_C 的变化比 I_B 大得多，这就是晶体管的电流放大作用。那么，为什么这么小的电流信号会引起那么大的电流？下面将介绍的载流子在 NPN 双极晶体管中的微观运动规律就能说明这一点。

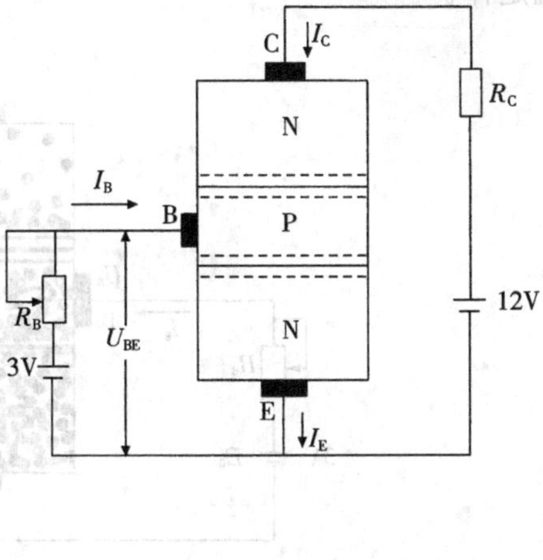

图 2-3　双极型晶体管放大的实验电路

发射区向基区发射电子的过程：发射结加正向电压，$U_B>U_E$，使扩散运动大于漂移运动，发射区电子就源源不断地越过 PN 结到基区，形成 I_E。同时，基区空穴当然也会向发射区扩散，但其浓度很小，可忽略。

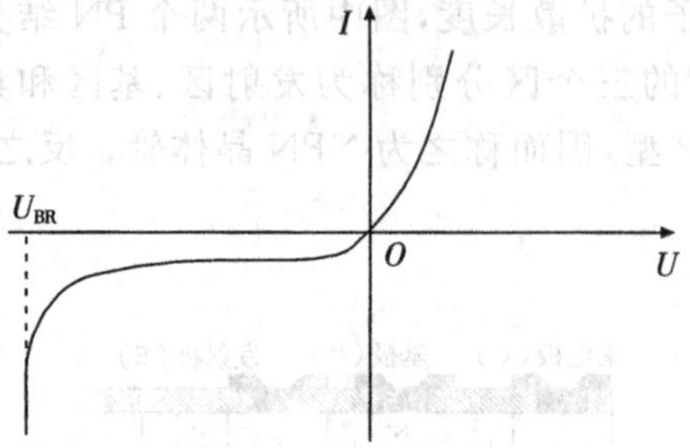

图 2-4　二极管的伏安特性

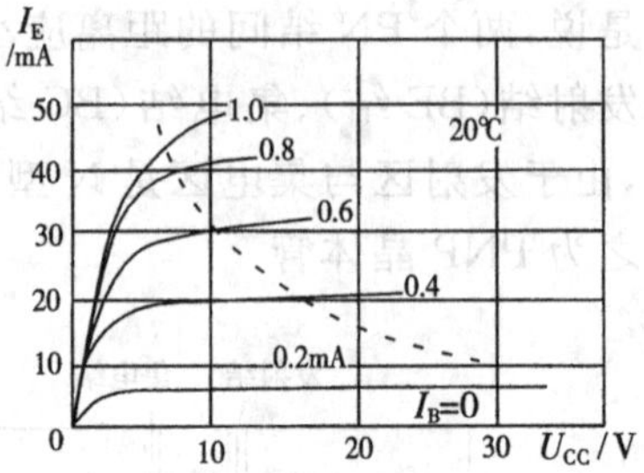

图 2-5　双极型晶体管的输出特性曲线

电子在基区中的扩散和复合过程：电子进入基区后，因靠近发射结的电子很多，靠近集电结的电子很少，形成了浓度上的差别，因此电子就要向集电区继续扩散，被集电极收集形成 I_C。此外，在电子扩散时，电子与基区中的少子空穴相遇，发生复合作用。为避免基区电子浓度被减少，应将复合减小，也就是说应减小基区的复合中心，将基区尽量做得薄一些。

电子被集电极收集的过程：电子抵达集电结时，情况与在发射结时相反，此时 $U_C < U_B$，加的是反向电压，它所产生的电场阻止集电区的电子向基区扩散，从而把从基区中扩散来的电子通过强电场收集到集电区，形成 I_C。

以上三个过程可由图 2-6 来表示。由图可知，电子流大部分穿越基区流向集电极，仅很小一部分流向基极。电流与电子流运动反向，$I_C + I_B = I_E$，满足节点电流定律。

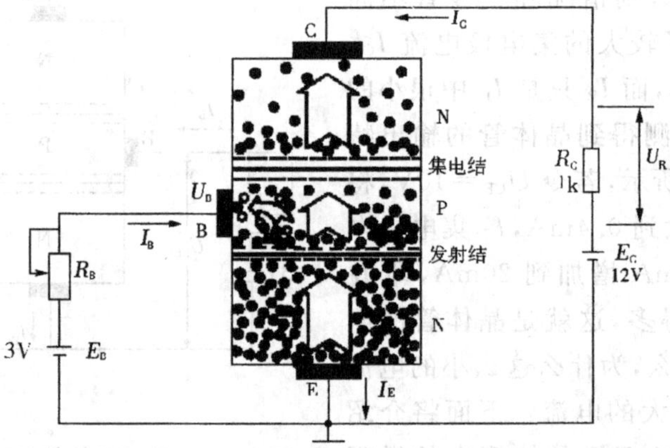

图 2-6　双极型晶体管中载流子运动示意图

(3)双极晶体管的开关特性　晶体管除具有放大作用外，还具有开关作用。计算机的运算速度就是由晶体管的开关速度决定的。开关速度越快，则运算速度也越快；现在计算机的速度已能达到每秒上亿次，甚至更高。晶体管的开关作用可利用电荷控制的瞬态响应模型来分析，下面以图 2-7 所示的 NPN 双极共发射极的晶体管为例分析开关作用。如果基极回路没有外加正脉冲信号，基极电压U_B就使发射结反偏，电源电压 U_C 使集电结反偏，集电极电流仅仅等于集电结反向饱和电流 I_{CBO}；这时，晶体管集电极与发射极之间的电压近似等于电源电压 U_{CE}，在集电极回路中，晶体管的作用就像一个断开的开关。我们把这样的工作状态称为晶体管的关态，或称为截止态。在对应的输出特性曲线上，它对应于截止区，即 $I_B=0$曲线与 U_{CE}轴所围的区域。$I_B=0$ 使晶体管截止区和放大区间形成一条分界线，它对应于发射结电压等于零伏时的工作状态。

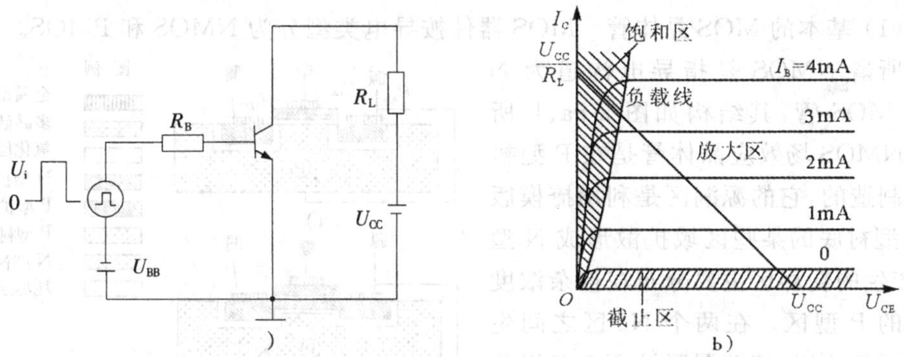

图 2-7 NPN 双极晶体管共发射极开关电路原理及共发射极的特性曲线

a) 电路原理 b) 输出特性曲线

当基极回路输入一个幅度为 U_i($U_i \gg U_{BB}$)的正脉冲信号时，发射结处于正偏，基极有了注入电流 I_B，因此，集电极电流就按照 $I_C=\beta I_B$ 的规律增大，β 表示共发射极电流放大系数。由于受到负载电阻 R_L 的限制，当 I_B 增大到一定值时，集电极电流就趋于饱和，而且晶体管饱和电压降可以忽略时，$I_C=U_C/R_L$，此后，集电极电流就不再随 I_B 的增大而增大，晶体管进入了饱和状态。这时，由于晶体管的集电极与发射极之间的饱和电压很小，在集电极回路中，晶体管的作用就像一个接通的开关，称晶体管处于这样的工作状态为开态，它对应的输出特性曲线区域为饱和区的工作状态。这是晶体管在饱和开关电路中工作的基本过程。在饱和电路中，晶体管在关态时处于截止区，开态时处于饱和区；而在非饱和电路中，晶体管在关态时处于截止区，开态时处于放大区。饱和电路的主要缺点是，晶体管在饱和状态下工作，在基区和集电区储存了大量的电荷，因而开关速度较低。而非饱和电路的晶体管中不存在超量储存电荷，存储时间为零，所以开关时间大大缩短，开关速度大大提高。众所周知，计算机的运算速度是衡量它的性能一个重要指标，运算速度就主要取决于作为开关器件的晶体管的开关时间，以及从一个工作状态到另一个工作状态所需的时间，这个时间越短越好。

由以上分析可知，晶体管既具有放大作用，又具有开关特性，把具有这些特性的晶体管集成后构成集成电路，它们成为当代信息技术的基础。

2. MOS场效应晶体管

MOS场效应晶体管(FET)因其制造工艺简单、输入阻抗很高、功耗小，更利于集成化，所以比其他器件在大规模集成电路中具有更为独特的优势，成为VLSI的主流。目前在数字集成电路中，尤其是微处理器和存储器方面，CMOS集成电路更处于绝对优势的地位。尽管MOSFET的基本原理于20世纪30年代就已提出，但当时栅绝缘层无法实现，所以直到20世纪60年代，Si和SiO_2界面的性质很好地被控制之后，才迅速发展起来。

(1) 基本的MOS晶体管　MOS器件按导电类型分为NMOS和PMOS。

所谓NMOS是指导电沟道为N型的MOS管，其结构如图2-8a、b所示。NMOS场效应晶体管是在P型衬底上制造的，它的源漏区是利用掩模版在P型衬底的某些区域扩散形成N型区，产生的耗尽区主要分布在掺杂浓度较低的P型区。在两个N^+区之间生长一层氧化层，使源漏区被两个二极管隔开，然后在两个N^+区以及氧化层上沉积一层金属电极，覆盖在氧化膜上面的金属电极称为栅极(G)，两个N^+区上的电极分别为源极(S)和漏极(D)，这样便构成了一个N沟道的MOS场效应晶体管。这时就要考虑如何建立和控制源漏区之间的电流以达到实用的目的。建立并控制源、漏区之间的电流通常有两种方式，一种为增强型，另一种为耗尽型。

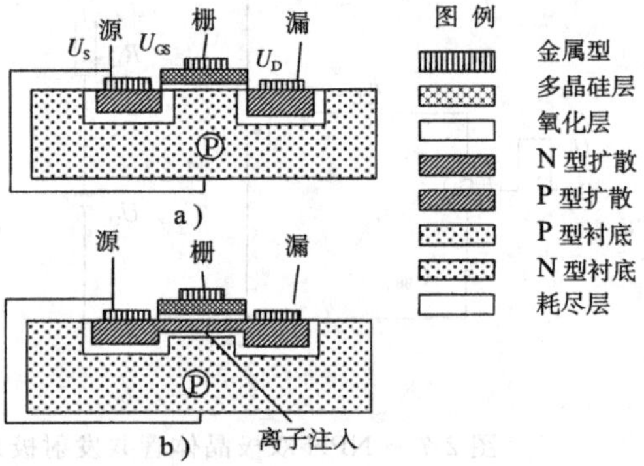

图2-8　NMOS晶体管的结构示意图
a) 增强型　b) 耗尽型

图2-8a所示的是NMOS增强型器件。如果在栅极和源极之间加正向偏压，则在栅与衬底之间产生一个电场，使栅区下面形成电荷反型区域，在源、漏之间产生一个导电通道，即沟道。与此相反，如果在源区和漏区之间注入适当的杂质，然后再淀积绝缘层和栅区，这样，即使在栅压为$U_{GS}=0$的条件也产生沟道，如图2-8b所示。也就是说，源、漏区通过一个沟道连在了一起。若使这个沟道消失，只要在栅极上加一个适当的负电压就可以了。这种MOS晶体称为耗尽型NMOS晶体管。

PMOS管与NMOS的制造方法恰恰相反，即以N型材料为衬底，源、漏区为P型扩散区，它也分增强型和耗尽型两种类型。

(2)增强型 MOS 晶体管工作原理　由上面所述，为了建立导电沟道，首先应在栅极和源极之间加一个开启电压 U_T。这时，若在源、漏极之间加上电压 U_{DS} 时，则沿导电沟道长度方向的电压降等于 U_{DS}。这使栅与沟道之间的电位差沿着沟道长度方向逐渐变化。此时导电沟道，也就是漏源电流 I_{DS} 受 U_{GS} 的控制，变成图 2-9b的形状。

因为有效栅电压为 $U_G = U_{GS} - U_T$，因而，只要 $U_{GS} - U_T > U_{DS}$，在漏极一端就会有一个电压使沟道反型，其临界条件为 $U_{DS} = U_{GS} - U_T$。当 $U_{DS} < U_{GS} - U_T$ 时，增强型 MOS 管就处于非饱和状态，即工作在线性区。而当 $U_{GS} < U_T$ 时，不会产生导电沟道，也无电流流过，器件工作在截止区。

当 U_{DS} 增加到大于 $U_{GS} - U_T$ 时，出现在部分沟道上的压降等于 $U_{GS} - U_T$，即只能在部分沟道区域产生图 2-9 所示的 MOS 晶体管沟道变化情况，靠近漏区的地方没有电场产生反型层，所以沟道被“夹断”，使沟道呈高阻状态，这就是饱和区。在这区域，U_{DS} 增加时，电流几乎不发生变化。

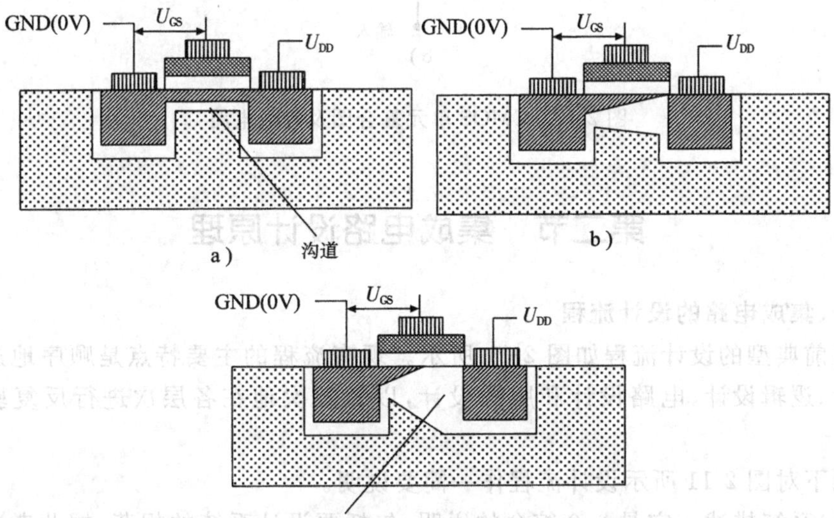

图 2-9　在特定源漏电压 U_{DS} 下的增强型 MOS 晶体管沟道变化情况

对于 MOS 器件，存在与双极型晶体管相类似的电流电压转移特性曲线簇，可分为三个区，即线性区、饱和区和截止区。在线性区，电流与电压呈线性关系；在饱和区，随电压变化，源漏电流变化微小；而在截止区内电压变化到开启电压之前，没有电流。

(3)CMOS 器件　一个典型 CMOS 双阱结构是由 NMOS 和 PMOS(即 N 沟道 MOS 管和 P 沟道 MOS 管)两种类型的器件组成。这种器件是在低电阻率的 N

型 Si 片上，生长一层高阻的 N 型外延层作为衬底，然后分别制作出 P 沟 MOS 和 N 沟 MOS 管，形成互补偿型结构。它的基本电路单元是反相器和传输门。前者是 NMOS 和 PMOS 器件的串联，而后者是两者的并联。由它们的不同排列组合，可组成各种 CMOS 电路。实现 CMOS 电路的工艺技术有很多种，图 2-10 表示的是一个 CMOS 单元复合而形成的一个反相器以及等效电路。

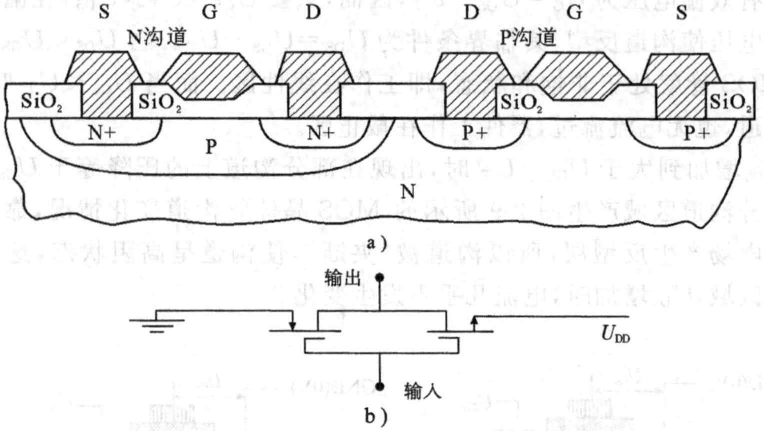

图 2-10　CMOS 单元复合图及等效电路

第二节　集成电路设计原理

一、集成电路的设计流程

当前典型的设计流程如图 2-11 所示。现有流程的主要特点是顺序地进行系统设计、逻辑设计、电路设计和版图设计，以及逐次地在各层次进行反复验证和比较。

以下对图 2-11 所示设计流程作一简要说明。

(1)系统描述　它是一个综合的说明，包括要设计系统的规范，据此考虑的设计模式或制造工艺。最终结果是确定芯片尺寸、工作速度、功耗和系统功能。

(2)功能设计　常用时序图解或各模块之间的关系图解。利用这些信息可以改进整个设计过程或简化后续的设计步骤。

(3)逻辑设计　常用的方法是用文本、原理图或逻辑图及用布尔方程表示的逻辑结构进行设计。设计中还要对逻辑结构进行模拟或验证，并对其进行优化。

(4)电路设计　电路设计时要综合考虑逻辑部件的电路实现，并用详细的电路图来表示电路设计。

(5)物理设计(Physical Design)　物理设计即版图设计，物理设计就是要把每个元件及元件间的连接转换成几何表示，把电路的几何表示称为版图。版图设计要符合与制造工艺有关的设计规则要求。鉴于版图设计的复杂性，往往把版图设计分成若干子步骤进行。

(6)设计验证(Design Verification)

在版图设计完成并得到以几何图形形式表示的版图以后，要进行设计验证，以确保版图满足制造工艺要求和符合系统的设计规范。版图验证包括设计规则检查(DRC, Design Rule Checking)、版图的电路网表提取(NE, Netlist Extraction)、电学规则检查(ERC, Electrical Rule Checking)和寄生参数提取(EP, Parameter Extraction)。经过验证后的版图可以送去制作掩模版并用于制造芯片。

(7)模拟与仿真　在上述步骤完成后，把有关数据进行虚环境下的模拟和仿真，以检查系统的正确性，以便对系统进行快速改进和优化。

(8)芯片制造　芯片制造过程包括硅片准备、杂质注入、扩散、光刻和外延等工艺，通过这些工艺在硅片上形成所需的电路或系统。

(9)封装和测试(Package and Test)　在完成芯片制造后，要进行封装和测试。经测试后去除不合格的芯片。安置在印制电路板上的芯片可封装成双列直插式(DIP, Dual In-line Pin)或引脚阵列式(PGA, Pin Grid Array)。用于多芯片模块(MCM, Multiple-Chip Module)上的芯片可不封装。

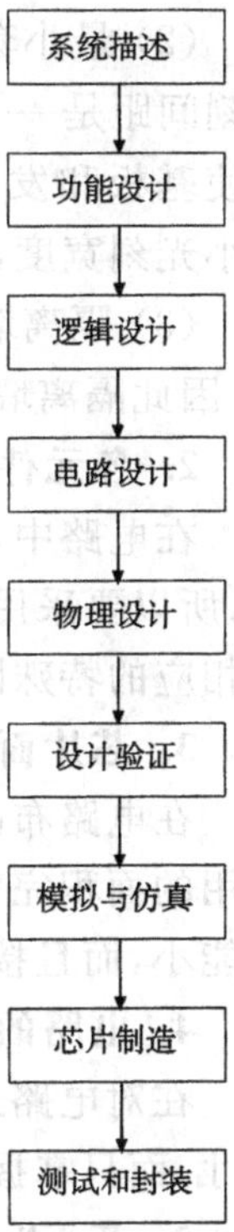

图 2-11
集成电路设计流程

上述设计可能会在某个步骤或某几个步骤间反复进行，如果采用计算机辅助设计(CAD)的方法，可以减少反复次数，实现高效率的设计，从而加快产品进入市场的速度。

二、集成电路版图设计基础

集成电路(IC)的版图设计又称为布图设计，版图设计就是指芯片加工时光刻用掩模版的设计。加工一个 IC 往往需要好几块掩模版，并且都要求有严格的尺寸。如果一个 IC 版图中出了一个“欧姆洞”的致命错误，那么 IC 加工者绝不可能生产出合格的晶体管，因此 VLSI(超大规模集成电路)的设计就不可能没有计算机辅助设计(CAD)和全自动化版图的设计与验证。

1. 基本尺寸的确定

光刻的基本尺寸根据工艺条件和电路要求而定，同时也要考虑如下相互关系。

(1) 最小光刻孔　它通常是指光刻机能刻出并且工艺中可做出来的最小尺寸

大小,它限制了引线和电阻条的最小宽度。

(2) 最小套刻间距　套刻间距主要由光刻水平和光刻版的制作精度决定的。套刻间距是一个比较重要的尺寸。如发射区对发射极引线孔的覆盖不够,其结果会使基板和发射极短路,但尺寸太大又会影响集成度;而且隔离的宽度不能小于最小光刻宽度,以免隔离墙断开。

(3) 隔离墙与其他图形的间距　在形成隔离墙时,时间长而导致横向扩散很大,因此隔离墙到相邻基区扩散图形的间距,要作适当放宽。

2. 各元件的图形和尺寸

在电路中,因某些晶体管、电阻要流过较大的电流,并要求有较低的饱和电压降,所以要采用较大的尺寸,而不能采用最小尺寸。为满足这些特殊要求,也要设计相应的特殊图形。

3. 芯片面积估算

在电路布图之前,要根据所设计的对象要求,综合上述特点,把各个部分所需占用的面积完整地推算一遍,并与实际工艺允许的面积相比较。要求版图面积尽可能小,而且接近方形,以减少每个电路占有的实际面积,从而增加成品率。

4. 电路的形貌布局

在对电路进行布图前先要作简单的布局,这时不用考虑各单元和器件的实际尺寸,而只掌握发热元件的影响、布线是否能做到最短等。

5. 基于"λ"的设计规则

"λ"是一个参数,以它为单位设计版图,可制定出一套简单的设计规则。同时,使用"λ"可对版图以"λ"为单位进行一定限度的按比例缩放,它可以使设计电路的方法有较长的寿命。这意味着在设计掩模版时,可先不需考虑"λ"具体的数据尺寸。当在真正实现半导体工艺之前,才给"λ"赋值。这一规则规定了以"λ"为单位的各线条的宽度、间距以及沟道宽度。这是一个无量级的特征尺寸,通过它建立了一套几何尺寸间的关系,构筑起集成电路的版图设计规则。比如说先以"λ"为单位,设计好版图,等到要在确定尺寸芯片上制造集成电路时,就要根据要求定出"λ"来。以前的加工精度是 $\lambda=1\mu m$,那么设计规则中的各线条、间距和露头宽分别用 1λ、2λ、3λ 表示,即为 $1\mu m$、$2\mu m$ 和 $3\mu m$;而今加工精度可达 $0.5\mu m$,那么同样是上述的 1λ、2λ、3λ,其对应的值已成为 $0.5\mu m$、$1\mu m$ 和 $1.5\mu m$ 了。如图 2-12 所示"λ"规则。

6. 按比例缩小原则

超微细加工技术的不断发展,使集成度空前提高,并使 IC 性能和速度等以及性能价格比也大大提高。那么上述"λ"规则就给我们提出一个问题,电路尺寸缩小后,集成电路器件中的电场程度和形状会发生怎样的变化? R. Dennard 等人提出的 MOS 器件的"按比例缩小"理论,又称为恒定电场理论(constant electrical field)，指出电场强度和形状在尺寸缩小后保持不变。许多与电场变化呈线性关系并影响器件性能的因素，并不会因尺寸的缩小而改变其大小，但器件性能却得到明显改善。这样，随着硅圆片和芯片面积的增大，器件尺寸越来越小，促使集成度大幅度提高，使性能得到显著的改善，功耗、成本也相应降低。

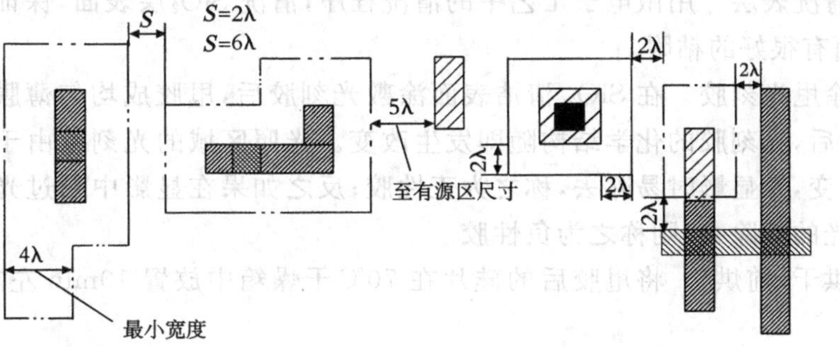

图 2-12　基于“λ”的晶体管设计规则

三、制版和光刻工艺

所谓制版就是制造光刻版。过去设计人员采用的是描绘版图，这种常规的制版方式已经被逐步淘汰，现在采用的是由计算机控制的制版技术。

光刻工艺就是利用光敏的抗蚀涂层发生光化学反应，按照确定的版图图形，结合刻蚀方法在各种薄膜上（如 SiO_2 等绝缘膜和各种金属膜）制备出合乎要求的电路图形，包括形成金属电极和布线、表面钝化以及实现选择性掺杂。由于集成电路有一定的空间结构，需多次使用光刻，所以氧化工艺与光刻工艺的结合构成了整个平面工艺的基础。

1. 光刻光源

一般使用光刻的光源与集成电路的线宽有很大的关系，即所用光源波长越短，则线宽也相应越窄。随着 VLSI 的发展，以及人们正努力突破半导体物理极限发展纳米电子器件，要求曝光光源的波长也越来越短。目前用于研究和生产的光源有紫外、电子束、离子束和 X 射线四种。

（1）远紫外曝光技术　光源波长为 200～290nm，现在主要使用这种光源进行微细图形的制造。它的优点是设备简单，与传统设备兼容。

（2）电子束光学技术　电子束的波长较短，可以刻出 $<0.10\mu m$ 的线宽。一般电子束能量为 1～5keV。刻蚀时，电子束在光刻胶上作扫描运动，蚀刻成图形。因电子粒子较轻，故电子束易在光刻胶和硅衬底中发生散射，所以需采取修正技术，其成本较高。

（3）离子束曝光技术　离子束质量大，刻蚀图形精确，一般能量为 100keV。但是，离子束源一般不稳定，这种方法仍在探索之中。

(4)X 射线曝光技术　X 射线波长很短,可刻出更加精确和细致的线宽。X 射线曝光对掩模有较高的要求,其主要进展完全取决于掩模版的性能。

2. 光刻工艺

光刻工艺过程以 SiO_2 膜上用常规光刻工艺刻蚀所需图形的过程为例。

(1)清洗表层　用微电子工艺中的清洗程序,清洗 SiO_2 层表面,保证光刻胶与 SiO_2 表面有很好的粘附。

(2)涂甩光刻胶　在 SiO_2 清洁表面涂敷光刻胶后,甩胶成均匀薄膜。当光刻光源照射后,光刻胶的化学结构随即发生改变。光照区域的光刻胶由于光照后结构发生改变,在显影时易除去,称之为正性胶;反之如果在显影中曝过光的胶被保留,未曝光的被除去,则称之为负性胶。

(3)烘干(前烘)　将甩胶后的硅片在 70℃ 干燥箱中放置 10min 左右,让光刻胶干燥。

(4)曝光　将光刻版(又称为掩模版)放在光刻胶层上,并套准,用光源照射,使光刻胶发生化学反应。

(5)显影　经过曝光后的光刻胶中受到光照的部分因发生光化学反应,从而改变化学结构,使其在显影液中被溶解(正性胶)。

(6)坚膜　在显影时被泡软的胶膜,需要变硬以便与 SiO_2 层更好地粘附,以防脱落,通常采用的是加热烘烤的办法。

(7)腐蚀　对坚好的膜用腐蚀液或离子反应法把没有受膜保护的 SiO_2 层去掉。

(8)去胶　完成腐蚀后,用去胶剂或离子反应刻蚀法除去留在膜上的胶层。

四、MOS 集成电路的版图设计

IC 设计通常分为电路设计、工艺设计和版图设计。首先是电路设计,接着是能代表电路功能的版图设计。如果是数字电路和半定制设计则不需要用户进行工艺设计,只有全定制模拟 IC 设计才需要用户参与工艺设计。在 MOS 电路设计中,由于同时存在 NMOS、PMOS、P 阱或者 N 阱以及门锁效应,所以给版图设计带来了一些新问题。这些问题,反映在版图设计规则的制定上,版图设计规则越保守,成品率越高。然而版图设计规则越有进取性,则电路性能改进的可能性越大,这通常是以牺牲成品率为代价的。因此,ASIC(专用集成电路)厂家应严格遵守厂方给出的 MOS 版图设计规则。MOS 型集成电路由 MOS 晶体管、电阻和电容组成,它主要包含以下几个基本的电路单元。

(1)反相门　它是 CMOS 最基本的电路,绝大多数电路模块都用到了它,如图 2-13 所示。

(2)与非门　图 2-14 给出了输入与非门 CMOS 电路。对所有输入总有一条途径从“1”或“0”(U_{DD}或 GND)接到输出,并且输出值可以达到电源电压值。

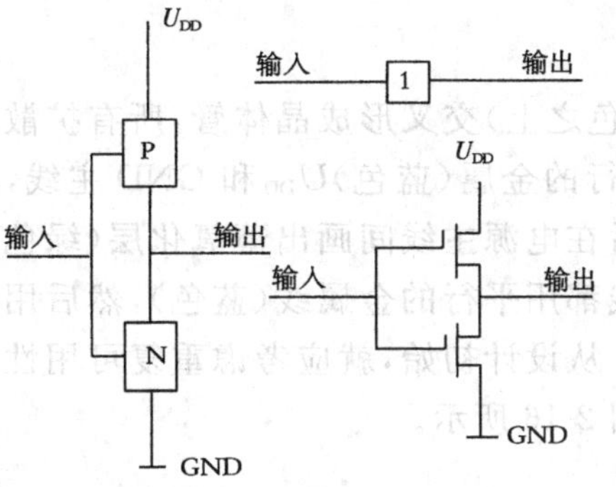

图 2-13　CMOS 反相门的构成

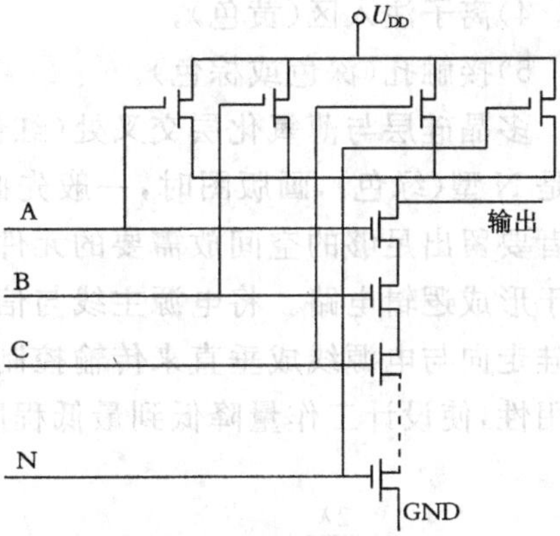

图 2-14　CMOS 与非门的构成

(3)或非门　图 2-15 和“与非门”相比，在或非中增加一个输入时，只要相应地在 N 管一侧并入一个 MOS 管，在 P 管一侧也并入一个 PMOS 管即可。

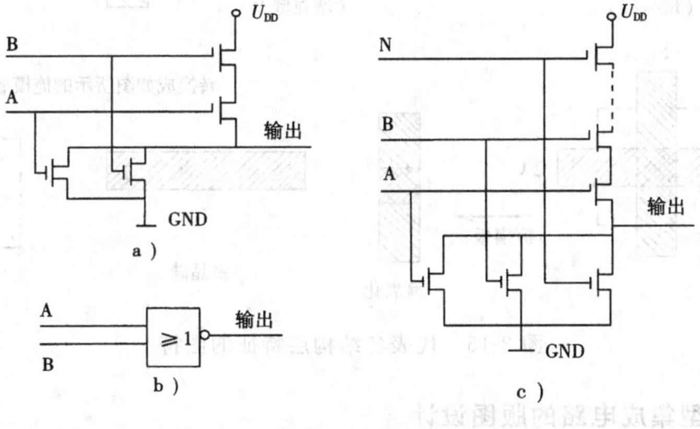

图 2-15　CMOS 或非门的构成

MOS 设计的目的就是把由上面所述的基本电路或其组合电路的技术规范要求转换成满足这个要求的掩模版图，制成掩模版图后，可以用它来加工制造实际的集成电路。

下面将介绍 ICCAD(集成电路计算机辅助设计)中常用的各层版图图形特征，包括不同特征的颜色等。在此基础上就可根据器件要求来设计版图。以 NMOS 为例来说明。一般的软件中把 NMOS 按层次分为：

1)N 扩散层(棕色)和没进行扩散的其他薄氧化层区域(绿色)；

2)多晶硅层(红色)；

3)金属层(蓝色)和第二层金属层(若有的话)；

4)离子注入区(黄色);

5)接触孔(深色或棕色)。

多晶硅层与薄氧化层交叉处(红色在绿色之上)交叉形成晶体管,所有扩散层都是N型(绿色),画版图时,一般先画出平行的金属(蓝色)U_{DD}和GND主线,在两者要留出足够的空间放需要的元件。然后在电源主线间画出薄氧化层(绿色),用于形成逻辑电路。将电源主线与信号总线都用平行的金属线(蓝色),然后用多晶硅走向与电源线成垂直来传输控制信号。从设计初始,就应考虑重复可用性及通用性,使设计工作量降低到最低程度,如图2-16所示。

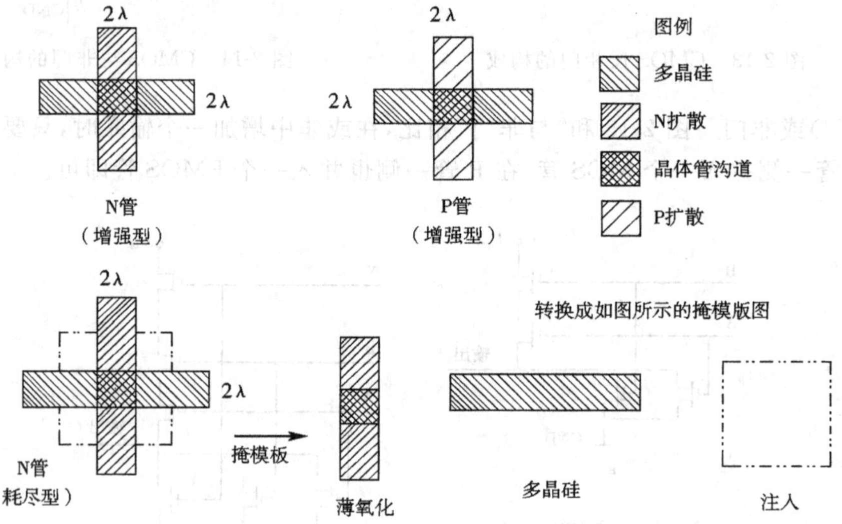

图2-16 代表各结构层特征的图符

五、双极型集成电路的版图设计

双极型集成电路除遵守本节开头所讲的基本规则外,也有自己的特点。双极型IC的版图设计特点主要体现在以下方面:

1)在隔离区的划分。可将共用N型外延层的元器件放在同一隔离区。因为基区扩散电阻之间是相互隔离的,所以可以将若干个电阻和若干个晶体管放在一起。

2)放热高的元器件放在边上并处于热对称线上,以最大限度地减少对集成电路内P的影响。

3)在管芯外围进行隔离扩散,形成"包地线"以及提高芯片抗干扰能力。

4)由于双极电路中元件繁多,如NPN管、纵向PNP管、横向PNP管和JFET管,以及各种电阻电容等元件,在版图设计时要充分考虑其兼容性和相互影响,使工艺制造便捷,性能显著提高。

双极型集成电路的基本器件是晶体管、二极管,它往往由晶体管的不同连接方法来实现。而晶体管的代表是NPN管，标准工艺也是以它的器件主要参数为依据，适当考虑横纵向PNP和电阻电容等，标准的双极工艺中NPN的结构如图2-17所示。从纵向结构可看出，衬底选用P型材料是为了形成隔离区，它与P^+隔离墙对接，在工作时隔离墙接地（最低电位），而被隔离墙分隔开的各“隔离岛”接U_{DD}（最高电位），这样通过反偏的PN结实现了各元件间的隔离。

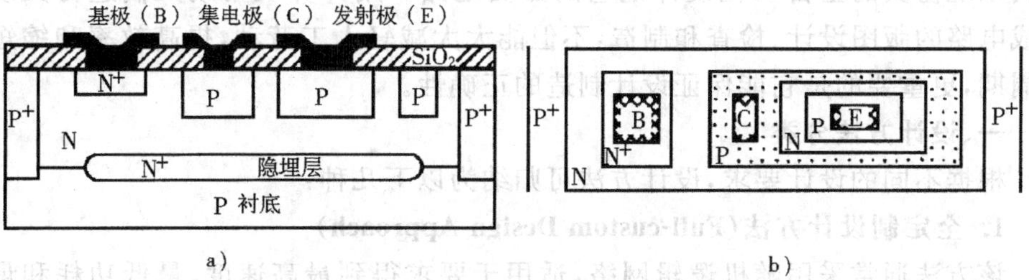

图2-17　双极型工艺中的NPN管的横截面结构和版图

a）横截面结构　b）版图

双极集成电路中的电阻是用扩散层和各扩散层间的沟道来实现，即基区扩散电阻和沟道电阻，而电容主要由PN结电容及MOS电容实现。

第三节　微电子系统设计

1971年底，超大规模集成电路（VLSI）的出现，导致了微处理器的诞生。微处理器就是用大规模集成电路工艺把计算机的中央处理单元制造在一块硅片上，该硅片按程序工作可以实现一系列复杂的功能，处理各种信息。就是这小小的硅片——微处理器，可以安装在任何设备内，起控制、存储、计算等作用。它的出现，使庞大的计算机体积降低了一千万倍，甚至更高，而速度提高了几千万倍，从而使微型计算机迅速进入家庭，并渗透到人类社会的各个领域。如果说汽车、飞机等交通运输工具是人类四肢延伸的话，那么微处理器构造的电脑就是人脑的延伸。

微电子系统的设计就是按照所需求的功能，来设计具有这些功能的通用的或专用的集成电路。若用CMOS等电路实现，即把CMOS电路的版图绘制出来，并按照版图设计的要求在加工工艺中制造，则生产出符合要求的集成电路产品，如微处理器、存储器和输入/输出接口等系统。或者把整个微型计算机系统都设计在一块硅片上，即集成系统。

微电子系统中最具代表性的设计是微处理器的设计，因为它最复杂，用途最广。但对于专用电路来讲，采用ASIC等各种设计方法，可以产生出一种比较理想的大规模定制集成电路。这种既具有合理的优化电路设计，又具有低成本的优势，是目前微电子系统设计的一个重要方向。

微电子系统设计随着集成系统概念的出现，导致新的设计理念。20世纪80～90年代，层次设计得到推崇，它的概念为每一级就是一个模块，有明确的电气功能，即组件，如RAM、ROM和处理器。但对于VLSI，它的复杂性，以及芯片的整体性能非常强地依赖于局部信息，使局部设计与全部整体的功能紧密地联系在一起，层次概念就不实用了。因此产生了新的设计方式，采用计算机辅助及模拟直到系统仿真的全自动化设计是它的必由之路。用计算机帮助人们进行大规模集成电路的版图设计、检查和制造，不但能大大减轻人工劳动，提高效率和缩短制造周期，更重要的是它能保证设计制造的正确性。

一、设计方法分类

根据不同的设计要求，设计方法可归纳为以下几种：

1. 全定制设计方法(Full-custom Design Approach)

该方法通常采用随机逻辑网络，适用于要求得到最高速度、最低功耗和最省面积的芯片设计。但版图设计花费时间长，通常需要人来不断完善，以便把每个器件及内连接安排得最紧凑、最合适。

为了提高全定制设计方法的效率，减少错误，可以采用层次式设计手段(Hierachical Method)。

符号法版图设计法也属于全定制类。但实际上只能称它为“伪”全定制设计，因为要全局地减小芯片面积对符号法来说还有一定的困难。

2. 定制设计方法(Custom Design Approach)

它适用于芯片性能指标比较高而生产批量又比较大的产品设计。通常分为两种：

1)标准单元法(Standard Cell Method)，其商业名称为多元胞法(Polycell)。

2)通用单元法(General Cell Method)，或称为积木块法(Building Block)。

以上统称库单元法。在设计时根据电路要求从库中调出所需单元和外围单元(包括压焊块)，进行自动布局和布线，最后得到被设计电路的掩模版图。其特点是元件得到充分利用，芯片面积较小，设计上的自由度较大。但建立一个单元库需要大量的初始投资，而且制造周期较长，成本也较高。

3. 半定制设计方法(Semi-custom Design Approach)

半定制的含意就在于对一批芯片作“单独处理”，即单独设计和制作接触孔和连线以完成电路的要求。这样就使从设计到芯片完成的整个周期大大缩短，因而其成本大大下降。这种设计方法制造的芯片利用率一般较低，面积较大。它适用于要求设计成本低、设计周期短而生产批量小的情况。门阵列(Gate Array)及最近发展起来的门海(Sea of Gate)就属于这一类。门阵列是预先在芯片上生成由基本门(或单元)所组成的阵列，即完成连线以外的所有的芯片的加工步骤。

4. 可编程逻辑器件(Programmable Logic Device)法

其特点是“可编程”，往往由制造商提供通用器件，而由设计者根据需要进行

“再加工”来实现其特定的逻辑。如果说门阵列的“单独处理”由芯片制造商用2～4道掩模工序来实现的话，PLD的“可编程”则由设计者通过开发工具自由来完成，这就大大方便了用户。

后述的可编程只读存储器(PROM)、可编程逻辑阵列(PLA、FPLA)、可编程阵列逻辑(PAL)、通用阵列逻辑(GAL)等都属此类。

5. 混合模式设计方法

随着VLSI复杂性的增长，在整个芯片中只利用一种设计方法已被认为是不经济的。因而提出了混合模式，即把不同的设计方法加以优化，并组合而构成一体。如近年提出的IMSA(Integrated Modular and Standard cell design Approach)就是一例。它把人工设计、标准单元法和PLA法用于一个芯片设计中，取得了满意的结果。

6. 硅编译(Silicon Compiler)法

它是一种全自动的设计方法。利用这种方法可从集成电路的行为级描述直接得到该电路的掩模版图。以硅编译器为基础的VLSI设计系统为系统设计人员提供了一种真正的设计自动化工具。

除以上6种方法外，还有门矩阵法等。

要对各种设计方法作出全面的比较和评价是一件复杂的事情。应该指出，自动化实现的难易与约束条件有关。一般讲，约束限制越多，实现自动化越容易。但约束条件会带来布局和布线上的种种限制，而导致芯片面积增加和性能降低。

二、专用集成电路与设计方法

ASIC(Application Specific Integrated Circuit)直译为“专用集成电路”。这种电路实际上面向专门用途，而区别于标准逻辑(Standard Logic)电路或通用存储器及通用微处理器电路。

这一术语得到广泛的传播和重视是在20世纪80年代中期以后。ASIC的提出和发展说明集成电路进入了一个新阶段。通用标准的集成电路和人工全定制电路已不能适应电子工业的急剧变化。各个厂家都希望生产具有特色、个性的产品，要求增加品种型号，加快产品更新。而只有ASIC才能迅速地生产出具有竞争力和保密性的新产品。

ASIC并不是一个学术名词，它的含义并不确切。广义地讲，几乎所有有专门用途的、而又不属于标准逻辑电路或通用存储器及通用微处理器的、新开发的产品都可以称为ASIC。ASIC产品可以采用任何一种设计方法来实现。既可以采用全定制方法，也可以采用定制、半定制方法，或者用硅编译法。

目前对ASIC有另一种狭义的理解，即ASIC是根据用户的特定要求，能够以低研制成本、短的交货周期供货的半定制电路和定制电路。根据这一狭义的定义，实际ASIC的主要方法是门阵列和库单元法。

目前门阵列占 ASIC 产品的 60%以上，已有系列化产品出现，规模可达数万门，十几万门的门阵列也已研制成功。门阵列现有 CMOS、NMOS、ECL、TTL 和 BiCMOS 等不同工艺。

标准单元目前的产值次于门阵列而列居第二位。但它的发展速度最快，最富有活力，因为可以在它的基础上开发含有 ROM、RAM、ALU 等的数字 ASIC，以及含有模拟电路的混合型 ASIC。标准单元也已有系列化产品出现。

ASIC 电路的蓬勃发展正在极大地推动着设计方法学的研究及设计工具的完善，同时也促使系统设计人员与芯片设计人员的结合与渗透。"门海"的出现就是一例。ASIC 中最广泛使用的是门阵列设计方法，但门阵列的固有弱点之一是通信固定，门的利用率低。为了解决这一问题，研究出了"门海"技术。在 ASIC 的研制方式上也更多地采用用户（系统设计人员）与厂商（芯片设计人员）共同结合，联合设计的方式。

三、门阵列设计方法

在一个芯片上把逻辑门排列成阵列形式，每个门具有相同的版图形状，门与门之间暂不连接，从而构成一个未完成的逻辑阵列，称为门阵列。基本单元之间留有布线通道，有两种情况：一种是水平与垂直方向均留有布线通道，另一种则只在一个方向留有布线通道。布线一般有严格的方向控制，即金属线水平走线，多晶硅线垂直走线，或者反过来。在阵列的四周，是输入输出接口电路，其掩模版是可程序设计的。严格地讲，门阵列是把单元（若干器件）排列成阵列形式，每个单元内含有若干器件，通过连接单元内器件使每个单元实现某种类型门的功能，并通过各单元之间的连接实现电路的要求。

门阵列典型的版图结构如图 2-18 所示。它有三个区域。芯片四周是 I/O 电路及压焊块，芯片中间为单元区和连线通道。连线通道处于单元之间。连线为一系列垂直方向和水平方向的线段。如果门阵列允许有双层金属连线，金属层之间通过通孔连接。一般第一层金属是水平的，第二层是垂直的。如果只允许单层金属，那么水平段为金属，垂直段就必须采用多晶硅。

一个门阵列大都是由一种基本单元构成的。但也有是由两种构成的，例如，在六管单元中，除了逻辑单元之外，还有触发器单元，以适应存储器结构的需要。

另一种构成门阵列的方法就是采用基本功能单元，使得只要求最后作单元之间的互连设计。问题是如何给定这种单元的逻辑功能。"与非"门与"或非"门都是通用的数字逻辑功能单元，用它们可以构成其他的门或者系统。然而，这种选择不是太有效，因为这种基本布尔门每次只能区分 2 M 个不同的二进制输入模式之一，M 是门的输入端数目。因此，人们正在为这种方法研究具有更多逻辑能力的通用逻辑门。

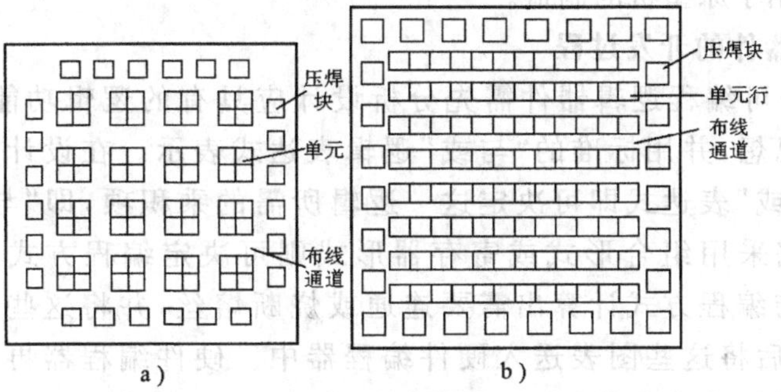

图 2-18　门阵列版图示意图

四、可编程阵列逻辑

可编程阵列逻辑的英文全称为 Programmable Array Logic，简称 PAL，是 20 世纪 70 年代后期由美国 MMI 公司推出的可编程逻辑器件。可编程阵列逻辑（PAL）是一种典型的可编程逻辑器件（PLD），它由一个可编程的“与”平面和一个固定的“或”平面构成，或门的输出可以通过触发器有选择地被置为寄存状态。PAL 的原意是 PLD 的一种结构，只要是 PLD，可编程的是与阵列，就称为 PAL。从 PAL 的结构可知，各个输出函数必须分别化简，不必考虑公共的乘积项。PAL 中大小数、逻辑函数都可以方便地化简为若干个乘积项之和，即“与—或”表示式。它具有多种固定的输出结构。送到或门的乘积项数目是固定的，而且是有限的。这表明如果化简后的乘积项数目太多，必须用合适的型号替换之。

当把两个平面之间的连接关系设置为可编程时，就构成了另一种结构更为灵活的 PAL。它有很高的工作速度。PAL 器件是现场可编程的，实现工艺有熔丝技术、可编程只读存储器 PROM、EPROM 和 E^2PROM 技术等。一般按照输出和反馈结构的不同，可以把 PAL 分成五大类：专用输出的基本门阵列结构、异步可编程输入/输出结构、寄存（时序）输出结构、异或结构和算术选通反馈结构。

五、通用阵列逻辑

GAL 是美国 Lattice 公司的注册商标，GAL 是通用型阵列逻辑（Generic Array Logic）的简称，它是在 PAL 的基础上发展起来的，是 Lattice 公司首先发明并用 E^2CMOS 工艺制成的电可擦除（electrically erasable）电可改写器件，其间的差异主要是输出结构不同：GAL 采用可编程的宏单元（macrocell）作为输出结构，因而可根据需要选择组合逻辑或寄存器输出，还带有三态门控制信号、I/O 反馈途径及输出极性控制，使 GAL 在使用时更灵活，因而在有些资料中叙述了用 16 只脚 16V8 之 GAL 可取代（模拟）某些 20 只脚的 PAL；20V8 的 GAL 可以取代（模拟）某些 24 只脚的 PAL。

Lattice 于 1995 年推出低电源电压器件，具有高速、低功耗、改写迅速方便的特点，非常适用于原型机的制造。

1. GAL器件的开发过程

开发一个可编程逻辑器件需先分析设计应具有的逻辑功能，将此逻辑功能化为设计思想，并用标准的“与或”逻辑表达式表示。在设计GAL器件时，根据这些“与或”表达式即可决定这一逻辑所需的乘积项，即“与或”阵列的编程方式。电路采用组合形式或寄存器形式则可决定编程方式。然后再根据“与或”阵列与编程方式计算出需要连通或烧断熔丝，并将这些信息逐格填入熔丝图表，最后将这些图表送入硬件编程器中。硬件编程器再根据送入的信息发出一系列的脉冲信号，将编程数据固化在GAL器件中，这样GAL就具有了我们所需的逻辑功能。

2. 软件开发工具

将所需设计的逻辑转换为熔丝图这种基本概念在现在所用的可编程逻辑器件的开发过程中仍在使用。

采用软件开发工具时，逻辑设计的输入方法却有很多种，大部分的开发软件提供了布尔方程式、真值表及状态机的设计输入方法。这三种基本的设计输入方法在很大程度上改进了逻辑设计的效率并提高了设计的正确性。为了进一步提高设计输入的效率，新开发的软件还提供了电路图输入、宏单元库、定时波形格式及硬件描述语言(HDL)等设计输入方法。功能较强的开发软件通常将这些设计输入方法结合在一起，这样系统设计工程师可以选择适合于它们的逻辑设计输入方法。例如ABEL软件采用了布尔方程式、真值表及状态机的输入方法，CPUL软件采用了布尔方程式、真值表及状态机的输入方法，OrCADPLD软件采用了布尔方程式、真值表、状态机及电路图的输入方法。

这些开发软件还具有功能仿真与定时分析的能力。这样，所设计的逻辑的正确性将进一步得到提高。功能仿真与定时分析的优点是能在所要求设计的逻辑的硬件系统被建立之前先利用软件进行设计，然后再作充分的仿真及调试，在完全满意之后再建立硬件系统。这样就可避免硬件系统的反复修改，既缩短了设计周期，还可节省大量的资金。

3. 硬件开发工具

硬件开发工具的作用是将编程数据装入GAL器件。对GAL编程的过程实际上是硬件编程器接收JEDEC数据文件，并发出与此数据相关的一系列脉冲。

Lattice公司建议用户在开发GAL器件时采用专业公司提供的硬件编程器，这些编程器能对各类器件进行编程，而不需要用户增加附加的装置，这些编程器也不需要器件的生产厂在设计器件时考虑如何让器件去适应它。由于Lattice公司的GAL器件编程算法不要求特殊的电压和定时波形，因而就像大部分的硬件厂生产的编程器都能实现一次性可编程技术那样，它们都支持GAL的现有型号的器件的开发。

由于 GAL 器件采用了独特的 E^2CMOS 工艺和结构，优良的质量水准，它给制造和设计工程领域带来许多方便。GAL 器件在编程器上进行编程的同时可以立即将原有的编程信息擦除。与光擦除 PLD 相比，电擦除的 GAL 器件不需耗费很长的时间用紫外灯擦除信息，而且该器件采用了低价的塑料封装，不需要昂贵的带石英窗的封装，因而电擦除的 GAL 器件比光擦除 PLD 更受用户的欢迎。

通过器件类型、开发软件及开发硬件的选择，设计过程中的重大决策就已确定。这样，设计的第一步就是选择合适的 GAL 器件。在使用 PAL 器件时，用户必须知道 PAL 器件的各种结构，例如，哪些是 I/O，哪些是寄存器。这个过程有时是相当麻烦的，如果出了差错，就必须再重新选择。而 GAL 器件简化了这种方法，它采用了通用的可编程的输出结构，只需用户计算输入和输出的总数，然后选择一个速度、功率等参数相符的型号，开发软件将自动地分配 I/O、寄存器等。

设计的第二步是根据选择的软件对所需设计的逻辑以规定的设计输入方式输入，如采用描述语言、逻辑图等方法。然后就是利用软件进行编译、仿真、再修改直至符合要求。

第三步是根据设计的数据产生熔丝图，即产生 JEDEC 标准文件。这一文件是从开发软件的计算机环境传送到硬件编程器的媒介。一旦 JEDEC 文件产生，此设计就已准备好向器件编程。有些软件还提供报告文件，以便用户进行分析，此文件提供了最后的简化等式、单元图或熔丝图的硬拷贝，如有需要还作出器件的引脚图。

设计的最后一步是将数据文件装入编程器，然后由编程器发出编程脉冲，将数据固化在 GAL 器件中。当然在固化后为检验设计是否成功，必须对器件进行测试。

六、现场可编程门阵列

现场可编程门阵列（FPGA，Field Programmable Gate Array）器件及其开发系统是用于开发大规模及超大规模数字集成电路的新技术，始于 1984 年 Xilinx 公司，该公司于次年推出世界上最早的现场可编程门阵列。1992 年，Xilinx 公司又将其产品拓展到基于 EPROM 工艺的可擦除式可编程逻辑器件（简称 EPLD）。1995 年，又推出复杂可编程逻辑器件（CPLD，Complex Programmable Logic Device），力求进一步占领市场。目前，Xilinx 公司是世界上 CMOS 可编程逻辑器件的最大供应商之一，同时也是 FPGA 器件的最大供应商之一。

FPGA 按编程方式可分为两类：第一类为一次性可编程 FPGA（如 Actel 生产的 FPGA 及 Xilinx 的 XC8100 系列产品）。这种器件的各连线交叉点上有逆熔丝

(Antifuse),使连线互不相通;在编程时按照配置程序有选择地将特定位置的逆熔丝烧熔,从而使交叉点处的连线互相连通。由于使用逆熔丝,这种编程是不可逆的,若编程后发现设计上有错误也无法进行修正。第二类是以 Xilinx 公司为代表的可重复编程的 FPGA(包括 XC4000 系列、XC3000 系列、XC2000 系列以及 XC5200 系列)。这种器件在设计时,将布局布线信息写入静态存储单元。通过 CAD 工具输入电路图或布尔方程(如用 VHDL 描述或电路图输入等方法),经过模拟、编译程序处理后进行自动布局布线或手工布局布线,生成二进制文件。最后根据 FPGA 的不同工艺,或者将生成的二进制文件装入静态存储单元(如 EPROM、E^2PROM、软盘等),对 FPGA 器件初始化后就可以得到所需要的电路功能;或者直接将生成的二进制文件一次性永久配置到 FPGA 器件,就可以得到所需电路功能。

由于 XC4000 系列器件的功能很强,因此要求开发系统不仅使用方便,功能也要很强。Xilinx 开发了专为 XC4000 系列优化过的新版本开发工具 XACT(Xilinx Automatic Caetools)。该工具先从简图中获取所要的各种信息,然后进行划分、布局及布线,该工具具有存储器编译器(Men Gen),充分利用 XC4000 系列器件芯片上有 RAM 的特点,还有 30 多个通用逻辑的硬宏单元(Hard Macros),以构造成前后一致的单元特性。

第四节 芯片制造工艺

集成电路的制造,是微电子技术的核心,它是基础科学、基础工艺以及许多技术的最新成就(包括计算机自动化控制、精密光学、高能粒子束光学、精密机械定位对准、超净、化学超纯等技术)的共同结晶。集成电路的生产基本上可以分为三个阶段:电路设计、芯片制作和老化封装。

芯片制作工艺有双极工艺、NMOS 工艺、PMOS 工艺、CMOS 工艺(又有 P 阱工艺、N 阱工艺、双阱工艺之分)和 BiCOMS 等不同的工艺技术。

目前的工艺技术在本质上还是基本相同的:其制作过程都是以圆形的硅片为基础,在初始硅片上经过多次氧化、光刻、离子注入,制作出器件,再通过电极制备、多层布线实现各器件间的互连,实现一定的功能,最后再经过老化封装测试成为成品。可见,芯片制作需要用到的技术很多,如掩模生长和沉积(例如热氧化、CVD)、图形生成(例如刻蚀技术)、掺杂(例如扩散、离子注入)、隔离(例如介质隔离、PN 结隔离、等平面隔离)、金属化互连(例如蒸镀、溅射、刻蚀、多层金属化)、钝化(例如低压 CVD、溅射、阳极氧化)以及工艺检测和监控技术等。制造半导体集成电路器件须经过百余道工序。本节将简述部分主要的工艺。

一、硅材料

硅是应用最广泛的半导体材料。它的来源及其广泛，其含量占地壳的25%。硅的提纯比较容易，成本低，因此成为制作半导体集成电路的主要材料。在元素周期表中，原子序数为14，硅属于4价元素，排在3价的铝和5价的磷之间。硅的晶体结构为金刚石结构。

生产硅大圆片可分为三个基本步骤：多晶硅生产、单晶生长、硅圆片制造。

1. 多晶硅生产

生产硅的原料是地球上两种最普通的原料——石英砂（二氧化硅）和一定纯度的碳（来自焦炭、煤、木屑等）。在高温电炉中互相作用，二氧化硅被碳还原成硅，在反应温度下元素硅是气相，然后凝固成工业用硅，纯度约为98%。反应式为

$$SiO_2+2C \xrightarrow{2000℃} Si+CO_2$$

工业用硅必须经过提纯，才能得到半导体级的硅，其杂质含量低于十亿分之一。方法是：将工业用硅与盐酸反应得到三氯氢硅（$SiHCl_3$），然后分馏达到半导体要求的高纯度三氯氢硅（$SiHCl_3$）。分馏是将三氯氢硅从四氯化硅、杂质（磷、镓、硼）的氯化物以及金属（如铁、铜）氯化物中分离出来。分馏提纯的$SiHCl_3$再次用氢还原成高纯度的多晶硅。具体反应式为

$$Si+3HCl \xrightarrow{1250℃} SiHCl_3+H_2 (+SiCl_4\text{ 及其他产品})$$

$$SiHCl_3+H_2 \xrightarrow{1100℃} Si+3HCl$$

还原高纯多晶硅是在还原炉中进行的。反应生成的硅沉积在被通电加热的半导体级纯度的多晶硅棒上，这样才可以保证其纯度。反应生成的棒料须切割成小块，以便用直拉法生长单晶。如用悬浮区熔法生长单晶则保持原棒料形状。

2. 直拉法生长硅单晶

直拉法又称为CZ法(Czochralski)，图2-19是直拉单晶的原理图。硅在高纯石英坩锅中熔化。将具有所需晶向的籽晶浸入熔体（约1 420℃），按严格控制的速度上拉。与此同时，籽晶及坩锅分别按照相反的方向旋转以搅拌熔体并使温度均匀。拉单晶时周围环境的气氛通常是氩气。

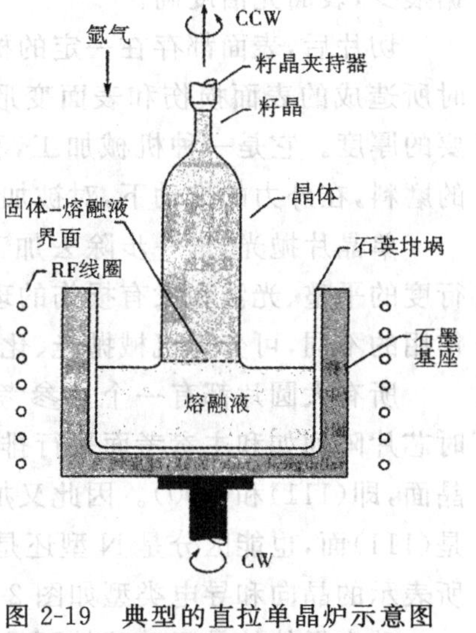

图 2-19　典型的直拉单晶炉示意图

掺杂是将少量重掺杂的硅加入到坩锅中，以控制单晶的掺杂量。因为在凝固时总有部分杂质在晶体结晶时被排回

熔体，所以长成的晶体中的杂质含量低于熔体的杂质含量。

普遍认为直拉单晶技术可以满足半导体器件生产厂对于更大直径而又价格合适的大圆片的需求。

另一种生长单晶的方法为悬浮区熔法(Float Zone ,FZ 法)生长单晶。这种生长单晶的方法不像直拉法那样采用坩埚，而是在多晶硅棒和单晶籽晶之间用高频加热产生一个悬浮的熔区。在多晶棒旋转的同时，使熔区逐渐通过硅棒，使硅棒形成单晶。由于保持经悬浮熔区不崩溃有困难，因此这种方法不容易生产大直径的晶体。悬浮区域单晶常采用的掺杂剂是硼和磷。而这都是通过气相掺入的，因此这种方法能够很好地控制电阻率在轴向的均匀分布。

3. 硅圆片制造

硅圆片是从经过整形加工的硅锭上切割下来，并经过一系列工序得到的。具体工艺过程是：滚磨单晶达到标准直径→用 X 射线定晶向，并滚磨一个或多个参考面→化学腐蚀单晶表面以去除滚磨造成的损伤→以主参考面作基准，将单晶切割成大圆片→用研磨方法将大圆片边缘倒角→研磨大圆片保证平整表面并达到平行度的具体要求→化学腐蚀以除去研磨损伤→测量大圆片厚度和电阻率→将大圆片正面进行最后抛光→进行化学/机械清洗→检查表面清洁度与平整度→将大圆片包装入库。

单晶切片也称为切片。就是用切片机将单晶棒按照一定的要求切成片状，根据器件制作的要求，切割单晶。切割单晶必须做到精度高和表面质量好。精度主要是指切割的弯曲度、平行度和厚度的误差。表面质量好的要求是无微小裂纹，锯痕少，表面光洁度高。

切片后，表面都存在一定的机械损伤和表面变形。单晶片研磨就是除去切片时所造成的表面损伤和表面变形，使单晶片表面平整光洁，并达到期间生产所需要的厚度。它是一种机械加工，利用大量硬度比被加工表面大的、具有复杂棱角的磨料，在外力的推动下，对被加工表面进行运动形式复杂的磨削作用。

单晶片抛光，进一步除去加工表面残留的机械损伤，获得具有一定厚度和平行度的平整、光洁和没有损伤的理想表面。这是一种表面微细加工技术。按加工作用的不同，可分为机械抛光、化学抛光和化学机械抛光。

所有大圆片都有一个主参考面。垂直或平行此参考面硅片容易破碎。光刻时芯片阵列如和主参考面平行排列，划片时容易破碎硅片。工业上主要使用两种晶面，即(111)和(100)。因此又加上第二参考面以便既能识别大圆片是(100)，还是(111)面，也能区分是 N 型还是 P 型硅片。主参考面和第二参考面的位置及其所表示的晶向和导电类型如图 2-20 所示。

硅中天然的易于破碎的面是(111)面。在(100)大圆片上(111)面和表面相交呈矩形，因此易于在主参考面平行和垂直方向裂开。划片可以沿着这一自然破裂面的两个方向进行。

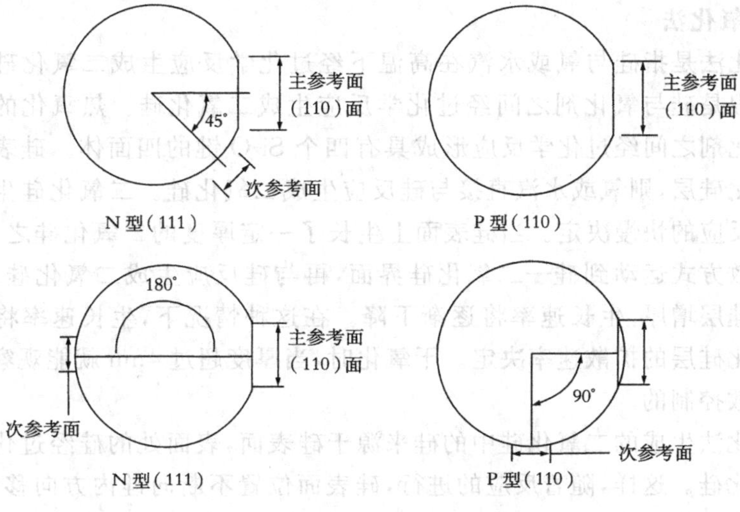

图 2-20 硅圆参考面和参考方向

二、洁净室分类

由于半导体工业所制作的集成电路元件尺寸越来越小，在一块小小的晶片上集成了许许多多的元件，因此，在制作过程中就必须防止外界杂质污染源的污染，因为这些污染源可以造成元件性能的劣化以及电路产品不良率和可靠性的下降。一般污染源包括尘埃、金属粒子、有机物杂质等。所以集成电路的制作必须在洁净的环境下进行，尽量将污染源和晶圆隔离，且提供洁净空气。控制尘埃粒子数目的空间我们成为洁净空间也称为洁净室。

根据单位体积的尘埃数的不同，洁净室分为不同的等级。以直径为 0.5μm 的尘埃作为比较标准，在 1 in^3 空间中大于 0.5μm 的尘埃粒子数少于 10 粒，就称为 10 级洁净空间；大于 0.5μm 的粒子数少于 1 000 个，就称为 1 000 级洁净空间。目前许多半导体生产线都要求洁净度为 1 级。

三、氧化工艺

硅表面总是覆盖着一层二氧化硅。这层二氧化硅紧紧地依附在硅衬底上，具有极高的化学稳定性和绝缘性。因此人们利用各种方法制备二氧化硅，用作器件的保护层、钝化层、电性能的隔离层以及绝缘材料和电容器的介质膜等。另外，二氧化硅对某些杂质能起到掩蔽作用(即杂质在二氧化硅中的扩散系数非常小)，从而可以实现选择扩散。也正是二氧化硅的制备与光刻、扩散工艺的结合，才出现了平面工艺，使超大规模集成电路得到了迅速发展。

目前制备二氧化硅的方法很多，有热分解沉积法、溅射法、真空蒸发法、等离子氧化法、热氧化法等，其中用热氧化制备的二氧化硅掩蔽能力最强，因此应用也最广泛。

1. 热氧化法

热氧化法是指硅与氧或水汽在高温下经过化学反应生成二氧化硅。热氧化的基本过程是硅与氧化剂之间经过化学反应生成二氧化硅。热氧化的基本过程是硅与氧化剂之间经过化学反应形成具有四个 Si-O 键的四面体。硅表面上如果没有二氧化硅层，则氧或水汽直接与硅反应生成二氧化硅。二氧化硅生长速率由表面化学反应的快慢决定。当硅表面上生长了一定厚度的二氧化硅之后，氧化剂必须以扩散方式运动到硅—二氧化硅界面，再与硅反应生成二氧化硅。因此，随着二氧化硅层增厚，生长速率将逐渐下降。在这种情况下，生长速率将由氧化剂通过二氧化硅层的扩散速率决定。干氧化时，当厚度超过 4nm 就能观察到生长过程是由扩散控制的。

热氧化法生成的二氧化硅中的硅来源于硅表面，表面处的硅经过化学反应转变为二氧化硅。这样，随着反应的进行，硅表面位置不断向硅内方向移动。因此，硅的热氧化将有一个洁净的界面，氧化剂中的沾污物留在二氧化硅的表面。

根据氧化剂的不同，热氧化可分为干氧氧化、水汽氧化和湿氧氧化。

2. 干氧氧化

干氧氧化是指在高温下，氧气与硅反应生成二氧化硅。化学反应为：$Si+O_2=SiO_2$，氧化温度为 900～1 200℃。

干氧氧化生成的二氧化硅，具有结构致密、干燥，均匀性和重复性好，掩蔽能力强，与光刻胶粘附性好等优点，因而也是一种很理想的钝化膜。目前制备高质量的二氧化硅薄膜，例如 MOS 管的栅氧化层等，基本上都采用这种方法。干氧氧化法的生长速率较慢，所以经常同湿氧氧化法相结合来生长二氧化硅。

3. 水汽氧化

水汽氧化指的是在高温下硅与高纯水产生的蒸气反应生成二氧化硅。反应式为

$$Si+2H_2O_{(气)}=SiO_2+H_2\uparrow$$

在 1 200℃下，水分子的扩散速度比干氧氧化时氧气的扩散速度快几十倍，正因为这样，水汽氧化生成的二氧化硅质量较差，稳定性不太理想，对磷扩散的掩蔽能力不强。

4. 湿氧氧化

湿氧氧化的氧化剂是通过高纯水的氧化。高纯水一般被加热到 75℃左右。通过高纯水的氧气携带一定量的水蒸气，所以湿氧氧化的氧化剂既含有氧，又含有水汽。因此，二氧化硅的生长速率介于干氧氧化和水汽氧化之间。如果水汽含量很少，二氧化硅的生长速率和质量就越接近于干氧氧化的情况；反之，就越接近

水汽氧化的情况。

在实际生产中,根据具体要求选择干氧氧化、水汽氧化或湿氧氧化。实际上大多采用干氧一湿氧一干氧相结合的氧化方式。这种氧化方式既保证了二氧化硅表面和硅—二氧化硅界面质量,又解决了生长率的问题。

四、化学气相沉积

化学气相沉积(简称 CVD),是利用化学反应方式,在反应室内让反应物(通常为气态)反应生成固态生成物,并沉积在晶片表面的一种薄膜沉积技术。

化学气相沉积已经成为半导体生产过程中最重要的薄膜沉积方法。所有半导体元件所需要的薄膜都可以用化学气相沉积法来沉积。在目前的超大规模集成电路生产过程中,除了某些金属材料(如铝硅铜合金及钛等)因特殊原因还使用溅射法外,所有其他薄膜材料均以化学气相沉积法来沉积。沉积的主要介电材料有 SiO_2、Si_3N_4、PSG(磷硅玻璃)及其 BPSG(硼磷硅玻璃);导体有 WSi_x(钨化硅)、W 及多晶硅;半导体则有硅,但用以制作单晶硅膜的化学气相沉积法,通常称为外延。

现在超大规模集成电路制作过程里所使用的沉积式介电材料,可以说都是以化学气相沉积来制作的(另一种非沉积式的介电材料,则以热氧化法来进行)。化学气相沉积的优点是可以沉积组成精确的材料,且当工艺线宽愈来愈窄,金属层层数愈来愈多之后,化学气相沉积因为具备较佳的“阶梯覆盖”的能力,使得它在半导体工艺中所扮演的角色日益重要。

根据反应气压、温度的高低,化学气相沉积主要可分为常压 CVD(简称 APCVD),准常压 CVD(简称 SAPCVD),低压 CVD(简称 LPCVD)及等离子体增强 CVD(简称 PECVD)等几类。

下面介绍半导体工艺中几种常用介质的沉积方法。

1. 外延

外延是指在单晶衬底上生长一层新单晶的技术。新生长单晶层的取向取决于衬底,由衬底向外延伸而成,故称“外延层”。外延生长的新层中的杂质可以方便地通过控制反应气流中的杂质含量加以调节,而不依赖于衬底中的杂质种类与掺杂水平。这样,就在外延层与衬底之间形成 PN 结,这种 PN 结与扩散结不同,它并不是通过杂质的补偿作用形成的,因而,其杂质分布可接近于理想的突变结。

外延方法很多,有气相外延法、液相外延法、真空蒸发外延法、溅射外延法等。在半导体器件与集成电路中,通常采用硅的气相外延法。

所谓硅气相外延就是利用硅的气态化合物,例如:四氯化硅或硅烷,在加热的硅衬底表面与氢发生反应或自身发生热分解,还原生成硅,并以单晶的形式沉积在硅表面的过程。具体的反应方程式为

$$SiCl_4 + 2H_2 = Si_{(固)} + 4HCl\uparrow$$

$$SiH_4 = Si_{(固)} + 2H_2 \uparrow$$

2. CVD 氮化硅

氮化硅(Si_3N_4)是一种在半导体工艺中常见的绝缘材料。它最主要的应用是作为二氧化硅层的蚀刻掩模。由于 Si_3N_4 不易被氧所渗透,这层掩模还可以作为场氧化层制作时,防止晶片表面的活动区域被氧化的保护层。这便是有名的 LOCOS 工艺(Local Oxidation of Silicon)。除了这种应用之外,由于 Si_3N_4 对碱金属离子的防堵作用也很好,且不易被水汽所渗透,所以被广泛地用作半导体器件的保护层。

现在的 VLSI 工艺中,视 Si_3N_4 的作用不同,分别以 LPCVD 或是 PECVD 的方式来沉积。通常,LPCVD 方式沉积的 Si_3N_4 层的成分较单纯,因此被用作二氧化硅层的刻蚀掩模或场氧化层氧化的掩模。但因为用 LPCVD 沉积 Si_3N_4 所需要的反应温度太高(700~800℃),在保护层的应用上,Si_3N_4 都以 PECVD 的方式来制作。PECVD 是一种低温(450℃以下)CVD 工艺。

3. CVD 多晶硅

在 MOS 器件中,用多晶硅作栅电极,也用多晶硅作高阻值电阻,形成浅结的扩散源作导体及与单晶硅形成良好接触。多晶硅是在低压反应炉中,在 600~650℃之间用硅烷热分解沉积的。多晶硅栅的后续工艺是掺杂、刻蚀和氧化。有些器件中还沉积第二层多晶硅。这层多晶硅可以用作在小窗孔中的接触材料或导体之间的互连。

沉积多晶硅常采用两种低压工艺。一种是用 100%的硅烷在 25~130Pa 的压力范围内沉积;另一种工艺是在同样的总气压下,但用氮气稀释的 20%~30%的硅烷来沉积。

五、光刻

光刻是在光的作用下,使图像从母版向另一种介质转移的过程。母版就是光刻版,是一种由透光区和不透光区组成的玻璃版。

光刻工艺包括图形曝光与刻蚀两部分。

图形曝光是把模版上的几何图形转移到涂在半导体晶片表面的对辐照敏感的一薄层材料(如光致抗蚀剂、光刻胶)上去的工艺过程。这些图形确定集成电路各种区域,如离子注入区、接触孔、压焊区等。

所用光线通常是由水银蒸气发射的紫外光,含波长为 366nm、405nm 和 436nm 的光。用滤光器选择 360nm 附近的光谱,也可以是远紫外光(波长 300nm)、X 射线(波长 0.5~5.0nm)或电子束(束点大小 100nm)。

为了产生电路图形还需要再一次把光刻胶上的图形转移到其下面的组成集成电路器件的各薄层上去,这种图形转移是采用刻蚀工艺完成的。

1. 光刻胶

接收图像的介质称为光刻胶。光刻胶由三种成分构成:光敏化合物、基本树脂和合适的有机溶剂。把数量相当的前两种物质溶于溶剂中，以液态形式保存，就制得光刻胶。曝光时，光刻胶的化学结构发生变化。根据变化不同分为正胶和负胶。

(1)正胶 由溶剂、光敏的重迭氮萘醌(抑制剂)和树脂等化学成分所组成。用紫外线曝光时，发生化学反应，反应生成物可溶。用水溶性碱溶液显影时，生成物被除去，即曝光区域被除去。正胶有下面的优点：只有曝光的分子发生变化，其边缘的分辨率非常好。

(2)负胶 为包含聚乙烯肉桂衍生物或环化橡胶衍生物双键的聚合物。光敏剂吸收光子的能量并把它转化成游离原子团的化学能。游离原子团激起局部链反应，形成三维交链的聚合物。因为链的反应是局部的，所以边界是不平的。这些交链聚合物都不溶于显影液。

二甲苯是最主要的显影液，但是曝光的胶也会吸收二甲苯，使胶膨胀和软化。这种机理降低了线条的分辨率。

要能完整地进行图案转移，光刻胶应该具有良好的分辨率、抗蚀性及对硅片的附着性：分辨率使光刻精度受到限制；抗蚀性和附着性差会使图形转移时产生误差，甚至失效。但上述两者的要求相矛盾，前者要求胶薄，后者要求胶厚，所以胶厚通常取0.5～2μm。

2. 涂胶

采用旋转涂胶工艺。首先硅片转速从0提高到2 000r/min；加上胶后再提高到3 000～7 000r/min，整个工序持续时间为40s～1min。胶膜厚度除与光刻胶液本身的粘度有关外，还与旋转速度密切相关：它与转速的平方根成反比，转速大，胶膜薄，厚度均匀，性能理想。

有时为了使光刻胶和表面粘附好，对硅表面进行处理。将硅片先置于加热环境中数分钟，使硅片表面水分蒸发，即去水烘烤；随后再涂上一层使胶和硅片增加附着能力的化合物六甲基乙硅醚。

3. 前烘

前烘就是在一定的温度下，使胶膜里面的溶剂缓慢充分地逸出来，使胶膜干燥，增加它的粘附性和耐磨性。

前烘的时间、温度随胶的种类及膜厚的不同而有所不同，必须选择合适。温度过高会引起抗蚀剂的热交联，在显影时留下底膜，或者增感剂升华挥发使灵敏度下降；前烘温度过低或时间过短，抗蚀剂中的有机溶剂不能充分逸出，残留溶剂分子会妨碍光交联反应，造成针孔密度增加，浮胶或图形变形等现象。同时也不能骤热，以免引起表面发泡，产生针孔或图形缺乏均匀性，甚至在显影和腐蚀时脱落。所以，前烘时用红外灯烘焙，使胶的干燥从里到外、以获得良好的前烘效果。

通常用热垫板给硅加热，温度90～120℃，时间为1min。

4. 曝光

曝光就是对涂有光刻胶的基片进行选择性光化学反应，改变曝光部分的光刻胶在显影液中的溶解性，经显影后在光刻胶膜上得到和掩模相对应的图形。

曝光可分为光学曝光（如紫外线曝光）、X射线曝光、电子束曝光、离子束曝光等。

根据掩模版和硅片的相对位置不同，光学曝光分为遮蔽式曝光与投影式曝光。遮蔽式曝光可以是掩模版和硅片彼此直接接触，称为接触式曝光，或者彼此非常靠近，称为接近式曝光。遮蔽式曝光提供了很高的分辨率。但接触式曝光有一个主要由尘埃粒子引起的缺点：当掩模版与硅片接触时，硅片上的尘埃粒子或硅渣会嵌入掩模版，嵌进的粒子会使掩模版造成永久性损伤，使随后用它曝光的每个硅片都留下缺陷。为了克服与遮蔽式曝光有关的掩模损伤问题，发展了投影式曝光设备，把掩模版上的图形投影到距离掩模版几个厘米处的涂有光致抗蚀剂的硅片上。为了提高分辨率，每次只曝光掩模版的一部分，然后用扫描或分步重复的方法将小面积图形布满整个硅片。

曝光采用的方式通常有：①光源发出的光线通过掩模把IC图形转换到胶膜上，如投影曝光、接触曝光、接近曝光；②扫描式曝光：光源汇聚成很细的射束，不需要掩模，直接在光刻胶膜上扫描出图形，如电子束曝光。

5. 电子束曝光

电子束曝光是用聚焦后的电子束在感光膜上准确地扫描出图案。它具有以下特点：

1)电子束波长在0.02～0.05nm(0.2～0.5Å)的数量级上，衍射现象可忽略不计，可分辨的尺寸小于0.1μm。

2)在计算机控制下，可以不用掩模版直接在硅片上生成亚微米（小于0.5μm）范围内的图案。

3)计算机控制套准，精度高。

4)缺点：曝光速度慢。

对准、曝光、显影和漂洗是光刻的关键工艺步骤。显影和漂洗是溶解胶分子的过程，在负胶中，分子大小的范围很宽，使显影的速度和均匀性变得复杂。另外，曝光过的胶在显影剂中膨胀，降低了边缘分辨能力；在正胶中，只有抑制剂被破坏的胶才会加速溶解掉。后烘是为了除去显影剂和漂洗溶液。腐蚀接触孔、热扩散、热氧化或金属化图形等要在后烘后进行，而离子注入不经过后烘就进行。

6. 分辨率

分辨率是对光刻工艺加工可达到的最细线条精度的一种描述方式。设光刻加工的线条宽度为Lmm，线条间距也为L，则分辨率$R=1/(2L)$，即每毫米中包含的间距与宽度相等的线条数目。例如线宽为1μm时，$R=500\text{mm}^{-1}$，线条越细，分辨率越高。当要求加工的线宽超过分辨率限制时，实际得到的线条和间距将分辨不清。光刻的分辨率受光源、光刻系统、光刻胶和工艺的影响。从物理角度来说，衍射限制了分辨率的提高。因光的波动性而产生的衍射效应限定了线宽应大于或等于波长的一半，则最高分辨率 R 小于或等于波长的倒数，即 $R_{max}=1/\lambda$，这是分辨率的极限。

目前常用的光源波长为 436nm(4 360Å)，则曝光机可提供的最佳线宽约为 47μm，加上光刻胶厚度的影响，则不能满足 64M DRAM 的生产要求 $\Delta L<0.35\mu m$。必须设法用波长更短的光源来生产下一代产品所需的光刻设备，例如用 248nm(2 480Å)的深紫外线做曝光源，KRF 激光光源，可产生 0.25μm 的 IC。

7. 刻蚀

光刻所用的腐蚀剂必须能选择性地腐蚀，也就是说，它对所需腐蚀的材料的腐蚀速度，必须比其下与之相接触的材料的腐蚀速度快 10 倍或更多。刻蚀方法可分为湿法刻蚀和干法刻蚀两种。

湿法刻蚀又叫湿法化学腐蚀，湿法刻蚀的机理涉及三个基本阶段：

1)反应剂输运(例如通过扩散)到反应表面。

2)在表面发生化学反应。

3)反应物输运(例如通过扩散)离开表面。

腐蚀液的温度高低和是否搅动腐蚀液将影响腐蚀速率。在 IC 工艺过程中，大多数湿法化学腐蚀的发生是由于被腐蚀的材料溶于溶剂中或转变为可溶性化合物溶于腐蚀液中。理想情况应是对光刻胶不腐蚀或腐蚀速度非常慢，如当刻蚀二氧化硅时，则只和二氧化硅起反应，即使和硅也不起反应。

湿法刻蚀具有以下特点：

1)反应生成物是气体或溶于溶液的物质。

2)被腐蚀的材料一般是各向同性的。

3)化学反应伴随放热放气，需要搅拌。

用湿法腐蚀进行图形转移的最大缺点是掩蔽层下有横向钻蚀，使腐蚀后的图形分辨率下降。

干法刻蚀也就是等离子辅助刻蚀，它利用了低压放电等离子体的一些技术。由于这些技术可以高精度地转移抗蚀剂膜层的图形，因此一般用在超大规模集成电路工艺中。

下面介绍两种干法刻蚀系统。

(1)溅射刻蚀系统　待刻蚀的硅片(也叫做靶)置于电源电极上，氩离子在外电场加速下，轰击靶表面，通过动量转移，使靶的表层原子挥发掉(即产生刻蚀)。

(2)平行板型等离子刻蚀系统　等离子体局限在两块靠近的平行平板之间，一般在高压下通过气体管道送入分子中含一个或几个氯原子的气体(如 CCl_4 或 Cl_2)。

另一种等离子辅助刻蚀方法是反应离子刻蚀(RIE),所用的设备与溅射刻蚀相类似,但不用惰性气体等离子,而用和等离子刻蚀系统相类同的分子气体等离子。在适当条件下,BIE及等离子刻蚀均具有高选择性及高度的各向异性刻蚀效果。

8. 硅/二氧化硅的刻蚀选择比

在实际器件结构中,二氧化硅生长在硅衬底上,而多晶硅淀积在二氧化硅层上面。刻蚀多晶硅时,为了不损伤下面的二氧化硅,要求多晶硅的刻蚀速率比二氧化硅大得多;当刻蚀二氧化硅层时,为了不损伤衬底,则要求二氧化硅的刻蚀速率比硅大得多。这两者是截然相反的,所以对硅/二氧化硅的选择比需要做深入的探讨。

(1)CF_4+O_2 刻蚀　调整硅/二氧化硅的选择比,较可行的方法是变换刻蚀气体或改变刻蚀气体的组分。在 CF_4 的等离子体中加入少量的氧气,则硅的刻蚀速率迅速上升,而二氧化硅的刻蚀速率仅稍有增加。采用这种方法可以使硅/二氧化硅的刻蚀速率比达到 10∶1。

(2) CF_4+H_2 刻蚀　若在等离子体中加入少量的 H_2,则发现对于硅和二氧化硅的刻蚀效果与 CF_4 中加少量 O_2 的效果正好相反。对于硅的刻蚀来说,在加 H_2 的 CF_4 等离子体中刻蚀速率下降很多,而二氧化硅的仅稍有下降,这就形成了二氧化硅的刻蚀速率比硅大得多,由此而得到了比较好的选择比。

六、光刻掩模(MASK)的制作

1. 概述

在平面晶体管和集成电路的制造过程中,要进行多次光刻。为此,必须制备一组具有特定几何图形的光刻掩模。制版的任务就是根据晶体管和集成电路参数所要求的几何图形,按照选定的方法,制备出生产上所要求的尺寸和精度的掩模图案,并以一定的间距和布局,将图案重复排列于掩模基片上,进而复制批量生产用版,供光刻工艺曝光之用。

光刻工艺对掩模版的质量要求有:

1)图形尺寸准确,符合设计要求,且不发生畸变。

2)应有一定数量完全相同的图形,整套掩模版中的各次版应能依次一一套住,套准误差应尽量小。

3)图形黑白域之间的反差要高,一般要求在2.5以上。

4)图形边缘应光滑,无毛刺,过渡区要小(即"黑区"应尽可能陡直地过渡到"透明区")。

5)版面平整、光洁、无针孔、划痕和小岛。

6)版面坚固耐用,不易变形。

目前,制版的方法很多,可分为手工制版和自动制版。

2. 制版工艺

制版工艺包括原图绘制、初缩、精缩兼分步重复和复印等过程。图 2-21 是它的一般工艺流程。

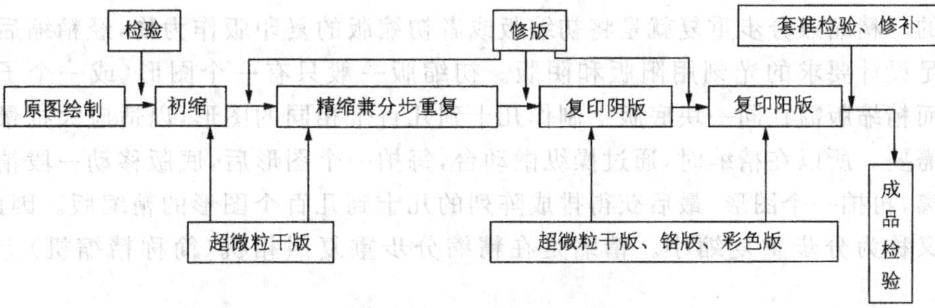

图 2-21　制版工艺流程

3. 原图绘制

原图绘制是根据设计的草图和尺寸，选择适当的放大倍数，画成所需的总图，然后把总图进行分解，刻出光刻掩模的分图。若采用坐标刻图仪，则不需要绘制总图，而是根据设计数据推动仪器的坐标刻刀，分别刻出各个掩模的分图。

(1)总图绘制　是将设计图形选择适当的放大倍数，画在一张标准的方格坐标纸上。一般是把器件的实际尺寸放大 100～1 000 倍。

对于双极型集成电路，一般是先画隔离版，然后依次绘制隐埋、硼扩散、磷扩散、引线孔和铝反刻引线版。

总图画出后，还必须有用于定向和对准的标记图形。它的作用是作为缩小倍率的测量线，分步重复的矫正线和光刻的对准线。因此对准线必须很精确，在各个分图中的取向和相对位置必须严格一致，并且应有足够的长度，使调整倍率时能保证各个分图的缩小倍率一致。对准线的形状常取“L”形，并绘制在划片间距之中。

(2)原图刻制　是从总图上描刻出各块光刻版的原图。刻图方法有手工刻图、机械刻图和自动刻图三种。

手工刻图就是用手工的方法，将平压在总图上、带有红色（或紫色）塑料涂层（俗称红膜）的透明薄膜，描刻上分图轮廓，再用手工剥去原图透明区内的红膜。

机械刻图是由坐标刻图仪进行刻制，手工剥除透明区内红膜。

自动刻图是计算机控制平台移动和刻刀的动作，在红膜上刻出各个分图，经人工揭膜后得到原图。

一般集成电路有六块刻版，因此必须用六张红膜分别刻出各块光刻版的分图。整套分图刻制完后，应用透射光方法检验各个分图之间能否互相套准，线条有无多余或遗漏。如果全部符合要求，应尽快进行精缩，以免时间过久，图形变形。此外，对于不同的制版工艺流程，有刻阳图和阴图之别。所谓阳图就是所刻分图的黑白和位置与光刻版图案相同，反之为阴图。

4. 初缩

初缩就是将原图初步缩小至中等尺寸，以便进行精缩。初缩是用初缩照相机进行的。精缩兼分步重复就是将初缩版或者初缩版的复印版作为物，经精缩后得到满足设计要求的光刻用阳版和阴版。初缩版一般只有一个图形（或一个子阵列），而精缩版需在同一块底版上制作几十到几百个相同的图形，以适应大批量生产的需要。所以在精缩时，通过操纵微动台，每拍一个图形后，底版移动一段精确的距离，再拍一个图形，最后获得排成阵列的几十到几百个图形的精缩版。因此，精缩又称为分步重复缩小。精缩是在精缩分步重复照相机（简称精缩机）上进行的。

5. 复印

为了生产大量的、具有一致性的光刻掩模，需要有精缩版复印光刻用掩模版。复印是在复印机上进行的。复印时把原版（精缩版或其复印版）放在复印平台上，药膜面朝上，再将待复印的感底版平压在上面，药膜面朝下进行曝光，经化学处理后即得到复印版。

6. 自动制版

自动制版就是将图形版面数据输入计算机，通过计算机去控制图形发生器，完成自动制版，具体方法如图 2-22 所示。

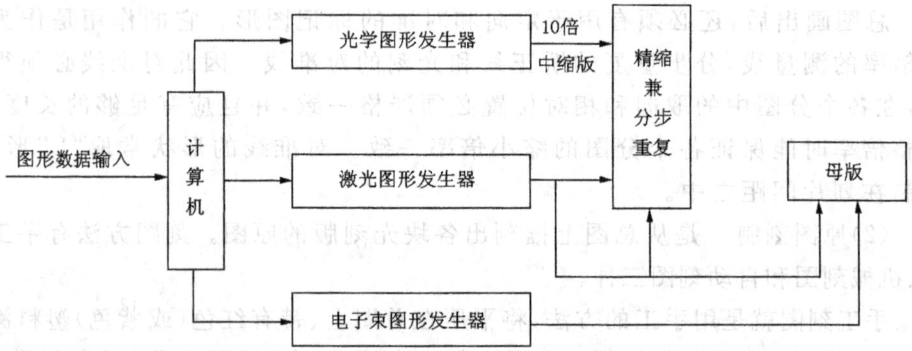

图 2-22　自动制版的方法

七、扩散

扩散和离子注入是将一定数量一定类型的杂质原子掺入到固态半导体内的两个关键的工艺步骤，用于对衬底基片进行局部掺杂，以形成 N 区或 P 区，来改变其电学特性。

20 世纪 70 年代中期以前，在半导体中的选择掺杂主要通过高温下的扩散来实现。这种方法是利用掺杂剂的气相淀积(掺杂氧化物源),将掺杂物的原子置于半导体表面或表面附近,在高温下使其向硅体内运动。从物理机理上讲,它是微观离子、原子、分子等极为普遍的热运动形式。

20 世纪 70 年代后期,很多掺杂工艺用离子注入实现。这种方法是利用高能粒子束将杂质离子打入到半导体基片内。用这种方法,杂质分布在体内有一峰值。其分布主要由注入粒子的剂量和能量决定。它的优点是掺入半导体中的杂质量可以精确控制,加工温度低,工艺重复性好。

在目前的分立器件和集成电路工艺中,这两种掺杂方法相互补充:对于深的扩散结用扩散,对于浅的扩散结用离子注入工艺。两种掺杂方法的杂质分布示意如图 2-23 所示。

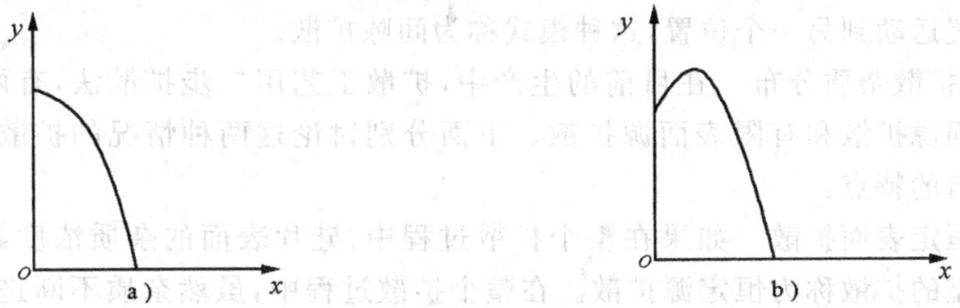

图 2-23　两种掺杂方法的杂质分布示意图

a) 扩散杂质分布　b) 离子注入杂质分布

1. 扩散工艺流程

采用热扩散的方法,实现定域掺杂的主要设备是一个电炉,用电阻丝加热。扩散工艺分为预淀积和再扩散或杂质再分布两个工艺步骤完成,其常用的工艺流程为:

(1)设定扩散炉炉温与时间　设定预淀积达到杂质固溶度的扩散温度与扩散时间。具体参数为:硼:950～1 100℃/10～40min;磷:900～1 050℃/10～40min;砷和锑:1 050～1 200℃/10～40min。

(2)清洗硅片　去除光刻送来的硅片表面上的有机玷污物,用去离子水漂洗;在稀的 HF 溶液中腐蚀硅片,去掉硅片表面窗口处在空气中生成的极薄的二氧化硅层;再用大量去离子水冲洗硅片,然后烘干。

(3)入炉扩散　将硅片装入扩散时用来装硅片的容器——石英舟中,将石英舟推入扩散炉的恒温区内,通杂质源,并控制扩散时间。

(4)出炉冷却　将石英舟推出恒温区,缓冷。

(5)清洗　将硅片浸入稀的 HF 水溶液中,去掉杂质浓度高的二氧化硅层,并用上述同样方法清洗硅片。

(6)再扩散和氧化　硅片装石英舟并再次推入扩散炉的恒温区内进行再扩散与氧化，出炉冷却后直接送去光刻。

具体工艺中，对于硅集成电路，可使用的杂质：Ⅲ族仅有硼，Ⅳ族的有磷、砷、锑三种。砷化镓化合物半导体，P型杂质可选用锌，N型杂质可选用硫、硒。

2. 扩散机理

(1)杂质的扩散机构　掺杂剂在半导体中的扩散可以看成是杂质原子在晶格中以空位或间隙原子形式进行的原子运动。下面是两种基本的扩散模型：

1)替位(空位)扩散　高温下，晶格处原子在平衡格点作热振动，它有一定几率获得足够的能量，离开格点，形成空位，即空格点。邻近的杂质原子移动到空位上，而逃逸出来的原子进入间隙或跑到晶片表面，称为替位扩散或空位扩散。

2)间隙扩散　原子半径比硅小的杂质原子在硅片中不占据格点位置，只是从一个位置运动到另一个位置，这种模式称为间隙扩散。

(2)扩散杂质分布　在目前的生产中，扩散工艺用二步扩散法，有两种类型：恒定表面源扩散和有限表面源扩散。下面分别讨论这两种情况的扩散方式以及它们各自的特点：

1)恒定表面扩散　如果在整个扩散过程中，硅片表面的杂质浓度始终不变，这种类型的扩散称为恒定源扩散。在整个扩散过程中，虽然杂质不断进入硅片内部，但表面浓度保持恒定。

恒定表面源扩散的特点：在整个扩散过程中，硅片表面始终暴露在具有恒定而均匀的杂质源的气氛里，在一定的扩散温度下，杂质原子从气相扩散到固相的硅片里，而形成一定的杂质分布。恒定源扩散杂质分布如图2-24所示。

在表面浓度一定的情况下，扩散时间越长，扩散进硅片的杂质数量就越多。图中各条曲线下面与坐标所围的面积可以直接反映出进入硅片内的杂质量。

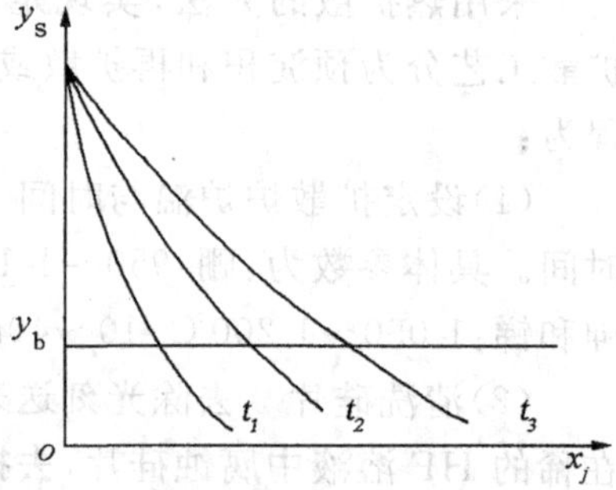

图2-24　恒定源扩散杂质分布图

2)限定表面源扩散　如果扩散之前，在硅片表面已经淀积了一层极薄的杂质，在整个扩散过程中这层杂质作为扩散的杂质源，不再有新的杂质源补充，这种扩散方式称为有限表面源扩散，如图2-25所示。在扩散之前，所淀积的杂质均匀的分布在一薄层内，每单位面积上的杂质数量为Q(个/cm^2)。

有限表面源扩散的特点：在整个扩散过程中，硅片内的杂质总量保持不变，没有外来的杂质补充，只能依靠扩散前在硅片表面上已经淀积的那一薄层内有限数量的杂质原子，向硅片体内进行扩散。随时间的增长，表面杂质浓度不断下降，并不断向内部推进扩散。

八、离子注入

1. 离子注入原理

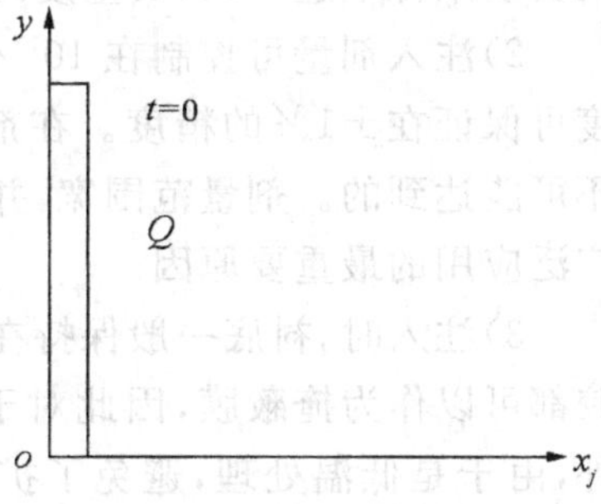

图 2-25 有限表面源杂质分布图

离子注入是把杂质元素的原子离化成杂质离子，再用强电场使这些离子加速，获得一定能量（约为几万电子伏到几十万电子伏），直接轰击硅基片（也称靶），使之进入硅片并形成一定的杂质分布。因此离子注入和扩散一样，都能起到向硅片中掺杂的作用。但两者的物理过程不同：扩散是一种与温度和杂质浓度梯度有关的热平衡过程；而离子注入则是依赖于离子的动能把杂质打入硅片中。

当一离子束轰击把片时，一部分离子射入靶内。这些注入离子由于和靶片内的原子核和电子相互作用而损失能量，使速度减缓，最后在距硅片表面一定距离的地方停下来。

虽然注入的离子在加速器中获得的能量是相同的，但是进入靶内的各个离子与靶片表面原子碰撞时的情况不同，这使得它们随后在硅片中经历的一系列的碰撞也不相同。也就是说，各个离子经历的碰撞次数和路径将会不同，从而导致杂质在硅片中形成一定的分布。

离子注入形成的结深与靶片材底的杂质浓度、晶向、注入杂质的种类、注入杂质的多少（剂量）以及注入杂质的能量等多种因素有关。

2. 离子注入设备

图 2-26 所示的是离子注入设备示意图。

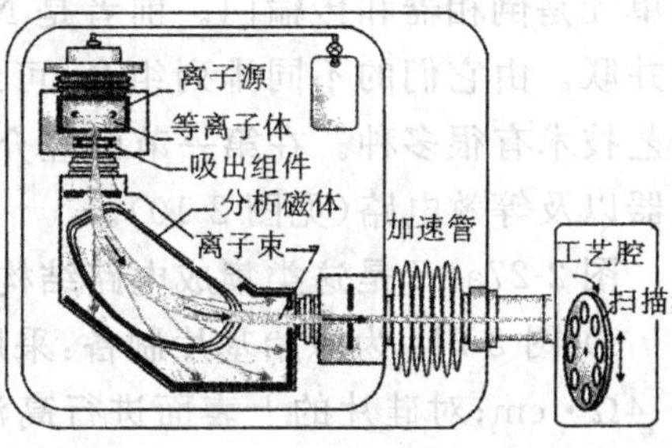

图 2-26 离子注入设备原理示意图

离子源是产生注入硅离子的地方。掺杂气体（如 BF_3、PH_3、AsH_3）经计量仪通入加热炉，然后进入电离室首先电离，即把气体通过热阴极或冷阴极放电，用一磁场驱使离子按螺旋线轨道运动，以提高电离度。最后让离子通过强场（一般为 20kV）引出。离子源出来的离子含有多种电离物质，且可能有杂质玷污。让它先经过一个 90°的用转磁铁，然后引入质量分析器，选出所需注入的离子。然后再把这些离子聚焦成束，加速后，射向硅片。

3. 离子注入工艺的特点

1）注入的离子是通过质量分析器选取出来的。被选取的离子纯度高能量单一，从而保证了掺杂纯度不受杂质源纯度的影响。另外，离子注入是在清洁、干燥的真空条件下进行的(真空度约为 10^{-4} Pa),这也降低了污染。

2)注入剂量可控制在 $10^{10} \sim 10^{17}/cm^2$ 的较宽范围内,同一平面内的杂质均匀度可保证在±1%的精度。在剂量范围两端,离子注入能实现的掺杂是其他方法不可能达到的。剂量范围宽,并能被精确控制,是离子注入工艺所以能迅速发展、广泛应用的最重要原因。

3)注入时,衬底一般保持在室温或低于400℃,所以 SiO_2、Si_3N_4、Al 甚至光刻胶都可以作为掩蔽膜,因此对于简化工艺、缩短制造时间都起到一定的作用。另外,由于是低温处理,避免了扩散的高温热缺陷,横向效应也比热扩散小,注入时基本上是沿垂直掩模方向入射的。对于在高温下容易分解的化合物半导体,离子注入的低温特性更显其优势。

4)离子注入深度随离子能量的增加而增加,因此可以通过注入剂量和注入能量的控制得到各种杂质分布,较易实现突变的杂质分布。

离子注入工艺由于具有以上特点,已成为现代工艺掺杂技术中的优选。与扩散掺杂技术相比,显示出了强大的优势,已基本取代了扩散掺杂。

九、电极与多层布线

晶体管管芯或集成电路芯片制成后,必须在基区和发射区制备欧姆接触电极,对于集成电路还必须同时完成内引线互连,然后进行烧结、键合和封装,经过总测,成为产品。这将在本书其他章节叙述。

十、CMOS 集成电路制作过程

下面以 CMOS 集成电路制作过程为例来进行简要说明。

前已介绍,互补金属—氧化物—半导体(CMOS)集成电路是由 NMOS 和 PMOS(即 N 沟道 MOS 管和 P 沟道 MOS 管)两种类型的器件组成。它的基本电路单元是倒相器和传输门。前者是 NMOS 和 PMOS 器件的串联,而后者是两者的并联。由它们的不同排列组合,可组成各种 CMOS 电路。实现 CMOS 电路的工艺技术有很多种。在第一节已经介绍了一个 CMOS 单元复合而形成的一个反相器以及等效电路(见图 2-10)。

图 2-27a~i 是这类集成电路结构的制作过程的示意图。具体说明如下:

1)图 2-27a 为原始基片制备:采用直径为 100mm 的硅圆片,其电阻系数约为 2~4Ω·cm;对硅片的上表面进行高温氧化,形成一层 80~150nm 的 SiO_2 薄膜,氧化温度为 900~1 050℃;采用低压 CVD 方法在氧化膜表面生长一层厚为 80~150nm的 Si_3N_4 薄膜;第一次光刻,形成图示的场区;最后采用等离子刻蚀方法将露出的 Si_3N_4 和 SiO_2 除去。

2)图 2-27b 为场区磷注入:离子注入能量 $E = 100 \sim 150$keV,注入剂量为 $D = 6\times10^{12} \sim 6\times10^{13}/cm^2$。

3)图 2-27c 为场氧化:950~1 050℃,水气氧化时间 6~15h,形成的 SiO_2 薄膜

的厚度约为 1～1.7μm。

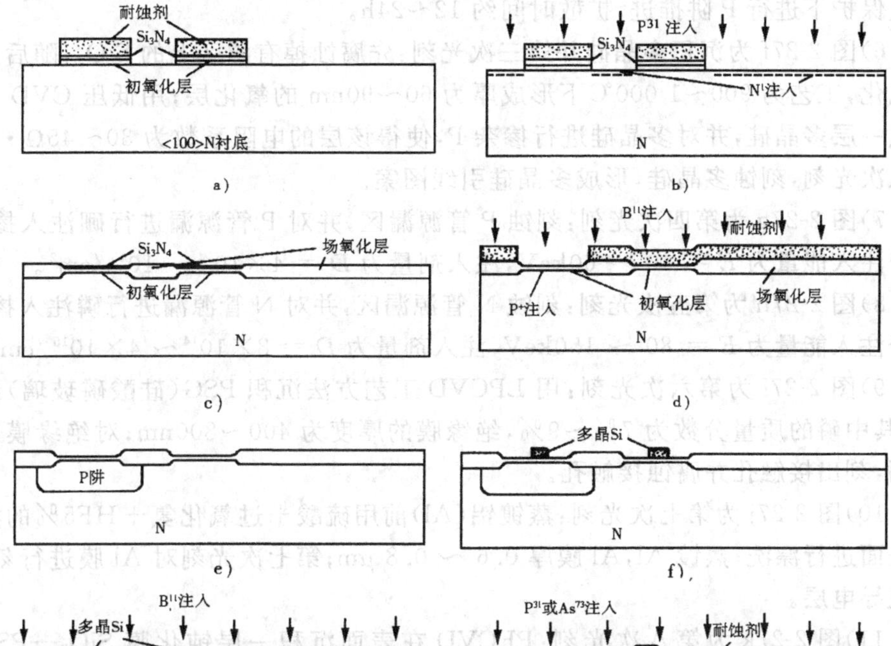

图 2-27 CMOS集成电路制作工艺

4)图 2-27d 为第二次光刻和对 P 阱注入硼：对 P 阱进行光刻，先腐蚀 SiO_2，然后用等离子刻蚀 Si_3N_4；对 P 阱注入硼，离子注入能量为 $E = 100 \sim 150\text{keV}$，注入

剂量为 $D = 1\times10^{12} \sim 2\times10^{12}/\mathrm{cm}^2$。

5)图 2-27e 为去胶和 P 阱推进：将光刻胶去除，然后在 1 150～1 200℃温度、氮气保护下进行 P 阱推进，扩散时间约 12～24h。

6)图 2-27f 为沉积多晶硅并第三次光刻：先腐蚀掉有源区上的 SiO_2，随后进行栅氧化，工艺为 900～1 000℃下形成厚为 60～90nm 的氧化层；用低压 CVD 工艺形成一层多晶硅，并对多晶硅进行掺杂 P，使得该层的电阻系数为 30～45Ω·cm；第三次光刻，刻蚀多晶硅，形成多晶硅引线图案。

7)图 2-27g 为第四次光刻：刻蚀 P 管源漏区，并对 P 管源漏进行硼注入掺杂，离子注入能量为 $E = 40 \sim 60\mathrm{keV}$，注入剂量为 $D = 4\times10^{14} \sim 10^{15}/\mathrm{cm}^2$。

8)图 2-27h 为第五次光刻：刻蚀 N 管源漏区，并对 N 管源漏进行磷注入掺杂，离子注入能量为 $E = 80 \sim 150\mathrm{keV}$，注入剂量为 $D = 8\times10^{14} \sim 4\times10^{15}/\mathrm{cm}^2$。

9)图 2-27i 为第六次光刻：用 LPCVD 工艺方法沉积 PSG(硅酸磷玻璃)绝缘膜，其中磷的质量分数为 7%～9%，绝缘膜的厚度为 400～800nm；对绝缘膜进行光刻，刻出接触孔并腐蚀接触孔。

10)图 2-27j 为第七次光刻：蒸镀铝(Al)前用硫酸＋过氧化氢＋HF5%的溶液对表面进行漂洗；蒸镀 Al，Al 膜厚 0.6 ～ 0.8 μm；第七次光刻对 Al 膜进行刻蚀，形成导电层。

11)图 2-27k 为第八次光刻：PECVD 在表面沉积一层钝化膜 SiO_2—PSG—SiO_2，光刻形成压焊焊盘。

12)图 2-27l 为背面减薄，最后在背面蒸镀一层厚为 0.2 ～ 0.4μm 的金膜。

第三章　元器件的互连封装技术

前一章已讲述了半导体芯片的制造过程。晶圆将被切割成为裸的小晶片。这些裸的芯片首先需要与基板进行电的互连，实现其电的功能，同时还需要实现机械支撑和保护等。电子封装有四种基础技术，即成膜技术、微互连技术、基板技术、封接与密封技术。而微互连技术起着承上启下的作用，无论是芯片装连在载体上还是封装在基板上，都要用到微互连技术，可以说微互连技术是电子制造的基础技术和专有技术。

本章主要介绍微互连封装技术。

第一节　引线键合技术

一、键合原理

引线键合(Wire Bonding)是将半导体芯片焊区与电子封装外壳的I/O引线或基板上技术布线焊区用金属细丝连接起来的工艺技术。焊区金属一般为铝或金，金属丝多数是数十微米至数百微米直径的金(Au)丝、铝(Al)丝或硅铝(Si-Al)丝。焊接方式主要有热压焊、超声键合焊和金丝球焊。引线键合焊的原理是采用加热、加压和超声等方式破坏被焊表面的氧化层和污染，产生塑性变形，使得引线与被焊面亲密接触，达到原子间的引力范围并导致界面间原子扩散而形成焊合点。

引线键合技术是半导体器件最早使用的一种互连方法。电子封装的互连键合是在器件的每一个I/O端和与其相对应的封装引脚之间键合上一根细丝，一次键合一个点。已开发出多种适合批量生产的自动化机器，键合参数可以精密控制，两个焊点形成的一个互连导线循环过程所需的时间仅为100～125ms，间距已经达到50μm。

由于引线键合技术具有生产成本低、精度高、互连焊点的可靠性高且产量大等特点，使得这种技术成为芯片互连的主要工艺方法，广泛用于各种芯片级封装中和低成本的板上芯片封装中。

常用的引线键合方式有三种：热压键合、超声键合和热声键合。

1. 热压键合焊

热压键合焊是利用加压和加热，使得金属丝与焊区接触面的原子间达到原子的引力范围，从而达到键合目的。常用于金丝的键合。热压键合的焊头有楔形、针形和锥形几种，焊接压力一般为0.5～1.5N/点，压焊时芯片与压焊头均要加热至约150℃。若芯片加热至300℃以上，容易使焊丝和焊区形成氧化层；同时，由于芯片加热温度高，压焊时间一长，容易损害芯片，也容易在高温(>200℃)下形成特殊的金属间化合物，影响焊点的可靠性。由于热压键合焊使金属丝的变形过大而受损，焊点的拉开力过小(<0.05N/点)，因此热压键合使用的越来越少。

2. 超声键合焊

超声键合是利用超声波(60～120kHz)发生器使劈刀发生水平弹性振动，同时施加向下的压力，劈刀在这两种力作用下带动引线在焊区金属表面迅速摩擦，引线受能量作用发生塑性变形，在25ms内与键合区紧密接触而完成焊接。常用于Al丝的键合。键合点两端都是楔形。与热压键合焊相比，由于能充分去除焊接界面的金属氧化层，因此超声键合焊的焊接质量较高，焊接强度高于热压焊，可达0.1N/点以上。超声焊不需要加热，可在常温下进行，因此对芯片的损伤小，同时可以根据需要调整超声键合能量，改变键合条件来焊接不同直径的焊丝。

3. 热声键合焊

热声键合焊主要用于Au和Cu丝的键合。它也采用超声波能量，但是与超声焊不同点的是键合时要提供外加热源，键合丝线无需磨蚀掉表面氧化层。外加热量的目的是激活材料的能级，促进两种金属的有效连接以及金属间化合物(IMC)的扩散和生长。采用热声焊的球焊技术是最具代表性的丝焊技术。球焊技术的特点是操作方便、灵活且焊点牢固，压焊面积大，无方向性，故可实现高速自动化焊接。现代的金丝球焊机一般带有超声功能，从而具有超声焊的优点，也称为热声焊。热声键合焊广泛用于各类集成电路的焊接中。焊接时衬底仍需要加热(一般为100℃)，压焊时加超声，因此加热温度远低于热压焊。所加的压力一般为0.5N/点，与热压相同。

4. 三种键合技术的比较

表3-1列出了几种键合工艺的特点。

表3-1 几种键合工艺比较

键合原理	压力	温度/℃	超声能	引线材料	焊盘
热压键合	高	300～500	无	金	铝、金
超声键合	低	25	有	金、铝	铝、金
热声键合	低	100～150	有	金、铝	铝、金

二、键合工艺

1. 球形键合工艺

图3-1是球形键合工艺过程。将键合引线垂直插入毛细管劈刀的工具

中，引线在电火花作用下受热熔成液态，由于表面张力的作用而形成球状，在视觉系统和精密控制下，劈刀下降使球接触晶片的键合区，对球加压，使球和焊盘金属形成冶金结合完成焊接过程，然后劈刀提起，沿着预定的轨道移动，称作弧形走线，到达第二个键合点（焊盘）时，利用压力和超声能量形成月牙式焊点，劈刀垂直运动截断金属丝的尾部。这样完成两次焊接和一个弧线循环。

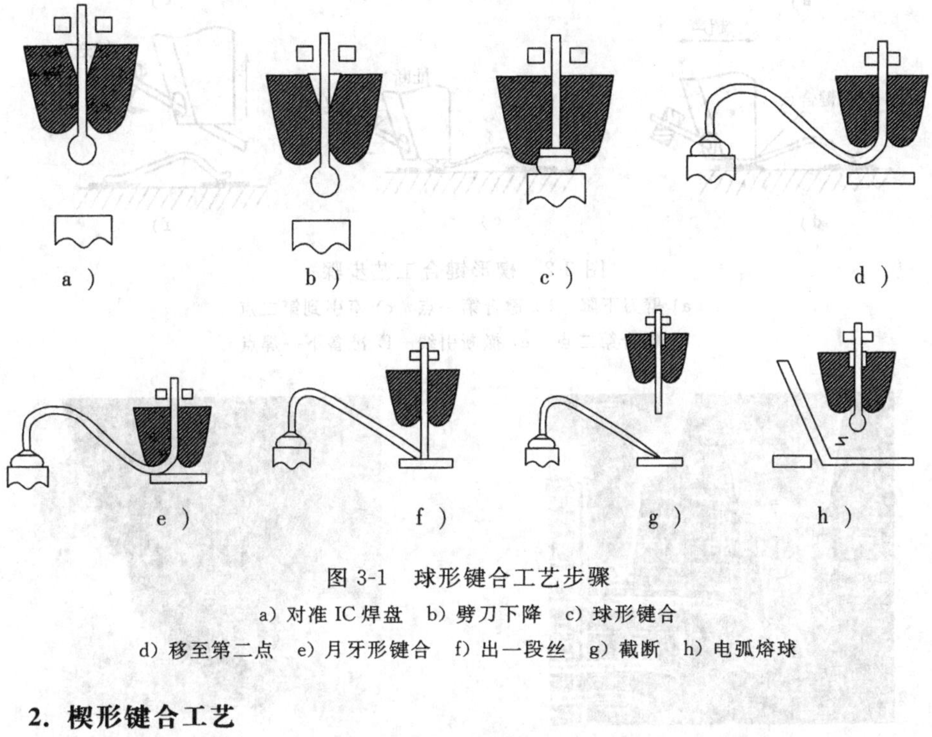

图 3-1　球形键合工艺步骤

a）对准 IC 焊盘　b）劈刀下降　c）球形键合

d）移至第二点　e）月牙形键合　f）出一段丝　g）截断　h）电弧熔球

2. 楔形键合工艺

图 3-2 是楔形键合工艺过程。将金属丝穿入楔形劈刀背面的一个小孔，丝与晶片键合区平面呈 30°～60°角。当楔形劈刀下降到焊盘键合区时，劈刀将金属丝压在焊区表面，采用超声或热声焊实现第一点的键合焊，随后劈刀抬起并沿着劈刀背面的孔对应的方向按预定的轨道移动，到达第二个键合点（焊盘）时，利用压力和超声能量形成第二个键合焊点，劈刀垂直运动截断金属丝的尾部。这样完成两次焊接和一个弧线循环。

3. 劈刀结构

劈刀常常是通过氧化铝或者碳化钨通过粉末烧结而成。对于一些单一用途的工具，也可以用玻璃、红宝石和碳化钛来代替。毛细管劈刀如图 3-3 所示。毛细孔下方具备一个内斜面以形成第一个键合点，一个合理设计而又光滑的孔适合弧度的形成，具有一个尖的外圆面以便于第二键合点的截断。

图 3-4 为楔形劈刀照片。

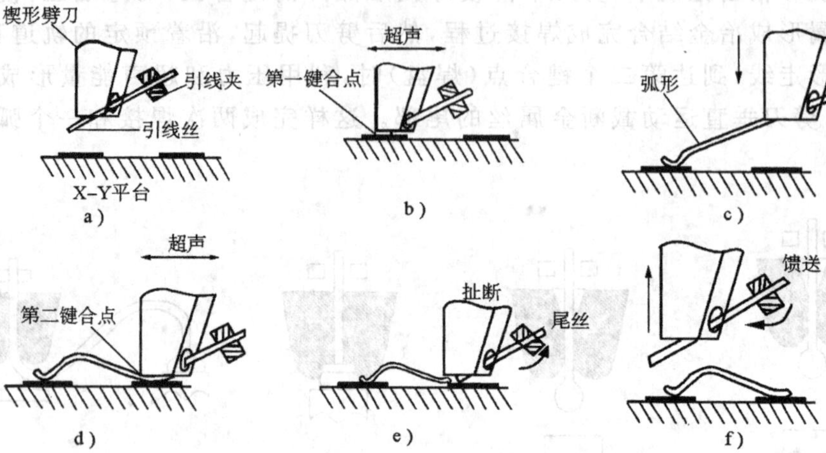

图 3-2 楔形键合工艺步骤

a) 劈刀下降 b) 键合第一点 c) 牵引到第二点

d) 键合第二点 e) 撤断引线 f) 准备下一焊点

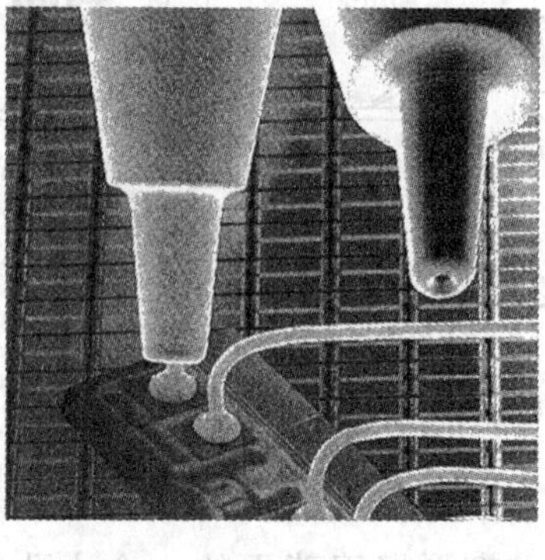

图 3-3 用于球形键合的毛细管劈刀结构

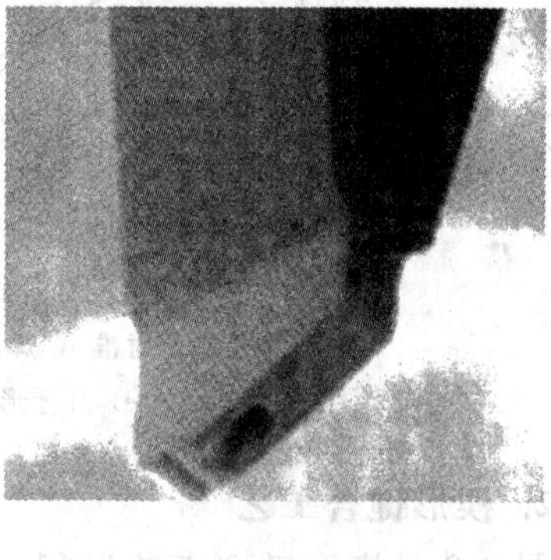

图 3-4 楔形劈刀

4. 键合工艺比较

表 3-2 列出了球形键合与楔形键合的特点。图 3-5 为键合互连的实例照片。

表 3-2 球形与楔形键合的比较

键合形式	键合方式	劈刀结构	引线材料	焊盘	键合速度
球形键合	热压、热声	毛细管	金	铝、金	10 线/s(热声)
楔形键合	热声、超声	楔形	金、铝	铝、金	4 线/s

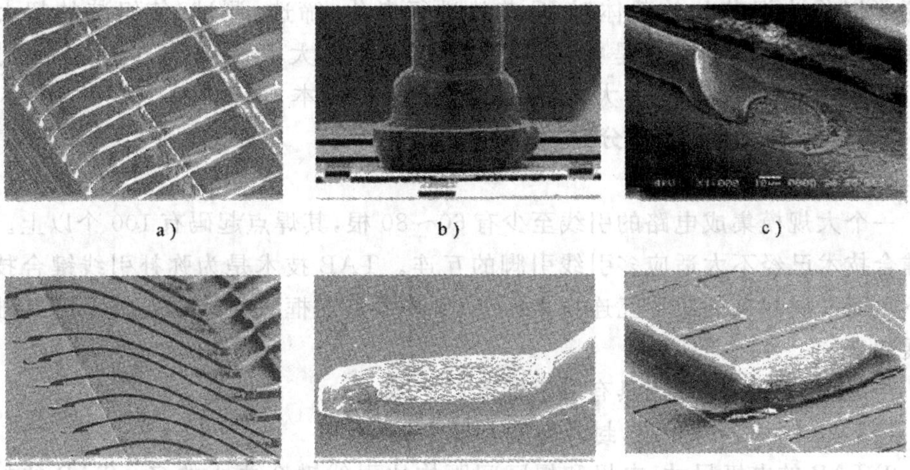

图 3-5 球形键合与楔形键合照片

a）球形键合照片 b）球形键合第一点 c）球形键合第二点

d）楔形键合照片 e）楔形键合第一点 f）楔形键合第二点

5. 键合引线材料

常用的键合引线材料有：Au 丝、Al 丝、Cu 丝以及 Al－Si 合金丝，在第九章中将详细讨论键合引线材料。

第二节 载带自动焊技术

载带自动焊技术（TAB，Tape Automated Bonding）是一种有别于且优于引线键合技术而用于薄型集成电路封装的一种互连技术。TAB 技术是芯片引脚框架的一种互连工艺，首先在高聚物上做好元件引脚的导体图样，然后将植有凸点的晶片按其键合区对应放在上面，通过热电极一次将所有的引线进行键合，从而实现芯片与基板间的互连。

TAB 技术起源于 1965 年。进入 20 世纪 80 年代中期，随着多功能、高性能的超大规模集成电路的飞速发展，要求 I/O 数迅速增加，电子整机的高密度组装以及小型化、薄型化的要求日益提高，使得 TAB 技术得到了电子封装界的高度重视。各大 IC 公司相继应用 TAB 技术，很快在消费类电子产品中获得了广泛的应用。目前 TAB 技术不仅能满足高 I/O 的各类 IC 芯片互连的需要，而且已经作为聚酰亚胺（PI）－粘结剂－铜箔三层软引线载带的柔性引线，成为广泛应用于电子整机内部和系统互连的最佳方式。同时，在各类先进的微电子封装，如 BGA、CSP 中，TAB 技术发挥着重要的作用。特别是 TAB 技术还可以作为裸芯片的载体对IC芯片进行老化、筛选、测试，使组装的超大规模集成电路芯片被确认是好的芯片。这就可以大大提高电子产品特别是MCM的组装成品率，从而大大降低电子产品的成本。

一、TAB技术的特点与分类

1. TAB技术特点

一个大规模集成电路的引线至少有60～80根，其焊点起码有100个以上。引线键合技术已经不太适应多引线引脚的互连。TAB技术是为弥补引线键合技术的不足而发展起来的芯片互连技术。TAB技术是在框式引线焊接技术的基础上发展起来的。

与引线键合技术相比具有以下优点：

1）TAB结构轻、薄、小，封装高度不足1mm。

2）TAB的电极尺寸、电极和焊区间距均比引线键合要小的多。TAB的封装间距通常为50μm，可以做到20～30μm。

3）相应可容纳更多的I/O引脚数，如可在10mm×10mm的封装尺寸上封装500根以上的引脚，而引线键合最多仅为300个引脚。

4）TAB的引线电阻、电容和电感分布要比引线键合的小得多，这使得TAB互连的超大规模集成电路能够获得更好的高频特性。

5）TAB采用铜箔引线，其导热、导电性能更好，机械强度高。

6）TAB的键合强度比引线键合的要高得多，大大提高了互连可靠性。

7）TAB技术可使用标准的卷轴长带（100m），对芯片实行自动化多点一次焊接，同时，安装及外引线焊接也可以实现自动化生产，从而可实现规模化的海量生产，大大降低了生产成本。

正是因为TAB技术的上述优点，使得TAB互连技术得到了巨大的发展。典型的TAB封装如图3-6所示。

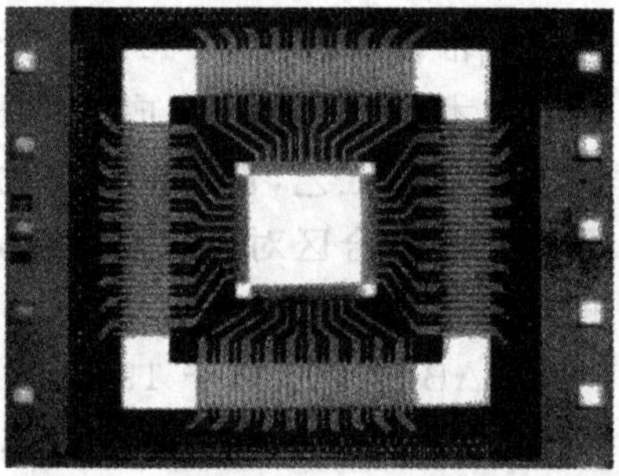

图3-6　TAB封装结构

2. TAB技术的分类

TAB按其结构和形状分为铜箔单层带、铜－PI双层带、铜－粘结剂－PI三层带和铜－PI－铜双金属带四种，以三层带、双层带使用居多。它们的分类结构及特点列于表3-3中。

20世纪80年代末，TAB载带由美国联合电子设备工程委员会（JEDEC）制订出标准。目前大量使用的是35mm宽和70mm宽的载带，也有其他宽度的载带。

表 3-3 TAB 的分类及特点

TAB 类型	结构形状	特点
TAB 单层带	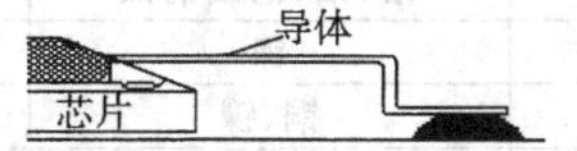	成本低、制作工艺简单、耐热性能好、不能老化筛选测试芯片
TAB 双层带	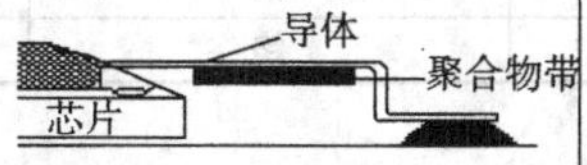	可弯曲、成本较低、设计自由灵活、可制作高精度图形、能老化、筛选测试芯片、带宽时(35mm)尺寸稳定性差
TAB 三层带	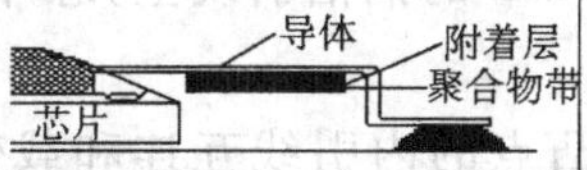	铜箔与 PI 粘结性好，可制作高精度图形、可卷绕、适于批量生产、能老化、筛选测试芯片、制作工艺较复杂、成本高
TAB 双金属带		用于高频器件，可改善信号特性

二、TAB 基带材料

TAB 基带材料一般采用聚酰亚胺(PI)，也有采用成本较低的聚酯类材料，聚乙烯对苯二甲酸脂薄膜(PET)和苯并环丁烯薄膜(BCB)作为基材。BCB 的综合性能已经超过 PI。

制作 TAB 的引线图案一般采用铜箔。这是由于铜箔的导电导热性能好、强度高、延展性好、表面平整以及易与各种有机基材粘结牢固，特别是有机带材与铜箔复合后，易于采用光刻的方法制作出精细复杂的引线图案，又易于在铜箔表面镀上金、镍、铅锡合金等提高可焊性的金属薄膜。

图 3-7 为带有 Cu 图样的 TAB 载带。制作的工艺步骤为：冲孔→Cu 箔与 PI 进行叠层→照相＋腐蚀形成 Cu 引线图样→铜引线表面镀膜。导电图样 Cu 镀锡薄膜中的孔便于电路的刻蚀，齿轮孔则便于带的传送与定位。

图 3-7 带有 Cu 图样的 TAB 载带

三、芯片凸点制作

TAB 技术要求在芯片的焊区上先制作出凸点才能与铜箔引线图形进行焊接。凸点一般为金凸点、铅锡合金凸点和复合凸点。由于芯片焊区金属通常为铝膜，为使异种金属凸点植在铝焊区上，一般要做几层过渡金属膜。首先要沉积一层粘附层金属；接着沉积一层阻挡层金属以防止最上层的凸点金属与铝发生反应而形成金属间化合物；最上层才是具有一定高度要求的凸点金属。我们将在倒装芯片植球技术中详细讨论凸点下金属化层(UBM)以及凸点的各种形成工艺。

典型的多层化金属层以及凸点技术系统如表 3-4 所示。

表 3-4　TAB 封装中典型的多层金属化层系统

芯片焊盘金属	粘附层金钛属	阻挡层金属	凸点金属
铝	钛	钼、铂、钯或铜镍	金
铝	氮化钛	镍	金
铝	铬	铜、镍	铜/金
铝	铬	铜	金/锡
铝	铬、镍	铬	铅锡合金

也可以将芯片焊区的凸点制作在 TAB 的铜箔引线上，芯片只做多层金属化。

四、TAB 互连封装工艺

TAB 互连技术包括载带内引线与凸点的内引线互连和载带外引线与外框架或基板焊区的外引线两大部分。前者相当于批量完成引线键合工艺中的第一点，后者则相当于批量完成引线键合的第二点。典型的 TAB 互连封装工艺流程为：硅圆片凸点制作→划片→内引线键合→测试→包封→切割成单个器件→测试、老炼→外引线键合→外封装。

1. TAB 的内引线键合技术

内引线键合是将半导体芯片组装到 TAB 载带上的技术。通常采用热压焊的方法。将芯片凸点焊点与载带引线对应的焊盘焊在一起的方法主要是热压焊和热压再流焊。当芯片凸点是金凸点、镀金的镍凸点（Ni/Au）或镀金的铜凸点（Cu/Au），而载带上铜箔引线也镀有这类凸点金属时，就要采用热压（声）键合焊；当芯片凸点仍是上述，而载带铜箔引线焊盘上镀有铅锡合金时，或者反过来，芯片凸点为铅锡合金凸点，而载带焊盘为上述硬金属层时，就要使用热压再流焊。这两种焊接方法都是使用半自动或自动化的内引线焊接机进行多点一次焊接。焊接时的主要工艺操作为对位、焊接、抬起和芯片传送四步。

焊接工具是由硬质金属或钻石制成的热电极。当芯片凸点是软的金属，而载带 Cu 箔引线也镀这类金属时，则用群压焊。这个过程在 300～400℃的温度下，需要大约 1s 的时间。

图 3-8 为内引线键合过程示意图。具体步骤如下：

1）对位：将具有粘附层的硅大圆片经过测试并做好记录，砂轮划片机划成小片 IC，并将大圆片置于内引线压焊机的承片台上。按设计的焊接程序，将性能好的 IC 置于卷绕在两个链齿轮上的载带引线图形下面，使载带引线图样对芯片凸点进行精密对位。

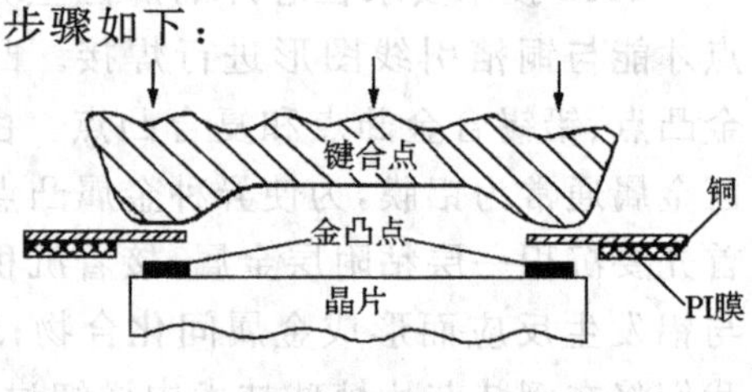

图 3-8　内引线键合示意图

2）焊接：落下加热的热压焊头，加压一定时间。典型热压头温度为 500～575℃，停留时间为 0.1～0.5s，压力为 240～350MPa。

3)抬起热压头:焊机将压焊到载带上的IC通过链齿步进卷绕到卷轴上,同时下一个载带图样也步进到焊接对位位置。

4)TAB内引线焊接需要对焊点和芯片进行包封、保护,其方法是涂覆一层粘度低、流动性好、薄的环氧树脂并固化。包封示意图如图3-9所示。有三种不同形式的包封结构(见图3-10)。

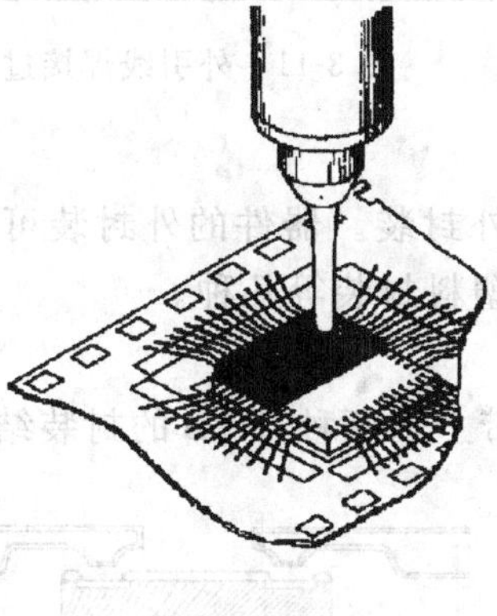

图 3-9 内引线键合后的包封示意图

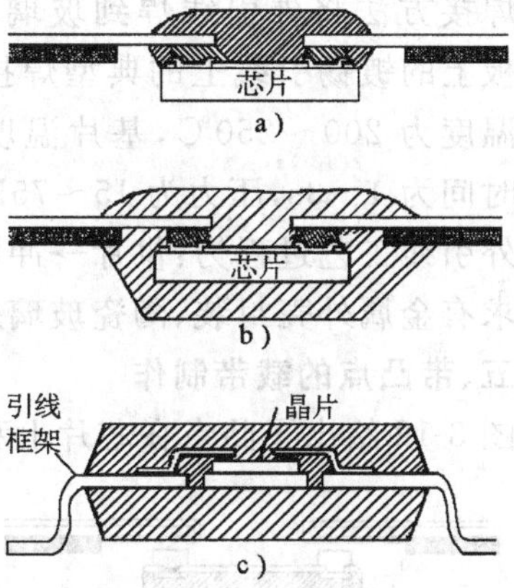

图 3-10 三种包封结构示意图

a) 表面涂覆 b) 全包封 c) 传递模封

最后进行TAB的老化、筛选与性能测试,使组装之前的IC芯片具有好的热性能、电性能和机械性能,成为确知为好的芯片。具体步骤是:

1) 确信其具备较好的热、电和机械性能。

2) 加热可在设定温度烘箱中进行,也可在氮气保护设备中进行。

3) 电老化时将引线断开处冲制断开,使得每个IC都成为独立的器件。

2. TAB的外引线键合技术

完成了内引线键合并经过老化测试的载带芯片即可用于混合电路的安装,也可以用于微电子封装的引线框架上。用于前者,可将性能好的载带芯片沿着载带外引线的压焊区外延剪下,先用粘结剂将芯片粘结在混合集成电路上预留的芯片位置上,并注意使外引线焊区与混合集成电路的布焊区一一对应,用压焊法或压焊再流焊法将外引线焊好,再固化。

对于用于微电子封装的引线框架,在生产线上连续安装载带芯片的电子产品,可使用外引线压焊机将卷绕的载带芯片连续进行外引线焊接,焊接时应用切断装置再在每一个焊点外沿将引线和除PI支撑框架以外的部分切断并焊接。外引线焊接过程如图3-11所示。

TAB外引线焊接既可以按常规方法进行焊接,这时芯片面朝上;也可以将芯片面朝下对外引线进行焊接,此称倒装TAB。前者占的面积大,而后者占的面积小，有利于提高芯片安装密度。

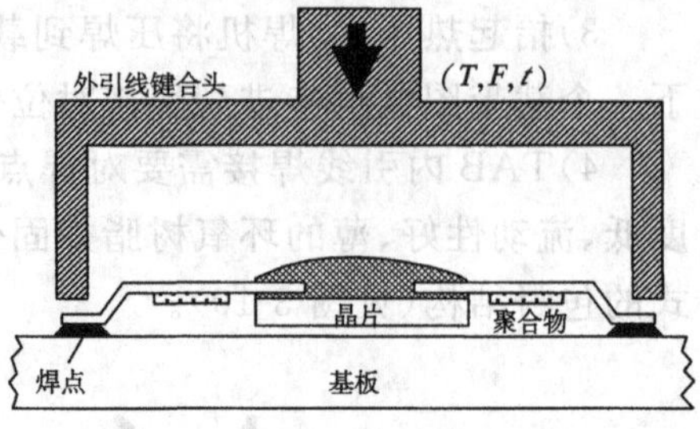

图 3-11　外引线焊接过程

将 Cu 引线压在涂有焊料金属的对应焊盘上，给外引线键合头提供能持续几秒钟的脉冲电压以提供热量来实现引脚与基板的焊接，这个完整的周期需要约 10～20s。用脉冲焊接方法将外引线焊到玻璃环氧树脂线路板上的镀锡引线上的典型焊接参数：热压头温度为 200～250℃，基片温度为室温，停留时间为 1～3s，压力为 15～75MPa。

外引线工艺过程为：供片→冲压→焊接→外封装。器件的外封装可根据不同的要求有金属外壳封装、陶瓷玻璃外壳封装和塑料封装等几种。

五、带凸点的载带制作

图 3-12 给出了凸点在芯片上和凸点在载带上的两种 TAB 的封装结构。

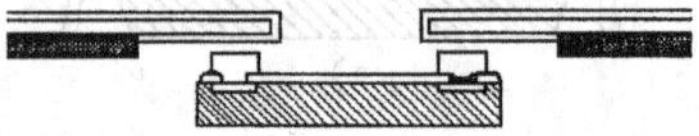

a)

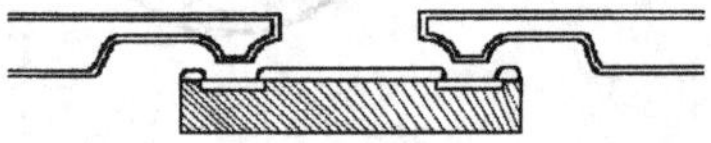

b)

图 3-12　两种不同凸点结构的 TAB 封装

a) 芯片上带有凸点的 TAB 封装　b) 载带上制作凸点的 TAB 封装

凸点在载带上的结构是将凸点制作在 TAB 的 Cu 箔引线上，而不是在芯片上，从而省去了芯片凸点的制作工艺。这种技术除具有 TAB 的一切优点外，还具有工艺简便可行，制作成本低廉，使用灵活方便等特点，尤其适合用于多品种、小批量的电子产品的生产中。因为它不需要对晶圆进行加工，使用单芯片 IC 就可以完成凸点载带与芯片的互连，不会因晶圆芯片凸点数目过多而造成浪费。

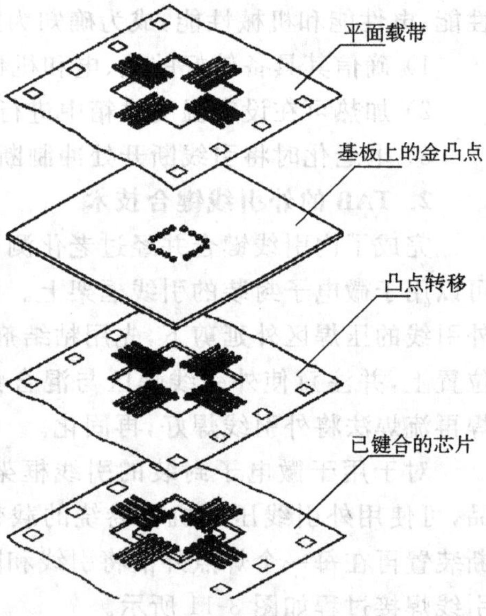

图 3-13　TAB 基板的凸点转移技术

一般采用光刻、电镀法直接形成凸点，也可以采用转移凸点法完成带凸点载带的凸点制作。这里仅介绍转移凸点制作方法。TAB 上的铜箔引线图形制作与一般的 TAB 铜箔引线图形的制作方法相同。

首先在耐温玻璃基板上用光刻、电镀法制作易于剥离的金凸点，然后将载带上已形成的铜箔引线图形的指端与每一个金凸点一一对准，通过压焊设备进行压焊，把玻璃基板上的金凸点转移到载带的内引线键合的指端，从而形成凸点载带结构，如图 3-13 所示。这种基板玻璃可以反复使用，反复转移凸点。芯片与载带的内引线互连仍然是将带凸点的载带与芯片的对应焊盘一一对准并通过热压焊机或热声压焊机实现内引线键合。

第三节 倒装芯片技术

一、倒装芯片技术特点

倒装芯片(Flip Chip)技术是芯片以凸点阵列结构与基板直接安装互连的一种方法。将芯片采用引线键合的方式与基板互连时，芯片的面是朝上的，这通常认为是正装形式，而倒装芯片与正装形式相反，芯片的面朝下与基板上的焊区互连。倒装芯片技术的兴起是由于与其他的技术相比，在尺寸、外观、柔性、可靠性以及成本等方面有很大的优势。今天倒装芯片广泛用于电子表、手机、电脑、硬盘、随身听、LCD 以及大型机等各种电子产品上。图 3-14 为典型的倒装芯片封装结构示意图。

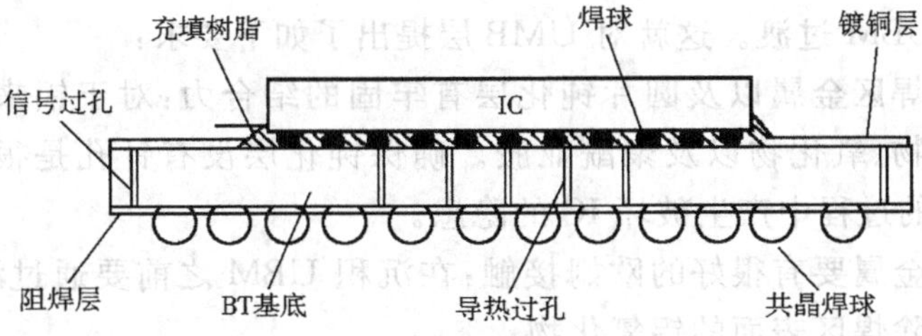

图 3-14 倒装芯片封装

倒装芯片技术属于晶圆级的面阵列封装技术，晶片上的 I/O 是以面阵列的凸点形式实现的，其封装密度非常高。面阵列封装技术是继 SMT 技术后的又一次封装技术的革命。面阵列封装的应用使得当今高性能移动电子产品和个人电子产品的广泛普及成为现实。

倒装芯片技术具有以下技术特点：

1)小尺寸：小的 IC 引脚图形，只有扁平封装的 5%，大大减小了封装高度和重量。

2)功能增强：使用倒装芯片能增加 I/O 的数量。面阵列使得在更小的空间里进行更多信号、功率以及电源等的互连。一般的倒装芯片上凸点的数量可达 400 个。

3）性能增加：短的互连减小了电感、电阻以及电容，使得信号延迟减少、具有较好的高频率特性，晶片背面也有较好的散热通道。

4）提高了可靠性：大芯片的环氧树脂底部填充工艺确保了高可靠性。倒装芯片可减少 2/3 的互连引脚数。

5）提高了散热能力：倒装芯片没有塑封，芯片背面可进行有效的冷却。

6）低成本：在晶圆上批量化制备凸点，大大降低了生产成本。

7）倒装芯片技术与表面贴装技术相兼容，可同时完成贴装与焊接。

倒装芯片技术还存在一些有待解决的问题。例如裸芯片很难测试；凸点芯片适应性有限；随着间距的减小和引脚数的增多，对 PCB 技术的要求更高；必须使用 X 射线检测设备检测不可见的焊点；操作夹持裸晶片难度增大；要求很高的组装精度；使用底部填充要求一定的固化时间；维修很困难或者不可能等等。

二、凸点技术

1. 凸点下金属化层（UBM）

芯片凸点是在原芯片铝布线电极焊区或重新布局的新焊区上形成的。凸点材料可以是金凸点、铟凸点、镀金的镍凸点、共晶铅锡合金凸点以及无铅凸点等。为达到凸点金属与铝焊区的良好结合，一般在铝焊区和凸点之间有金属过渡层，称为凸点下的金属层（UBM，Under Bump Metallisation）。

集成电路的内引线和互连焊盘一般是金属铝，而铝很难与铅锡焊料等直接焊接，需要借助 UBM 过渡。这就对 UMB 层提出了如下要求：

1）必须与焊区金属以及圆片钝化层有牢固的结合力：对于铝来说，典型的钝化材料为氮化物、氧化物以及聚酰亚胺。确保钝化层没有针孔是很重要的，否则就会在 UBM 的过程中产生破坏 IC 的隐患。

2）和焊区金属要有很好的欧姆接触：在沉积 UBM 之前要通过溅射或者化学刻蚀的方法去除焊区表面的铝氧化物。

3）要有焊料扩散阻挡层：必须在焊料与焊盘焊区金属之间提供一个扩散阻挡层。

4）要有一个可以润湿焊料的表面：最后一层要直接与凸点接触，必须润湿凸点焊料。

5）氧化阻挡层：为保证很好的可焊性，要防止 UBM 在凸点的形成过程中氧化。

6）对硅片产生较小的应力：UBM 结构不能在底部与硅片产生很大的应力，否则会导致底部的开裂以及硅片的凹陷等可靠性失效。

一般地，UBM 包括三层结构：扩散阻挡/粘附层、润湿层和抗氧化层。所用的材料组合出现了 Ti/Cu/Au、Ti/Cu、Ti/Cu/Ni、TiW/Cu/Au、Cr/Cu/Au、Ni/Au、Ti/Ni/Pd 等，根据不同的凸点材料以及互连工艺要求而定。沉积方法主要有溅射、电镀、化学镀等。图 3-15 为 UBM 的结构示意图。

粘附以及扩散阻挡层使用的典型金属有 Cr、Ti、Ti/W、Ni、Al、Cu、Pd 和 Mo，典型厚度为 0.15～0.2μm。焊料润湿层采用的典型金属有 Cu、Ni、Pd，其典型厚度为 1～5μm。氧化阻挡层采用的典型金属为 Au，其厚度为 0.05～0.1μm。

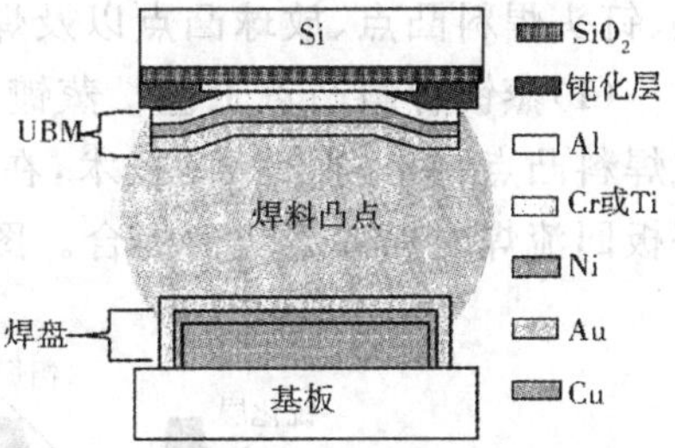

图 3-15 倒装芯片凸点互连结构示意图

图 3-16 为一种常用的 UBM 形成方法——化学镀镍方法。

化学镀镍用作 UBM 的沉积，金属镍起到连接/扩散阻挡的作用，同时也是焊料可以润湿的表面。镍的扩散率非常小，与焊料也几乎不发生反应，仅与锡有缓慢的反应，因此非常适合作为共晶焊料的 UBM 金属。化学镀镍既可以用于 UBM 金属的沉积，也可以用来形成凸点。非晶态的化学镀镍层中没有晶界，无法形成扩散的通道，所以是一层良好的扩散阻挡层。镍 UBM 的厚度一般为 1～15μm，而 5μm 厚的镍 UBM 就能使焊料凸点的可靠性明显提高。镀镍之后，还要在镍上镀一层厚度为 0.05～0.1μm的金，它主要是防止镍发生氧化，以保证它的可焊性。采用化学镀镍的方法形成凸点时，通常镍凸点要与导电胶(各向同性或者各向异性均可)一起使用。

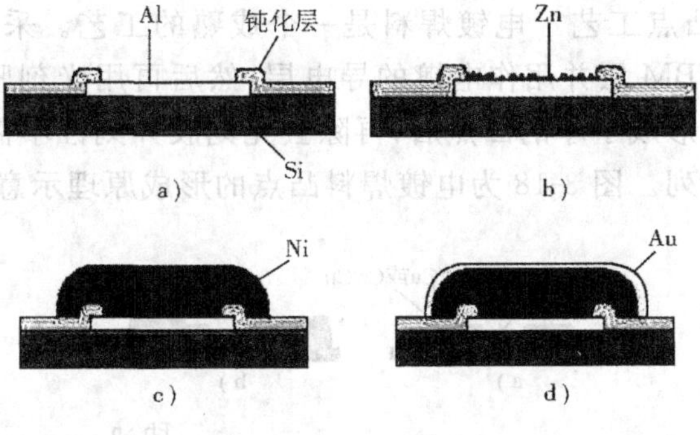

图 3-16 一种 UBM 工艺

a) 形成钝化层和清洁表面 b) 锌酸盐处理活化铝表面 c) 化学镀镍 d) 镀金

在铝焊盘上化学镀镍前的预处理非常重要。由于铝焊盘表面有一层氧化物，镀层金属无法粘附在这样的表面上，因此要对铝表面进行适当的处理以清除氧化物层。最常用的方法是在铝焊盘上进行锌酸盐处理，也可采用镀钯活化或进行镍置换等。

2. 凸点的形成(Bumping)

对于焊料凸点，常用的材料是 Pb/Sn 合金，在回流焊过程中具有自中心作用以及焊料下落等。自中心作用减小了对芯片贴放的精度要求，下落特点减小了共面性差的问题。具体材料有共晶铅锡合金凸点、熔点为 330～350℃ 的高铅铅锡合金凸点(95Pb/5Sn 和 97Pb/3Sn)以及无铅的锡基凸点等。

有多种焊料凸点的形成办法，如蒸镀焊料凸点、电镀焊料凸点、印制焊料凸点、钉头焊料凸点、放球凸点以及焊料转移凸点等。

(1)蒸镀焊料凸点工艺　蒸镀焊料凸点有两种方法，一种是 C4 技术，整体形成焊料凸点；另一种是 E3 技术，在凸点顶部局部蒸镀一层锡，以便在倒装芯片与基板回流焊时局部熔化而焊合。图 3-17 为蒸镀焊料凸点的形成原理示意图。

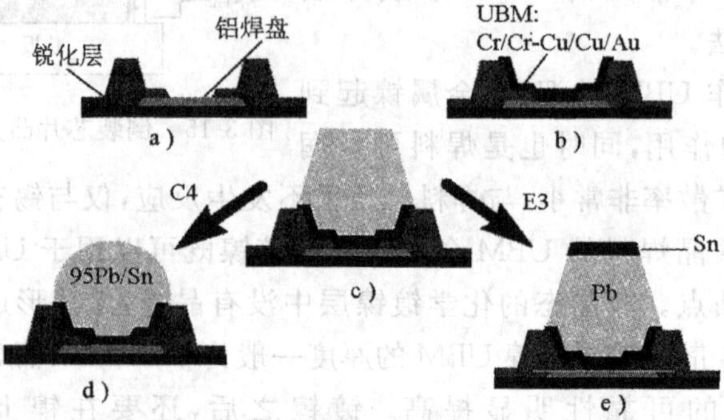

图 3-17　两种蒸镀焊料凸点的形成工艺

a) 镀前预处理　b) 形成 UBM　c) 蒸镀高铅焊料　d) 回流形成焊料凸点　e) 镀锡降低局部的熔点

(2)电镀焊料凸点工艺　电镀焊料是一个成熟的工艺。采用电镀焊料凸点，需要先整体形成 UBM 层并用作电镀的导电层，然后再用光刻胶保护不需要电镀的地方。一旦电镀形成了厚的凸点后，再除去光刻胶并刻蚀不需要的 UBM，然后经回流形成凸点阵列。图 3-18 为电镀焊料凸点的形成原理示意图。

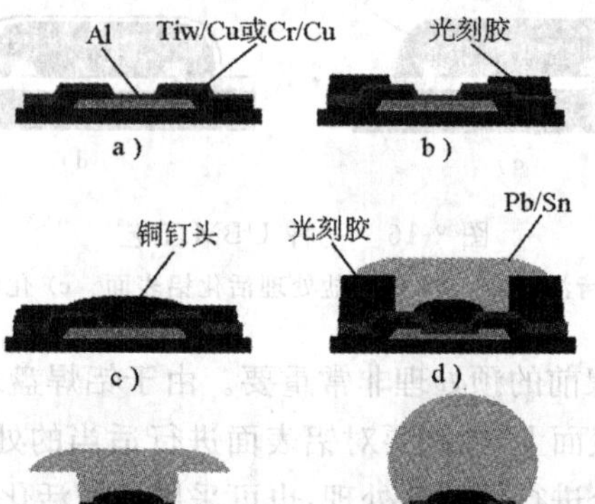

图 3-18　电镀凸点的形成工艺

a) 溅射形成的 UBM　b) 光刻胶形成电镀凸点阵列　c) 电镀铜钉头和金

d) 电镀铅锡合金焊料　e) 除胶并刻蚀 UBM　f) 回流形成焊料凸点

(3)印制凸点工艺　焊膏印制凸点是一种广泛应用的凸点形成方法。印制凸点是采用模板直接将焊膏印在要形成凸点的焊盘上，然后经过回流而形成凸点。目前印制凸点间距可达到 250μm 的细间距。图 3-19 示意地表示了焊膏印制凸点的工艺步骤。可按照不同的使用要求，选用不同的凸点材料，如 95Pb/5Sn、90Pb/10Sn、63Pb/37Sn 以及无铅焊料等成分。在晶圆的 Al 焊区上形成 UBM 后，就可在其上印制焊膏然后回流。

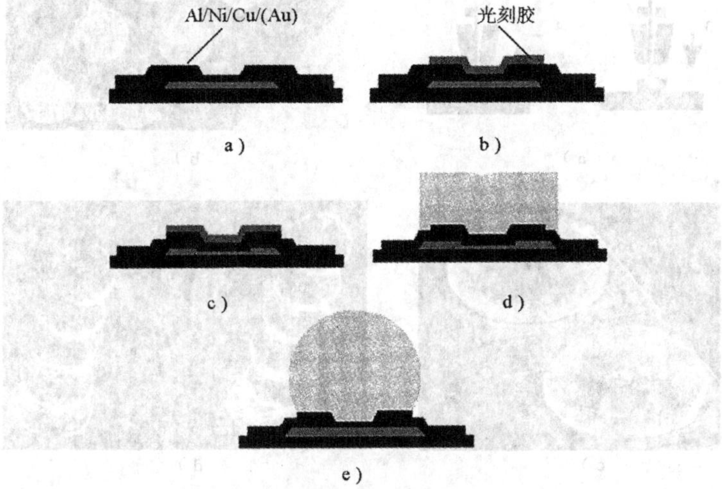

图 3-19 焊膏印制凸点工艺步骤
a) 溅射 UBM b) 光刻形成 UBM 阵列图案
c) 刻蚀 UBM 并除胶 d) 印刷焊膏 e) 回流形成焊料凸点

(4)钉头凸点 这是一种使用标准的球形导线键合技术在芯片上形成的凸点方法。钉头材料为 Au 丝线或者 Pb 基的丝线。其过程与导线球形键合基本相同，唯一的差别就是在球形键合的第一点键合到焊盘上后马上将丝线从球顶端截断，从而形成一个带有尾尖的 Au 球的钉头凸点，如图 3-20 所示。若一层高度不够，还可以在形成的 Au 球凸点上用此方法再植一个凸点，其高度也增加一倍，这就是简便易行的叠层凸点形成方法之一。这种方法要求 UBM 与使用的丝线相容。这种图钉式的凸点通过回流或者整形方法形成一个圆滑的形状，以获得一致的凸点高度。一般地，这种凸点与导电胶或者焊料配合使用以进行组装互连。对于 I/O 数不多的小规模的 IC 封装，用这种方法制作凸点具有灵活、简便、成本低且适应性好的优点，但该方法不太适合于大批量的凸点制作。

(5)化学镀凸点 化学镀凸点是一种利用强还原剂在化学镀液中将需要镀的金属离子还原成该金属原子沉积在镀层表面形成凸点的方法。化学镀除可利用光刻胶做掩模在硅圆片上化学镀凸点外，还可以直接在已经切割好的芯片上进行化学镀凸点，适合于小批量制作凸点，工艺灵活方便，而且凸点布局、凸点尺寸以及间距大小不受限制。一般是在化学镀 UBM 的基础上，直接进行化学镀 Ni/Au 凸点或 Au 凸点。

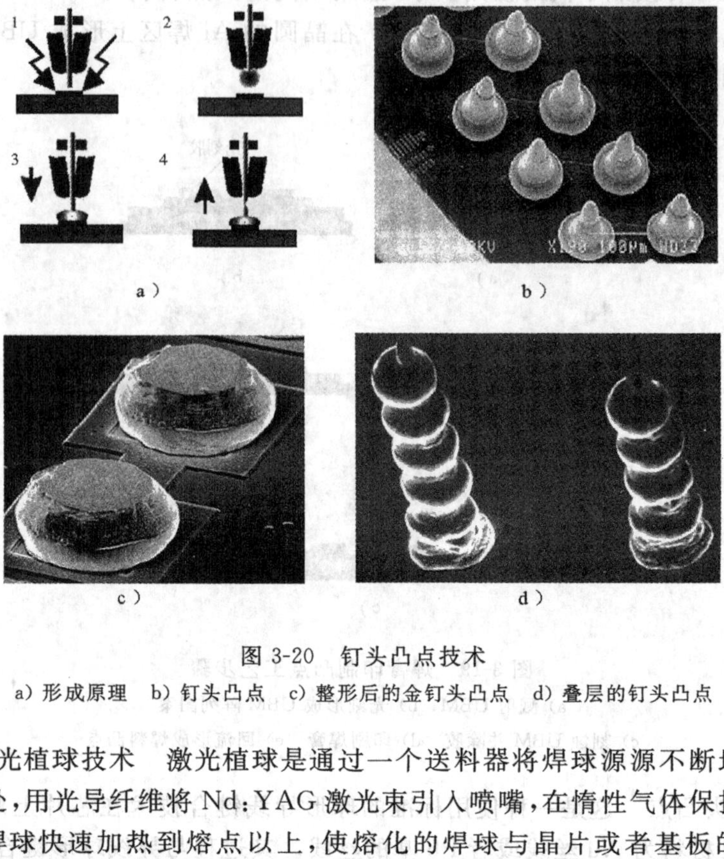

图 3-20　钉头凸点技术

a）形成原理　b）钉头凸点　c）整形后的金钉头凸点　d）叠层的钉头凸点

(6)激光植球技术　激光植球是通过一个送料器将焊球源源不断地送入植球头的喷嘴处，用光导纤维将 Nd:YAG 激光束引入喷嘴，在惰性气体保护下将处于嘴口处的焊球快速加热到熔点以上，使熔化的焊球与晶片或者基板的焊盘等焊合，形成所要求的凸点或焊球。

如图 3-21 所示，整个植球头非常精密、小巧，如同一个喷墨打印机的打印头。可以通过程序实现对特定的凸点或焊球阵列图形排列。图 3-23c 显示的是采用激光植球技术在硅晶片的镀镍层(UBM)上形成的两个共晶焊球凸点的 SEM 照片。

激光植球的质量与精度高于电沉积植球方法，在小批量情况下适用性强，成本低廉，封装效率高，对器件的损伤小。设备占地面积小，使用方便，灵活，工艺控制简单，自动化程度高。

(7)凸点移植　将凸点用前述的方法在一个中间载体上形成相应的凸点阵列，然后将其转送到倒装芯片上去的一种植球技术。载体一般是与焊料不润湿的材料，如硅片、热阻玻璃片等。在中间载体上形成凸点的方法很多，常用蒸镀焊料凸点和印制焊料凸点的方法。采用蒸镀法或印制方法在载体上预制凸点，之后再辅以凸点转移工艺，则整个凸点制备工艺的灵活性将大大提高。对于印制凸点，首先加工一块具有一系列不同开口直径的通用印制模板，这样仅使用一块模板就可以在载体上制出各种不同直径的备用凸点阵列。然后将预制凸点转移至涂有助焊剂的芯片焊盘上，经回流后凸点与焊盘焊合，且与载体分离。

可以在载体表面先沉积大约 100nm 厚度的金薄层，以增加焊料与载体的附着力，防止焊料凸点从载体上分离，同时还可增加分离焊料熔化前的润湿时间，使得它有足够的时间来润湿 UBM。

图 3-22 示意给出了蒸镀方法的批量化的凸点转移工艺流程。

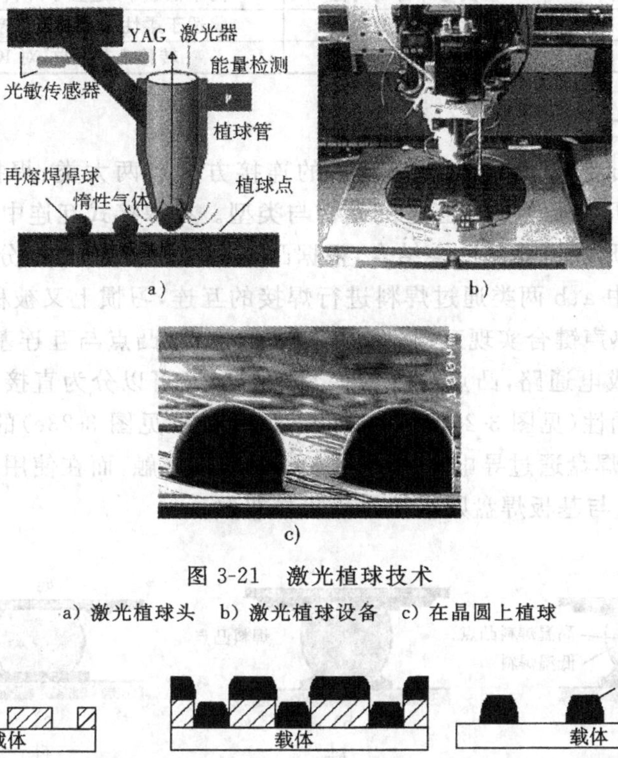

a) b) c)

图 3-21 激光植球技术

a) 激光植球头 b) 激光植球设备 c) 在晶圆上植球

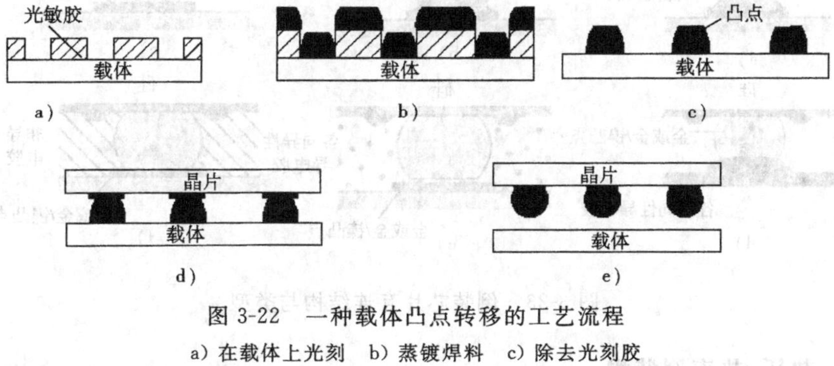

a) b) c) d) e)

图 3-22 一种载体凸点转移的工艺流程

a) 在载体上光刻 b) 蒸镀焊料 c) 除去光刻胶

d) 将晶片放在载体上 e) 经过回流实现凸点转移

以上介绍了各种常用的凸点形成的工艺方法。表 3-5 对这些工艺方法的特点及使用范围等进行综合比较。

表 3-5 各种凸点制作方法的比较

凸点制作方法	关键工艺	主要特点
蒸发/溅射凸点	掩模板制作	工艺成熟，设备较贵，不适宜批量生产
电镀凸点	光刻与电镀	可制作各种凸点，适于大批量生产
化学镀凸点	UBM 与凸点	凸点高度有限，适宜单芯片凸点制作
钉头凸点	金丝球焊与整形	工艺简单，适于低 I/O 小批量生产
焊膏印制凸点	模板与焊膏均匀性	简单低成本，适宜于焊料凸点批量生产
激光植球	能量时间温度控制	适于柔性化小批量生产，设备昂贵
凸点转移	载体凸点的制作	转移工艺简单，对 IC 损伤小

三、倒装焊工艺方法

芯片通过凸点（Bump）与互连基板的连接方式有两大类：焊接式与接触式。图 3-23 给出了几种倒装芯片互连的结构与类型。在焊接式互连中，凸点与基板焊盘焊合在一起，形成可靠的冶金结合，根据凸点材料的不同，可以分为图 3-23 中的 a、b、c 三类，其中 a、b 两类通过焊料进行焊接的互连，习惯上又被称为焊料互连，c 为通过热压或热声键合实现互连。在接触式互连中，凸点与互连基板焊盘之间通过欧姆接触形成电通路，凸点与基板焊盘的接触又可以分为直接和间接两种，例如在使用各向同性（见图 3-23d）或各向异性导电胶（见图 3-23e）的倒装芯片互连中，凸点与基板焊盘通过导电胶中的导电颗粒间接接触，而在使用绝缘胶（见图 3-23f）的场合凸点与基板焊盘则直接发生机械接触。

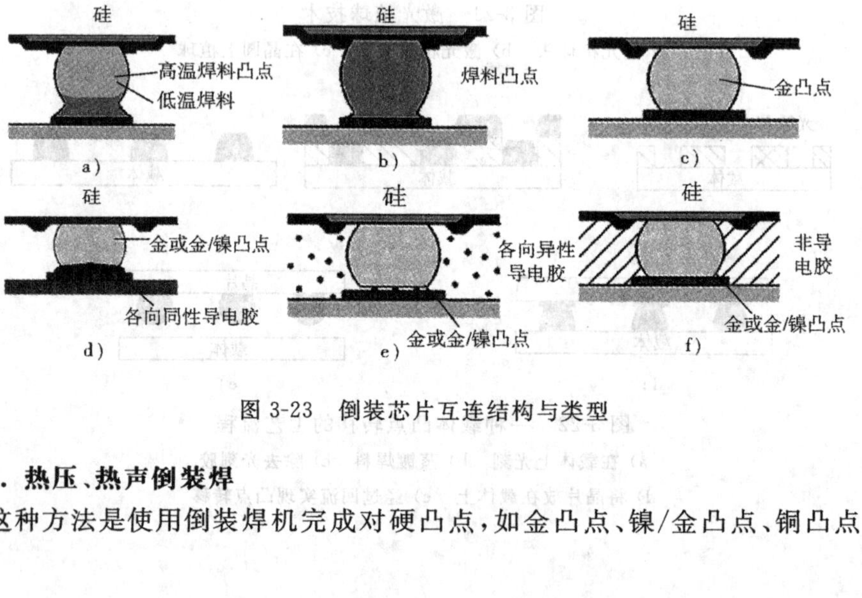

图 3-23 倒装芯片互连结构与类型

1. 热压、热声倒装焊

这种方法是使用倒装焊机完成对硬凸点，如金凸点、镍/金凸点、铜凸点等的倒装焊。倒装焊机的压头可加热加压或加热和超声，同时承片台也对基板加热。在加热、加压、超声到设定的时间后就完成所有凸点与基板焊盘的焊合，如图 3-24 所示。倒装芯片焊接过程中所加的温度、压力和时间与凸点材料、凸点大小等因素有关。其原理与前述的引线键合、TAB 键合工艺相似，这里不再赘述。

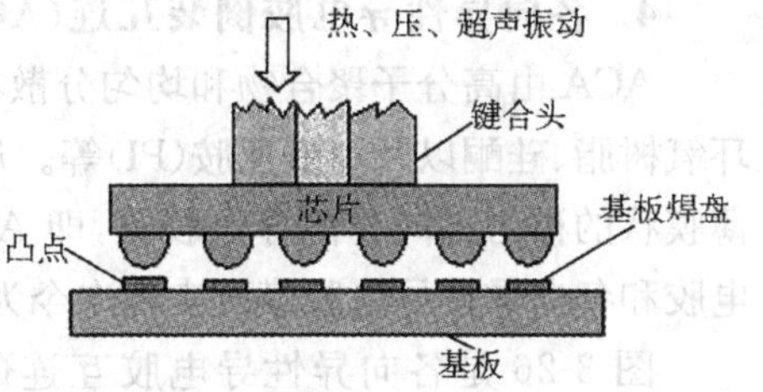

图 3-24 倒装芯片热压键合原理

2. 再流倒装焊

对焊料凸点的倒装芯片，一般采用再流焊接将其与基板焊盘进行焊接，这种方法被称为可控塌陷芯片互连技术，即 C4 技术（Controlled Collapse Chip Connection）；或者在基板的金属焊盘上涂上低熔点的焊膏，将倒装芯片与焊盘一一对准后，进行低温回流，高温凸点不会熔化。回流过程中，芯片会表现出“自对中”的特性，主要是由于焊料熔化后，如果焊料的上下两个润湿表面不是完全对准的话，表面张力就无法平衡，合力总是促使两个表面相互对中，这样在芯片键合时只要保证焊料凸点与基板焊盘接触上，经过回流，芯片与基板自然对准，对键合精度的要求大为降低。

3. 各向同性导电胶的倒装互连

采用各向同性导电胶实现倒装芯片互连，其原理是采用导电胶将凸点和焊盘粘结在一起实现电的互连。各项同性导电胶是在环氧树脂中加入一定量的导电粉末而形成的。根据要求，可采用不同的固化方式，如热固化、光固化和微波固化等。

与一般的倒装焊互连不同，采用各向同性导电胶固化时产生的粘结力将凸点与基板上金属焊盘牢固地粘结在一起，不是“焊接”，而是“机械接触”。其工艺步骤如图 3-25 所示。使用各向同性导电胶的倒装芯片互连工艺简单，不需要昂贵的设备投入，固化温度低，因此是一种低成本的倒装互连技术。

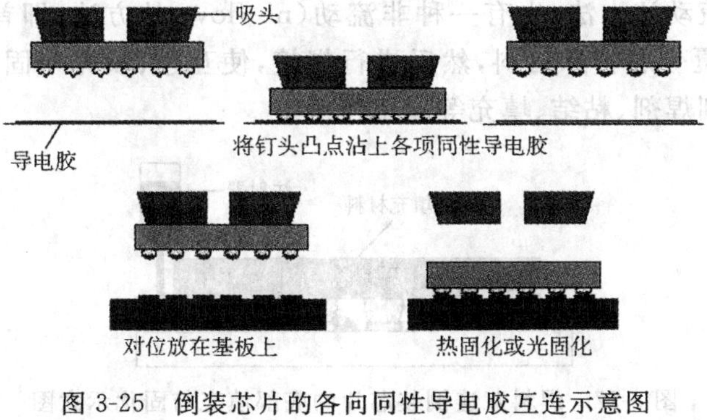

图 3-25 倒装芯片的各向同性导电胶互连示意图

4. 各向异性导电胶倒装互连(ACA, Anisotropic Conductive Adhesive)

ACA 由高分子聚合物和均匀分散在其中的球形导电颗粒组成。常用的聚合物有环氧树脂、硅酮以及聚酰亚胺(PI)等。从形态来分,ACA 有胶状和薄膜状两种,通常将薄膜状的称为各向异性导电胶膜,即 ACF(Anisotropic Conductive Film)。各向异性导电胶和各向异性导电胶膜可实现迄今为止的最高密度的互连。

图 3-26 是各向异性导电胶互连的示意图。倒装芯片和基板之间涂有 ACA,晶片上的凸点和与之对应的基板上的凸点(或焊盘)之间夹着多个受压变形的导电粒子,由这些变形的导电粒子实现上、下凸点之间的电的互连,而其他区域的粒子互不接触,并且密度分布很小,不足以在横向形成导电通路,因此实现了各向异性互连。晶片与基板整体被 ACA 的高分子聚合物(树脂)固化,实现了电子封装的机械支撑和散热。

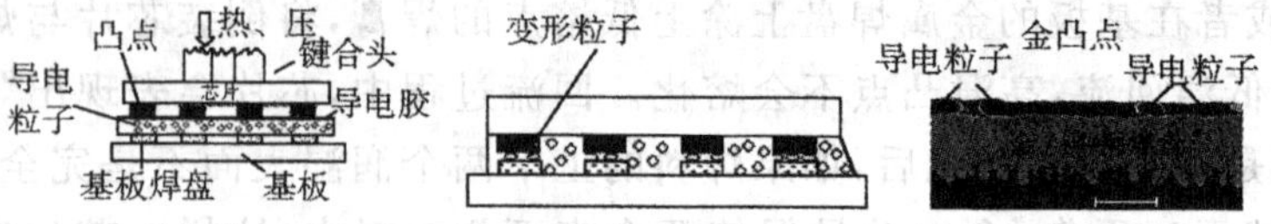

图 3-26　各向异性导电胶互连示意图

a) ACA 互连过程　b) ACA 互连结构　c) ACA 互连的导电粒子照片

5. 底部填充和固化(Underfill)

完成凸点与基板的互连后,芯片靠凸点阵列固定在基板上,实际的固定面积比芯片的面积要小得多,因而结合强度并不高。当芯片受到机械冲击或是芯片与基板上发生热膨胀失配时,在凸点的根部会发生应力集中,极易造成凸点的断裂,使互联的可靠性受到极大的威胁。为了解决这个问题,人们开发出底部填充和固化工艺,在芯片与基板的缝隙中注入有机胶,然后使之固化,一方面增大了芯片与基板的连接面积,提高了两者的结合强度,另一方面对凸点也起到了保护的作用。

底部填充一般是有机胶,然后进行热或者紫外光固化,如图 3-27 所示。底部填充一般采用流动注入法;也有一种非流动(no-flow)的方法,即首先在基板上的互连区整体涂覆一层特殊材料,然后进行焊接,使互连、填充与固化一步完成,其中特殊材料起到焊剂、粘结、填充等多重作用。

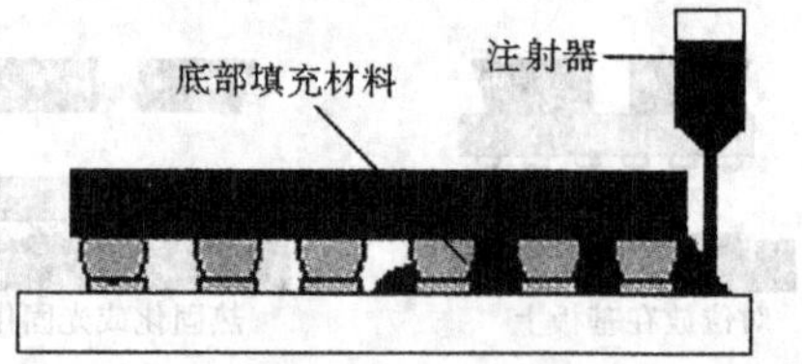

图 3-27　焊料互连倒装芯片的底部填充与固化示意图

第四节　芯片级互连的比较

前几节已经系统地介绍了引线键合技术、载带自动焊技术和倒装芯片技术。这三类互连技术都有各自的优缺点，实际应用中可根据不同的使用条件和要求选择合适的互连方法。表 3-6 列出了这三类互连方法的比较。

表 3-6　芯片互连方法的比较

项　目	WB	TAB	倒装 TAB	倒装焊	导电胶互连
基板金属化	镀金	镀金或焊料	镀金或焊料	尺寸精度高、CTE 匹配	共面性好
UBM	不重要	需要	需要	需要	不重要
互连	金丝、铝丝	金凸点与焊盘焊合	金凸点与焊盘焊合	焊凸点与焊盘焊合	凸点与焊盘粘合
焊合工艺	热压、热声、超声焊	热声、热压群焊	热声、热压群焊	回流焊	ACA、ICA 或非导电胶
主要设备	引线键合机	内引线键合机、外引线键合机、裁剪机	内引线键合机、外引线键合机、裁剪机	倒装芯片键合机(高精度对位、回流)	高精度对位、键合(热固化或光固化)
芯片粘接	贴片胶或导电胶	贴片胶或导电胶	贴片胶或导电胶	贴片胶或导电胶	预键合
最小 I/O 间距/μm	150	100～200	100～200	200	<50
最大 I/O 数	300	500	500	1600	>500
综合可靠性	较好	好	好	很好	好
可返工性	可以	仅外引线	仅外引线	困难	困难
芯片预先测试老化	不能	可以	可以	困难	困难
热耗散	较好	较好	较好	好	好
电性能	频率和功率受限	R、L 低分布电容大	R、L 低分布电容大	R、L、C 均低，电性能最好	L、C 低 R 较大
工艺性	很成熟	量产容易	量产容易	量产、一致性好、成本低	量产容易、封装密度高
关键问题	设备效率低	需制作金凸点	需制作金凸点	凸点种类多返工困难	非标准凸点，高精度的设备

第五节　元器件的封装

一、塑料封装和陶瓷封装的特点

塑料和陶瓷 IC 封装是常用的封装类型，每一种类型都有各自的优点和缺点，应根据实际应用条件来选择应用。

1. 塑料封装的特点

1）不密封。

2）产量大，价格低。

3）加工的初始成本高。

4）塑料的导热系数很低(0.2 W/m·K)。

5）高温下(如SMD焊接工艺)停留时间较短。

6）热膨胀系数大($25\sim50\times10^{-6}$/K)，与硅芯片和金属存在热失配现象，这在大的硅芯片和大型封装时更显著。

7）对塑料的质量和模塑工艺有较高的要求，如果不合要求，则会损害长期可靠性。

8）不适合高频电路，因为高频电路对特性阻抗有特别的要求。

9）失效机制非常特别。

2. 陶瓷封装的特点

1）密封，可靠性高。

2）即使产量很大时价格也很昂贵。

3）导热系数高(如氧化铝的导热系数为15～30 W/m·K)。

4）热膨胀系数低(氧化铝的TCE为$5\sim7\times10^{-6}$/K)，与有机基底存在热失配现象，这在无引线封装中更加突出。

5）无引线封装有一层金属化层，在焊接之前它必须被清除。

6）具有良好的高频特性。

在常规条件下，塑料封装占支配地位，而陶瓷封装多用于重大的军事或通信系统中，这些场合中由于封装件被密封，所以可靠性非常高。在对电性能和热性能要求很高的系统中，陶瓷封装也表现出很好的优越性。

在过去的几年中，由于塑料封装的可靠性得到了很大的改善，在上述要求较高的电信和军事设备中也得到了日益广泛的应用。

二、插装IC的标准封装形式

1. 双列直插式封装

双列直插式封装(DIP，Dual In-line Package)可以说是最早的封装结构形式，针脚分布于两侧，且直线平行布置，直插入印制电路板，以实现机械固定和电器连接。这种封装形式有DIP、S-DIP(Shrink DIP)、SK-DIP(Skinny DIP)等几种。常见的管脚数从6、8、14、16甚至到64。DIP一般仅利用印制电路板的单面。由于针脚直径和节距都不是太细，而电路板上的通孔直径、节距和布线宽度都不能太细，因此这种封装形式难以实现高密度封装。标准的引线之间的间距为2.54mm(100mil)，两排导线间的距离是7.5～15mm(300～600mil)。

DIP 封装结构具有以下特点：①适合 PCB 的穿孔安装；②比 TO 型封装更易于对 PCB 布线；③操作方便。

DIP 封装结构形式有：多层陶瓷双列直插式 DIP，单层陶瓷双列直插式 DIP，引线框架式 DIP（含玻璃陶瓷封接式，塑料包封结构式，陶瓷低熔玻璃封装式）。

在塑料 DIP 中，硅片通过合金化、焊接或粘结的方法连接到金属引线框架上。由于引线框架的 TCE 较小，所以它与晶片的热失配较低。铜引线框架的散热性较高，它与晶片之间通过金丝或铝丝键合焊的方式连接。

陶瓷 DIP 封装也有较多的类型，但都有一个容纳晶片的空腔。CERDIP 是最简单的一种陶瓷封装形式，它有两个陶瓷外壳，两者之间有玻璃封套。更高级的 3 层陶瓷封装采用多层陶瓷技术制造，各层之间有金属化层。通常，这种封装有一个金属盖，在抽出元件内的空气并注入惰性气体后，金属盖再焊接到陶瓷上。

衡量一个芯片封装技术先进与否的重要指标是芯片面积与封装面积之比，这个比值越接近 1 越好。以采用 40 根 I/O 引脚塑料包封双列直插式封装（PDIP）的 CPU 为例，其芯片面积/封装面积 $=3\times 3/(15.24\times 50)=1:86$，离 1 相差很远。不难看出，这种封装尺寸远比芯片大，说明封装效率很低，占去了很多有效安装面积。Intel 公司早期制造的 CPU 如 8086、80286 都采用了 DIP 封装。

2. 针栅阵列插入式封装

针栅阵列插入式封装（PGA，Pin Grid Array Package）是在 DIP 基础上为了适应多端子以及高速度而出现的一种封装形式。与 DIP 相比，在不增加针脚节距的情况下，可以按近似平方的关系提高针脚数。若采用导热性良好的陶瓷基板，还可以适应高速度、大功率器件的要求。

这种封装的引脚间距为 2.54mm（100 mil）。针栅阵列封装最常用的材料是氧化铝陶瓷，引脚最多可达 400～500，陶瓷层可多达 6～10 层。针栅阵列封装有“腔朝下”和“腔朝上”两种形式，这取决于是将晶片的热量引到下面的基底，还是上面的散热片。针栅阵列封装对电路板的利用率比 DIP 高得多，同时也有良好的热性能，但价格却比较昂贵。一旦它们被焊接到电路板上，就很难再取下来进行修复。所以，它们通常被安装在插座（Socket）上。对引脚阵列封装元件进行布线一般需要两层以上的电路板。

三、表面贴装器件的标准封装

1. 小外形封装

8～28 个 I/O 的小外形封装（SOP，Small Outline Package）是最常用的表面贴装器件（SMD，Surface Mount Device）封装形式，如图 1-3 所示。它与较小的 DIP 封装件很相似，因此而得名。引脚之间的间距为 1.25mm（50 mil），并且被弯成翼形。SOP 之后，又出现了 40～56 引脚的甚小外形封装（VSO，Very Small

Outline)，两者的引脚间距分别为0.25mm和0.75mm。VSO实际上并未得到广泛的运用。

塑料SOP封装比较常见，但陶瓷封装形式也已出现。J形引线SOP封装与翼形SOP封装相似，不同在于它的引脚被弯成J形，然后伸入封装体下面，如图1-3所示，这种封装多用于存储器电路。

2. 四边扁平封装

四边引脚扁平封装（QFP，Quad Flat Package）是由小外形表面封装（SOP，Small Out-line Package）发展而来，其外形呈扁平状，鸟翼形引脚一端由封装的四个侧面引出，另一端沿着四边布置在同一平面上。由QFP派生出的封装还有无引线陶瓷封装芯片载体（LCCC，Leadless Chip Ceramic Carrier）、塑封无引线芯片载体（PLCC，Plastic Leadless Chip Carrier）以及带载封装（TCP，Tape Carrier Package）、小尺寸封装（SOP，Small Outline Package）、塑料四边引线扁平封装（PQFP，Plastic Quad Flat Package）等封装结构形式。

QFP组装在电路板上不是靠针脚插入到印刷电路板的通孔中，而是采用表面贴装技术进行组装，是目前最常用的一种表面贴装元件形式。但是，由于QFP的引脚端子为四周边布置，且伸出封装体之外，若引线的节距过窄、引脚过细，则端子会变得非常柔嫩，以至于在组装过程中容易变形。当端子数超过100且节距小到0.3mm时，则对组装精度要求甚高。采用J字形引脚端子的PLCC等可以部分缓解一些矛盾，但不能从根本上解决QFP的上述问题。

扁平封装有多种尺寸和引脚间距，在美国，1.25mm（50mil）、0.625mm（25mil）和0.5mm（20mil）用得最多，而日本则是1.25mm、1.0 mm、0.8 mm、0.65mm。多达300个输出端的塑料和陶瓷扁平封装已经出现。

QFP比DIP的封装尺寸大大减小。以0.5mm焊区中心距，208根I/O引脚的QFP封装的CPU为例，外形尺寸28 mm×28mm，芯片尺寸10 mm×10mm，则芯片面积：封装面积＝(10×10)：(28×28)＝1：7.8。

QFP封装的特点是：①适合用SMT表面安装技术在PCB上安装布线；②封装外形尺寸小，寄生参数减小，适合高频应用；③操作方便；④可靠性高。Intel公司的CPU，如Intel 80386就采用塑料四边引出扁平封装PQFP。

四、球栅阵列封装

20世纪90年代随着集成技术的进步、设备的改进和深亚微米技术的使用，LSI、VLSI、ULSI相继出现，硅单芯片集成度不断提高，对集成电路封装要求更加严格，I/O引脚数急剧增加，功耗也随之增大。由此出现了球栅阵列封装，简称BGA（Ball Grid Array Package）。

BGA一出现便成为CPU等VLSI芯片的高密度、高性能、多功能及高I/O引脚封装的最佳选择。其特点有：I/O引脚数虽然增多，但引脚间距远大于QFP，从而提高了组装成品率；BGA 内部采用倒装芯片，从而极大地改善了电热性能；BGA 封装厚度比 QFP 减少 1/2 以上，重量减轻 3/4 以上；寄生参数减小，信号传输延迟小，使用频率大大提高；组装可用共面焊接，可靠性高；BGA 封装仍与 QFP、PGA 一样，占用基板面积过大。Intel 公司对这种集成度很高（单芯片里达 300 万只以上晶体管）、功耗很大的 CPU 芯片（如 PentiumⅡ），采用了陶瓷针栅阵列封装 CPGA 和陶瓷球栅阵列封装 CBGA，并在外壳上安装微型排风扇散热，从而使芯片电路能够稳定可靠工作。

BGA 技术有很多种形式，如陶瓷封装 BGA（CBGA，Ceramic BGA）、塑料封装 BGA（PBGA，Plastic BGA）以及 Micro BGA（μBGA）等。

1. CBGA

与铜或合金引脚（线）相比，球形焊点更便宜，也非常适应 SMT 生产技术的要求，因此各大芯片制造公司（如 Motorola、IBM、Hitachi、NEC 等）纷纷将 PGA 封装中的插针用焊球来代替，从而演变出 CBGA——陶瓷球形栅格阵列封装（见图 3-28）。目前常用的 CBGA 封装结构如图 3-29 所示。球与球的间距为 1.27mm。陶瓷基底的尺寸在 18～40mm^2，引脚的数量为 196～265。在保护帽上装有散热片。CBGA 的尺寸大致在 18～32mm^2，引脚数达 196～625。

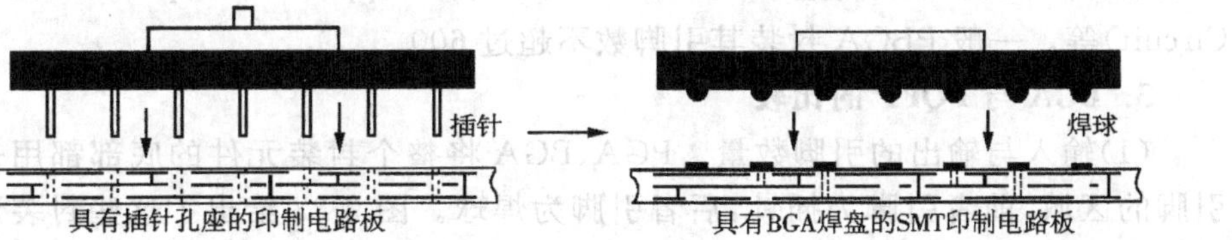

图 3-28　Motorola 公司生产的具有 1.27mm 引脚间距的实验用 CBGA 元件

2. PBGA

由于 BT 树脂（Bismaleimide triazine，双马来酰亚胺三氮杂苯树脂）比陶瓷便宜，并且有很好的电性能，因此被用来代替 CBGA 中的陶瓷基底，并用塑料将基底与晶片密封起来，从而形成了塑料球栅阵列封装。早在 1989 年，Motorola 公司就有类似 PBGA 形式的封装器件成功用于便携式的电子产品中，1993 年 PBGA 封装第一次被用于 Compaq 个人电脑上，不过引脚均不超过 225。

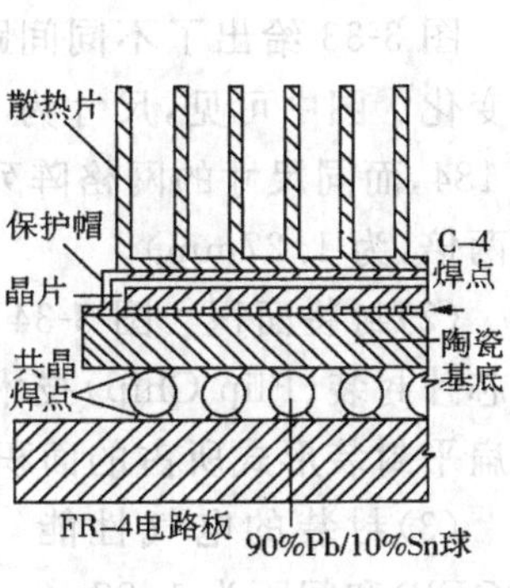

图 3-29　一种 CBGA 二级封装结构的剖面图

典型的 PBGA 结构如图 3-30 所示。晶片与 BT 基底上面的焊盘通过金线键合焊互连；通过印制铜导线和过孔将 BT 基底上面的焊点引到 BT 基片底部的焊盘阵列，最后印一层保护层；焊球与焊盘阵列焊合形成球阵列。将 BT 和晶片塑料模压密封起来。塑料模压密封有两种形式：单边塑料模压和全塑料模压。大部分的 PBGA 采用单边模压方式，而后者可以防止边缘吸湿而减小湿度对 PBGA 的电性能影响，但这种方式不适用于厚度小于 0.4mm 的薄的基底。

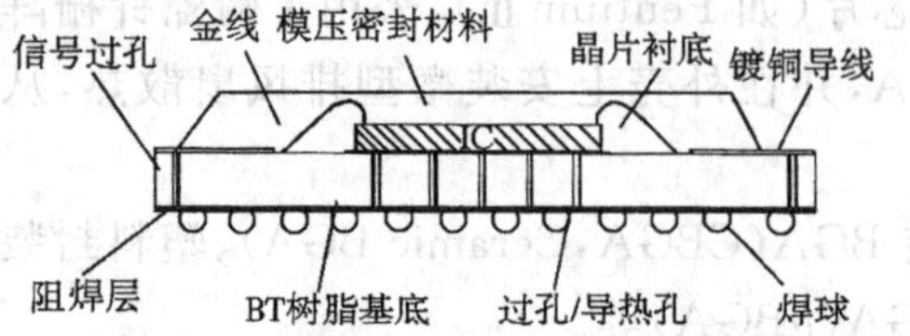

图 3-30　典型的 PBGA 结构的垂直截面图

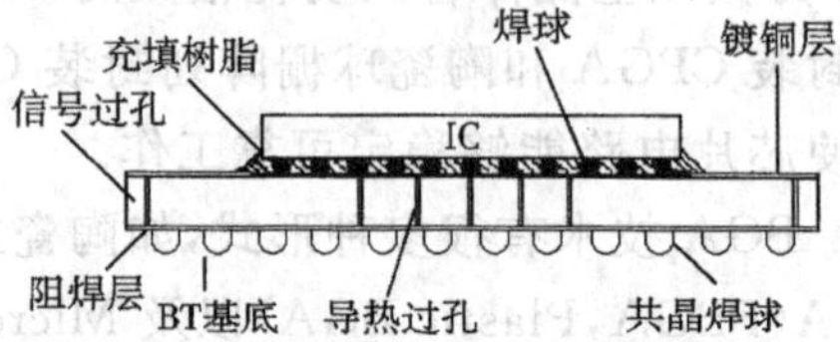

图 3-31　倒装封装结构的 PBGA

图 3-31 为另一种采用倒装芯片结构的 PBGA 结构。晶片采用倒装芯片安装形式安装于 BT 基底上。由于晶片和 BT 的热膨胀系数相差很大，以及热量不容易引出来，因此在晶片和 BT 基底之间注入(underfill)树脂，大大缓解了应力应变以及提高了散热能力。此外，注入树脂的方法还大大降低了 PBGA 对湿度的敏感度，缓解了以前的 PBGA 特有的“爆米花”现象，即对湿度敏感缺陷。目前，PBGA 封装芯片广泛应用于高速 SRAM、CPU、ASIC（Application Specific Integrated Circuit)等。一般 PBGA 封装其引脚数不超过 600。

3. BGA 与 PQFP 的比较

(1)输入与输出的引脚数量　PGA、BGA 将整个封装元件的底部都用来作为引脚的区域，前者引脚为插针，后者引脚为焊球。图 3-32 给出了这些封装形式在不同的间距尺寸下的可能的引脚数。设封装的某一边长尺寸为 x，则另一边长为 y，且 $x=\theta y$，$\theta \geqslant 1$。当 $\theta=1$ 时，为正方形的封装。

图 3-33 给出了不同间距的方形扁平封装和方形网格阵列封装引脚数随边长的变化。图中可见，尺寸为 32×32 的扁平封装能引出的间距为 0.65mm 引脚数为 184，而同尺寸的网格阵列封装的引脚数约为 600 个(而且引脚的间距约为前者的两倍，为 1.27mm)。

(2)封装面积　图 3-34 给出的是扁平封装(PQFP)、网格阵列封装(BGA)、倒装芯片封装(Flip Chip)技术引脚密度的比较。图中看出，对于给定的引脚数，四方扁平封装形式所占的面积最大，倒装芯片封装占的面积最小，BGA 封装居中。

(3)封装的电气性能　图 3-35 给出的是间距为 0.5mm 的方形扁平封装(PQFP)和间距为 1.27mm 的 PBGA 封装的电感量的大小(nH)。图中可以看出，对于给定的引脚数，PBGA 的电感要小于 PQFP。这是因为从晶片引线到管脚的底部输出线路比 PQFP 短。此外，由于引线短，因此耦合的电噪声小，散热好，热噪声和热阻抗也很小。

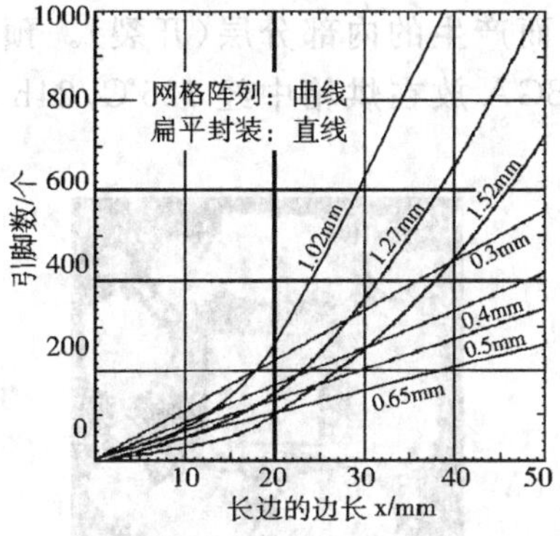

图 3-32　不同间距尺寸下可能的引脚数

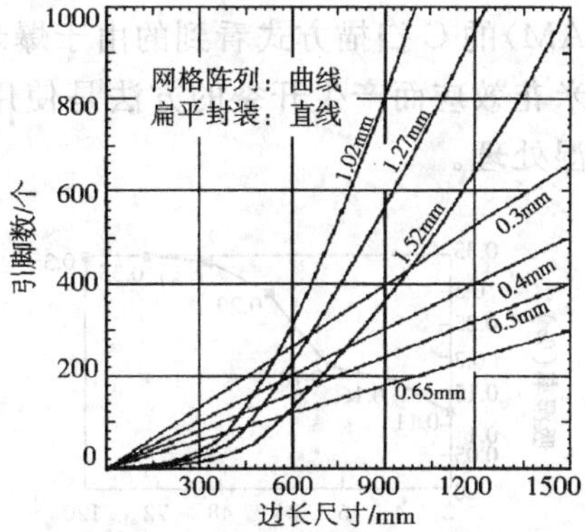

图 3-33　BGA 与 PQFP 的引脚数比较

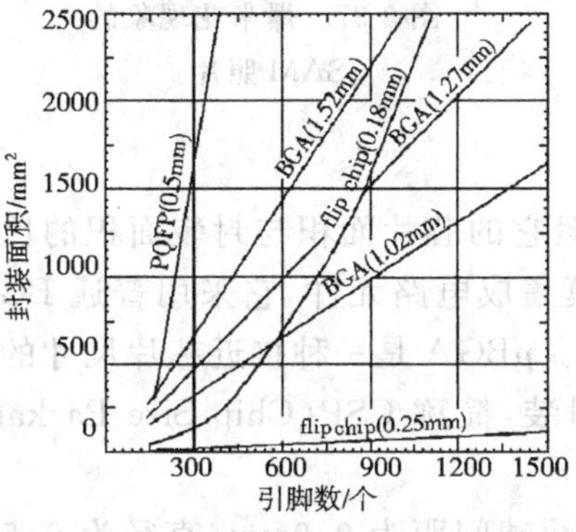

图 3-34　不同封装形式的引脚密度

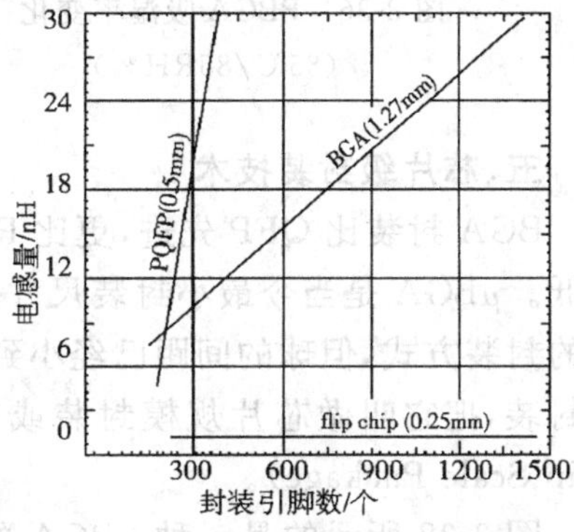

图 3-35　三种封装形式电感量与引脚数的关系

（4）电子组装生产率　BGA 封装较其他形式的封装更适用于大规模的组装生产方法，这是由于 BGA 的引脚就是焊球，在再熔焊过程中，焊球熔化，表面张力的影响而产生自中心作用，即使对位有较大的偏差也能自动地纠正过来。使得组装生产的合格率大大提高。相比而言，PQFP 则由于细的管脚间距而要求更高的生产设备精度而不适合不同普通的 SMT 生产设备，且生产合格率比较低。对于采用共晶焊球管脚的 BGA 来说，省去了对成品率影响较大的印焊膏工序。

4．“爆米花”效应

目前的 PBGA 封装防潮性能并不是很好，这是由 BT 基板的性质决定的。由于在存放过程中基板会从外界吸潮，当再熔焊快速加热时内部的潮气迅速蒸发而产生很大的压力，造成内部开裂纹，这一现象称为爆米花效应。

图 3-36 显示的是对 169 引脚的 PBGA 在条件为 85℃/85RH％湿度试验过程中的吸湿率变化。吸湿率通过增重来衡量。图中可见，PBGA 吸湿率在 48h 后达到饱和值，为 0.35％。这个值远高于 PQFP 封装，为 0.2％。其主要原因是 BT 基

底材料的吸湿率高于其他的树脂封装材料。图 3-37 为采用超声扫描显微镜(SAM)的 C 扫描方式看到的由于爆米花效应而产生的内部分层(开裂)。预防因爆米花效应而产生开裂的方法是使用前将 PBGA 放在烘箱中经 125℃/24h 进行除湿处理。

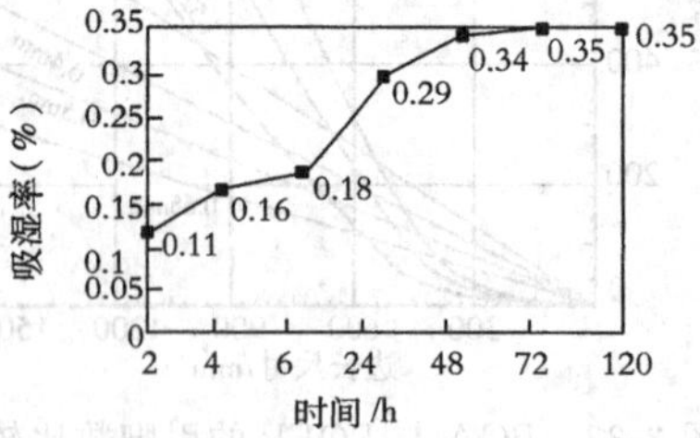

图 3-36 PBGA 吸湿率变化(85℃/85RH%)

图 3-37 爆米花现象的 SAM 照片

五、芯片级封装技术

BGA 封装比 QFP 先进,更比 PGA 好,但它的芯片面积与封装面积的比值仍很低。μBGA 是当今最小封装尺寸的大规模集成电路元件,它采用普通 BGA 相同的封装方式,但球的间距已经小到 0.5mm。μBGA 是一种接近芯片尺寸的超小型封装,把它叫做芯片规模封装或芯片级封装,简称 CSP(Chip Size Package 或 Chip Scale Package)。

图 3-38 所示的是一种 μBGA 的封装。焊球间距为 0.9mm,直径为 0.5mm,焊球成分为 97%wtPb/3%wtSn 或 95%wtPb/5%wtSn。

图 3-39 是一种封装面积与晶片面积之比仅为 1.1 的 CSP,其封装外形尺寸只比裸芯片大一点点。也就是说,单个 IC 芯片有多大,封装尺寸就有多大,从而实现了真正的芯片尺寸封装。

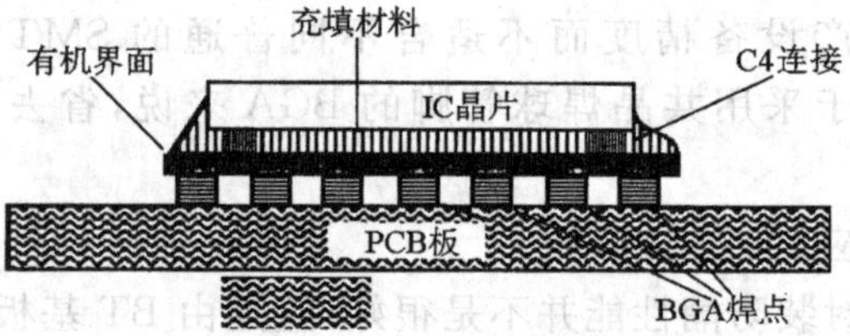

图 3-38 一种 μBGA 的封装结构

CSP 封装具有以下特点:①满足了 LSI 芯片引脚不断增加的需要;②解决了 IC 裸芯片不能进行交流参数测试和老化筛选的问题;③封装面积缩小到 BGA 的 1/4 至 1/10,延迟时间缩小到极短。

六、多芯片组件技术

曾有人想，当单芯片一时还达不到多种芯片的集成度时，能否将高集成度、高性能、高可靠的 CSP 芯片（用 LSI 或 IC）和专用集成电路芯片（ASIC）在高密度多层互联基板上用表面安装技术（SMT）组装成为多种多样电子组件、子系统或系统。由这种想法产生出多芯片组件（MCM，Multi Chip Model），它的出现对现代化的计算机、自动化、通信业等领域产生重大影响。

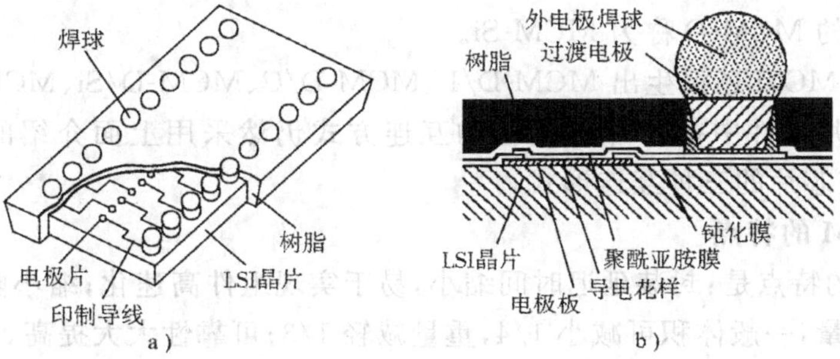

图 3-39　CSP 封装

a）CSP 封装结构　b）CSP 内部断面结构

1. MCM 的定义与分类

MCM 可定义为，将多个半导体集成电路元件以裸芯片的状态搭载在不同类型的布线基板上，经过整体封装而构成的具有多芯片的电子组件。MCM 原则上要具备下列条件：基板具有多层导体层；封装效率＞20％；封装外壳的 I/O 引线＞100；有多个专用集成电路（ASIC，application specific integrated circuit）或者超大规模集成电路（VLSI，Very Large Scale Integration）等。图 3-40 为一种 BGA 外封装结构的 MCM 的照片。

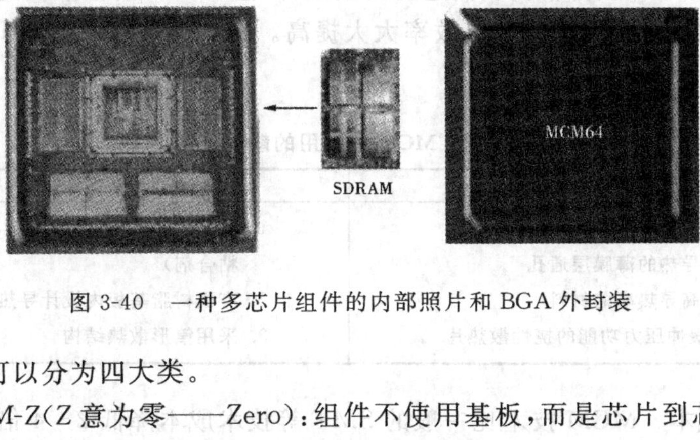

图 3-40　一种多芯片组件的内部照片和 BGA 外封装

MCM 可以分为四大类。

1）MCM-Z（Z 意为零——Zero）：组件不使用基板，而是芯片到芯片、芯片到封装的直接互连。

2)MCM-L(L 意为层压板——Laminate):组件基板采用细导线印制电路板技术,在塑料层压介电板上涂覆铜导线。

3)MCM-C(C 意为陶瓷——Ceramic):组件的基板为共烧陶瓷,并用厚膜(丝网印制)技术制作导体图样("共烧"意思是导线和陶瓷同时在一个炉子中加热制作)。

4)MCM-D(D 意为沉积——Deposited):是指通过在介电材料(有机或者无机)上进行薄膜沉积金属来完成互连。陶瓷、玻璃、硅或金属等都可用于基板。有时把硅基板的 MCM-D 称为 MCM-Si。

后三类 MCM 还派生出 MCM-D/L、MCM-D/C、MCM-D/Si、MCM-Si 等封装结构。多芯片组件中裸芯片与基板的互连方式仍然采用上面介绍的引线键合、TAB 和倒装芯片的三种互连形式。

2. MCM 的特点

MCM 的特点是:封装延迟时间缩小,易于实现组件高速化;缩小整机/组件封装尺寸和重量,一般体积可减小 1/4,重量减轻 1/3;可靠性大大提高。

(1)高速度(高频)　20 世纪 80 年代末微处理器(MPU)的工作频率为 10～20MHz;90 年代为 100～200MHz,目前超大型计算机的工作频率达到几个 GHz。影响 MPU 存储器高速化的主要障碍是信号传输延迟问题,MCM 产品采用多个裸芯片高密度地安装在一起,缩短了传输路径长度,使得信号延迟大大减小,从而提高了工作频率。

(2)高密度　目前 MCM 电路图形可实现导体线宽/间距为 100～20μm;埋孔直径为 150～50μm;通孔直径为 300～200μm;焊盘直径为 250～150μm;层间厚度为 100～30μm 的水平。SMT 的安装效率(LSI 总面积/组件基板面积)为 5%～15%,COB 约为 30%,MCM-L 在 30%～40%,MCM-C 在 30%～50%,MCM-D 可达到 70%以上。

(3)高散热　随着高密度、高速度的发展,产生 MCM 的散热问题。目前出现了一些新的散热技术,使得散热效率大大提高。表 3-7 列出了 MCM 上常采用的散热技术。

表 3-7　MCM 中采用的散热技术

大型计算机	小型计算机
1. 增加散热片	1. BIT 技术(结合层间通孔,用高导热性的粘合剂)
2. 设有导热的薄膜层通孔	2. 有机树脂基板内设计导热通孔
3. 配备高导热率的材料	3. 采用筐形散热结构
4. 装备缓冲压力功能的挠性散热片	

(4)低成本　MCM 技术比一般的 SMT 等技术成本降低 2～4 倍,而 MCM-L

在低成本开发方面最有前景。

3. 基板特性

MCM 的核心技术是基板技术。MCM-L 是采用叠层结构的印制电路板作为互连基板，主要用于工作频率低于 50MHz 的场合；MCM-C 是利用厚膜技术制作互连基板，基板材料为共烧陶瓷，其工作频率在 30～50MHz 之间；MCM-D 是通过沉积技术薄膜来形成基板的互连信号线，由于是采用与硅器件制作类似的工艺，因此布线密度非常高，非常适合于高频（>500MHz）应用领域。MCM 各类封装的特性如表 3-8 所示，而 MCM 的基板性能如表 3-9 所示。

表 3-8 MCM 封装特性比较

类型	成本	布线宽度	多层性	电路密度	电特性	散热性	可靠性
MCM-L	低	较小	优	较高	中	差	一般
MCM-L	较低	小	优	高	良	很好	很高
MCM-D	高	很小	中	很高	优	一般	高
MCM-Si	高	很小	差	较高	良	一般	高
MCM-D/Si	较高	很小	中	很高	优	好	高

表 3-9 MCM 基板的性能

类型	MCM-L 印制基板	MCM-C 共烧玻璃陶瓷	MCM-C 共烧陶瓷	MCM-C 薄膜基板
最小线宽/μm	75	100	100	10
最小通孔直径/μm	200	125	125	15
金属布线层数	1～50	1～75	1～75	1～8
相对介电常数(ε_γ)	3.5～5	5～8	8～12	3～35
埋入的电阻值/Ω	-	0.1～1M	-	0.1～100k
热膨胀系数 $\alpha/(\times 10^{-6})$	4～16	3～8	6	3～7.5
热导率/$(W \cdot m^{-1} \cdot K^{-1})$	0.15～0.35	1.5～2.5	16～20	0.15～1

几种 MCM 技术虽然都有各自的特点，但是在许多方面存在共性，并且基本相似，主要的区别在于 MCM 基板制作的不同。以 MCM-D 为例，由于利用光刻工艺制作基板上的布线，尽管布线层数少，但是由于布线密度高，因此使用于高速高频电路中。MCM-D 的主要技术分为 MCM-D 系统设计、MCM-D 专用芯片制造、MCM-D 基板制造、MCM-D 多芯片封装与组装、MCM-D 性能测试与老化以及 MCM-D 返修技术等。

典型的 MCM-D 基板制作流程为：基板准备→第一层金属成膜→光刻→旋涂聚酰亚胺→光刻通孔→通孔金属化→表层金属成膜→光刻→旋涂聚亚酰胺（钝化）→退火→成品。

MCM-D 的封装工艺与常规的 IC 封装稍有不同，一般是分别将多个芯片通过倒装芯片键合工艺、TAB 工艺或低弧度引线键合工艺与基板互连在一起，然后采用气密性或非气密性模封形式进行外封装。一般采用非常成熟的塑封形式，因为塑封是常用的低成本、可批量生产的非气密性封装形式，而对于要求苛刻以及高功耗的应用场合，则可采用陶瓷外壳或金属外壳的气密性封装形式。

4. MCM-L

MCM-L 技术实质上是一种尖端或者先进的 PCB 技术，这种高密度封装的结构和表面适合于芯片直接贴装（DCA）技术，如 FC、WB 等工艺。图 3-41 是带有微孔和上下分配层的 MCM-L 示意图。

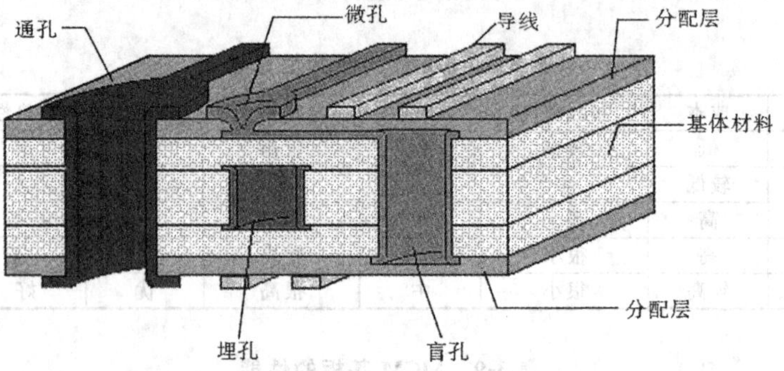

图 3-41　带有微孔和上下分配层的 6 层 MCM-L

5. MCM-C

MCM-C 为多层陶瓷组件，由许多层未烧结的陶瓷薄板堆叠而成。这些陶瓷薄板一面用丝网印制电路图样，用金属化通孔与下一层互连。所有板层都在高温下烧结在一起，形成电气和热性能非常好的紧凑多芯片基板。

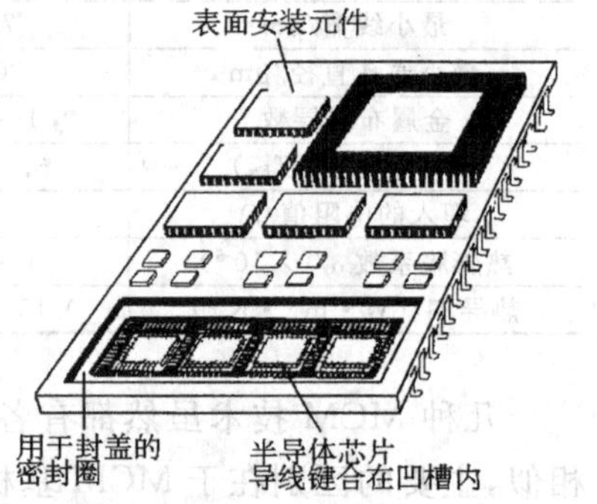

图 3-42　采用多层陶瓷密封组件

MCM-C 是从陶瓷芯片载体封装以及多层陶瓷电容制作技术中发展而来的。在图 3-42 中，表面安装器件和裸芯片安装在基板的顶层，或者安装在陶瓷加工时形成的凹槽中。图 3-43 是 MCM-C 中微孔的排布示意图。

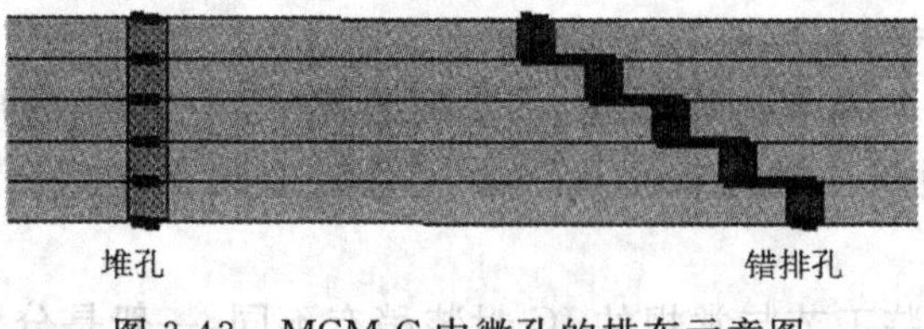

图 3-43　MCM-C 中微孔的排布示意图

目前，按照客户要求设计的多层陶瓷组件的使用范围还有限。

6. MCM-Si

MCM-Si为硅基多芯片组件，使用硅作为多层薄膜组件的基板材料，如图3-44所示。介电层和导电层则是用直接的或改进的薄膜技术在硅片上沉积而成。最常用的介电材料是聚酰亚胺，采用旋转涂覆。IC芯片采用引线键合法、载带自动键合或倒装焊接完成互连。

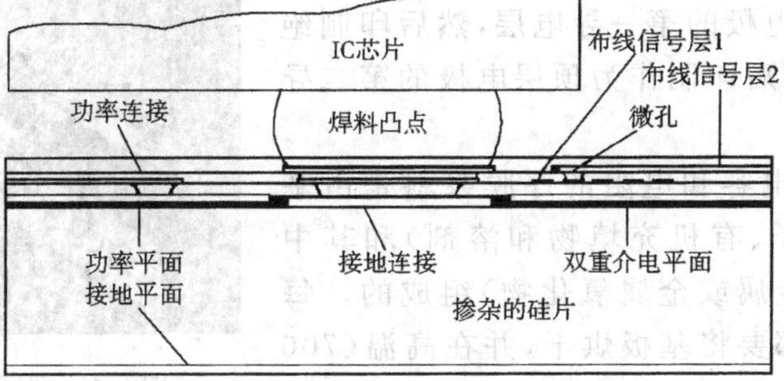

图3-44 硅多芯片组件示意图

图3-45是MCM-D的截面示意图。这种技术的显著特征在于基板和硅片之间极好的热膨胀系数匹配性、良好的热传导性。

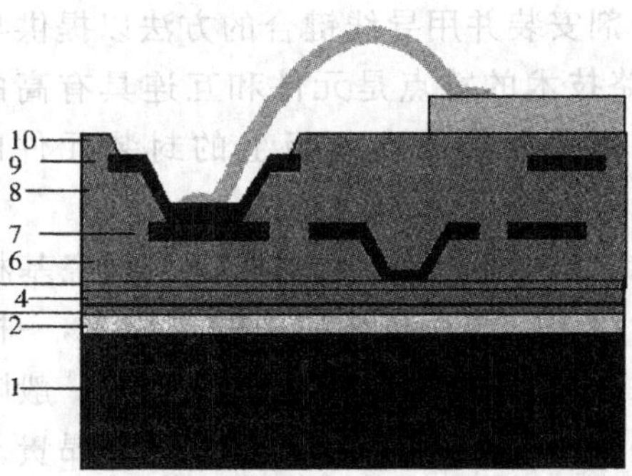

图3-45 MCM-D的截面示意图

1—基底 2—缓冲层 3—金属层一 4—介电层一 5—金属层二 6—介电层二 7—金属层三 8—介电层三 9—金属层四 10—钝化层

七、混合电路组件

混合电路组件(Hybrid Circuit)是一种在基板上混合集成了电阻、电容、绝缘体等无源元件以及芯片的集成模块，其封装密度介于集成电路元件和印制电路板组件之间。混合电路可分为高温厚膜混合电路(Thick Tilm Hybrid Circuit)、聚合物厚膜混合电路(Polymer Thick Film)和薄膜混合电路(Thin Film Hybrid Circuit)等几种。

1. 高温厚膜混合技术

高温厚膜技术通常使用烧结制成的 Al_2O_3(氧化铝陶瓷)作为基板材料。导体、电阻和绝缘体通过丝网印制并烧结而形成。使用低阻的厚膜浆料就形成导体,使用高阻的厚膜浆料就形成电阻,而使用介电材料则形成绝缘件。图 3-46 是一个厚膜混合电路的例子。

电容是通过三道工序印制上去的。首先,印制作为底层电极的第一导电层,然后印制绝缘材料薄层,最后印制作为顶层电极的第二导电层。

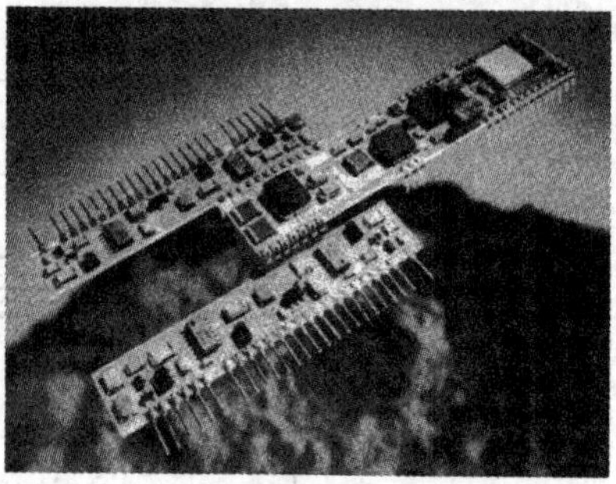

图 3-46 厚膜混合电路

用于形成电容和电阻的厚膜浆料是由基体(含玻璃粒子、有机充填物和溶剂)和其中的导电粒子(金属或金属氧化物)组成的。每一步印制后,都要将基板烘干,并在高温(700～900℃)下进行热处理,把浆料中溶剂和有机介质蒸发掉。而其中的玻璃粒子则融化在玻璃基体上,形成了一种均匀的导电填料结构。

表面安装器件通过回流焊方式焊在厚膜基板上。厚膜混合电路中也使用裸的硅芯片,通常用粘合剂安装并用导线键合的方法以提供与基板的电气连接。

高温厚膜混合电路技术的特点是元件和互连具有高的可靠性和稳定性。同时由于多层导体和印制元件集成在基板上的封装元件的下方,其封装密度也很高。

高温厚膜电路缺点之一则是成本相对较高。陶瓷基板比印制电路板用的典型玻璃/环氧树脂要贵得多。而在机械应力的作用下,一样也会有轻微的扭曲变形,并且氧化铝陶瓷又比较脆。因此基板的最大面积一般限制在 100mm×150mm 内或更小。另外,有些厚膜浆料因含有贵金属而比较昂贵。

2. 聚合物厚膜混合电路

厚膜混合电路成本相对较高与其较高的工艺温度有关。高温下,必须使用较贵的陶瓷基板和贵金属浆料。这样,才可能将浆料中的玻璃粒子融入厚膜基体。

为了降低成本,人们开发出了另一种方法,就是使用有机聚合物材料代替玻璃而作为基体材料。这种“聚合物厚膜”浆料可印制在普通玻璃/环氧层压板上并在 150～200℃ 加温。因此聚合物厚膜混合电路(PTF)就与传统的印制电路板技术结合起来了,如图 3-47 所示。这种技术中的浆料导电粒子有银、铜或碳等。

与传统混合技术和印制电路板技术相比，聚合物厚膜混合电路的长期可靠性较低，其印制电阻的长期稳定性也较差。聚合物厚膜混合电路技术在日本使用广泛，尤其是消费类应用。

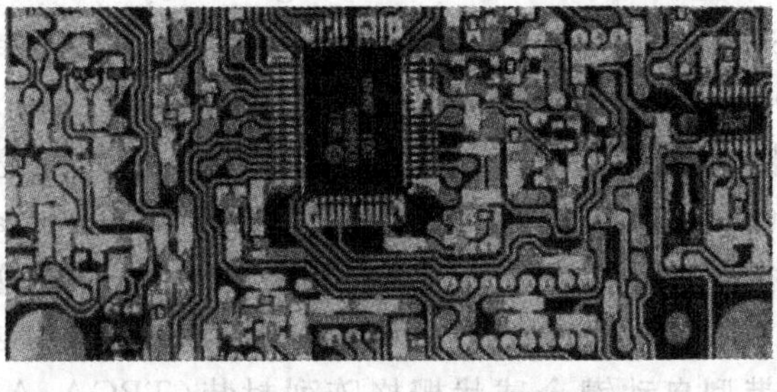

图 3-47　聚合物厚膜混合电路

3. 薄膜混合电路

在薄膜混合电路技术中，导体、电阻和电容等同厚膜混合技术一样，也是集成在基板上，只是使用的材料和沉积技术不同。其层厚一般小于 1μm，因此而得名“薄膜”混合电路技术。图 3-48 是一个薄膜混合电路的例子。

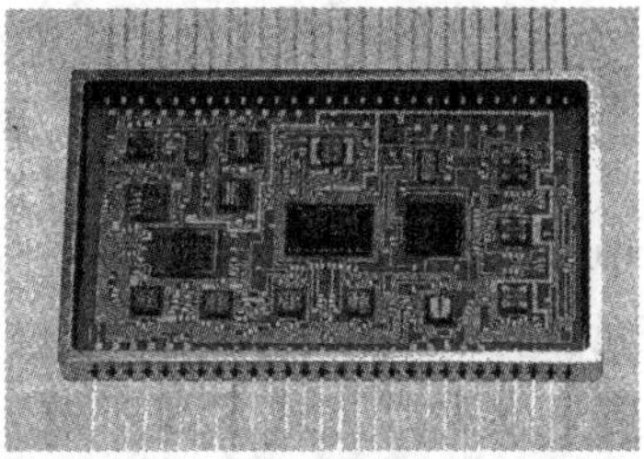

图 3-48　薄膜混合电路

基板材料中最常用的是玻璃和铝。导体通过沉积一层约 1μm 的金或铝等金属制作而成，其沉积方法有蒸镀或溅射。导体图样采用照相平板术印制，然后用光刻胶掩模刻蚀掉多余的金属。电阻的制作比较简单，大部分采用 NiCr 合金或 Ta_2N 薄膜层。电容的绝缘层和介电层材料为 Si_3N_4、SiO_2 等。

传统薄膜电路由一层导线层和一层电阻层构成。近年来，随着多层技术、高密度封装和高复杂性问题的解决，出现了较复杂的多层薄膜混合技术。由于增加了隔离层和电源电路层，电气特性得到了改善，这就为高频应用等提供了更好的屏蔽性以及获得可控特征阻抗的可能性。

大多数薄膜混合电路使用的是裸硅芯片形式的晶体管和集成电路，采用粘胶安装，并用导线键合进行互连，然后将制作好的电路进行金属或陶瓷密封封装。

与厚膜混合技术相比，薄膜混合技术在封装密度上有了实质性的提高。具有优异的电气特性和高可靠性等特点。

八、其他封装形式

以上提到的一级封装形式仅仅是一些器件封装常见的几种封装形式。其实，一级封装的发展中还出现了许多其他的形式，如：薄带式封装（TCP，Tape Carrier Package），四边扁平塑料封装（PQFP，Plastic Quad Flat Pack），薄型四边扁平塑料封装（TQFP，Thin Plastic Quad Flat Pack），方型扁平封装（SQFP，Square Quad Flat Pack），矩形扁平塑料封装（RQFP，Rectangular Quad Flat Pack），超小外形封装（VSOP，Very Small Outline Package），超小型四边扁平封装（VSQF，Very Small Quad Flat Pack），小外形集成电路（SOIC，Small Outline Integrated Circuit），薄小外形封装（TSOP，Thin Small Outline Package），陶瓷扁平封装（CQFP，Ceramic Quad Flat Pack），陶瓷插针栅格阵列封装（PGA，ceramic Pin Grid Array），塑料插针栅格阵列封装（PGA，Plastic Pin Grid Array），塑料球状栅格阵列封装（PBGA，Plastic Ball Grid Array），陶瓷球状栅格阵列封装（CBGA，Ceramic Ball Grid Array），带型自动键合球状栅格阵列封装（TBGA，Area Tape Automated Bonding Ball Grid Array）和微型球状栅格阵列封装（(BGA，Micro Ball Grid Array）等。

上述的各种封装形式中，除 DIP、PGA 等几个封装形式外，均属于表面安装技术的范畴。

到目前为止，我们所讨论的元件，不管是用于数字电路中还是模拟电路中，都是非常常规的类型。然而，一个复杂的电子系统通常还需要一些特殊的元器件，例如：连接器，电位器，电感器，变压器，石英晶体，开关，插槽，显示器等。这些器件通常被叫做“异型”元件，它们类型众多而且没有标准化。这些元件通常使组装和焊接工艺变得非常复杂。由于在许多情况下必须用手工来组装和焊接，因此增加了制造成本，故而在电子产品的开发和设计阶段需要对它们给予特殊的考虑。

给电子元件提供的机械支撑的机械零件也是极为重要的，他们也需要在设计阶段给以特别的考虑。这些元件由金属、塑料或其他材料制成，是系统成本的一个重要组成部分。

九、光电子器件封装

光电子学器件的发展非常迅速，其关键部分是固体激光器和低损耗光纤。光电子系统的可用频率带宽比纯粹的电子系统高出几个数量级，例如光纤网络、高速计算机网络、视频照相机等。

电子系统内的光互连，也就是以光导路替代电路，从而可增强某些性能，比如高速度、电流隔离等。这就需要采用新的封装材料和技术，以保证电气和光学性能。举例来说，封装必须包含不干扰电气性能的光路输入/输出通道，比如用于激光、探测器、光纤互连等的窗口。图 3-49 给出了一些光电子元件和连接技术的例子。本书第五章将进一步介绍有关光电子封装的技术。

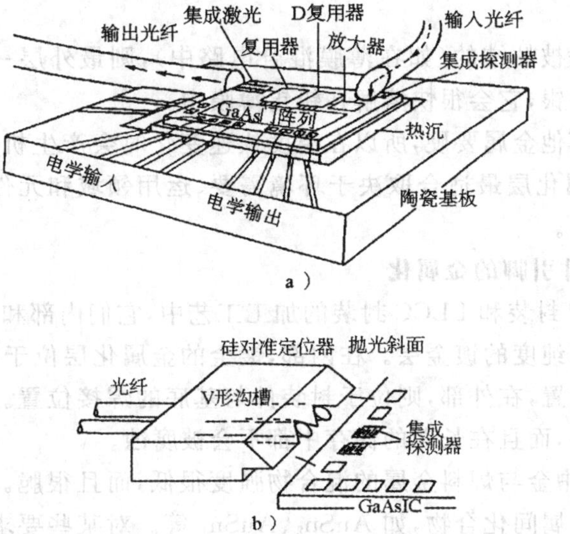

图 3-49 光电子封装举例示意图

a）光电器件内不集成有电学和光学功能 b）光纤与集成芯片之间的耦合互连

第六节 元器件的包装

一、引脚端金属化、可焊性及可靠性

元件是通过引脚/接触端的金属层来实现焊接或粘结的，因此引脚的金属化层对可焊性和焊接的长期稳定性极为重要。

元件的存储时间可能长达几个月，某些多余的元件甚至存放好几年才使用。在这种条件下，可焊性应该仍然保持良好。因此，SMD 元件的焊接冶金学就显得特别重要，因为焊点既是电子元件的电路连接点，也是它的机械支撑点。另外，焊点的尺寸很小，元件在焊接过程中会受到很大的热冲击，焊点也要经受较大的热应力。

1. 无源元件引脚的金属化

对 SMD 电阻器和多层陶瓷电容器来说，银或银合金是与陶瓷连接得最好的材料。但是，银在焊料金属中的溶解度很大，溶解速度非常快。所以，在焊接过程中，银的溶解或在固相中的扩散很难避免。这会导致电子电路的阻断，或者元件的脱落。有几种办法可避免这种现象，其中之一是使银合金化，如加入 20%～35%的钯或铂可以降低溶解度。在焊料金属中加入少量的银，也能够显著减小银的溶解度。

另外，在银（银合金）上可以沉积一层镍作为扩散阻挡层。为了防止镍在焊接过程中氧化，通常在镍上再镀一层锡或铅锡共晶焊料，这样也能保证良好的可焊性。

如果元件是被粘结的(如在薄膜混合电路中),则最外层一定不能是 Sn/Pb,因为导电胶中含银,它会很快溶解在铅锡薄膜中。

由于镍比其他金属要硬,所以在温度快速变化时会产生机械应力。接触端用什么类型的金属化层最适合取决于环境需要、运用领域和元件和系统的价格,一般不采用贵金属。

2. 有源器件引脚的金属化

在陶瓷 DIP 封装和 LLCC 封装的加工工艺中,它们内部和外部的金属化区都会形成一薄层高纯度的镀金层。在内部,镀金的金属化层位于硅芯片上伸出的键合引线的连接位置,在外部,则位于封装件与基底的焊接位置。对键合而言,金是很好的连接材料,而且在长期的储存中都不会被腐蚀。

然而,焊脚中金与焊料金属的混合物强度很低,而且很脆。这是由于金和锡/铅金属形成了金属间化合物,如 $AuSn_2$、$AuSn_4$ 等。对某些要求很高的场合,通过将元件浸入熔融焊料合金来去除元件焊接区的金。金在焊料合金中很快溶解,这样元件上就形成了一层焊料合金。对于金的含量为多少时才会损伤焊脚,一个普遍的看法是在焊料槽中金要少于 0.5 %,而在焊脚中要少于 1%。

对有引脚的集成电路封装来说,引线框架金属(如纯铜)通过电镀或浸入焊料槽的方式形成了一层焊料合金。

3. 静电放电问题

静电放电(ESD,Electrostatic Discharge)被认为是有源元件受到损害的重要原因。但是,ESD 难以被捕捉,要证实元件的损害是由 ESD 引起的也相当困难。本书只简要地讨论 ESD 是如何产生的它对半导体电路有什么影响,采取何种措施可以预防它,从而保护电路免受损害。

人走在由合成材料制成的地毯上,或是轻抚动物的毛皮,都能引起 10～20 000V 的静电电势。产生的电荷能量在十分之几个微焦耳的范围内,但它可以在不到 1μs 的时间内瞬间产生 kW 级的功率。不管是人们拿取元件,还是与塑料外壳、容器的摩擦都会让电子元件充电,一个电子元件的某些端口处产生电压,其他接地的端口将会马上被击毁。

以 MOS 晶体管为例,栅极氧化物一般为 20～1000Å(1Å=0.1nm)厚,如果氧化层非常完整,它的击穿场强为 800 kV/mm。这意味着当栅极的电压超过 1.6～80V 之后,氧化层就会发生碰撞电离击穿或雪崩击穿,然后使 Si 发生熔化(见图 3-50)。元件受到这种损害后并无明显变化,也仍然能工作,但它已经无法承受新的 ESD 的冲击。另外,元件长时间暴露于大气中会引起湿气和杂质的积累,裂纹容易在这些位置产生,使元件的性能受到损害。

双极型晶体管中的 PN 结不足 1μm 厚,掺杂的浓度梯度很高。如果 PN 结的电压为 10～50V，那么硅中的电场强度将超过它的击穿场强。

为了增加元件对 ESD 的承受能力，现代 IC 元件在输入、输出端都带有保护电路，其目的是将放电电流引导到电源或地。由于保护电路引入了寄生电容，因而降低了电路的性能，而且它们需要占用宝贵的芯片空间，所以保护的效果有限，但当今带有保护电路的元件已能承受 500～8 000V 的放电。

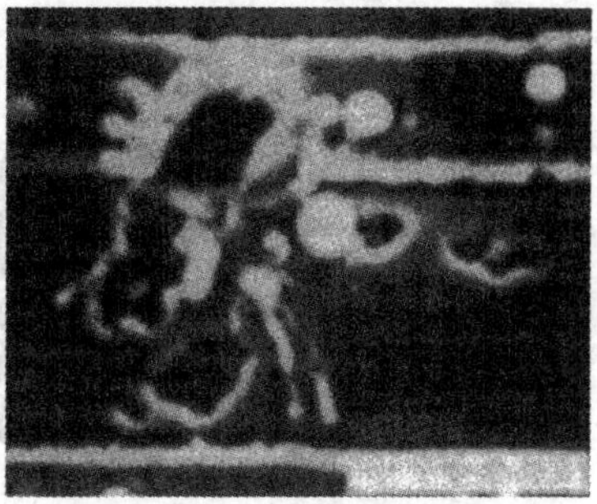

图 3-50 受到静电损害的 CMOS 电路中的硅开始熔化（5000 倍放大倍数）

为了防止 ESD 的损害，要合理地设计元件的封装结构，操作者的身体以及设备也都要接地。目前，所有的元件都被当作静电敏感元件来对待，这已经是一条普遍的规则。由于在较干燥的环境里 ESD 的破坏效果更严重，所以需要对工作环境中的空气湿度进行控制。

二、元件的包装

对一个连续的生产流程来说，元件的包装形式应该方便拿取，而且不需要作调整就能够应用到自动贴片机上。

轴向插装元件（如电阻、电容）采用纸带（Paper Tape）包装，元件的边缘用两层粘带粘住，而纸带则卷在卷轴上。当元件从带上取出后，其引脚在自动贴片机上要被减掉。

小型 SMD 元件（如电阻、电容、晶体管、小型 IC 等等）最有效的包装形式是一种叫做“卷带”（blister tape）的方式，如图 3-51 所示，它特别适合于 SMD 元件的拾放设备。每个元件都在一个由塑料形成的凹陷内，其上粘贴着一层细的保护薄膜，所以元件不会掉下来。卷带有 8mm、12mm、16mm、24mm 宽的不同标准规格，这取决于元件的尺寸。对最小的片式元件来说，每一卷大概有 4 000或 10 000 个元件。

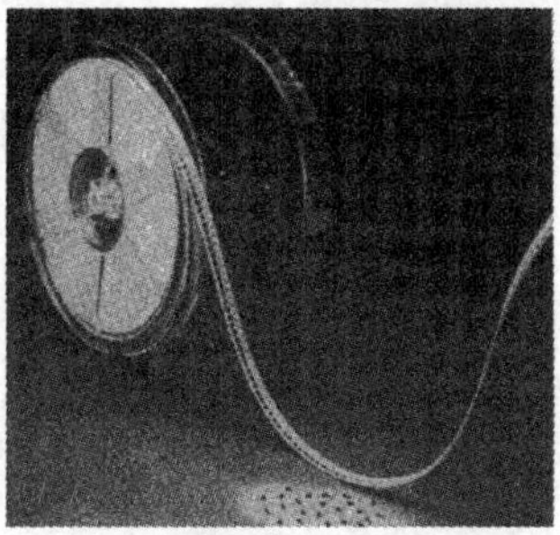

图 3-51 表面安装元件的卷带包装

对静电放电敏感的元件一般采用导电金属塑胶带或铝带包装。

对 DIP 集成电路来说，塑料的条盒是很常见的包装形式。条盒也常用于表面安装元件的包装。条盒上有抗静电涂层，用来防止静电产生。

对扁平封装元件，多采用的是一种网格盘的包装形式，如图 3-52 所示。元件并排放在塑料板的凹陷方格内，像盒子里的巧克力，这种塑料板一层一层地堆放在一起。

a)

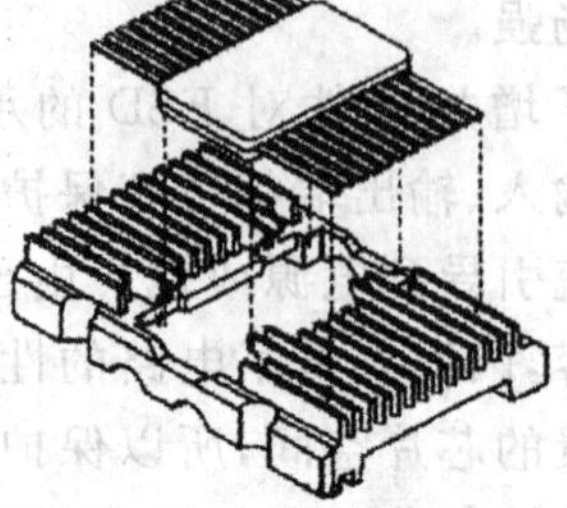

b)

图 3-52　扁平封装元件的包装

a）网格盘包装　b）单个元件的堆放架

扁平封装元件的另一种包装形式是单个的塑料架，它能在盒子里一个接一个地堆垛，叫做“堆垛盒”。

小批量的元件通常散装供应，也就是装在一个塑料袋里。特殊的元件有多种包装形式，它们几乎都不适合 PCB 板的自动组装生产。

第四章 无源元件制造技术

第一节 概述

一、什么是无源元件

一个电子系统可以看作是元器件(或设备)的集合,这些元器件以系统的方式连接起来从而达到预定的功能。当电路接通电源后,这些元器件的特性决定了它们的功能:有源或无源。一个无源元件可以感知、监控、传输、减弱和控制电压。但是无源元件不能区分正负级,也不能产生任何增益和放大。增益和放大是由有源元件提供的,如半导体。无源元件吸收和分散由有源元件提供的能量。变压器、滤波器、机械开关和机械继电器也被看作为无源源件。

区分有源元件和无源元件是依据其是否具有获得增益的功能和开关的功能。也正是因为后者,二极管才不能被归类为无源元件。电路中主要的无源元件包括电容、电阻和电感。这些元件在电路中起着许多非常重要的作用,如分压、退耦、抑制噪声、滤波、调谐、反馈和终端装置等。在一个典型的电路中,80%的元器件是无源元件,并且这些无源元件还占据了50%的印制线路板的面积。无源元件从根本上影响着系统的成本、尺寸和可靠性。

二、无源元件在电子产品中的地位

目前,在各类电子产品中,如录像机、便携式摄像机、移动电话以及其他各式通信设备中均使用了大量的无源元件。表4-1显示了在个人电脑方面随着电子工业向高性能方向发展的过程中无源元件数量不断增加的情况。表4-2显示了无源元件和有源元件在民用产品中使用数量的比例同样也在增加。图4-1是一移动电话电路板,大约有308个电容器、140个电阻器和13个电感器。与21个IC元件相比,很明显无源元件在数量上占有绝对优势的地位。考虑到目前移动电话、个人数字助理、电脑和各种声频、视频设备与日俱增的需求量,并且这些电子产品均包含大量的无源元件,我们就不难看到无源元件的巨大市场了。

电路中使用的元件参数与电路功能相关。例如,高频应用中电容器的电容在皮法(pF)范围,电感器的电感在毫微亨(nH)或10^{-9}亨(H)范围。有关同轴电缆的阻抗匹配要用相应的阻值来匹配这些电缆的阻抗,例如50Ω和75Ω。电源中应用的无源元件,由于低频率高功率的原因,需要使用大的电容器和大的电感器。用电阻制造的分配器网络将用到高阻值的电阻器,因为很明显在分配器上将有能量损失，从而导致电路效率的降低。

表 4-1 个人电脑中无源元件的数量和种类

无源元件类型	CPU486	奔腾 120	奔腾 200 MMX	奔腾 II333MHz	奔腾 III
多层瓷介电容器	58	0	0	0	0
多层片式瓷介电容器	0	151	190	300	600
电容阵列	0	0	32	140	200
钽电解电容器	15	1	0	0	0
片式钽电解电容器	0	0	0	37	80
铝电解电容器	0	7	32	11	15
磁盘	0	0	0	4	0
电容器总量	73	159	254	492	895
普通电阻器	92	0	0	0	0
片式电阻器	0	146	188	625	1000
电阻阵列	0	64	148	346	300
电阻器总量	92	210	336	981	1300
无源元件总量	165	396	590	1473	2195

表 4-2 近期产品中有源元件与无源元件比较

产品	IC	无源元件数量	总元器件数量	无源/有源
笔记本电脑	53	820	900	6：1
台式电脑	182	1066	1285	15：1
移动电话	15	322	380	21：1

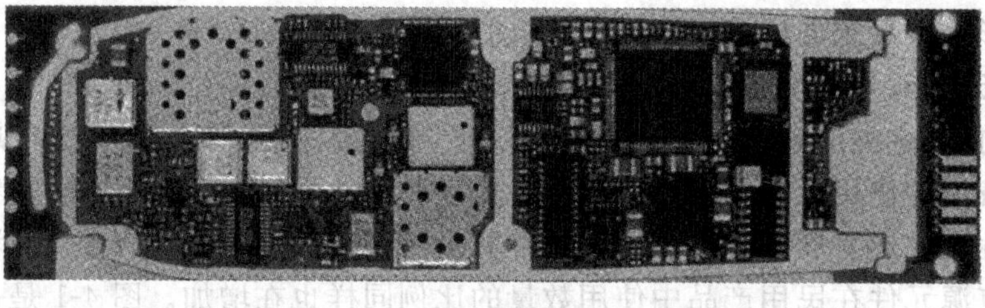

图 4-1 装配有许多无源元件的移动电话线路板

第二节 制造无源元件的成膜技术

半导体集成技术、薄膜技术和厚膜技术是集成电路的三大制造技术，其中薄膜技术和厚膜技术是制造无源元件的主要技术。虽然半导体集成技术具有可靠性高、集成度高、元器件一致性好、生产效率高、成本低等优点，但在无源元件的制造领域里，半导体工艺在元件的参数范围、精度、稳定性和可调性等方面还远逊于薄、厚膜技术。因此，薄、厚膜技术目前还是制造无源元件的支配技术。下面将分别介绍这两类成膜技术。

一、薄膜成膜技术

真空蒸发、离子溅射是薄膜成膜的主要方法，也是薄膜混合集成电路成膜的主要手段。

1. 真空蒸发

真空蒸发的具体作法是使用真空机组把镀膜室内的压力抽到 10^{-2} Pa 以下，然后采用电阻加热、电子轰击或其他方法通过高熔点材料制成的蒸发源或直接把蒸发料加热到使大量的原子或分子离开其表面，并沉积到基片上。

电流加热蒸发源的材料通常采用钨、钽、钼等高熔点金属和耐高温的金属氧化物、陶瓷和石墨。按其形状可分为丝状、舟式和坩埚式。电子束加热通常有一个热阴极提供电子，电子加速电压必须很高，高速电子轰击蒸发料。采用这种装置可以蒸发钽、钨等高熔点金属。

沉积条件对薄膜质量的影响很大。为了使真空沉积能正常进行，要求真空中气体分子的平均自由路程远大于蒸发源到基片的距离，以保证蒸气粒子从蒸发源向基片渡越过程中基本上不被剩余气体分子所碰撞。剩余气体分子不但会被基片吸附而影响膜层结构，而且会和蒸气粒子发生复杂的化学反应，改变膜层的化学成分。沉积速率对薄膜质量的影响很重要，它不但影响薄膜的电学性能，也影响薄膜的结构。沉积速率与蒸气的饱和压强和基片温度有关，饱和压强越高，沉积速率越大，如果饱和压强降低到一定程度或基片温度相当高时，薄膜的沉积将不能形成。沉积速率低，产生的薄膜结构松散，当沉积速率提高时，膜层结构均匀致密，机械强度增加。但沉积速率过高时，膜的内应力过大，有时会导致膜层破裂，所以要选择适当的沉积速率。基片温度对薄膜影响也很重要，基片温度高，沉积在基片上的粒子又被蒸发，使得沉积很难进行。但是，在高的基片温度下，吸附在基片表面的剩余气体分子将被排除，从而增加基片与沉积膜之间的结合力，使得膜层附着力增加，结构致密，机械强度增加。

可以用作蒸发料的有金属、合金、化合物和混合物，常用的金属有铬、金、铝、铜等。蒸发合金比蒸发单一材料困难，因为合金中各组分的蒸发速率不一，会引起薄膜的成分与蒸发料的成分不一致。根据实际情况可以制定不同的方法。对于各组分蒸发速率差不多的合金，可以用蒸发单一材料的方法；对于各组分蒸发速率有差异但不大的合金，可以在高温下进行瞬间蒸发，将细小的合金颗粒送到非常炽热的表面上，使粒子立即蒸发掉；对于各组分蒸发速率差异很大的合金材料，则可采用多源蒸发，每一个源装载一种成分。大多数介质是化合物，而混合物可采用多源蒸发得到。

2. 离子溅射

离子溅射的主要原理是使真空室内剩余气体分子在强电作用下发生电离，电离后的正离子在电场的作用下向阴极方向高速运动，撞击到阴极（靶材）表面后，把自己的能量传递给位于阴极面上的溅射靶子，使靶面原子（或分子）从其中逸出而沉积到基片上，形成所需要的薄膜。离子溅射与电子束加热蒸发的原理不同，电子束加热是用电子束轰击蒸发料，使蒸发料温度上升，使材料蒸发，而离子溅射用离子束轰击材料，但并不能立即轰击出材料中的粒子，而仅能使它们在其平衡位置附近加速振动，由于某些粒子的能量传递给其他粒子，使得这些粒子的能量越来越大，从而使它们逸出材料表面。溅射技术可以产生难熔金属薄膜，溅射薄膜的附着力优于蒸发薄膜，但是溅射的速率比蒸发的速率小，而且容易污染以及需要高电压。

离子溅射按放电类型可分为辉光放电及人工放电两类。辉光放电不是在真空中进行的，而是在低气压（10～0.1Pa）下进行的，将所要成膜的金属作阴极，基体作阳极，然后在两电极间加上高电压，由气体辉光放电而产生阴极物质飞散并沉积在阳极上，形成薄膜。通常使用的气体为惰性气体。若有意识地把反应气体引入溅射气体中以改变或控制沉积薄膜特性的方法称为反应溅射，利用这种技术可以沉积各种介质或半导体金属化合物。人工放电溅射在低气压（＜0.1Pa）下进行，它可以有效减少进入薄膜的惰性气体数量和提高膜层的附着力。它引入另一发射源注入电子以增强电离，维持放电。标准的三极溅射装置有三个电极：灼热阴极（灯丝）、阳极和靶材。阴极用铼或钨制成，保证发射大量电子流。在射频电压作用下，主要利用离子对靶材表面的轰击进行的溅射称为射频溅射，它几乎可以沉积任何材料（导体、半导体、介质）。射频溅射的特点是：溅射速度快、膜层致密、针孔少、纯度高、膜与基片附着牢固。磁控放电溅射使电场和磁场的方向垂直，电子在正交电磁场中做摆线运动，从而延长电子的运动路程，提高了每个电子的电离效率。

溅射的材料有金属、合金和介质材料。可采用直流阴极溅射沉积钽、钨、钼等高熔点金属。对于合金溅射，虽然各组分的溅射系数不同，但是得到的薄膜与靶材的成分相同，至少经过某一短暂的平衡时间后如此。对于介质材料，通常用射频溅射的方法来制得介质薄膜。

3. 膜厚监控技术

膜厚监控主要针对真空蒸发技术，因为对于溅射技术，其沉积速率容易重复，常通过监控沉积时间来得到所需要的膜厚。蒸发薄膜的厚度监控方法通常有石英晶体振荡法、光电法及电阻法。

石英晶体振荡法是用石英晶体和基板同时沉积薄膜，石英晶体谐振频率的变化与沉积膜厚成正比，测量石英晶体谐振频率可以得知膜厚，从而可以控制膜厚。光电法监控的是薄膜的光学厚度，利用的理论基础是光的干涉效应。当光入射到薄膜上时，膜的反射光和透射光的特性跟未镀膜时监控片（比较片)的有关特性并不相同,并随着膜厚而变化,据此,可以测量薄膜的厚度,从而进行控制。电阻法是利用金属导电膜的阻值随膜厚增加而下降的特性进行膜厚监控的。被控导电膜沉积在监控片上两导电膜区之间,监控片是由绝缘材料制成的。导体膜是金膜,事先沉积在监控片上,供电接触之用。根据电阻变化,测出导电膜厚度。

二、厚膜成膜技术

厚膜是指在陶瓷基片上用印制、烧结工艺或喷涂技术所形成的厚度为数微米至数十微米的膜层。在制备厚膜之前,要制备厚膜浆料。

1. 厚膜浆料的制备

厚膜浆料有多种用途,如导体浆料、电阻浆料、介质浆料、隔离浆料等。它是由固体微粒和载体组成。固体微粒是厚膜的真正组成成分,决定厚膜的性质与用途。载体使固体微粒悬浮,制成液状浆料,载体不参与组膜,它将在烧结过程中分解逸出。载体的性质直接影响着胶体或悬浮体的性质,因而间接影响厚膜的特性。用作载体的材料一般由有机粘合剂(如乙基纤维素)、有机溶剂(如松油醇)和着色剂等组成。

不同用途的厚膜浆料,对固体微粒和载体的要求不同,一般情况下要求固体微粒很细,粒度一般在 2μm 以下,并应均匀分布在载体中,要求载体粘度适中,在室温下不易挥发,在高温下能迅速挥发,不与固体微粒反应,且没有固体微粒的沸点高,以免产生气泡。厚膜浆料在使用前一定要充分搅拌,以保证均匀性。

2. 印制烧结法

印制烧结法是常用的制作厚膜元件及互连线的方法,按其过程可分两步:印制和烧结。

印制有两种方法,丝网印制和印贴工艺,最常用的是丝网印制法。丝网印制法分为接触印制和非接触印制,如图 4-2 所示。掩模放在基片上方,厚膜浆料放在掩模上,当刮板刮过时,浆料在网孔部分漏印在基片上。非接触印制要求掩模具有较好的弹性,掩模与基片的距离要适当。非接触印制完成后直接可以将掩模拿走,而接触印制需要从基片表面取出掩模,较非接触印制复杂。但接触印制能制成很细的线宽,并具有优良的尺寸稳定性。在印制时要控制刮板压力。印贴工艺是先把厚膜浆料图案印到特殊的纸(或塑料薄膜)上,干燥后把印有图案的纸(或塑料薄膜)反贴到基片上。

烧结亦称烧成。在浆料印制在基片上以后,风干几分钟,随后放到烧结炉中烧结。一般厚膜烧结的基本过程就是在一定气氛下进行热处理的过程,可概括为:在低温阶段去除有机粘结剂,温度升高时,玻璃熔融,粉末颗粒相互粘结成链状结构或网状结构,并伴随各组分之间的化学反应及晶粒成长等过程,最后形成具有一定结构和性能的厚膜层,牢固地附着在基片表面。

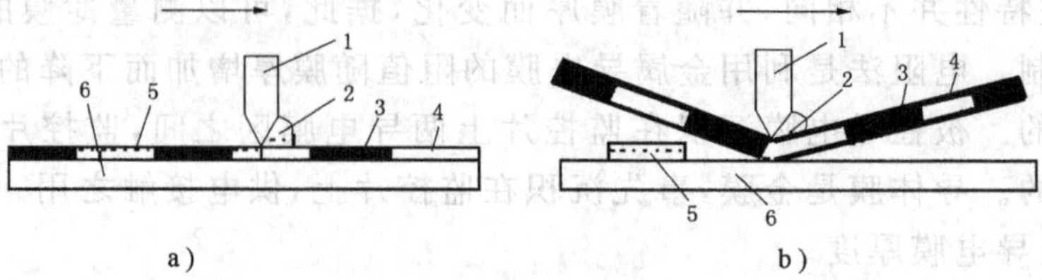

图 4-2　丝网印制的分类
a) 接触印制　b) 非接触印制
1—括板　2—浆料　3—丝网　4—网孔　5—漏印在基片上的浆料　6—基片

3. 等离子喷涂

等离子喷涂工艺就是在一个特制的喷枪里，利用一种高温等离子流把粉料转变成熔融状离子，然后以高速喷射到基片上成膜。使用等离子喷涂可制得金属、合金、金属陶瓷、介质等多种材料的膜层，例如氧化铝膜、铬膜、二氧化钛膜及碳化膜、氮化膜、玻璃釉膜等。此法的优点是工艺简单，生产周期短，材料选择广泛，成膜图形不受限制，成本低，质量好。

4. 方阻

薄膜电阻器的电阻值正比于电阻率(ρ)，反比于薄膜的厚度(d)。为方便起见，定义薄膜电阻(R_S)为 $R_S=\rho/d$。因此长为 L 的薄膜沿长度方向的总电阻 R 可由下式求得：

$$R=\rho(L/A)=\rho(L/dw)=(\rho/d)(L/w)=R_S(L/w) \quad (4\text{-}1)$$

式中，R_S 称为方阻，当将薄膜看成是两维时可以把它当作材料的一个性质。比值 (L/w) 有时被称为"方(□)的数目"，如图 4-3 所示，因为它等于边长为 W 的正方形的数目。这里"□"(square)是一个无量纲的数。方阻的单位是欧姆，但是为了方便起见经常说成 Ω/□，因为方阻和正方形的数目相乘得到薄膜的总电阻值。

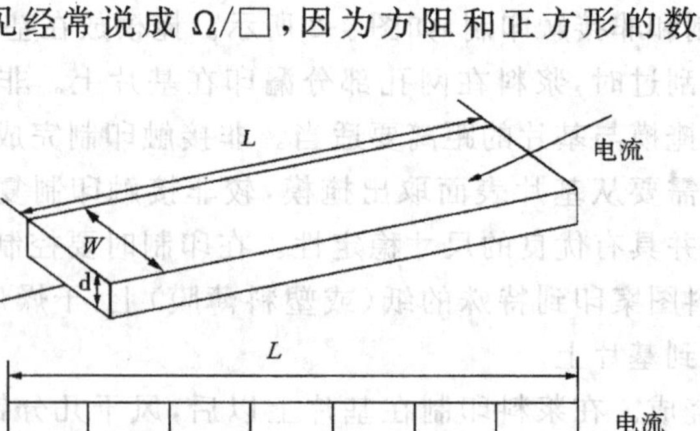

图 4-3　方阻

方阻是薄膜材料的基本性质，通常是用"四点探针"技术测量其值。探针的四点等距离地排列在薄膜上成一直线，从最外面两点接上电流，这样在中间两点之间得到一个电压。薄膜电阻就正比于得到的电压和电流比

$$R = C(U/I) \quad (4\text{-}2)$$

式中，C 是一个比例常数，取决于点的结构、位置和方向，还取决于薄膜电阻器的几何形状。点的大小相对于薄膜的尺寸来说是很小的，以至于可以认为膜是无限大的。如果薄膜在各个方向都无限的话，常数 C 将等于 $\pi/\ln 2$，或 $C=4.5324$（对于无限大的薄膜）。

当使用四点探针技术测量薄膜的方电阻时，为方便起见可以调整电流的大小直到其数值和常数 C 相等（例如 4.53mA），这样所读到的电压的数值就等于薄膜电阻的数值。但是，常数 C 可能由于点的位置、基板情况如孔洞等而必须要进行调整予于修正。

第三节 制造无源元件的微调技术

为了提高无源元件的精度，一般要对无源元件参数进行调整。对于薄膜阻容元件，虽然在沉积过程中可把初值监控在一定范围（±3%）内，但一定要通过阻值调整对其他元件的误差加以补偿，才能满足电路要求。厚膜集成电路的制作工艺比较简单，但即使对各工序处理条件进行相当严格的控制，也不可避免会出现±10%的阻值误差，所以必须调整阻值。在微调技术方面，需要着重考虑的问题是：如何提高微调的效率和精度，并把元件经微调后产生的特性恶化控制在最小的限度内。

按阻容值变化的方向，微调技术可分为上升、下降与双向三种方式。

一、电阻微调

电阻微调有刻槽法、割开短路条法、氧化法、部分短路法、改变膜层内部结构法、双向电化学微调法等。

刻槽法是在电阻膜层表面刻槽，具体的方法有研磨法、喷砂法、激光调阻法和超声波调阻法。研磨法用高速旋转的砂轮削磨部分膜层；喷砂法用压缩空气将氧化铝、氧化镁等微细粉末从喷嘴中高速喷出，以切割部分电阻膜层；激光法利用激光照射，使电阻材料气化，其精度可达到 0.01%，阻值调整范围宽，可在 0.1Ω～10 000MΩ之间进行调整；超声波法利用硬质钨钢针的超声振动能在电阻膜表面上刻槽以实现阻值的调整，刻制槽纹可达 10μm，电阻精度可达 0.5%～0.1%，调整效率高。

割开短路条的方法很多，最简单的用手工切割，也可利用超声波的振动能，用微小的超硬合金针刻断短路条。

氧化法是使电阻膜表面氧化，减薄电阻体的导电厚度。氧化法有阳极氧化调

阻、大气氧化调阻和激光氧化调阻等方法。阳极氧化利用电化学反应来制得氧化膜,大气氧化通过高温使电阻膜层表面氧化,激光法使用激光加热氧化。

上述方法都是使阻值上升的调整方法。

部分短路法的实质在于缩短电阻的有效长度,用导电浆涂覆在厚膜上。此法较简单,但微调精度不高,一般为1%～5%。金属丝焊接是割开短路条法的反例,焊接金属丝的目的是形成短路条。

改变膜层内部结构法使钨钢针和其他硬质刀具对电阻膜施加机械压力,使膜层变紧,引起阻值下降。直流脉冲法与高频放电法是利用在高电压直流脉冲和高频放电作用下电阻内部所产生的热量引起膜层内部结构变化,使阻值迅速下降,但调整后的稳定性差。

上述方法都是使阻值下降的调整方法。

双向电化学法是一种改善电阻膜内部结构的双向调阻法,通过电解氧化可提高电阻阻值,通过电解还原又可降低电阻阻值。根据待调电阻差值的正负自动变换直流电源的极性,以保证所需要的调阻方向。双向调阻法的调阻范围很小。

二、电容微调

对电容值的微调方法较常用是改变电极形状法。一般做法是减少上电极的面积,从而减小极板的有效面积,以降低电容量。必要时也采用适当的增大上电极面积的方法来提高电容量。

由于介质膜的表面为上电极所覆盖,所以难于采用改变介质膜层内部结构的方法改变其介电常数来改变电容器的电容量。

第四节　无源元件的制造

一、无源元件的物理分类

目前的无源元件主要被分为三种类型:分立式、集成式和嵌入式(整体式)。分立式无源元件是最早被开发和利用的。集成式无源元件还可以进一步分为阵列式和网络式。如图4-4所示。

嵌入式无源元件早在20世纪80年代就已出现,那时无源元件被集成到有机电路板(MCM-L)当中,后来又分别出现了在陶瓷多层基板(MCM-C)中嵌入无源网络,在薄膜多层基板(MCM-D)当中集成无源网络以及在半导体芯片上制备无源元件。

分立式无源元件是最简单的,它可以是带有引脚的,或者是用于贴片的终端。分立式无源元件是单纯的一个元件,只带有指定连接的终端。分立式陶瓷元件是无源元件中最常见的,估计每年用量大约为9 000亿个。

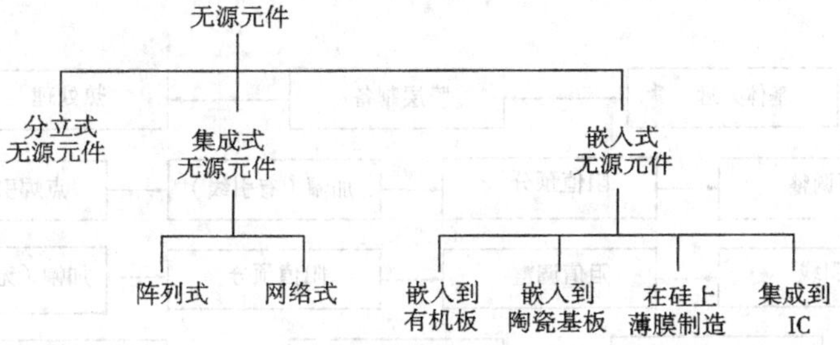

图 4-4 无源元件分类

集成式无源元件被封装成阵列式或网络式。由电容器、电阻器、有可能还有电感器混合组成，形成终端或带有输入、输出和一些普通滤波功能的终端。阵列设备是一类同值或不同值的元件（电阻器、电容器和电感器）封装在一起，并带有多个引脚。它们避免了处理大量的分立无源元件，节省了板的空间和放置成本。应用中最常见的是采用 SIP 和 DIP 封装形式的电阻阵列。在并行应用中，如多数据线滤波，会用到电容器和电感器阵列。

嵌入式（整体的）无源元件是基板的一个部分。为了满足更高的元件要求，许多小型化的分立贴片元件（电阻器、电容器和电感器）以混合的方式贴装在板和模块上。这样的表面贴装引起了附加的制造费用，造成了电路板面积过大以及会给系统引入一些附加的寄生效应，于是限制了系统的性能。将这些无源元件同其他芯片直接集成到多芯片模块（MCM）基板上，板的尺寸可以减小（特别是芯片可以放在嵌入式无源元件之上），与无源元件相关的寄生效应也减小了，因为引脚的消失，无源元件之间以及和其他芯片之间互连也变得更短了。

接下来分别讨论各种无源元件的制造技术。

二、分立式电阻器的制造

电阻器根据电阻体所用的材料可分为：薄膜型、合金型和合成型三大类。

1. 薄膜电阻器的典型工艺

薄膜电阻器的结构是在瓷基体表面沉积一层电阻膜，两端加引线帽，经刻槽调阻后，在表面涂覆一层保护漆，并打上标志而制成的。典型工艺流程如图 4-5 所示。

薄膜电阻器的基体起着“骨架”的作用，基体的质量是影响电阻器性能的重要因素。在膜层制备过程中，膜层中产生很大的内应力，造成膜层存在很多缺陷，结构不整齐，性能不好，为了克服这些缺点，要对膜层进行热处理，以消除内应力，改善结构。加帽就是把帽盖牢固地压嵌在电阻体的两端，与帽盖连接的引线起到连接外电路和电阻体的作用。

阻值预分就是把电阻器在阻值调整前按阻值进行分组，使得电阻器的初阻值相对集中。然后经过刻槽调阻等方法制得精确的电阻。

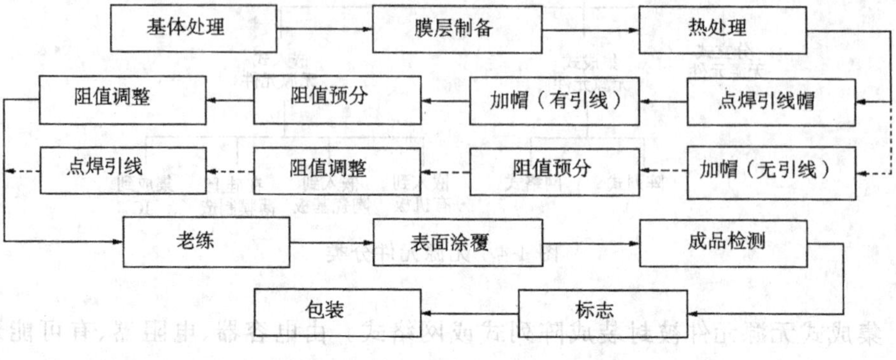

图 4-5　膜电阻器的典型工艺流程

老练是为了剔除不合格的电阻器的有效方法。老练的基本方式有三种：电老练、电热老练和脉冲老练。每种老练的方式都有各自的工艺规范。老练的原理就是在短时间内通过一定的方式使电阻器工作趋于稳定。

表面涂覆的目的有：提高电阻器的防潮性能、防止外力对电阻体造成机械损伤、增强刻槽电阻带间的绝缘强度和便于打印标志。涂覆在电阻体上的漆层有三种：一是内层清漆，二是外层色漆，三是最外层清漆。

涂好漆后就可以进行成品测量，去除那些不合格的产品。

2. 合金型电阻器

(1)线绕电阻器　线绕电阻器所用的电阻合金线是将电阻合金棒经过一系列直径不同的拉丝模拉延制成的。线径较粗时用碳化钨模，线径较细时用金刚石模。每经一、二次拉延，就需要进行退火处理，对于细直径的线材，可以使其通过有氢气保护的高温炉，以免线材表面氧化。在拉延至最后阶段结束时，除进行上述保护气体退火处理外，还应在真空中进行一次退火，使线材的电性能和稳定性达到一定的要求。

线绕电阻器可以分为精密型和功率型两类。

1)精密线绕电阻器的典型工艺流程如图 4-6 所示。

精密线绕电阻器的骨架多采用塑料或陶瓷材料，且一般要求骨架的直径应比电阻丝直径大 25 倍以上。精密线绕电阻器的电阻线与引出端的焊接多采用锡焊。封包则可防止外界潮气入侵电阻体。

2)功率型线绕电阻器多采用陶瓷骨架，电阻线采用裸线在骨架上单层间绕，其外面涂敷保护层；也有利用在电阻合金线表面形成氧化层作为匝间绝缘，绕成密绕绕组，不再另加保护覆盖层。

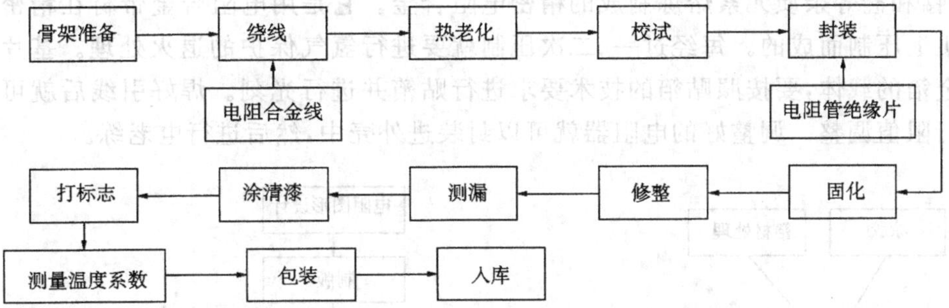

图 4-6　精密线绕电阻器的典型工艺流程

功率型被釉电阻器的典型工艺流程如图 4-7 所示。

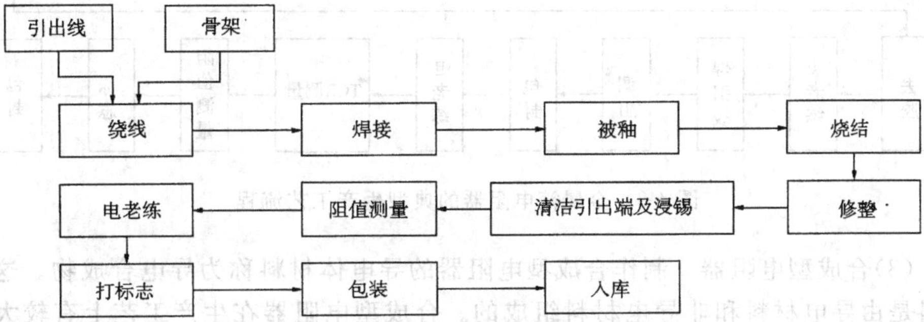

图 4-7　功率型被釉电阻器的典型工艺流程

功率型线绕电阻器要求骨架有一定的机械强度，良好的绝缘性和耐热性，并且吸潮小。较小功率电阻器骨架一般为瓷棒，较大功率的骨架几乎全是空心瓷管，少数功率型线绕电阻器也有采用扁平陶瓷骨架。电阻线一般用锡焊和点焊的方法焊接再引出端头，引出端的结构和形状有多种方式，常用的有引线帽引出式、多股软线帽引出式、铜帽式、焊片式等。电阻绕组通常采用裸线在骨架上单层间绕，也有利用电阻线表面形成的氧化层作为匝间绝缘，绕成密绕绕组。通常用釉膜和漆膜作为保护层。也有将电阻体涂以水泥，压塑在胶木里，或封在瓷外壳或金属壳里。采用电老练的方法来剔除功率型电阻器中的不合格产品。

(2)块金属膜电阻器　块金属膜电阻器是用粘结剂将极薄的合金箔贴于绝缘基片上，并采用光刻工艺形成电阻图形，在刻好的合金箔上面再涂上一层保护膜。金属箔电阻器的典型生产工艺流程如图 4-8 所示，其中箔材热处理、贴箔、光刻和调阻是影响产品性能的关键工序。

金属箔电阻器的关键材料是一种极薄的合金箔。它以镍铬为主体，添加铜、铝、锰和硅等杂质元素熔炼制成的精密电阻合金。它是用电阻合金带材在精密碾压机上压制而成的。每经过一、二次压制就要进行氢气保护的退火处理。基片是合金箔的载体，要按照贴箔的技术要求进行贴箔并进行光刻。焊好引线后就可以进行阻值调整。调整好的电阻器就可以封装进外壳中，然后进行电老练。

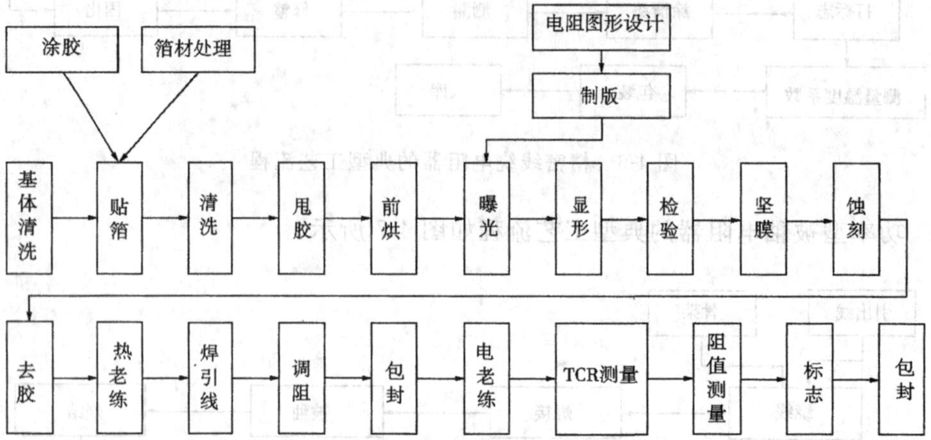

图 4-8　金属箔电阻器的典型生产工艺流程

(3)合成型电阻器　制作合成型电阻器的导电体材料称为导电合成物。这种材料是由导电材料和非导电材料组成的。合成型电阻器在生产工艺上有较大的灵活性。可刻制成各种形状的电阻体，或在各种形状的基体表面上形成合成漆膜。合成型电阻器有实芯电阻器、合成膜电阻器等。

1)实芯电阻器的制造工艺流程如图 4-9 所示。

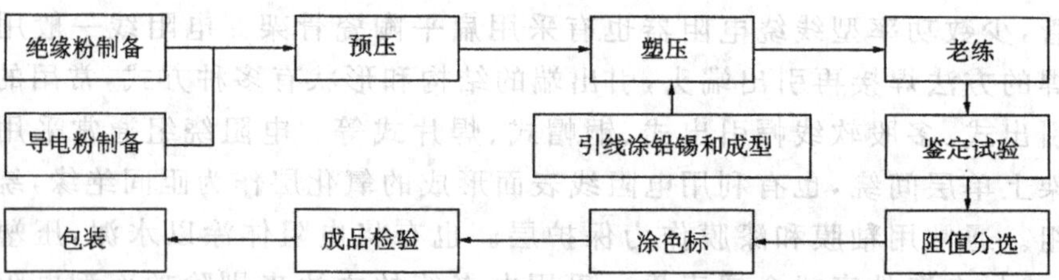

图 4-9　实芯电阻器的制造工艺流程

其导电粉的成分有树脂、石英粉、硬脂酸和导电材料，其中的导电材料为碳黑或石墨。碳黑的制取方法有多种，如热解法、燃烧法等。绝缘粉的成分有树脂、膨润土和硬脂酸。

2)合成膜电阻器的制造工艺与薄膜电阻器的部分相同。其导电合成物与实芯电阻器基本相似，不同的是实芯电阻器的导电合成物为固态的粉末，而合成膜电阻器的是液体悬浮液。它的制造工艺流程如图 4-10 所示。

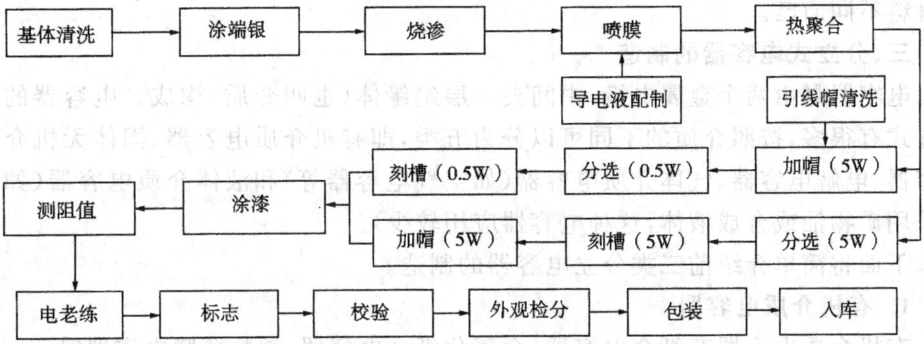

图 4-10 合成膜电阻器的制造工艺流程

涂端银的目的是为了减少接触电阻，改善电阻器的性能。使用的银浆是用碳酸银、氧化铋、硼酸铅、松节油、蓖麻油和松香按一定比例混合而成的。烧渗是通过高温使碳酸银还原成银层，并使之与瓷基体之间有牢固的结合。喷膜是用喷涂的方法在瓷体表面被覆一层导电合成膜。热聚合是使膜层干燥聚合，对电阻器性能影响很大，所以在聚合过程中对温度和时间的要求很严格。其他的工艺和前面介绍的工艺相同。

3)金属玻璃釉电阻器又称金属陶瓷电阻器，或厚膜电阻器。其导电浆料和电阻浆料是金属或金属氧化物粉末与玻璃釉粉末按一定的比例混合后，用有机粘结剂调制成具有一定粘度的浆料。其电阻浆料有钯－银玻璃釉电阻材料、氧化钌玻璃釉电阻材料、二硅化钼玻璃釉电阻材料等。

金属玻璃釉电阻器的制造工艺流程如图 4-11 所示。

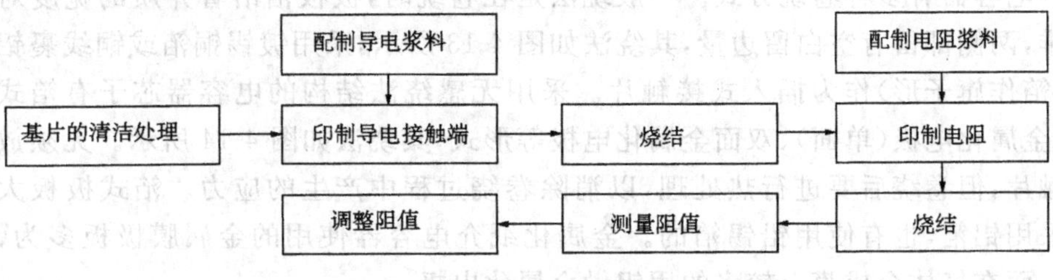

图 4-11 金属玻璃釉电阻器的制造工艺流程

导电接触端相当于电阻的引线，用丝网印制法在基片上印上膜层，然后经烧结，烧结好之后进行阻值调整。

分立式金属玻璃釉电阻器尺寸很小，往往以优质大面积基片进行大批量生产，然后将基片分割成小瓷片，这样就可以批量生产分立的片式电阻器了。

另外，还有一些其他特殊的电阻器，如热敏电阻器、光敏电阻器等，只是所用的材料不同而已。

三、分立式电容器的制造

电容器是由两个金属电极，中间夹一层绝缘体（也叫介质）构成。电容器的分类方式有很多，按照介质的不同可以分为五类，即有机介质电容器、固体无机介质电容器、电解电容器、气体介质电容器（如空气电容器等）和液体介质电容器（如介质采用矿物油或合成液体，这种电容器应用较少）。

下面将简单介绍前三类分立电容器的制造。

1. 有机介质电容器

有机介质电容器有纸介电容器、金属化纸介电容器、塑料薄膜电容器等。

纸介电容器介质是电容器纸经过浸渍料浸渍过的复合介质，纸介电容器的极板的材料一般是铝箔或其他金属箔。将电容器纸和极板金属箔按一定的卷绕方法卷成芯子，然后放到浸渍料中浸渍制成纸介电容器。

金属化纸介电容器是在电容器纸上蒸发一层金属薄膜。电容器纸为介质，金属薄膜为电极。

塑料薄膜电容器的制造工艺与金属化纸介电容器的相似。图 4-12 给出了金属化涤纶薄膜电容器的主要生产工艺过程。

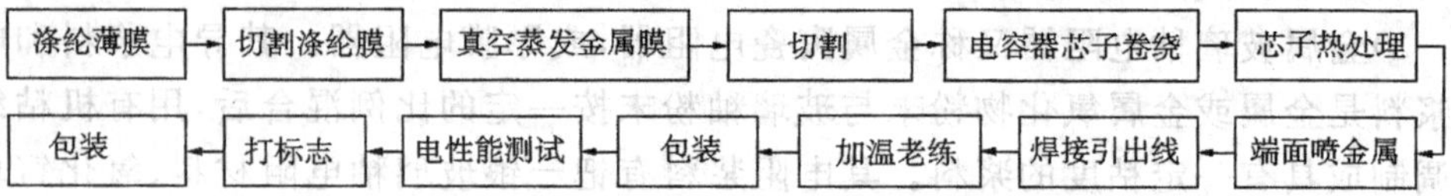

图 4-12　涤纶薄膜电容的制造工艺过程

电容器有多种卷绕方式。一般绕法是在卷绕时，极板箔沿着介质的宽度对称安排，两侧都留有空白留边量，其绕法如图 4-13 所示，采用镀锡铜箔或铜线裹铝箔（铝箔作旗子形）作为插入式接触片。采用无感绕法结构的电容器芯子有箔式电极、金属化电极（单面）、双面金属化电极等形式，其绕法如图 4-14 所示。无须放入接触片，但卷绕后要进行热处理，以消除卷绕过程中产生的应力。箔式极板大多数采用铝箔，也有使用铅锡箔的。金属化纸介电容器使用的金属膜极板多为锡、锌。而在气体合成膜上较多的用铝做金属化电极。

电容器的引出线根据芯子卷绕方式的不同而不同。一般绕法结构是将插入式接触片作为引出线。而无感绕法结构中没有接触片，所以在两端露出极板上喷涂相应的金属，将引出线直接焊在喷涂的金属上，与极板连接。

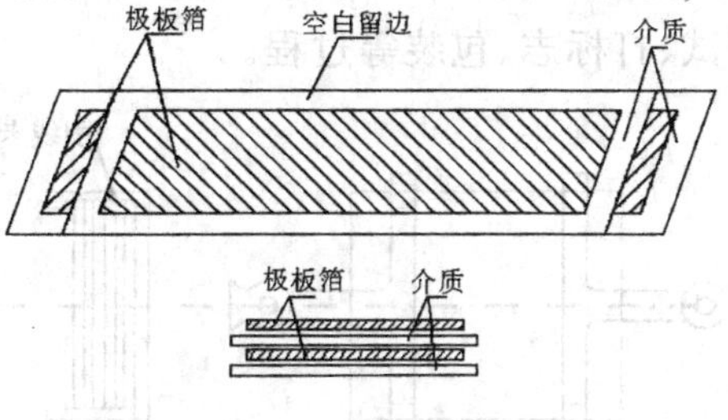

图 4-13 一般绕法示意图

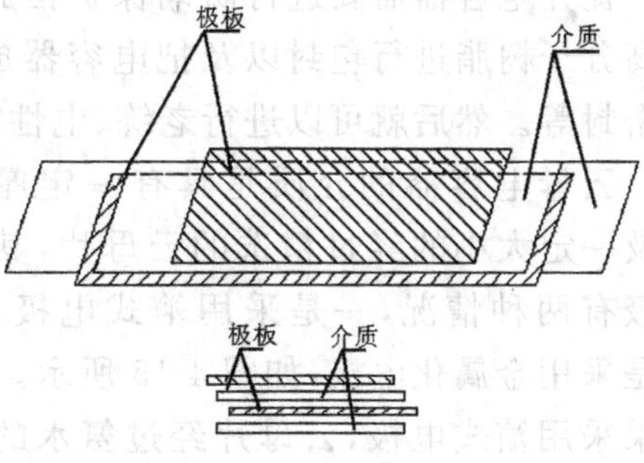

图 4-14 箔式无感绕法示意图

2. 无机介质电容器

无机介质电容器有：瓷介电容器、云母电容器、独石电容器、玻璃釉电容器等。

瓷介电容器的介质是瓷坯，然后在瓷坯表面实现金属化作为电极。金属化的方法有：化学沉积、电解沉积、真空沉积及金属烧渗等。在瓷介电容器的金属方面，烧渗银用得最普遍。下面将简单介绍烧渗银的工艺。

银浆的种类有碳酸银浆、氧化银浆和分子银浆等。银浆的制备要严格按照工艺标准。银浆制好后，进行被银工艺。所谓被银就是在瓷坯的表面涂上一层银浆。常用的方法有涂布、印制等方法。

涂布法是用一定形状的毛笔、毛刷、绒布或泡末塑料蘸取银浆，并使银浆浸润瓷件表面的一种方法。对于那些结构复杂的产品还可用浸涂的方法，就是在瓷体不需要被银的部位先用石蜡或环氧树脂涂覆，然后将整个瓷体浸入银浆中，然后将石蜡等除去就可以达到被银的目的。印制法就是用丝网印制的方法在瓷体表面涂覆银层。

被银完成后，就要进行银层的烧渗工艺。烧渗完之后不仅要检验其表面质量是否达到规定要求（如表面有无裂纹、起鳞皮、银层是否堆积等），还要测银层的厚度及其与瓷件的结合强度。

瓷介电容器引线的焊接大都采用钎焊，就是在两金属件的接触面间，填充一层有色金属或合金（即钎料），其熔点总是低于基本金属的熔点。通过加热使钎料熔化，熔化后的钎料在两金属件的表面发生各种物理化学过程，冷却后便得到机械上和电导上的接合。钎焊的方法也有多种，如电烙铁钎焊只能用手工操作的方法；挑焊是用小圈的引线把焊料用手工迅速挑至已经预热的瓷片银层上，达到焊接的目的；浸焊是把两个被焊件固定好后浸入熔融焊料中进行焊接；波峰焊用泵把熔融的焊料从槽的底层打到波峰口，液态焊料从波峰口冒出，预先涂刷焊剂的被焊工件移动与焊料波峰的上缘接触，从而达到焊接的目的；红外焊是用热脉冲射到待焊接部位，产生局部热量，使焊料熔化，从而达到焊接的目的。

瓷介电容器需要进行防潮保护措施，经常用到的方法有：被釉、涂覆涂料、利用高分子树脂进行包封以及把电容器放入以金属（或玻璃和陶瓷）的盒壳内进行全密封等。然后就可以进行老练、电性能测试、打标志、包装等过程。

云母电容器的介质是具有一定厚度及一定大小的经过精选的云母片，其电极有两种情况，一是采用箔式电极，二是采用金属化电极，如图 4-15 所示。如果采用箔式电极，云母片经过氨水的浸泡，蒸馏水的冲洗及干燥后就可以直接在其表面压金属箔；如果采用金属化电极，经过处理后的云母片可以直接进入被银的工艺。被银有两种方法：丝网印制法和喷涂法。被好银后可以进行干燥和烧银的工艺。

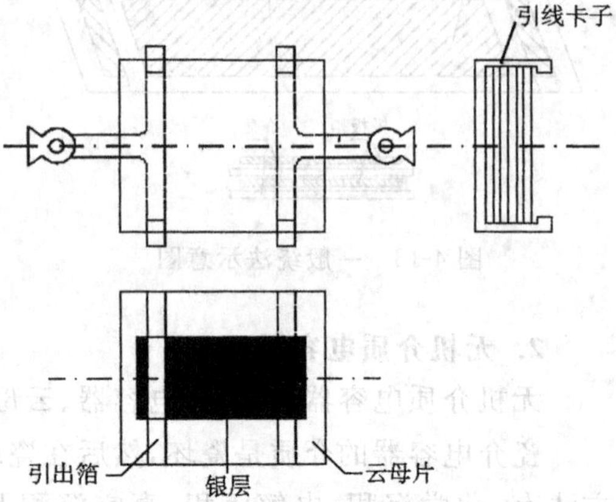

图 4-15　云母电容器芯子结构示意图

被好银的云母片即可用于迭片，云母电容被银电极的引出有两种方式，一是在片间夹入引流箔，一是在云母迭片的端部被上一层端银。为了防止芯组中引流箔和云母片的松动、散失，迭好片的云母芯组应立即用卡具夹紧。所用卡具是由外引线的一端弯折而成。如果引线采用导流片，则导流片的一端可以冲成所需卡具的形状。

为了提高云母电容器的稳定性和改善其防潮性能，云母电容器芯组在进行真空干燥之后，可立即用蜡进行真空浸渍。然后可进行包封，以后的工艺相同。

独石瓷介电容器在制造工艺上的主要特点是把瓷体和电极在同一次焙烧循环中烧结成为一个坚硬的整体。由于被银工艺在瓷体烧结之前进行，所以瓷体的机械强度不受被银工艺的限制。因此可以降低介质厚度。

从理论上讲，各种电容器瓷料均可用于制造独石电容器，但是因为一般瓷料的烧结温度很高，所以要求作为电极的金属的熔点很高，这样对于一般的瓷料，只能使用熔点高的铂和钯等贵金属作为内电极。所以从实际出发，只有少数几种瓷料可以制造独石电容器。

独石型电容器的结构也是采用迭片式结构，具体工艺与上述电容器的制造相似。

3. 电解电容器

电解电容器的工作介质是一层极薄的金属氧化膜，它生长在某种金属上，而这个生长有氧化膜的金属为电容器的阳极，它与电路的正极相接。电解电容器的阴极却不是金属，而是电解质（液态、半液态或固体）。为了使非金属的电解质与电源负极相接，电解电容器的另一金属与电解质相接触，起引出阴极的作用。

各种电解电容器的制造工艺大致相同，这里只介绍铝电解电容器的制造。

电容器的阳极是由铝锭经过反复压延加工而成的，然后进行回复退火。为了增加极板的有效面积，希望在铝箔上增加表面的凹凸度，这里使用化学腐蚀的工艺。在腐蚀的过程中有化学溶剂和铝箔发生反应，但主要的是铝箔中含有的杂质和铝箔发生的微电池反应。经过腐蚀可以很大程度地提高铝箔的表面积。

阳极铝箔制造好了之后，要在铝箔上生长一层介质氧化膜，这个工艺又叫赋能工艺。采用的方法是电解池原理。赋能时采用弱酸溶液作电解液，铝箔本身作为阳极，电解槽作为阴极，施加一定电压后，在阳极箔上就可形成一定厚度的氧化膜。

用作阴极的电解液一般是吸附在衬垫纸上，当将阳极和衬垫纸卷绕成电容器芯子后，就要将芯子浸渍到工作电解液中，将电介质吸附在衬垫纸上。芯子的卷绕方法和最后的几个工艺过程见本节前面的内容。

其他的电解电容器，如钽、铌电解电容器等和铝电解电容器的制造相似。还有一些新的结构，如对片引出片式、单向四端引出式、穿心四端式、四芯子式、迭层书本式等这里也不再介绍。

在使用电解电容器时，一定要注意分清正负极。电容器的阳极接电路的正极，电容器的阴极接电路的负极。

四、分立式电感器的制造

凡能产生电感作用的元件统称电感器，电感器是由工作线圈、引出线以及线圈中的磁心等组成。按电感器结构和制造工艺可分为绕线型、多层型和卷绕型等。所有的电感器最后都要经过包封、老练、电性能测试、包装等工艺，而这些工艺和前面介绍的电阻、电容制造中相同，所以下面只介绍各自制造中不同且很重要的工艺。

1. 绕线型电感器

绕线型电感器的基本结构和制造方法是在选定的磁心上绕上线圈，然后再加上引出线或引出端电极。线圈用的材料以铜为多。

选用的磁心有多种形状，如工字形、槽形、棒形、腔体形等。也有电感器没有磁心，只有一个管形骨架，不起增大电感量的作用。

电感线圈的绕法有单层和多层之分。电感量小的多采用单层，单层线圈又分为密绕和间绕两种。密绕时导线是一圈挨一圈的；间绕时线圈的相邻圈之间有一定的间隔。电感量大的多采用多层结构，当要求分布电容小时，采用蜂房式和分段式绕法。蜂房式绕法的特征是导线和线圈管轴成一定的偏转角度，线匝相互交叉而不是互相平行。分段式绕法将绕组分成几段绕制，而后相互串联起来。

2. 多层型电感器

这种电感器在制造过程中把铁氧体软片和导体浆料一层一层地交替重叠起

来，然后烧结成一个整体。导体浆料经烧结之后形成一条螺旋式导电带，相当于传统电感器的线圈，被导电带包围的铁氧体相当于磁心，导电带外的铁氧体使磁路闭合。线圈的螺旋式导电带的做法常用交替“分部”印制法和叠片通孔过渡法，分别如图 4-16 和图 4-17 所示。

交替“分部”印制法的流程如下：①印制一层铁氧体浆料；②印制初始导体浆料；③印制一半铁氧体浆料，把上半部导体浆料盖住；④印制部分导体浆料，这样的导体浆料在第一层铁氧体浆料上，持续将近一周，没有进入到第二层铁氧体浆料上，于是形成了一圈螺旋式带状导体浆料，即烧结后的一匝线圈；⑤在第一层铁氧体浆料的下半部印制上第二层铁氧体材料，把下半部分导体浆料盖住；⑥印制最终导体浆料；⑦印制最后一层铁氧体浆料；⑧烧结，使铁氧体浆料（生料）变成软磁性能良好的铁氧体，并使导体浆料变成螺旋式导电带即线圈，使层状物变成一个整体。

叠片通孔过渡法的流程如下：①制造柔性铁氧体薄片；②在铁氧体上打出通孔；③用筛网印制法在铁氧体薄片上印制上导体浆料；④叠层、加压；⑤切割；⑥加热，烧结；⑦端电极的涂覆和烧成；⑧在银端电极上镀镍，再镀焊锡合金。

3. 卷绕型电感器

卷绕型片式电感器是在柔性铁氧体薄片（生料）上，印制导体浆料，然后卷绕成圆柱形，烧结形成一个整体，做上端电极即可。和绕线型片式电感器相比，它的尺寸较小，成本较低。

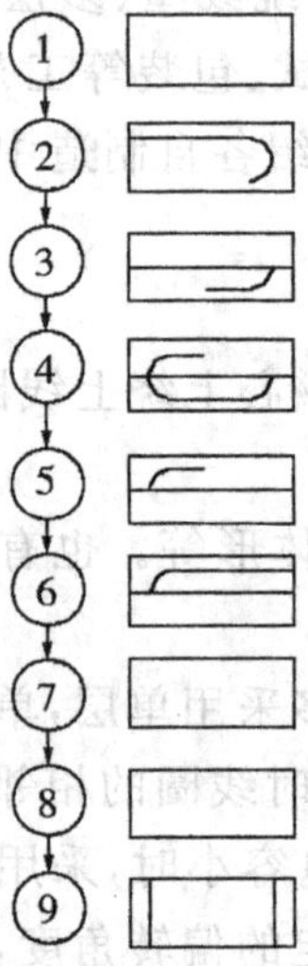

图 4-16 交替“分部”印制法

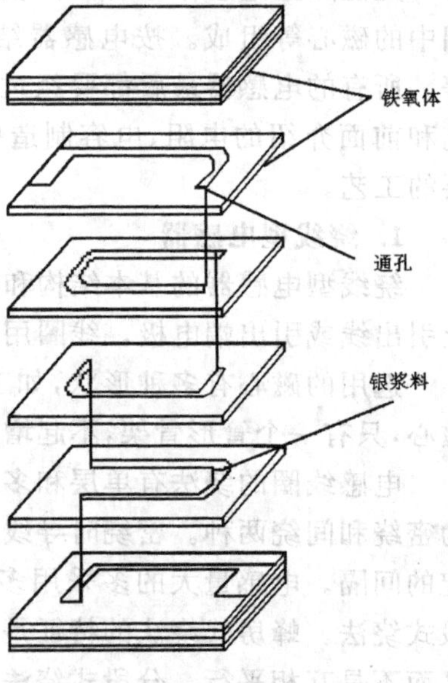

图 4-17 叠片通孔过渡法

五、集成式无源元件

由于无源元件的数目在电路板上占着举足轻重的地位，因此它的成本在整个电子产品的成本中也占有相当大的份额。为了节约成本，适应电子产品小型化的要求，许多电子工业生产厂家普遍使用薄膜、厚膜和多片工艺来生产集成式无源电路——无源元件阵列和无源元件网络。

由于集成的无源元件是对目前市场上广泛销售的、复杂的、低成本的标准单片集成电路的自然补充，所以近些年来，市场供应的集成无源电路的范围显著扩大。

集成无源电路技术有效地减小了无源芯片的尺寸，从而提高了装配的生产效率，降低了单件的成本，同时也节省了电路板装配面积。但是，装配上的方便并不是集成无源电路得以推广的唯一原因。一般来说，无源混合电路易于微调，即在测试下进行调整，以获得总性能的绝对精确度，在某些场合下显得更为重要的是，由于集成无源元件密集在基片上，可对其随温度与时间的变化进行更精确的跟踪，这远远胜过分立元件电路。

另一方面，由于无源芯片尺寸的减小提高了对定位精度的要求，因此也增加了筛选/定位设备的成本。

1. 集成无源电路的精确度

在集成无源电路中，各个元件参数值能分别予以微调，从而使集成电路中各个元件的误差远远小于市售的单个分立元件。

在厚膜和薄膜工艺中，电路内电阻器的阻值一般为10Ω～1MΩ；厚膜工艺还可将上限值提高到数百兆欧。一般来说，厚膜的“烧成”阻值误差（未做微调前）约为±20%，薄膜的“烧成”阻值误差约为±10%，在厚膜工艺中，对于10Ω～100kΩ的低阻值范围，误差可以轻而易举地微调到±1%，对于100kΩ以上的高阻值范围，可微调到±5%，而在薄膜工艺中，阻值微调精确度可达±0.1%。

厚膜电阻器阻值随温度的变化远远大于薄膜电阻器。厚膜电阻器的典型温度系数为$\pm 300\times10^{-6}/K$，而镍铬薄膜电阻器的典型温度系数为$\pm 50\times10^{-6}/K$，钽薄膜电阻器的典型温度系数为$-30\times10^{-6}/K$至$-90\times10^{-6}/K$。

薄膜电阻器的噪声系数往往远小于厚膜电阻器。

作在一块基板上的膜式元件网络最主要的特点是各元件的阻值比有很高的精度，这在衰减器一类的网络中特别重要。在这里，绝对阻值误差不如阻值比有意义。一般规律为：两个网络阻值之比可保持在各个电阻器阻值误差小10倍的水平上。所以，对于阻值误差为1%的网络来说，阻值比可以毫不困难的达到小于0.1%的水平。

集成无源电路的另一个重要特点是各个电阻阻值具有优异的温度跟踪特性。从根本上说，如果所用浆料或膜没有很大的差别，那么任意两个电阻阻值将随温度有相似的变化，因此阻值比变化很小，通常至少比其绝对阻值变化小 10 倍。例如，对电阻温度系数为 $\pm300\times10^{-6}$/K 的厚膜电阻网络，两个电阻阻值之比的温度系数为 $\pm30\times10^{-6}$/K 的数量级。

简言之，集成无源电路已在现代电子产品设计中占有相当重要的地位，这不仅因为使用单封装的无源网络来完善标准单片集成电路的功能颇为方便，而且也因为这类电路的精确度高，随温度的跟踪性能稳定。下面就举例说明集成无源阵列和网络在一些电子产品当中的应用。

2. 数字集成电路用的无源电阻阵列

长期以来，许多公司专门提供标准单片数字集成电路用的单封装厚膜（其次是薄膜）电阻阵列，如 A/B 公司、艾伦-布雷得利（Allen-Bradley）公司、伯克曼（Beckman）公司、波恩斯公司、CTS 公司、达格（Dage）公司、ITT 公司、默普柯/伊莱克特拉（Mepco/Electra）公司的斯普拉格公司。

最普遍的阵列之一是图 4-18a 所示的 SIP 封装阵列，这是波恩斯公司的 4308R001 阵列，它采用 8 针单列直插式封装，7 个电阻器有一个公用端（针 1）。这种阵列的典型用途包括："线连 OR"升压、功率驱动升压、MOS/ROM 升压/降压、开环集电极升压、TTL 输入端降压、TTL 非用栅升压、高速并连升压。对于简单的数字升压电阻器，±2% 的误差比较标准，而且多用厚膜工艺制作。

另一种常见的数字式电阻阵列是图 4-18b 所示的一组相互隔离的电阻器——波恩斯公司的 4114R-001。此处，DIP 封装内的 7 个电阻器可以执行图 4-18a 所示的 SIP 非隔离电阻器的同样功能。此外，相互隔离的各个电阻器还可用于阻抗平衡、限流（例如用于发光二极管的驱动）、线路端接和 ECL 输出端降压。

再一种常见的阵列是图 4-18c 所示波恩斯公司的 4114R-002。这种标准的 14 引线 DIP 封装内装有 13 个互不隔离的电阻器，从而为同样应用提供的电阻器个数比图 4-18a 所示的 SIP 封装多一倍。

3. 数字-模拟转换用的精密电阻网络

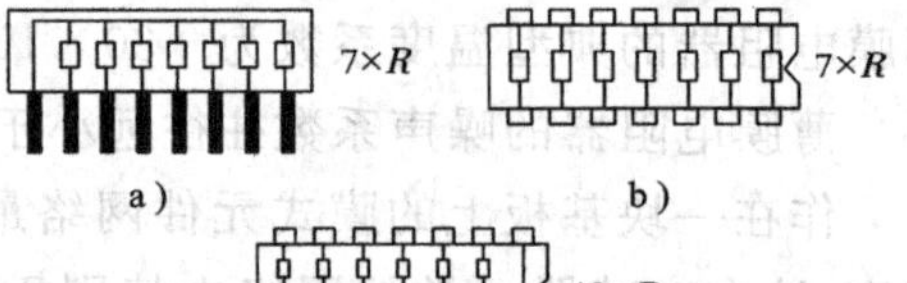

图 4-18 典型的市售逻辑"升压"电阻阵列

数字-模拟转换（类似数字电压表和数字控制系统等各有关的应用）用的电阻网络不仅要求有很高的精确度，而且要有长期稳定性，在集成无源电路出现以前，设计人员必须仔细地逐个选择精密的分立电阻器（往往是昂贵的线绕电阻器）。但是，目前的薄膜和厚膜工艺已大为改进，集成电阻器的长期精确度可以很容易地达到 0.1%。虽然这还不能与分立线绕电阻器的潜在精确度（在整个设备工作寿命期间，精确度高达 0.01%）相比，但膜式集成元件经过初步微调，精确度也可以大大超过选定的分立电阻器，所以薄膜和厚膜精密网络皆广泛用于数字-模拟转换。与厚膜相比，薄膜更容易做到高精密和长期稳定，因此目前多数精密电阻网络都是薄膜网络。

数字一模拟转换用的电阻网络主要分为两大类："二进制加权"和"R-2R 梯形"网络。

二进制加权电阻网络由阻值为 R、2R、4R、8R 等一套电阻器组成。图 4-19 示出数一模转换器用的 9 位二进制加权网络的各个电阻器结构。除了与针 19 和针 20 相连的一对 1kΩ 的增益调整电阻和稳压电阻外，网络的其余部分是阻值为 1kΩ、2kΩ、4kΩ、…、256kΩ 的 9 个电阻器。网络中各个电阻器与端子 2 上所接的 1kΩ 电阻器的总匹配精度优于±0.1%，而 2kΩ、4kΩ、8kΩ 等电阻器和两个单独的 1kΩ 电阻对网络中第一个 1kΩ 电阻器的匹配精度优于 0.05%

单个薄膜电阻器的温度系数优于 25×10^{-6}/K，而制作在同一块基板上的多个薄膜电阻器的相对温度系数为 5×10^{-6}/K。结合使用高级加工技术和激光微调技术，R-2R 网络的电阻比精确度可达到 0.005%，而跟踪温度系数为 1×10^{-6}/K。

4. 集成式电容阵列

由于现在可以得到各式各样的钽片和瓷介电容器，加之能在基板上制作膜式电容器，所以电容阵列在多电阻模型诞生后很快便出现了。图 4-20 所示的是一种集成式混合电容阵列电路，它采用一个 16 引线 DIP 封装，内含 8 个隔离的电容器（4 个瓷介电容器和 4 个钽电容器）。这种电容阵列特别适用于逻辑开关电路中的 DC 电源的去耦，以及高电容值的钽电容器低频去耦，低电感的瓷介电容器非常适用于高频单峰抑制。

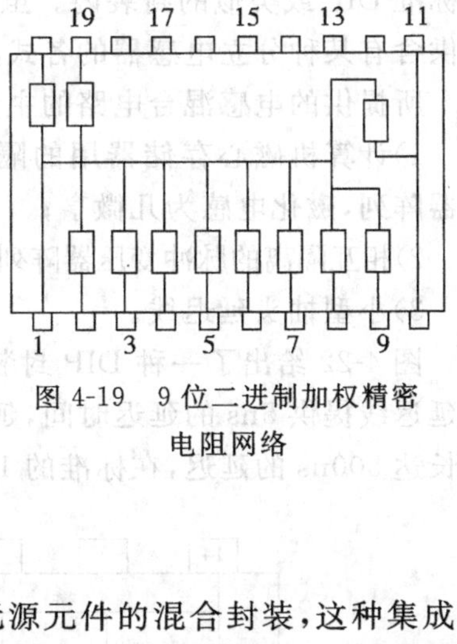

图 4-19 9 位二进制加权精密电阻网络

5. 集成式 *RC* 网络

集成无源元件的第二个发展阶段就是多种无源元件的混合封装，这种集成方式可以在薄膜、陶瓷和硅基板上集成两种以上的无源元件。如前所述，电阻阵列和电容阵列在市场上比比皆是，信号和数据处理用的单一封装的 *RC* 网络在市面上也很受欢迎，利用网络可以降低成本，缩小体积，改进性能。混合集成式 *RC* 网络主要用于旁路升压电阻器，*RC* 耦合和加速电阻逻辑驱动。它们还可用作 MOSFET 显示驱动器的电平移动网络，以及"有源端接"网络。图 4-21 所示含有 7 个电容器和 7 个电阻器的混合电路网络，是典型的 *RC* 加速网络。

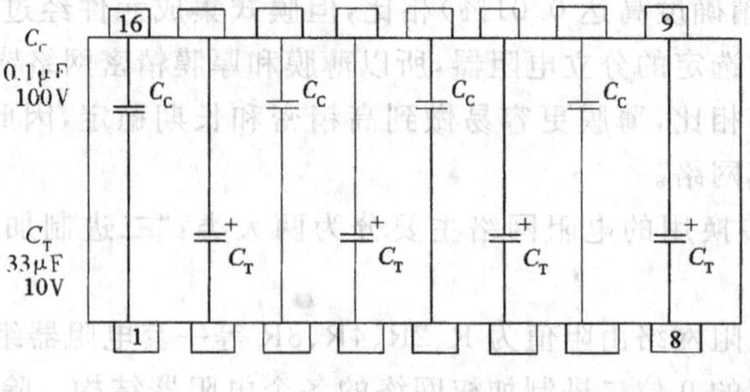

图 4-20　含有混合电容器的 DIP 电容网络

6. 集成无源电路中的电感器

RC 网络是最早形式的混合电路网络之一。此外还有几个比较典型的设计包括：在滤波器和计时电路中使用的 *RLC* 电路，在延迟线路中使用 *LC* 电路。下面将以 *LC* 电路为例说明电感在混合网络中的作用。

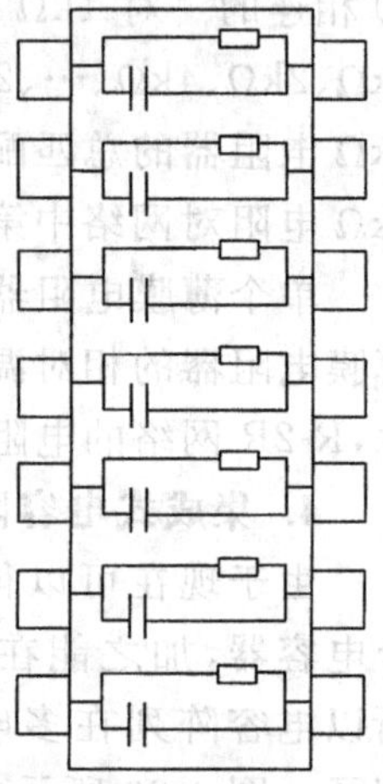

图 4-21　混和集成式 RC DIP 网络

把多圈导线绕在磁心上做成的电感器，不太适用于小型的标准 DIP 或类似的封装内。虽然如此，不少生产厂家仍然提供含有某种分立电感器的各式集成无源电路。

所提供的电感混合电路的主要类型有：

1)计算机磁心存储器用的隔离性矩阵—驱动器脉冲变压器阵列，磁化电感为几微亨；

2)相互隔离的脉冲变压器阵列，磁化电感为 10μH～1mH；

3)小型抽头延迟线。

图 4-22 给出了一种 DIP 封装的 *LC* 延迟网络器件。这种延迟线提供 5ns 的延迟时间，延时精度为±10%，总衰减量小于 0.5%，可以提供长达 500ns 的延迟，在标准的 14 和 16 引线封装中，抽头点多达 10 个。

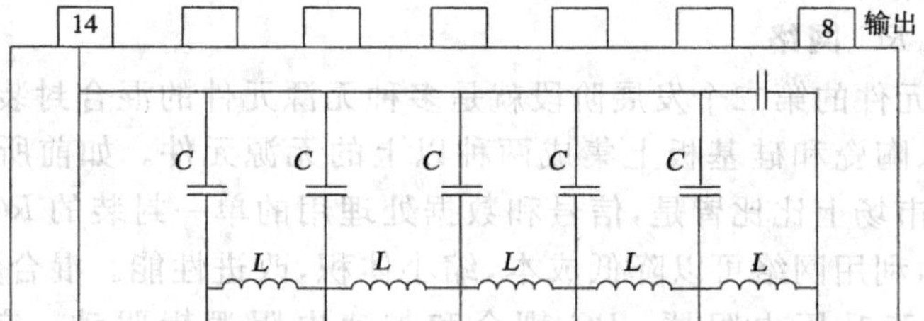

图 4-22　DIP 封装的市售混合集成抽头式 100Ω 电感电容延迟线网络

六、嵌入式无源元件

1. 嵌入式无源元件的优点

目前许多电子产品，诸如录像机、便携式摄像机、电视调频器和其他一些通信产品，都使用了大量的无源元件，许多小型化的表面分立无源元件（电阻、电容和电感）已经以混合的方式被固定到电路板和模块当中。在原来的表面安装过程中，附加很多制造成本，如电路板面积增大并产生一些寄生效应。然而随着无源元件与 IC 芯片一起被直接嵌入到多芯片模块（MCM）的多层基板中，电路板的尺寸减小了（特别是芯片可以放置在无源元件之上），由于引脚的消除和无源元件与 IC 芯片互连线的缩短，伴随无源元件而产生的寄生效应也大大减小了。嵌入式无源元件还可以减少组装成本，提高电学性能，改善封装效率，通过批量生产扩大产量，降低功率损失，减少体积，减轻重量，优化外形等。但用于嵌入式技术的多层基板需要全新的设计和测试系统、制造工艺和材料，如果没有高密度互连技术（HDI），就不可能实现在印制电路板上嵌入无源元件。目前，在 MCM-C 和 MCM-D 中嵌入无源元件的都需要在高温下进行，例如低温共烧陶瓷（LTCC）和高温共烧陶瓷（HTCC）。

尽管分立的表面贴装无源元件（电阻、电容、电感）已经很成熟，但是由于在许多产品中需要封装的无源元件无论在数量还是在占用电路板面积上都大大超过了 IC 芯片，因此带有嵌入式无源元件的集成印制电路板越来越被人们所接受。在半导体芯片上也需要嵌入无源元件，同样也说明了这种集成技术的必要性。另外还有一个需要考虑的问题就是：当把各种无源元件集成到同一块基板上时，一定要考虑集成的先后秩序以保证它们之间的兼容性。在这种集成电阻、电容、电感的大量生产过程中需要考虑的兼容性问题包括以下几方面：

①将 R、L、C 等无源元件完全集成到印制电路板（PWB）中；

②降低制造成本；

③低温过程的兼容性；

④热机械的可靠性；

⑤高密度封装过程中的互连问题；

⑥降低封装尺寸；

⑦材料的兼容性等。

使表面贴装电阻被嵌入式电阻所替代的主要驱动力来自于总线速度的增加（>100MHz）。当总线速度超过 100MHz 时，电阻的数量使得整个系统变得非常庞大。因此，在各种无源元件中，嵌入式电阻是最早成功实现的。嵌入式电阻可以放置在芯片下方，这样就可以降低封装尺寸，同时，由于表面互连线的减少也使得系统的可靠性有所增加。一般来说，电阻的范围在 10～200kΩ 之间，公差范围小于 10%。在大容量方面，薄膜技术正在向印制电路板上的丝网印制技术和厚膜混合技术发起挑战。

到2005年工程上要求容抗为50nF/cm² 的电容和阻值范围在25～100 000Ω/□的电阻。同时随着频率的增加，各个分立部分由于线路几何形状而引起的寄生电感，将降低电容的功效。统计研究表明，在便携电子产品中有40%的电容是容量小于1 000pF的低容量陶瓷芯片电容，这些电容完全可以采用嵌入式无源元件。

在典型的电路中，80%是无源元件，占据了50%的印制电路板面积，需要25%的焊接接合，从而导致了很高的成本和潜在的可靠性问题。因此，无源元件从根本上影响系统的成本、尺寸和可靠性。9 000亿个无源元件中几乎有95%是分立式的和集成的，大约3%以嵌入式在应用。由此我们可以看出嵌入式无源元件的市场是十分广阔的。

2. 嵌入式无源元件所面临的困难

目前阻碍嵌入式无源元件进入市场的主要障碍包括：技术可行性、成本合理性、节能问题、柔性化制造、过程控制、材料、工业标准等。另外，新产品投放市场的时间是影响嵌入式无源元件发展的最主要影响因素。一种全新的电子产品从构想到投放市场的周期取决于它的生产商，一般为6个月到两年不等。如果一种电子产品依靠最新的技术在6个月内就可以投放市场，它必将产生巨大的利润。相反，如果这个时间被推迟到一年以上，损失巨大。由于嵌入式无源元件的制造在技术领域属于高端科技，而以往在这方面的经验又是有限的，因此很难准确预测一种新产品的投产时间。由于嵌入式无源元件的返修工作是十分困难的，因此对其制造可靠性的要求就需要很高，基本上要实现零缺陷。

嵌入式无源元件实现的另一个主要障碍是需要从成本的角度证明它的可行性。通过对大量成本模型的研究，我们发现如果在一个生产周期中嵌入大量的无源元件可以使成本利用率大大提高。由于众多相关参数的影响，使得嵌入式无源元件的成本模型变得十分复杂。

3. 嵌入式无源元件的几种形式

(1)嵌入到多层有机电路板中　虽然早在20世纪80年代嵌入式无源元件就已在印制电路板(PWB)中实现，但它主要局限在分布式电容和在多层基板(MCM-L)结构中嵌入电阻层。这种分布式电容主要在许多高速的数字系统中被使用，而这种电阻网络主要应用在高速的通信装置、工作站，或者被制成终端电阻。

(2)嵌入到陶瓷多层基板中　陶瓷多层基板(MCM-C)分为厚膜多层(TFM)基板与共烧陶瓷多层基板两类，共烧陶瓷多层基板又可分为高温共烧陶瓷(HTCC)多层基板和低温共烧陶瓷(LTCC)多层基板两种。目前，嵌入的厚膜陶瓷元件已经在诸如个人电脑、工作站和其他一些高速数字装置的总线终端被用来组成电阻和电容网络。在高容量元件方面，它们可以提供与分立元件相同的性价比。

(3)嵌入到薄膜多层基板中 薄膜多层(MCM-D)基板中的嵌入元件是在硅片和陶瓷基板上通过薄膜溅射工艺所形成的结构，它与分立元件相比具有十分显著的优越性。这种薄膜电阻的材料主要有镍铬铁合金和氧化钽，电容介质材料主要是各种无机氧化物，电感通常采用传统的螺旋形式，一般采用铜导线。但是，由于设备昂贵以及在制造过程中需要维持清洁的环境，造成这种制造过程成本过高，目前薄膜技术可以在硅片上实现标准电阻网络、RC 滤波器、RC 混合二极管等元件。

(4)集成在 IC 芯片上 在晶片本身上面集成无源元件的研究已经开展了很多年，但是由于晶片表面积的限制和过高的成本使得它在很多情况下都不太可行。目前在高速数字装置中芯片终端和输入/输出匹配元件已经实现整合。

4. 电阻嵌入技术

电阻可以分成厚膜电阻和薄膜电阻两类。目前在厚膜电阻中，大多数电阻浆料是重金属(铅或铋)的钌酸盐组分或二氧化钌的混合物。弥散在玻璃母体中。如同其他的厚膜浆料，这些活泼的成分也与有机载体混合，后者确定浆料的印制性能。电阻浆料配方通常形成十进制的方阻系列。浆料的方阻范围从 1Ω/□～1MΩ/□，将这些十进制方阻的浆料以不同配比混合，可得需要阻值的浆料。浆料的体积电阻率范围取决于电阻材料的类型和该材料与玻璃相的配比。烧结时(典型温度 850℃)玻璃软化，润湿电阻材料和基板。

如果已知电阻的几何尺寸和浆料的方阻，则按式(4-1)式可算出电阻值。印制电阻的厚度是影响方阻的重要因素。通过改变印制电阻的厚度，可以增大或减小方阻。

低温共烧陶瓷多层基板的埋置电阻材料由 RuO_2、$Ru_2M_2O_2$(M＝Pb、Bi 等)及玻璃、添加剂等组成，方阻范围为 10Ω/□～1MΩ/□，电阻温度系数可控制在 $\pm250\times10^{-6}$/K以内。电阻材料与 LTCC 基板的热胀系数相近时，阻值的常温稳定性较好，选择 RuO_2 为导电相，含适量 PbO 和 SiO_2 的硼硅铅系玻璃为玻璃相，所制得的电阻材料与 LTCC 基板能较好的匹配。当 RuO_2/玻璃相的重量比在 60/40～8/92 之间变化时，电阻方阻的变化范围为 50Ω/□～500kΩ/□。电阻在常温、高温和湿热条件下表现出了良好的阻值稳定性。添加 MnO_2 和 TiO_2 能调整电阻温度系数和阻值，对阻值稳定性也无不良影响。

LTCC 技术的优越性在于埋置电阻可以印制在生瓷片上，并和组件的其他部分共同烧结。此特点使设计人员可以把更多的表面区域留给有源元件，而不是无源器件。由于埋置电阻的材料尚有待开发，所以至今还未能大量应用。电阻材料和介质生瓷片在烧结过程中会发生反应，以致于难以得到精确的设计阻值。同一配方的电阻浆料印烧在LTCC基板和氧化铝基片上时，不同基底上的两个电阻的方阻、电阻温度系数和阻值稳定性均存在一定差异。在LTCC基板上的电阻比氧化铝基片上的电阻大，电阻温度系数比氧化铝基片上的小，阻值稳定性比氧化铝基片上的差。

由于埋置电阻形成在基板的内层，基板的各个部分又是一次烧结而成的，所以难于调整阻值，必须把阻值的允许误差范围设计得较宽，如何提高埋置电阻的阻值命中率和提高LTCC多芯片组件的成品率，都是需要研究的重要课题。

嵌入薄膜电阻或电阻网络的方法通常是：在多层复合金属膜结构中，采用NiCr、Ta_2N或TiW等电阻薄膜既作粘附层又可作为电阻薄膜，通过套刻工艺同时形成薄膜电阻和电阻端电极以及多层复合薄膜布线或焊区，通常嵌入的薄膜电阻制作在基板表面，也可以制作在薄膜多层互连结构的中间层内。

七、电容嵌入技术

在厚膜多层基板嵌入电容器的典型介质材料是钛酸钡和用于降低烧结温度的玻璃的混合物。厚膜电容器用于阻容网络或用作隔直流电容器和旁路电容器，相对介电常数的范围是20～2 000，这种介质一般是疏松结构，机械完整性较差。现在已开发出低温烧结(850～1 000℃)的结晶材料，称为松弛介质，该电容器介质具有很高的相对介电常数(＞20 000)。

八、电感嵌入技术

由于在开发特殊材料和过程兼容性方面成本较高，所以通常情况下，嵌入式电感适用在感抗值小于100nH的情况下，而当感抗值大于100nH时，一般采用分立元件。分立式的电感通常采用螺旋形，它的优点是：感应系数高、Q值较高、直流阻抗低；缺点是随着频率的增加，电流泄漏比较严重，另外由于外形尺寸的增大而给封装带来不便。另一方面，由于导线间距和基板的介电常数所引起的寄生干扰也是主要影响因素。在高频情况下，阻抗值较高的弱磁材料可以用来减少电路损失。此外，良好的渗透性可以增加感应系数，闭磁回路可以减小流量损失。虽然嵌入式电阻和电容技术已经比较成熟，但嵌入电磁元件在MCM-L工艺过程中并没有得到良好的发展。采用LTCC工艺过程已经生产出了许多种几何外形的电感，但由于高温工艺过程的缘故导致其成本较高。

第五章 光电子封装技术

光电子技术是现代信息科学技术的一个重要分支，它是随着半导体激光器和光导纤维技术的成熟和发展，建立在光学、电子、材料、机械等学科基础上的一门综合性交叉学科。它的主要研究对象是光波与物质中电子的相互作用以及在此过程中能量的相互转化。光电子技术是科学技术中的先进技术，目前在民用、军用领域的应用越来越广，随着光电子技术的发展和技术的实用化，在我国具有相当规模的光电子产业已逐步形成。由于光纤通信技术实用化有效地推动了光电子封装的发展，光电子器件的市场需求在未来的岁月仍将逐步扩大，这种强劲的需求必将推动电子封装技术的进一步纵深发展。

本章将重点叙述光通信领域中的光电子有源器件及模块的封装技术。

第一节 光电子封装的特点与结构

一、光电子技术概述

20 世纪 60 年代激光的出现，使得光电子技术得到了飞速的发展。尤其是 70 年代以后，由于半导体激光器和光导纤维技术的重大突破，导致以光通信为代表的光信息技术的蓬勃发展，促进了相应各学科的发展和彼此间互相渗透。

光电子技术的应用主要辐射到应用光电子技术原理的元器件和利用这些光学元器件作为其主要部件的仪器、设备的制造业，以及为这些产品提供软件的产业，如光学元器件(光有源器件、光无源器件、复合光器件、显示器件、光电路元器件等)、光学仪器和设备(光传输仪器、光测量仪器、光传感器、光盘)。这些技术领域可以总体上划分为：激光技术、红外技术和光纤通信技术。

激光技术在机械加工、激光定位、精密测量、激光大气监测和激光印刷以及激光育种、激光医疗、激光武器系统乃至光计算等方面都获得了广泛的应用。除此以外，激光在地球物理学、高能物理学、海洋学、非线性光学、集成光学、激光化学等领域都拥有广阔的应用前景。

红外技术在加热、成像、无损检测以及在军事通信、导航、制导、定位、跟踪、侦察、对抗和夜视等方面获得了广泛的应用。

在光纤通信方面，大容量、长距离、超小型化和全光化的系统发展日趋成熟，波分复用技术、光纤相干通信技术、超长波长光纤通信技术以及全光通信技术均已实用化。随着光纤、元器件制造的产业化，光纤通信的应用成本已大幅度降低，光纤到驻地(FTTP)的点到点传输及点到多点传输(EPON)在少数发达国家已具体实施。如果说微电子技术推动了以计算机、因特网、光纤通信等为代表的信息技术的高速发展,改变了人们的生活方式,使得知识经济初见端倪,那么随着信息技术的发展,大容量光纤通信网络的建设,光电子技术将起到越来越重要的作用。

光电子是光器件和电子电路互连的产物,连接的方式除电子电路连接外还有光通路连接,光通信中的光电子器件有有源器件和无源器件。光电子封装是光电子器件、电子元器件及功能应用材料的系统集成。光电子封装在光通信系统中可分为如下级别的封装:芯片 IC 级的封装、器件封装、模块封装、系统板封装、子系统组装和系统组装。

二、光电子封装的特点

通信系统采用的光电子封装器件、模块必须按照 Telcordia(原 Bellcore 标准)准则要求进行可靠性验证。其目的是为了使光电子通信器件期望的使用寿命能达到 20 年以上。为了保证器件或模块在使用寿命期间的可靠性,光电子封装应在特定的环境下进行,同时保证光器件封装后其使用环境、使用性能满足一定的可靠性试验要求。

1)封装环境要求:温度适宜(一般 T:22℃±3℃),环境湿度也应作相应的控制(一般 H:50%±3RH)。同时考虑到电子产品的防静电损伤,静电防护区的湿度应控制在 50%以上。综合考虑,封装环境湿度应控制在 55%±10%为宜。环境的洁净度也应有相应的要求,芯片级制作洁净度应控制在 100 级,器件级封装洁净度应控制在 1 000 级。

2)封装管芯和电路必须保证气密性。根据 MIL-STD-883 要求,发光器件封装的内部水汽必须控制在 $5\,000\times10^{-6}$ 以下。

3)光电子封装必须保证足够的机械强度和机械稳定性,封装结构要能在承受机械振动、变频振动、机械冲击的试验条件下,不应出现机械损伤,同时相应的封装连接及光路应保证器件性能参数在允许的变化范围之内。

4)防静电损伤(ESD)、抗电磁干扰(EMI)。

5)封装必须保证防酶、防锈性能,对采用胶结封装工艺的器件还必须具备防潮性能。

6)导热性能好。封装中的热沉必须保证良好的散热性能,封装管壳必须保证良好的机械稳定性和化学稳定性。经过高温存储、温度循环、老化筛选,封装性能必须保持稳定。对塑料管壳还必须具备一定的阻燃性能。

7)可焊性能。半导体芯片与过渡块或热沉间的引线连接,以及器件或模块的外引线与 PCB 板之间的连接都必须保证良好的焊接性能。

完成封装工艺的光电子器件、组件及模块应根据 GR-468-CORE 的要求进行可靠性考核。

三、光电子封装的发展趋势

光电子器件的封装技术发展来自于市场驱动，光通信的发展需要光器件满足如下需要：更快的传输速率，更高的性能指标，更小的外形尺寸；增加光电集成的水平和程度；低成本的封装工艺技术。

从早期的双列直插、蝶形封装到同轴封装以及微型化双列直插式封装（Mini-DiL）、SFF（Small Form Factor）封装，都是顺应上述需要。而射频（RF）和混合信号封装技术、倒装技术（FC）促进了高速光电子器件的发展。随着微机电集成（MEMS）技术的发展，微光电集成技术（MOEMS）促进了光电子器件封装光电集成（OEI）的发展，同时，石英平面光路（PLC）器件、光阵列波导（AWG）器件等技术的发展促进了光电集成的水平和程度。光电子多芯片组件封装技术（OE-MCM）则使得微系统集成（SOB）成为现实。

光模块封装的形式也在实际应用中从分离模块封装发展为收发合一模块封装，从多引脚输出的封装形式（如：1×9SC 双插拔）发展为 SFF 小型化封装形式，引脚封装逐步被热插拔封装取代，同时，从热插拔的封装形式（GBIC）发展为 SFP 的小型化封装形式。总之，由于光通信技术和应用发展非常迅速，目前模块的封装标准仍以多厂家协议（MSA）为主，客户需求为主导封装也得到了不同程度的发展。

第二节　光电子器件封装技术

随着光通信的发展和各种光电子器件和模块的实用化，光电子器件的封装技术也在日臻成熟和发展。其中，各种封装标准和多厂家协议（MSA）的形成，就是封装技术走向成熟和标准化的标志。

一、光电子器件和模块的封装形式

光电子器件和模块的封装形式，根据其应用的广度可以分为商业标准封装和客户要求的专有封装。其中商业标准封装又可分为同轴 TO 封装、同轴器件封装、光电子组件组装和光电子模块封装等几种。

对于同轴器件封装来说有同轴尾纤式器件（包括同轴尾纤式激光器、同轴尾纤式探测器、尾纤型单纤双向器件）和同轴插拔式器件（包括同轴插拔式激光器、同轴插拔式探测器、同轴插拔式单纤双向器件）。其封装接口的结构有 SC 型、FC 型、LC 型、ST 型、MU-J 等形式。

光电子组件封装的封装结构形式有双列直插式封装（DIP）、蝶形封装（Butterfly Packaging）、微型化双列直插式封装（Mini-DIL）等几种。

光电子模块封装的结构形式有：1×9SC 双端插拔型收发合一模块、1×9 双端尾纤型收发合一模块，以及 SFF、SFP、GBIC、XFP、ZEN-Pak、X2 等多厂家协议标准化的封装类型。

此外，还有各种根据客户需要设计的专有封装。如武汉电信器件有限公司为日本FTTH(光纤到户)项目设计的RTXM109-SC单纤双向模块，如图5-1所示。

图5-1　武汉电信器件公司为客户定制设计的RTXM109-SC单纤双向模块外形

二、光电子器件和模块的封装工艺

光电子器件、组件和模块在封装过程中涉及到的工艺按照封装工艺的阶段流程和程序，可以具体细分为如下类型：

1)驱动及放大芯片(IC)封装：这类封装属于普通微电子封装工艺，详见第三章。这类封装的主要形式有小外形塑料封装(SOP或SOIC)，塑料有引线封装(PLCC)、陶瓷无引线封装(LCCC)，方形扁平封装(QFP)，球栅阵列封装(BGA)以及芯片尺寸封装(CSP或μBGA)。

2)裸芯片(Die)封装：这类封装包括各种IC及半导体发光和接收器件，主要形式有板载芯片(COB)，载带自动键合(TAB)，倒装芯片(Flip Chip)等。目前，在光电子器件及组件中发光和接收的裸片与集成芯片(IC)或I/O外引线的连接，就是基于陶瓷板载芯片的共晶焊接或胶接以及金丝球键合(Bonding)。

3)器件或组件(Device & Component)封装：这类封装是指将上述板载芯片如何与光纤或连接器进行耦合封装，从而达到光互连的目的。

4)模块封装：这类封装就是传统的SMD封装，即将光器件或组件与PCB板电互连，然后通过各种MSA协议或客户指定的外壳进行封装的工艺形式。

本章重点以光收发合一模块的生产制作工艺流程来讨论光电子封装的相关实用化技术。具体相关流程如图5-2所示。

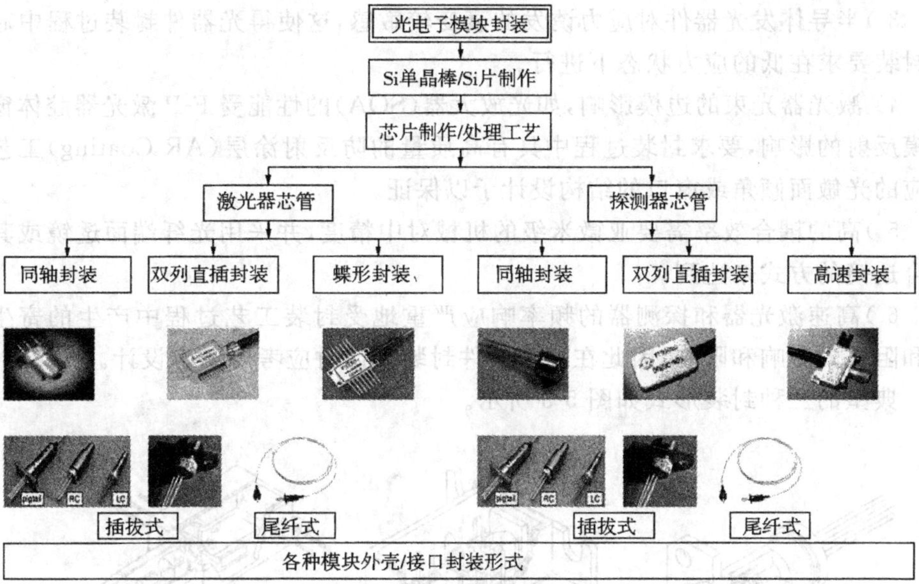

图 5-2 光电子器件/组件/模块封装流程及图例

第三节 光模块封装技术

半导体光器件管芯封装包括光发射器件管芯(LD-Chip)封装和光接收器件管芯(PD-Chip)封装。我们通常所指的 TO 封装、双列直插封装(DIP)、蝶形封装(Butterfly)以及微型化双列直插(Mini-DIL)封装都属于这一类封装。但是,基于光发射器件与光接收器件的不同工作原理和工作环境,两者在封装技术和工艺方面具有其各自的特点。

一、半导体发射光器件管芯封装

半导体发光器件管芯封装为了满足光电子发光器件可靠性、稳定性、工作速率、光束质量、耦合效率以及光纤对中稳定性的要求,必须系统考虑热、机械、光和电等诸方面因素的综合影响。其主要需要考虑的因素如下:

1) 半导体激光器的阈值电流及光放大器的增益是温度的敏感参数,可由下式描述

$$I_{th}(T)=I_{th}(T_{ref})\exp[(T-T_{ref})/T_0]$$

式中,I_{th}为半导体激光器的阈值电流;T 为有源区的温度;T_{ref}为参考温度;T_0 为经验特征温度。

2) 半导体激光器和半导体光放大器工作过程中产生大量的热,由于化合物半

导体较差的热传导性，将导致半导体激光器有源区的温度升高。

3）半导体发光器件对应力诱发的衰变较敏感，这使得光器件封装过程中芯管的封装要求在低的应力状态下进行。

4）激光器光束的边模影响，如光放大器（SOA）的性能受 F-P 激光器腔体窗口边模反射的影响，要求封装过程中具有高质量的防反射涂层（AR Coating）工艺及相应的光敏面倾角或窗口的结构设计予以保证。

5）高的耦合效率需要亚微米级的机械对中精度，并采用光纤端面透镜或其他组合透镜的方式来达到。

6）高速激光器和探测器的频率响应严重地受封装工艺过程中产生的寄生电容和阻抗的影响和限制，因此在高速器件封装设计时应考虑微带设计。

典型的三种封装形式如图 5-3 所示。

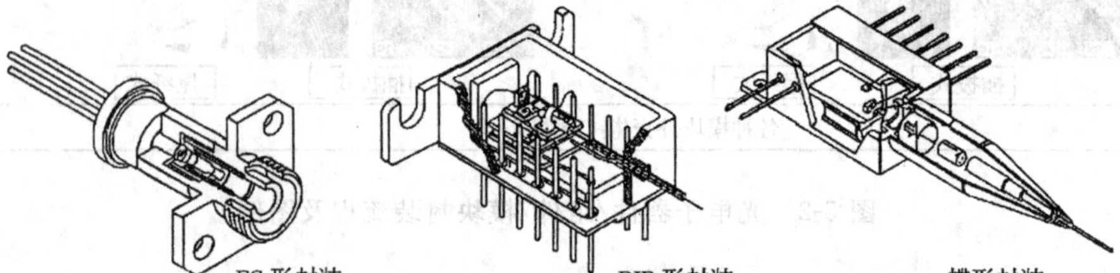

FC 形封装　　DIP 形封装　　蝶形封装

图 5-3　典型的光电子器件/组件封装外形

具体工艺流程如图 5-4 所示。主要的封装过程有芯管封装、器件（管芯）耦合封装及模块封装。其中芯管封装、耦合封装是光电子封装的重要工艺过程。下面以 1×9 SC 型收发合一模块所用 SC 插拔型同轴激光器为例来介绍激光器的封装特点。

图 5-4　光电模块生产工艺流程

SC 插拔型同轴激光器的装配图如图 5-5 所示。其中 TO 激光器的封装是我们上面提到的芯管封装，TO 激光器与陶瓷插针体、管体、SC 型适配器的封装过程为耦合封装过程。

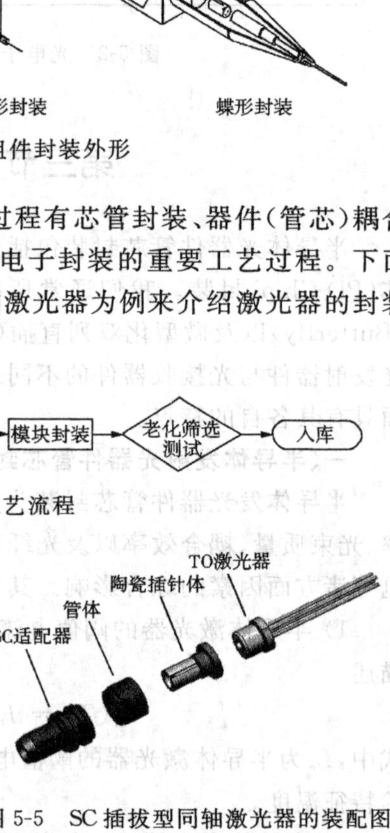

图 5-5　SC 插拔型同轴激光器的装配图

半导体激光器 TO 封装是一种典型的同轴器件封装形式，它具有体积小、结构紧凑、成本较低的优点。其具体结构如图 5-6 所示，它包括激光器芯管、背光探测器、过渡块、透镜、TO 底座及 TO 帽通过金丝互连和气密性封装组成一个光器件单元。我们称之为半导体激光器 TO 管芯。

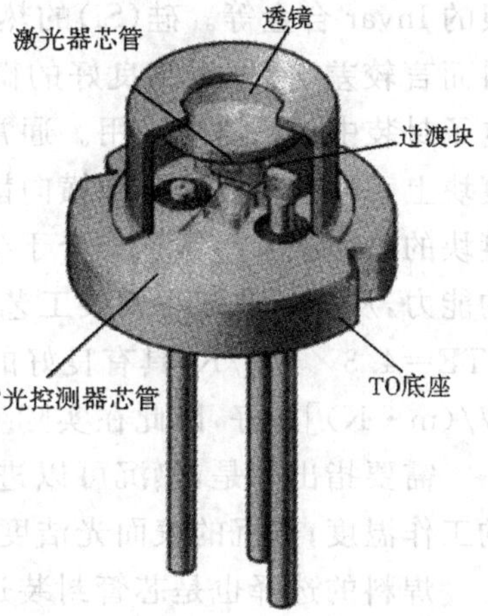

图 5-6　TO 激光器封装结构示意图

对半导体激光器芯管封装，根据前述需要考虑的相关因素以及器件作为产品的本身的可靠性要求（参照 GR-468-CORE 及 MIL-STD-883），在封装过程中我们必须关注过渡块、热沉、TO 激光器芯管焊料、背光探测器芯管粘结剂等材料的热传导特性、热膨胀系数、材料的扩散以及相应的工艺性（如可焊性等）。首先由于化合物半导体材料及芯管焊料的热传导性较差的特点，考虑到芯管的温度特性，必须选择适当的过渡块、热沉或散热器解决装配过程中的散热（温升、热应力）问题及考虑封装稳定性而要求的热匹配问题。表 5-1 给出了一些材料的热参数。

表 5-1　光电子器件封装使用材料的热导率和线膨胀系数(CTE)

材　料	热导率/[W (m·K)] (20～25℃)	线膨胀系数 /(10^{-6}/K)
半导体材料		
InP	67	4.56
In0.47Ga0.53As	66	5.66
GaAs(掺杂)	44	6.4
GaAs	44	5.8
Al0.5Ga0.5As	11	5.8
(Al0.5Ga0.5)0.525In0.475P	6	-
Ga0.515In0.485P	5	-
焊料		
In	81.8～86	29～33.0
Sn	64.0～73	19.9～23.5
80-20 Au-Sn	57.3	16.0
77.2-20-2.8 Sn-In-Ag	54	28
60-40 Sn-Pb	44.0～50.6	24.7
88-12 Au-Ge	44.4	12.9～13.3
52-48 In-Sn	34.0	20.0
97-3 Au-Si	27.2	12.3
5-95 Sn-Pb	23.0～35	28.4～29.8

热沉多选用铜、钨铜、硅、碳化硅、银或各种先进的合成材料，如碳纤维铜和含银的 Invar 合金等。硅(Si)的热导率[125～150 W/(m·K)]虽然相对其他热沉材料而言较差，但由于其良好的微机械加工性能及良好的电子集成性能，因此在光电子封装中被广泛地采用。通常裸芯片并不是直接安装在热沉上，而是安装在过渡块上。通常过渡块起到横向散热的作用，避免发光器件局部温度升高；此外，过渡块的热膨胀系数(CTE)介于半导体材料和热沉之间，可以达到有效匹配热变形的能力，从而有效减小安装工艺过程中产生的应力。值得一提的是氮化铝(AlN，CTE=4.3×10^{-6}/K)具有良好的线膨胀匹配能力且导热能力[热导率=170～200 W/(m·K)]良好，因此在实际生产中被广泛的采用。

需要指出的是，热沉可以进行一定的形状和倾斜设计来有效散热，降低芯管的工作温度；热沉的表面光洁度对其有效散热也起着重要的作用。

焊料的选择也是芯管封装过程中不可忽视的环节。目前，芯管焊接可以有多种焊料选择，如锡(Sn)、锡-铅(Sn-Pb)、铟(In)以及金-锡(Au-Sn)或金-锗(Au-Ge)共晶合金。为了减少芯管焊接过程中产生的应力，目前多采用铟代替锡。在 GaAs 芯管的晶片共晶焊接过程中，为了进一步的减小应力多采用硅(Si)和碳化硅(SiC)代替金刚石作为过渡块。另外，考虑到芯管焊接结合区由于金(Au)扩散进入铟(In)合金层会使焊接结合层的热阻、电阻出现衰退现象，并且形成脆性相的金属间化合物，主要是 Au_9In_4。在锡(Sn)和锡-铅(Sn-Pb)焊接结合处，当焊层中熔入一定量的金(Au)时，同样形成脆性相的金属间化合物 $AuSn_4$。这些金属间化合物的形成，将使焊接层性能不稳定。通常采取在热沉的表面蒸发一层含金的共晶合金(如 Au88Ge12 或 Au80Sn20)来提高焊接结合区的稳定性。多层 Au-Sn 焊料可以在低于其共晶点(80Au20Sn，280℃)的条件下得到无孔隙和空洞的焊接结合层，因此在实际生产中 Au-Sn 合金焊料被广泛的采用。

当选定工艺性好的装配材料及辅材后，激光器芯管的封装是采用共晶焊接技术来实现芯管和过渡块之间的连接。在共晶焊过程中，扩散势垒、可润湿焊层以及表面氧化是影响封装可靠性的几个重要因素，必须予以慎重考虑。首先，为了避免劣化性能的中间相金属间化合物的形成，通常采取适当的工艺在结合材料间形成扩散势垒，以阻止不良金属间化合物的形成。如钨(W)扩散势垒可以有效减少金(Au)从芯管镀层或热沉向铟(In)焊接区的扩散；镍(Ni)扩散势垒，通常 1～5μm 厚，可以有效阻止铜(Cu)元素向铟(In)焊接区的快速扩散。可润湿焊层对较薄的焊接结合层的可靠性起到很重要的作用，润湿性较差会导致焊接层的空洞和虚焊缺陷的形成。通过在薄的扩散势垒层表面溅射 0.3μm 薄的金(Au)层可以有效改进势垒层的润湿性能并阻止 Au-Sn 合金中 Sn 的损耗。焊料层、半导体材料以及热沉的氧化必须通过表面镀金层来减少，液体助焊剂也是一种传统的减少氧化层来提高润湿性能，降低焊层表面张力，但是由于液体活性助焊剂的腐蚀性和残留物会降低光电子封装的稳定性，限制了它的使用，通常在低的焊接温度下(200～230℃)，采用醋酸或蚁酸蒸汽作为助焊剂。在高于300℃时，最常用的方法是采用含氢的气体(如：H_2-N_2 或 H_2-Ar_2 混合气体)作为保护，来防止氧化物的形层，提高焊接的质量稳定性和可靠性。

典型的激光器芯管(TO-LD)封装工艺流程如图5-7所示。

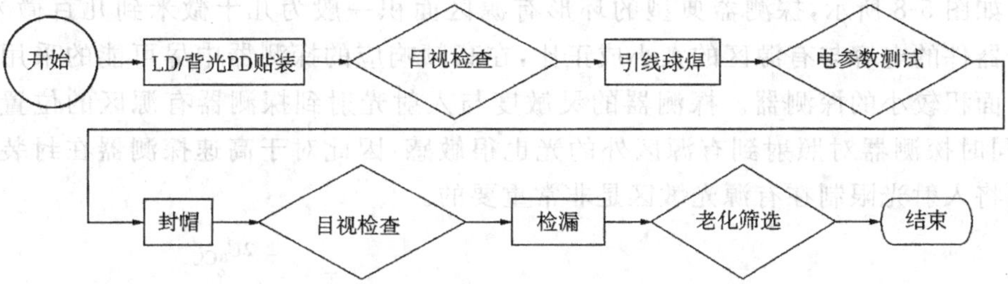

图 5-7 激光器芯管(TO-LD)封装工艺流程

在LD/背光PD的贴装中，目前多采用共晶焊接工艺，对背光探测器也有采用胶接的方式进行组装。目前，LD芯管的贴装有手工贴装、半自动贴装及自动贴装几种工艺方式。引线焊接多采用球焊机即引线键合设备进行引线焊接，光电子器件中多采用直径为18μm或25μm的金丝进行电互连焊接。封焊是利用接触电阻发热的原理采用封焊机来完成金属与金属间的熔融焊接。检漏在He质谱检漏仪中进行。

详细的工艺我们在后面小节中将进行详细的介绍。

二、半导体接收光器件管芯封装

半导体接收光器件的封装主要是实现半导体光电探测器的光和电的互联。它同样需要考虑封装过程中电、热、光和密封环境的影响，只是与激光器管芯封装相比这些因素中除电信号或噪声的影响因素相对较大外，其他因素的影响相对要弱一些。探测器管芯封装的基本结构如图5-8所示。

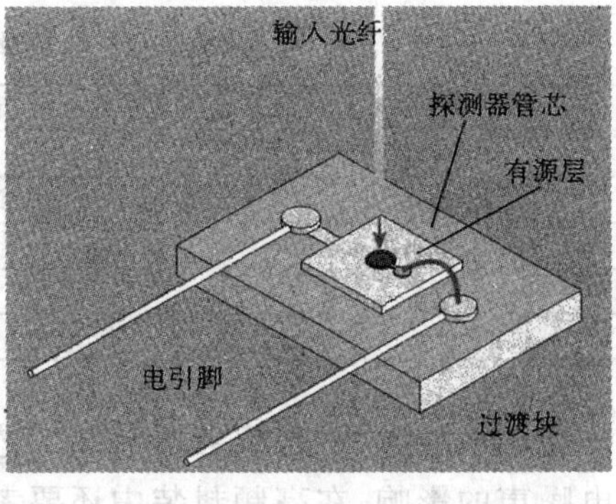

图 5-8 探测器管芯的基本封装结构

从原理上而言，该封装的功能是将从光纤传输来的光信号入射到探测器光敏面，光束引起电子在半导体光敏二极管内从价带到导带的受激跃迁，产生光生载流子，并由PN结或肖特基势垒将这些载流子搜集起来，最后表现为光电压或光电流，并通过电互连最终由引脚将信号引出。通常半导体光电接收器件按光敏二极管的“结”来分，可分为PN结、PIN结、肖特基势垒结、异质结和雪崩二极管等。光通信半导体接收光器件多采用PIN结型光敏二极管。相关原理图如图5-9所示。

但是,基于不同的应用,封装形式可以多种多样。如:可以在探测器管芯中间增加使用透镜,也可以将透镜集成在探测器上,还可以在安装时将探测器或光纤端面装成一定的倾斜角度以减小回波反射;此外,还可以在封装中增加滤波片来选择波长或使用信号放大器来改善信号的可探测性。

如图5-8所示,探测器典型的环形有源区面积一般为几十微米到几百微米。由于器件的电容与有源区的大小成正比,在高频响应的探测器中尽可能的采用有源区面积较小的探测器。探测器的灵敏度与入射光射到探测器有源区的位置有关,同时探测器对照射到有源区外的光也很敏感,因此对于高速探测器在封装中如何将入射光限制在有源光敏区是非常重要的。

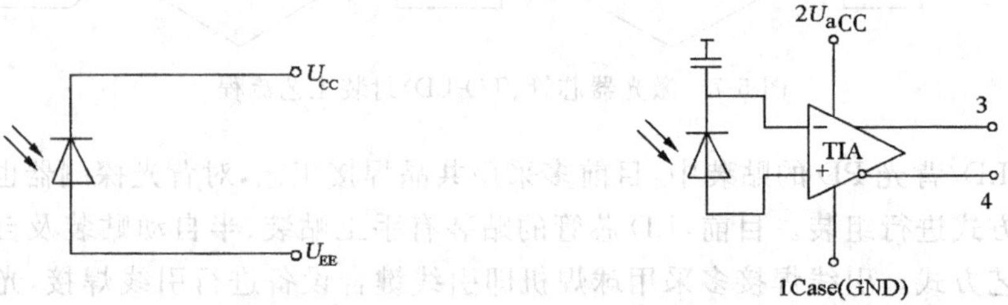

图5-9 单PIN和PIN/TIA的工作原理图

由于半导体材料的折射率较大(数据见表5-2),光敏面的反射率相对较高,因此为了提高探测器的灵敏度,特别是为了降低在监控条件下使用的探测器的信号噪声,反射和防反涂层也是探测器封装中必须考虑的问题。

表5-2 半导体探测器材料的折射率

探测器材料	折射率(%)	波长范围/nm
InGaAs	3.5	1000～1670
InGaAsP	视参杂情况而定	1100～1600
GaAs	3.34	800～1000
Si	3.41	400～1000
Ge	4.0	600～1600

在电性能方面,必须考虑封装工艺对探测器的暗电流(I_d)的影响、热噪声以及光电噪声的影响,在高频封装中还要考虑的器件的电容以及寄生电容对探测器频率响应的影响。

在机械性能方面,探测器封装的气密性、探测器材料的强度和存储及取放问题、器件材料与过渡块或热沉间的热匹配和热传导问题都是直接影响封装可靠性的重要因素。

典型的探测器芯管(TO-PD)封装工艺流程如图5-10所示。

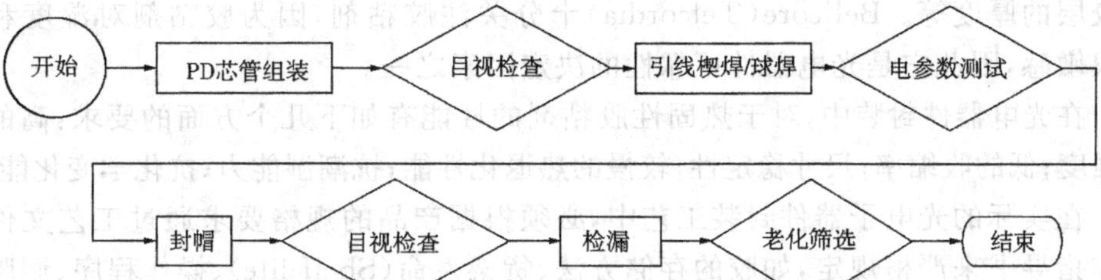

图 5-10 探测器芯管(TO-PD)封装工艺流程

图中 PD 芯管组装环节,可以包括滤波片、前置放大器(IC)等其他功能元器件的安装,该工序多采用胶接工艺进行封装,具体工艺手段可以是手工安装,也可以采用晶片粘结机进行半自动封装或自动封装。其他工艺过程的工艺设备基本上与激光器芯管封装的工艺设备相同。(详细的工艺在后面小节中将进行详细的介绍)。

SC 插拔型同轴探测器的装配图如图 5-11 所示。其中 TO 激光器的封装是前面提到的 PD 芯管封装,TO 探测器与 SC 型适配器的封装过程为耦合封装过程。

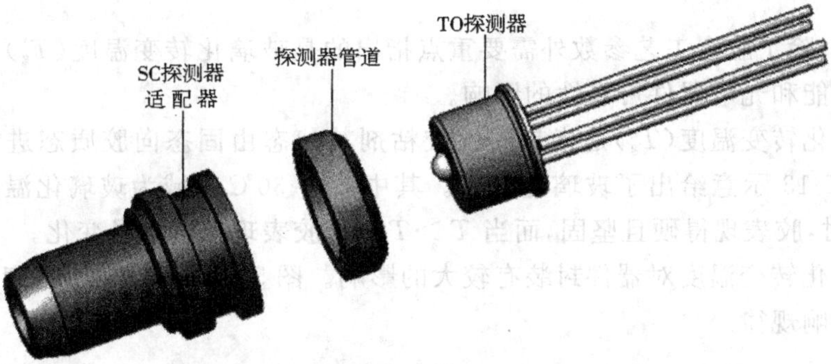

图 5-11 SC 插拔型同轴探测器的装配图

SC 探测器的结构可以是三体结构(包括 SC 适配器、探测器管体、TO-PD),也可以是两体结构(包括 SC 适配器和 TO-PD)。三体结构多采用金属化封装,如激光焊接;两体结构多采用胶合工艺。

三、光模块封装中主要的工艺技术介绍

前面在介绍半导体激光器、探测器的封装时,已在具体的封装工艺流程中谈到了各种具体封装工艺技术,下面将对其中的一些重要工艺环节进行具体介绍。

1. 胶合工艺

用胶粘剂将两个工件粘结在一起的安装方法称为胶合,它属于机械装配的一种方法,常用于不便于螺钉连接或铆装的工件,胶合是一种不可拆卸的连接。

胶合的技术要求:主要是胶粘剂的选择、胶合接头的形式、胶合面的表面状态和胶层的厚度等。Bellcore(Telcordia)十分关注胶粘剂,因为胶粘剂对湿度和温度很敏感,因此它是光电器件可靠性的决定因素之一。

在光电器件封装中,对于热固性胶粘剂的性能有如下几个方面的要求:高的粘结强度;低的收缩率;尺寸稳定性;较慢的热退化性能;抗潮湿能力;抗化学变化能力。

在实际的光电子器件封装工艺中,必须根据产品的规格要求通过工艺文件或操作指导书来严格规定,如胶的存储方法、货架寿命(Shelf-life)、操作程序、调胶使用寿命(Pot life),固化工艺参数、检验、定期质量验证等。胶合工艺的一般流程如图 5-12 所示。

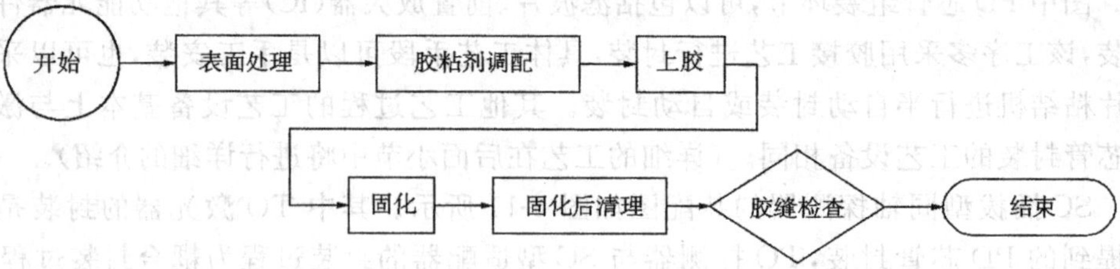

图 5-12　胶合工艺流程

另外,除了胶合工艺参数外需要重点指出的是玻璃化转变温度(T_g)以及潮湿对胶粘性能和光电器件可靠性的影响。

玻璃化转变温度(T_g)是指热固性胶粘剂其状态由固态向胶质态进行转变的温度,图 5-13 示意给出了玻璃化温区。其中 20～30℃区域为玻璃化温度区。当 $T<T_g$ 时,胶表现得硬且坚固,而当 $T>T_g$ 时,胶表现得软且易变化。

玻璃化转变温度对器件封装有较大的影响。图 5-14 是不同 T_g 温度下外力对形变的影响规律。

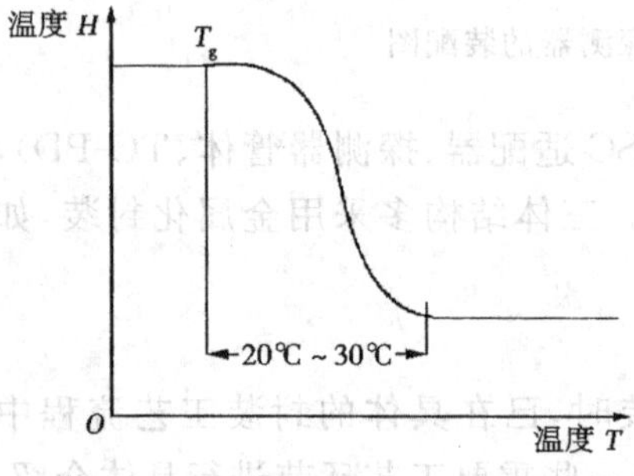

图 5-13　玻璃化温度区图示

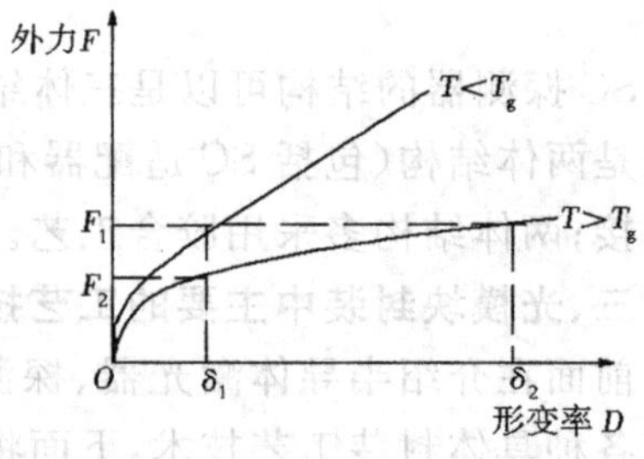

图 5-14　不同 T_g 温度下外力对形变的影响

当通过适当的工艺进行胶合后,T_g 温度较高的结合状态胶接处的尺寸稳定性相对较好。因此,在胶合工艺中,T_g 温度是一个值得研究并控制的物理参量。T_g 温度有多种测试方法,在生产工艺实践研究中多采用示差扫描热量测试方法(DSC

方法——Deferential Scanning Calorimeter)。

前面谈到,胶粘剂对温度、湿度很敏感。其中湿度对胶合质量和光器件封装的影响主要表现在以下几个方面:①使聚合体胶的内部结合力减小;②降低 T_g 温度;③使胶合强度降低;④会导致水蒸气沉积在光器件或光学组元的表面。

目前,在光电器件实际装配中,多选用紫外胶(UV 胶)、环氧树脂胶(如353ND)、硅胶等。胶合工艺多通过手动点胶机或半自动/全自动晶片粘结机来进行。尽管工艺装备有差异,但通常是采用外热式的方式(环氧树脂胶等)或通过紫外线照射来进行固化。

现在较先进的固化工艺装备是采用微波加热方式进行加热固化。

2. 共晶焊接工艺

共晶焊结法是利用合金在共晶点温度下,通过加压和超声波振动,破坏两者表面的氧化层,形成熔焊面均匀、接触牢固的欧姆接触。这是目前在半导体光器件封装中广泛采用的一种芯片与底座的焊接方法。

在半导体芯片与底座的封装中,多采用共晶焊接的方式。其中焊料的选择主要以软钎焊料为主,如二元合金焊料锡铅(Pb-Sn)、锡金(Au-Sn)、锡锌(Zn-Sn)、锡铜(Cu-Sn)等。三元合金焊料锡铟银(In-Sn-Ag)、锡镁铟(Mg-In-Sn)、锡银铅(Ag-Sn-Pb)等。共晶焊接对焊料的选择需要满足如下要求:①合适的共晶点,保证低的热应力;②结合界面形成扩散势垒,避免形成脆性相的金属间化合物;③润湿性好,不易形成空洞、虚焊等焊接缺陷;④抗氧化性能好;⑤与热沉和过渡块的热匹配能力较好;⑥线膨胀系数(CTE)小。

图 5-15 是芯片组装过程的共晶焊接工艺流程。共晶焊接的工艺设备目前常用的有:半自动贴片机和全自动贴片机。

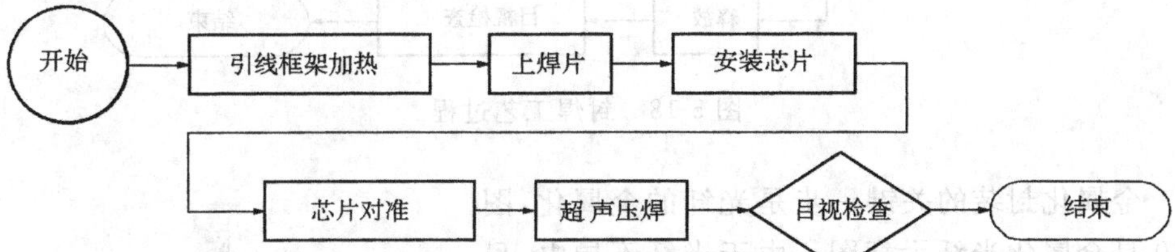

图 5-15 共晶焊接工艺流程

3. 引线键合工艺

引线焊接(Wire Bonding)已经在第三章详细讨论了。

4. 封焊工艺

封焊实际上是一种电阻焊接法。其基本原理是:将要封装的工件互相接触,置于良导体的上、下电极里,成为封焊机变压器二次回路的一部分(见图 5-16),当在短时间里通以低压大电流的脉冲电流时,因在其管帽与管座接触处(即封焊区)

的电阻最大，故温度急剧升高，一直达到熔融或可塑状态。此时如对上、下电极加上一定的压力，就可以将上、下工件焊接在一起。

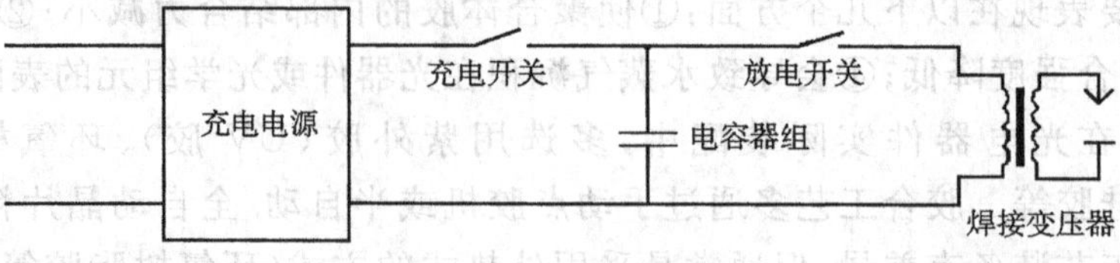

图 5-16　封焊原理图

在光电器件封装中，TO-LD、TO-PD以及同轴器件中器件与管体间的封装，光电子组件中管壳的封装均主要采取该封装工艺，如图5-17所示。

封焊的具体工艺过程如图 5-18 所示。

5. 光纤金属化与耦合封装工艺

光电子器件封装的关键工艺之一是光纤金属化，封装的重要技术之一是耦合封装工艺。首先，环氧树脂封装与金属化封装相比，前者封装稳定性和可靠性差（密封性差、劣化、移位、变形等倾向大），而金属化封装（焊接）稳定性、可靠性好。

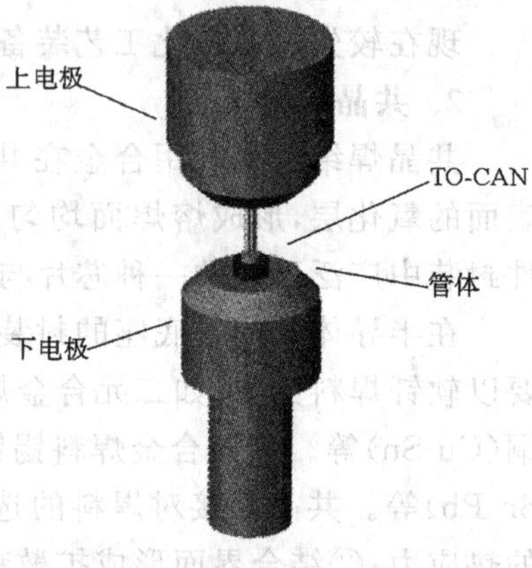

图 5-17　同轴器件封装示意图

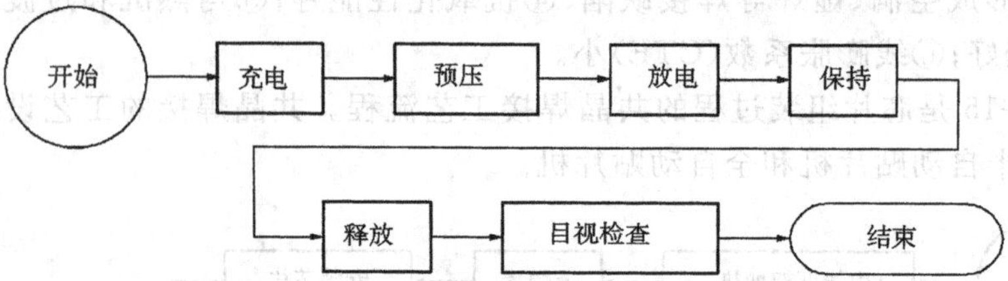

图 5-18　封焊工艺过程

金属化封装的关键一步是光纤的金属化，图5-19是金属化光纤示意图。由于光纤不导电，只能采用真空蒸发（或溅射）和化学镀的方法来进行金属化。在实际生产中，从均匀性和产能的角度来考虑，一般光纤金属化采用化学镀的方法，为了保证金属化光纤表面的附着力，通常第一步在光纤表面镀镍（Ni）打底，第二步在镍表面镀金（Au）。根据不同的需要镀层的厚度通常选择：Ni：1～4μm，Au：0.5～2μm。

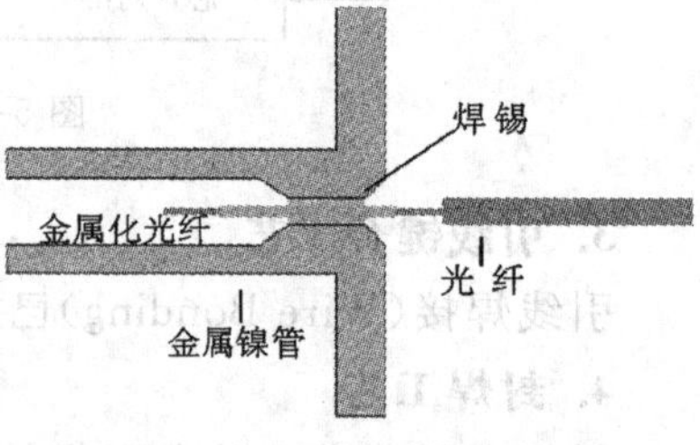

图 5-19　金属化光纤示意图

化学镀镍是一种非电镀镀膜方法，它不加外部电源而由含 Ni^{+} 的电镀液连续沉积 Ni 原子在光纤表面上，这种金属膜只有得到催化才能形成。因此，镀液中除含 Ni^{+} 的盐类外，还应有催化剂。实验表明，用次磷酸盐离子可以产生附着力较好的 Ni 镀膜层。在化学镀前，裸露光纤需经过活化处理，使光纤表面去除油污等异物，为此可以用氢氟酸(HF)稀溶液轻微腐蚀光纤表面，以达到表面活化的目的。

光纤经过金属化之后即可用于耦合封装。总体而言，光纤耦合可以分为光纤与发光管、光纤与 LD、光纤与 PIN(或 APD)的耦合。从具体耦合结构形式上可以分为：直接耦合、半球和球形透镜耦合、柱状透镜耦合、圆锥形透镜耦合、凸透镜耦合、自聚焦透镜耦合等多种。其中直接耦合的耦合效率极限约为 20%(即耦合损失最低只能降到 7dB 左右)；通过在光纤端面和管芯之间布置和设计光学元件，如：采用 LD＋柱状透镜＋自聚焦透镜＋光纤的组合光路设计，耦合效率可以达到 80%以上，即耦合损失可以降至 1dB 左右。

图 5-20 是尾纤型同轴器件耦合示意图。

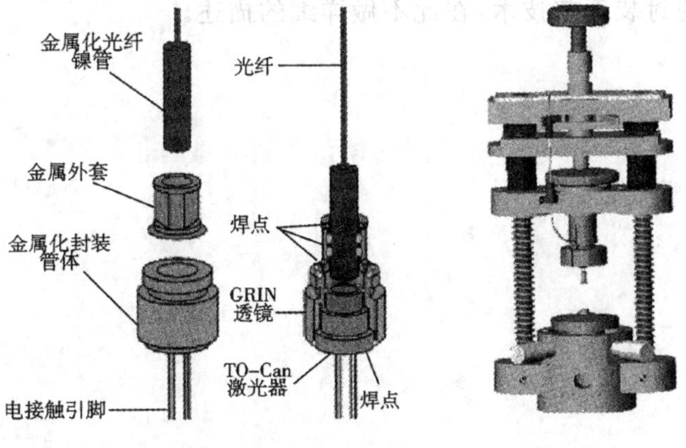

图 5-20　同轴耦合示意图及工艺装备

对于双列直插、Mini-DiL、蝶形(Butterfly)封装的耦合主要是通过光纤导向槽、镍(Ni)支架、微调架的耦合调节，然后通过激光穿透焊接的方式来实现，如图 5-21 所示。

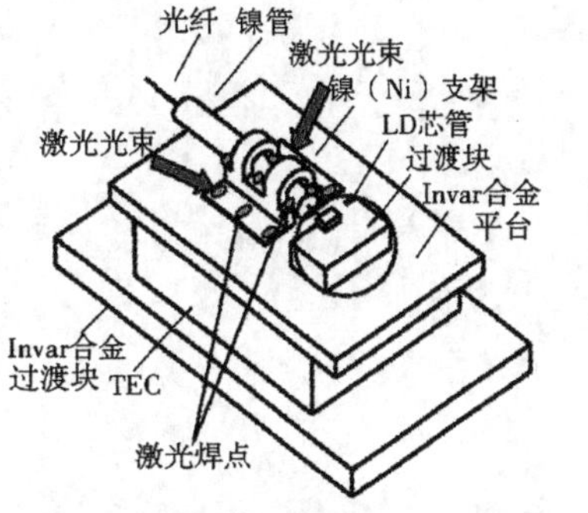

图 5-21　芯管在过渡块上的有源对准

目前，耦合工艺装备有人工耦合焊接设备，也有全自动的耦合调节和焊接平台，如图 5-22 所示。

总之，耦合工艺过程是指通过垂直于光纤和管芯连线的界面上进行平面内的对中调节

（X、Y 方向上的调节）以保证光性能指标的优化，同时通过调整光纤和管芯之间的间距（Z 方向调整）以保证最佳焦距的耦合。

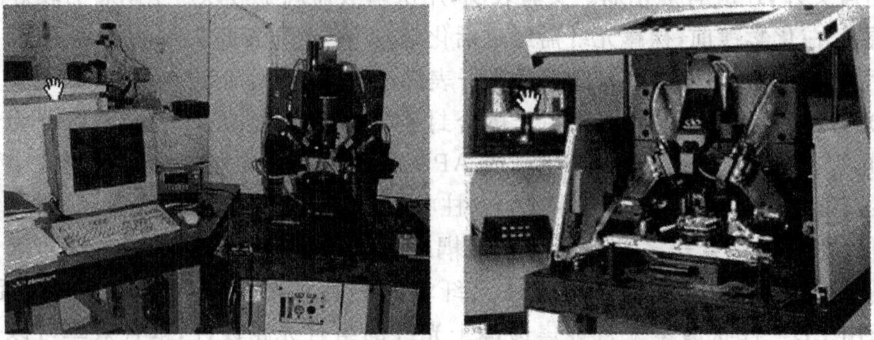

图 5-22　人工耦合焊接设备及自动耦合焊接系统

此外，在光电子模块和器件的封装过程中，激光焊接工艺、手工烙铁焊接工艺等也是很重要的封装工艺技术，在此不做详细的描述。

第六章 微机电系统工艺技术

微机电系统(MEMS ,Micro Electro Mechanical System)是新出现的高科技新技术。它融合了硅微加工、激光和X光加工以及精密机械加工等多种微加工技术,并应用了现代信息技术而构成。MEMS系统主要包括微型传感器、执行器和相应的处理电路三部分。MEMS绝不仅仅是传统机械零件和机电设备的小型化和微型化,在MEMS中更集成了具有信号处理和控制功能的电路,同时还包括能够感知外界力、热、光、声、磁、化等信息的传感器和可控制的执行器。MEMS的制造流程一般包括光刻、刻蚀、沉积、外延生长、扩散、离子注入、测试、监测与封装等环节。

在MEMS的众多生产环节中,以MEMS的封装最为引人注目,难度也最大,一般来说,封装的成本约占整个MEMS器件成本的50%~90%。对MEMS的封装,人们一般在IC封装工艺方法上进行改进,比如引线键合(WB, Wire Bonding)、粘胶粘合、热压焊接等,最近为了追求高性能、低成本、微型化、高可靠等特点,人们日益关注倒装芯片(Flip Chip)在MEMS中的应用。

第一节 微机电系统概述

一、什么是微机电系统

微机电系统是利用微细加工技术在单块硅芯片上集成了传感器、执行器、处理控制电路的微型系统,简称微机电系统。其中的电路使用传统的微电子制造工艺制成(如CMOS、Bipolar、BICMOS等);微型机械(机构)则使用与前者相兼容的微细加工工艺制成,而微细加工中最主要的过程就是通过选择性刻蚀Si或沉积上新材料层来在晶圆上形成微型机械或机电器件。由于MEMS技术结合了微电子技术与微细加工技术,它将会给各个制造领域带来革命性的推动力,真正实现了人们向往已久的SOC(System On a Chip)。

目前,国际上对于微机电系统尚无统一的定义,在美国,微机电系统通常称为Micro Electro Mechanical Systems,即MEMS,它是由微机械和微电子线路组成的微系统;在欧洲,通常称为Micro Systems Technology,即MST,泛指微系统技术;在日本,则通常称为Micromachines,偏重于微机械。一般认为,微机电系统是以微电子、微机械及材料科学为基础,研究、设计、加工具有特定功能的微型装置,包括微结构器件、微传感器、微执行器、驱动和控制电路等。根据不同的场合,微机电系统也称为微机械、微构造或微电子机械系统。一般来说，微机械多指构造比较简单、能动作的微构造，它是构成微机电系统的要素，而微机电系统则指的是由微机械和控制电路组成的微系统，它是微机械的高级形式和发展方向。

虽然各国对微机电系统的定义略有不同，但是微机电系统一般具有以下几个特征：

1）尺寸在毫米到微米范围之内，区别于传统的、尺度大于1cm的“机械”，但并非进入物理上的微观层次；

2）基于（但不限于）硅微加工（Microfabrication）技术加工；

3）与微电子芯片类同，可大批量、低成本生产，使性能价格比比之传统“机械”加工技术大幅度地提高；

4）MEMS中的“机械”不限于狭义的机械力学中的机械，它代表一切具有能量转化、传输等功能的效应，包括力、热、声、光、磁，乃至化学、生物等；

5）MEMS的目标是微“机械”与IC集成的微系统，即具有智能的微系统。

根据以上特征，采用微电子技术（不限于）加工的微小机构、器件、部件和系统等都属于MEMS范围，微机械和微系统只说明MEMS发展的不同层次，而有关的科学技术都可统称为MEMS技术。

二、微机电系统的特点

微机电系统的特点是体积小、重量轻、性能稳定，可以通过IC及其扩展工艺等技术批量生产，成本低，性能一致性好，功耗低，谐振频率高，响应时间短，综合集成度高，附加值高。

尺寸微小是微机电系统的基本特征，当尺寸小到微米甚至亚微米量级时，会产生微尺寸效应。它将影响到结构材料、设计理论、加工方法、微小范围内各种能量的相关作用及测量技术等许多方面。工程上常用的尺寸缩放法不适用于微尺寸元器件组成的微装置；因而，传统的设计理论、方法和一些物理定律不能完全套用，许多理念需要更新，必须从新的构思出发去探索微机械由于尺寸效应形成的一些特殊现象和规律。

所谓尺寸效应是指当物体的尺寸L改变时，各种物理量的比例着随L^n变化的现象。随着元器件尺寸的缩小，与尺寸L的高次方成比例的体积质量等作用相对减小，与尺寸L的3次方成比例的惯性力、电磁力等作用明显减弱；而与尺寸L的2次方成比例的粘性力、表面力、静电力和摩擦力等作用则明显相对增大，并成为影响微机械性能的主要因素。所以在微机械设计中，对元器件作用力的分析、控制及利用，不同于传统的宏观机械。例如在传统的电动机设计中，多利用电磁力驱动；而在微型电动机设计中，则多用静电力驱动。微机械的能源很小，因而要尽可能地降低摩擦阻力造成的能耗，必要时可利用悬浮机理技术来最大限度的降低摩擦，这是保证微机械功能和寿命的关键。

由于微尺寸效应，导致微机电系统的惯性小、热容量低，容易获得高灵敏度和快速响应。微小尺寸导致微机电系统的微传感器的输出信号十分微小，传统的测量工具和仪器难以实现如此微弱信号的检测，必须创造新的测量设备。

鉴于以上特性，MEMS 问世以来一直受到世界各发达国家的广泛重视，被认为是面向 21 世纪可以广泛应用的新兴技术，许多研究机关纷纷投巨资建立实验室，投入到 MEMS 研究开发中来。

MEMS 技术使得人们在开发智能产品时，一方面可以利用微电子技术来增强产品的运算处理能力。另一方面还可以利用微型传感器、执行器来增强产品的控制能力。它给予了设计者更大的发挥空间，大大拓展产品的应用面。在以往的产品中，IC 总是在整个系统中扮演着“大脑”的角色，而 MEMS 在“眼”与“手”的帮助下将比传统的 IC 有更强的判断力，它具有感知并控制周围微环境的功能。在 MEMS 中，传感器通过测量感应机械、热、生物、化学、光、磁等现象从环境中收集信息，然后这些信息传送到电路部分进行分析处理，然后根据分析的结果处理电路向执行器发出指令，执行器通过移动、放置、调节、抽吸或过滤等动作进行响应，实现 MEMS 对环境的控制。由此我们知道，传感器、处理电路、执行器是组成 MEMS 的基本单元。有时传感器、处理电路、执行器并不在同一块硅(Si)片上，而是先在不同的硅(Si)片上分别加工出来，最后再封装到一块基片上成为一个功能完整的 MEMS 芯片。人们在进行研究和交流时，习惯将应用于 MEMS 的传感器、执行器也称为 MEMS 或 MEMS 器件。

集成电路(IC)只涉及单一的电学参数，而微机电系统涉及多门学科，如现代机械学、电子学、光学、磁学、热学、力学、声学、自动控制、材料科学、仿生学、表面物理和化学等，并向智能化方向发展。所以，微机电系统及器件的加工比 IC 加工工艺要求严格得多，必须在 IC 工艺基础上扩展一些专用的微机械加工技术。

第二节 MEMS 加工工艺

微机电系统的制造工艺流程大致是：首先在硅片上采用沉积、离子注入、氧化或电铸等手段形成具有抗腐蚀能力的掩蔽膜，然后通过光刻工艺对该膜实施刻蚀，得到所需的几何形状，再进行硅本体腐蚀，获得所希望的微结构。有时根据需要在工艺中途插入热处理或掺杂等操作。为了与传感器或微机构的驱动电路、信号检出或放大电路集成于一体，既要进行微机械加工，还要进行 IC 工艺加工。图 6-1 是 MEMS 与 IC 兼容工艺的工艺简图。图中矩形框组成微机械主要工艺，圆角框是可附加的表面加工和集成电路加工工艺。

根据微机电系统的尺寸特点，其制作不能采用传统的精密机械加工方法，而应该采用以腐蚀和表面显微加工为基础的微米和纳米加工技术。

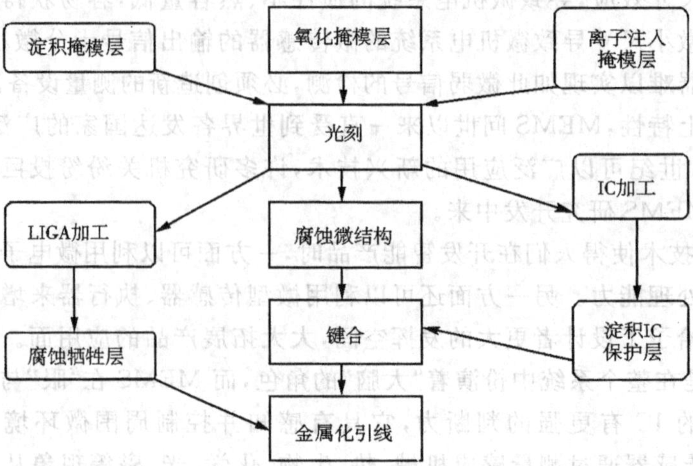

图 6-1 微机械加工工艺流程图

微加工技术主要分为硅微加工技术、LIGA 技术及特种精密加工技术。而硅微加工技术又可分为表面微机械加工技术（Surface Micromachining）与体微机械加工技术（Bulk Micromachining）两个主流。

一、体微加工技术

微机械加工中的体微加工技术包括除去加工（腐蚀）、附着加工（镀膜）、改质加工（掺杂）和结合加工（键合）等。腐蚀（也称为刻蚀）是对一种材料的某些部分进行有选择地去除，用此工艺来成型和抛光，使被腐蚀物体显露出结构特征和组合特点。腐蚀技术是加工微传感器最基础、最关键的技术，它通常分为湿腐蚀法和干腐蚀法两种。

1. 湿腐蚀法

当腐蚀时将材料氧化，然后通过化学反应使一种或多种氧化薄膜溶解，这种方法称为湿腐蚀法。腐蚀过程中，主要考虑边缘轮廓、厚度尺寸及表面质量控制，其次要考虑掩模材料的选择和腐蚀液的毒性和污染等。根据腐蚀剂的不同，硅的湿腐蚀法可以分为各向同性腐蚀和各向异性腐蚀。

硅的各向同性腐蚀是指硅在各个晶向上有相同的腐蚀速率，因而适用于圆形结构的加工，为了去掉构造的牺牲层，也常常采用各向同性腐蚀。各向同性腐蚀普遍采用氧化剂硝酸（HNO_3）、去除剂氢氟酸（HF）及稀释剂水（H_2O）或乙酸（CH_2COOH）混合而成的腐蚀剂。腐蚀中通过改变腐蚀剂的成分配比、掺杂浓度及温度，可以获得不同的腐蚀速度。

硅的各向异性腐蚀是指硅的不同晶向具有不同的腐蚀速率。基于这种腐蚀特性，依靠调整器件结构面，使它和快刻蚀的晶面或慢刻蚀的晶面方向相对应。

由于刻蚀速率依赖于杂质浓度和外加电位，因此可利用这一特点来控制刻蚀程度，从而可在硅衬底上加工出各种各样的微结构。加工中常见的微结构有悬臂梁、微齿轮等微型传感器和微执行器的精密三维结构。硅的各向异性腐蚀常用的腐蚀剂是碱性腐蚀液，如氢氧化钾(KOH)、氢氧化钠(NaOH)等溶液，腐蚀速度依赖于晶向、掺杂原子浓度及温度，沿主晶面的腐蚀速度最快，而沿侧晶面最慢。它是三维结构硅微机械加工的关键技术，并且这一技术能够和 IC 兼容，加工微型机电系统。

2. 干腐蚀法

干腐蚀法是利用反应性气体的等离子生成物或者溅射进行刻蚀的方法。化学腐蚀方法基本上是先在硅晶片上用光刻胶和掩模形成图案，然后在腐蚀液中进行腐蚀；但对于高精度图案，特别是侧面垂直度要求严格的图案，化学腐蚀法很难达到预期的效果。采用离子刻蚀的方法可以实现较高的刻蚀精度。刻蚀用的气体在足够强的电场作用下被电离，产生离子、电子及游离原子等刻蚀类物质，该类物质穿过气体屏障层，扩散在被刻蚀晶片或薄膜的表面，并被表面吸收，随后产生化学反应刻蚀，反应生成的挥发性化合物由真空泵抽出腔外。

二、表面微加工技术

表面微加工是把 MEMS 的“机械”(运动或传感)部分加工沉积在硅晶体的表面膜(如多晶硅、氮化硅等)上，然后使其局部与硅体部分分离，呈现可运动的机构。分离主要依靠牺牲层技术，即在硅衬底上先沉积上一层最后要被腐蚀掉的膜(如二氧化硅膜可用 HF 腐蚀)，再在其上淀积加工运动机构的膜，然后用光刻技术加工出机构图形，待一切完成后就可进行牺牲层腐蚀而使微机构自由释放出来。在释放前可以加工有关电子器件部分，这样就可以得到“机”和“电”完美结合的微机电系统。

在微机电元器件的加工中，常采用蒸镀和沉积等方法，在硅衬底的表面上加工各种薄膜，并和硅衬底构成一个复合体。这些薄膜有多晶硅、氮化膜、二氧化硅膜、合金膜及金刚石膜等。有的作为敏感膜，有的作为介质起绝缘作用，有的作为衬垫层起控制加工尺寸作用，有的起耐腐蚀、耐磨损作用。常用的有物理气相沉积和化学气相沉积法。

照相平版技术用来构造所需要的模型。用一块平整的掺有铬金属的玻璃或者石英平面作为吸收层，直接放置在涂有光刻胶的表面上，把光胶片暴露在紫外线下，如图 6-2 所示。光掩模上的铬模型对紫外光下是不透明的，但是玻璃或石英却是透光的。这种技术就在硅胶片上形成了与模型 1∶1 完全相同的形状。在光刻胶处理的过程中，可以得到一个凹腔(正光刻胶)或者一个凸起层(负光刻胶)。

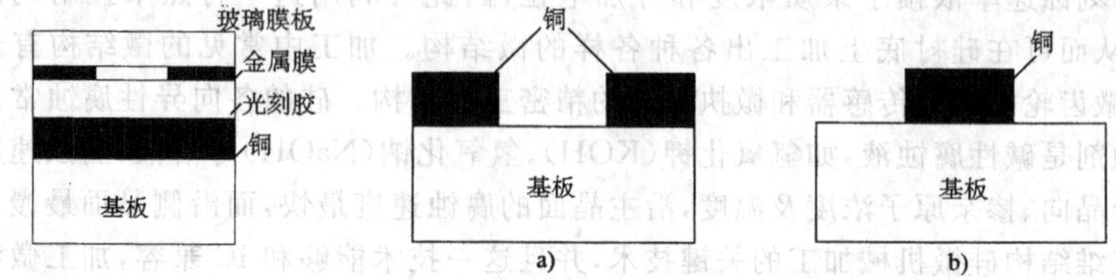

图 6-2 典型的光刻制膜工艺

a）正光刻过程 b）负光刻过程

三、牺牲层技术

在微机械结构加工中，为了获得有空腔和可活动的微结构，常采用"牺牲层"技术。即在形成空腔结构过程中，将两层薄膜的下层薄膜设法腐蚀掉，便可得到上层薄膜，并形成一个空腔。被腐蚀掉的下层薄膜在形成空腔的过程中，只起分离层作用，故称其为牺牲层。利用牺牲层技术可以加工出多种能活动的微结构，如微型桥、悬臂梁及悬臂块等，如图 6-3 所示。这些可活动的微结构，在微机电系统中常被当作敏感元件和执行元件使用，制成微传感器和微执行器，如谐振式微型压力传感器、谐振式微型陀螺、微型加速度计以及微型电动机和驱动器等。

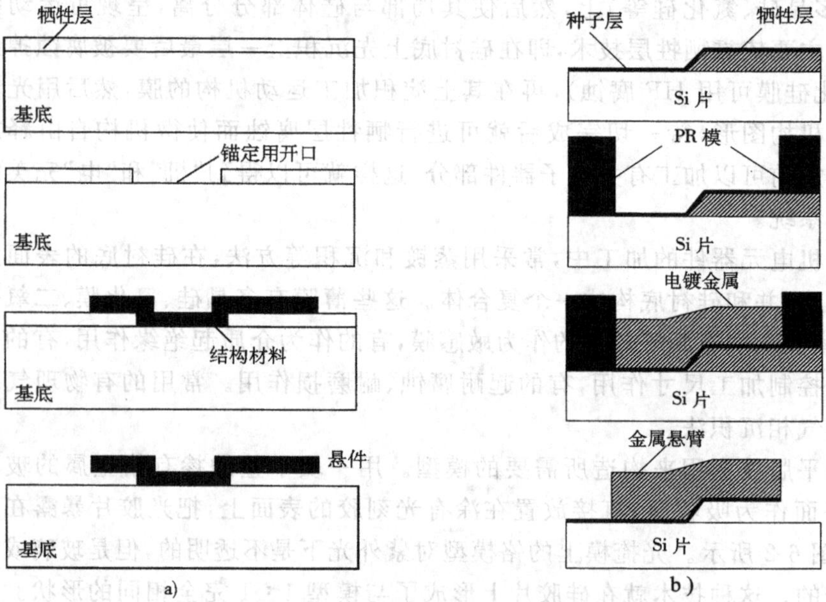

图 6-3 利用牺牲层技术制造的微结构

a）悬臂桥 b）悬臂

四、LIGA 技术

LIGA 是德文 Lithographie Galvanoformung Abformung 三个单词的缩写，即光刻、电铸成型和塑料铸模的缩写。LIGA 技术是一种基于 X 射线光刻技术的三维微结构加工工艺。采用 LIGA 技术可以在各种金属或塑料上加工出层与层之间差别很大的各种三维微结构及其器件，包括膜片、弹性梁、探针、空槽、空腔和阀门等。这些微机械结构和器件与特殊用途的薄膜和高性能的微电子线路相结合，就能制成多种多样的微传感器和微执行器，并可以组成微机电系统。

LIGA 技术的最大特点是可以加工出高度为数百乃至 1 000μm、宽度只有 1μm、形状精度达亚微米的三维微结构。LIGA 技术不仅可以加工硅结构，还可以加工各种金属、合金、陶瓷、塑料及聚合物等材料。灵活应用电铸和注塑工艺，还可以进行高重复精度的大批量生产。LIGA 技术的核心工艺是深度同步辐射光刻，只有刻蚀出比较理想的抗蚀剂图形，才能保证后继工艺步骤的质量。

首先，在衬底上沉积厚度约 10～1 000μm 的聚合物抗蚀剂，再利用同步辐射 X 射线，通过掩模将图形深深地刻在抗蚀剂上，然后用化学腐蚀方法刻蚀抗蚀层，制成电铸用的初级模板。在初级模板中沉积需要的金属，如镍、金、银、铂等，便可制成与模具互为凸凹的三维结构，它可以是最终产品，也可以作为注塑模。

注塑则是利用电铸得到的金属微结构作为二次模板，在模板中注入塑性材料，便可得到塑性微结构件。反复进行电铸和注塑，即能加工出形状一致的多种多样的微结构件，并可进行批量生产。

LIGA 工艺过程如图 6-4 所示。

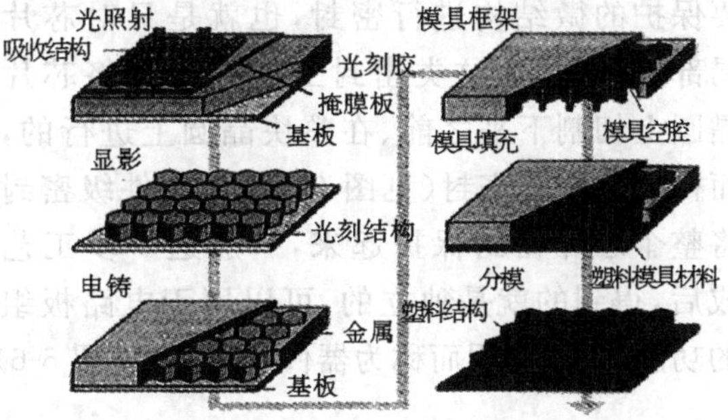

图 6-4 LIGA 工艺过程

第三节 微机电系统封装

一、封装概述

MEMS 封装的目的就是将 MEMS 装置和附加 IC 电路组成一个完整的 MEMS 系统，完成电的互连、功能实现和保护。由于 MEMS 装置的品种繁多，规格不一，所以没有一套通用的封装方法适合所有的 MEMS 产品。但是，还是有一些通用的原则和要求。

在 IC 工业中，电子封装必须为数目庞大的高频电子信号提供可靠的高密度的内部互连。与之不同的是，在 MEMS 封装中，因为元件的参数不同，没有统一的标准，因此封装需要考虑的因素更加复杂，既要保护微机械结构能在很大的范围内适应外部的环境，还要保证内部的电子信号与外部的电子信号相连。例如，压力传感器的封装必须保证传感装置与压力媒介紧密的接触，而且要保证不能与媒介中任何有害的物质相接触；阀的封装必须能提供电子信号的入口和流体的连接。

MEMS器件的封装分为两个部分：密封(Encapsulation)与互连(Interconnection)。

MEMS器件中含有一些微小的机械结构，如果使其直接暴露在恶劣多变的工作环境下，一方面会造成微结构的破坏，另一方面由于温度、湿度、压力等的不确定性也会造成MEMS器件性能的不稳定。以图6-5中的加速度计为例，其表面密布的鳍状电极在硬物的撞击下极易发生断裂，导致功能丧失；如果它工作在一个高湿度的环境下，鳍状电极间的介电常数发生了变化，依据原先在干燥环境下确定的加速度与电容变化的函数关系就无法计算出正确的加速度大小；如果有水珠在口字形的压电弹簧上析出，由于液体的表面张力作用，弹簧的变形就会受到干扰，原来的压电输出与加速度之间的函数关系同样也不再适用。由此可知，对MEMS的微机构进行密封保护是十分必要的。

密封可以分为晶圆级密封和器件级密封。晶圆级密封指的是在MEMS芯片上直接对需要保护的微结构进行密封，也就是只对芯片的局部进行密封，这类密封工艺一般在将芯片从晶圆上切割下来之前、在整块晶圆上进行的，故而得名晶圆级密封(见图6-5)；而器件级密封是将整个芯片密封保护起来，一般这一步工艺完成后，得到的就是独立的、可以用于电路板组装的功能器件了，因而称为器件级密封(见图6-6)。

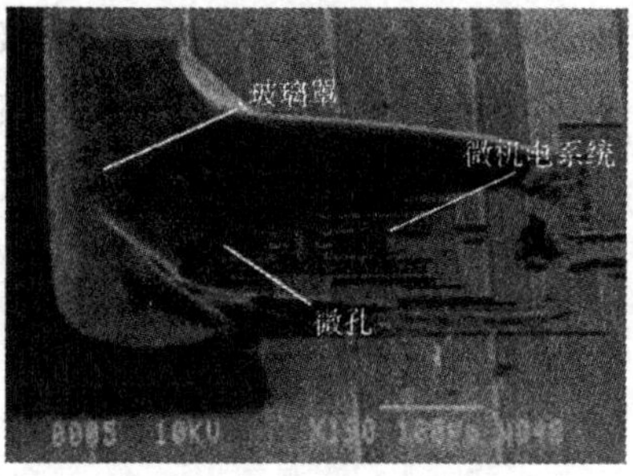

图6-5　晶圆级微机电系统密封

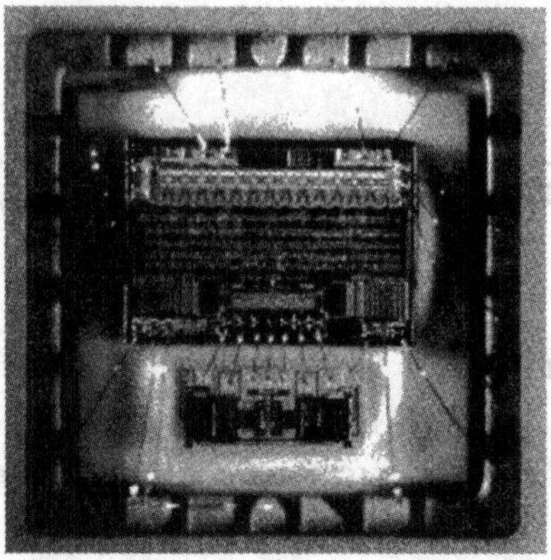

a)

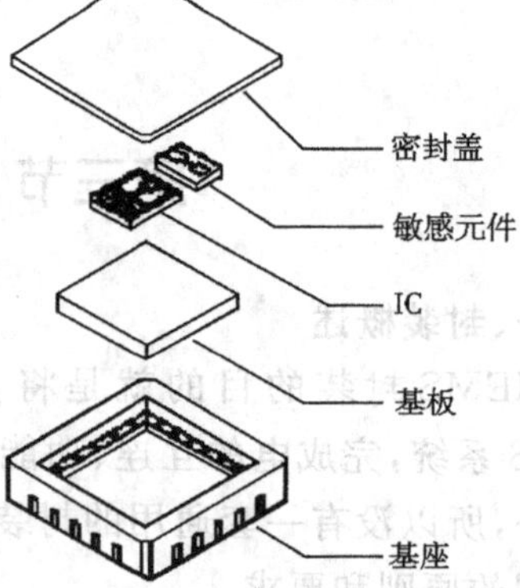

b)

图6-6　器件级MEMS密封

封装中的互连是指器件内各芯片间以及芯片与器件引脚间的电连接。在MEMS封装中主要使用引线键合、倒装芯片两种互连方法。图6-7为使用晶圆级密封和引线键合互连方式封装的MEMS加速度计实物照片。

图6-7 封装好的MEMS加速度计

在引线键合互连中，芯片上带有焊盘的一面称为正面，芯片的正面总是朝上的，以方便键合，芯片的背面与互连底板粘连在一起起到固定的作用。在倒装芯片技术中，芯片的正面朝向互连基板，通过凸点与基板上的焊盘相连接，这样相对于引线键合中芯片的安装方向芯片就是倒置的，所以得名为“倒装芯片”。由于引线键合工艺简单，并且不受芯片外形起伏的影响，在MEMS芯片的互连中应用较为广泛，但是它的空间占用较大，增大了器件封装的体积。此外，在高频环境下，引线间存在着很大的耦合电容，会降低信号的传输速率和品质。因而，在RF MEMS以及对外形尺寸要求苛刻的MEMS器件封装中，人们使用了倒装芯片互连技术。如图6-8所示，给出了采用将倒装芯片技术的MEMS压力传感器的内部封装结构。

从封装材料上看，MEMS中广泛采用的三类封装方法是：陶瓷、塑料和金属。每一种都有各自的优点和局限性。

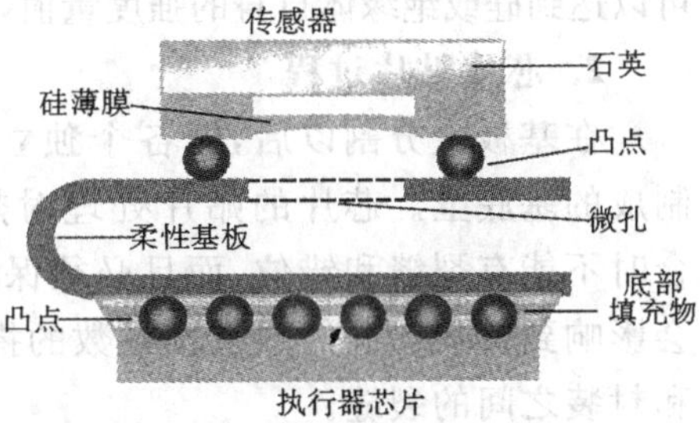

图6-8 倒装芯片互连封装的压力传感器

1. 陶瓷封装

陶瓷又硬又脆具有很高的弹性模量。陶瓷封装通常有一个基体，在上面用胶合剂或者焊料粘贴着一块或很多块小方块。在基体上注模，利用引线键合技术实现内部电子线路的互连，然后用盖子盖上基板并密封装配。其外形和特性将由最终的用途来决定。

2. 金属封装

金属封装在MEMS中很有吸引力，因为金属具有很好的硬度，并容易成型和加工装配，金属封装满足大多数MEMS应用中输入输出低损耗的要求，能够在很小的空间和很短的时间内成型，具有封装的气密性。例如，流体隔离压力传感器的金属封装，用一层薄的、纯净的横隔膜来密封纯净的金属材料空腔，空腔充满油，硅传感器浸没在油里。传感器测量的压力透过钢材料横隔膜和油传输。坚固的金属封装为冲模和引线键合在恶劣的环境下工作提供了密封的保护环境。

3. 塑料封装

塑料封装不同于陶瓷封装和金属封装，是不密封的。塑料封装有两种方法：后期成型封装和先期成型封装。塑料后期成型封装是在芯片上实现互连后再进行塑料模注。在塑料先期成型封装中，塑料先铸模成型，然后再把芯片贴在基板上完成互连。

二、主要工艺

1. 固相键合技术

固相键合技术是利用各种工艺，把若干具有平面结构的零件重叠结合在一起，构成微结构部件。常用的键合材料有硅和硅、硅和玻璃、硅和金属等。为了避免键合互连以后产生热应力，必须选用膨胀系数相互接近的材料匹配连接，常用的键合方法有阳极键合、冷压焊接键合、共熔键合等。阳极键合又称静电场键合，可以将硅与玻璃、金属及合金在静电场作用下键合在一起，中间无需任何粘结剂，键合界面有良好的气密性和长期稳定性。把将要键合的玻璃抛光面与硅片抛光面面对面接触，玻璃的另一面接负极，硅和加热板作阳极。而两片硅片可以通过高温处理直接键合在一起，中间无需任何粘结剂和夹层，也无需外加辅助电场。把硅晶片加热至 1 000℃以上，使其处于熔融状态，分子力导致两硅片键合在一起。它比阳极键合优越，因为它可以获得硅硅键合界面，实现材料的热膨胀系数、弹性系数等最佳匹配，得到硅一体化结构。其键合强度可以达到硅或绝缘体自身的强度量值，且气密性能良好。

2. 芯片贴片过程

在基板上分割以后，把各个独立的芯片封装在框架内，贴在用金属或者陶瓷制成的基底上。芯片的贴片处理对热处理和压力隔离有着重大的影响作用。键合时不能有裂缝和错位，而且必须保证长时间使用的可靠性。工艺过程的选择将会影响到材料与硅的热膨胀系数的搭配不当，任何不需要的应力都可能导致芯片和封装之间的裂缝。

3. 气密性封装

气密封装从理论上定义为封装的框架能够防止氦气的逸出，密封封装能够防止湿气和水蒸气透过它的器壁，因此密封封装的材料必须是金属、陶瓷或者玻璃。塑料和有机化合物封装有可能通过氦气渗漏测试，但是经过一段时间老化，它们就不能阻挡湿气渗透到封装体的内部，因此不能作为密封封装的材料。密封封装极大地提高了电子器件和经常使用的 MEMS 器件的使用寿命和可靠性。MEMS 密封封装要求很高的密封性，有时候需要一个专门的接收器来吸收残留的气体使得微系统里的机械元件腐蚀衰败率达到最小化。

三、MEMS 封装注意事项

1. 晶圆堆的厚度

在 IC 工业中的微电子标准需要特殊厚度的硅晶圆，厚度由它们的直径大小决定。而MEMS中使用的硅圆较厚,或者是一堆键合在一起的MEMS硅,这给MEMS芯片的制造带来了很大的困难。

2. 晶圆的分割

MEMS可以在同一个晶圆上同时生产出成百上千个同一规格的微结构或者微系统,把这些小的MEMS微结构从晶圆上分开可以分为成型前分割和成型后分割。

成型前分割就是先把微结构分割成独立的元器件装置,随后再进行其后续的工艺和封装。分割是在有污染环境下进行的,同时伴随有机械振动等,因此会使微机械结构和其上附着的薄膜产生强烈的无规则的谐振。为了保证分割下来的MEMS产品的完整和清洁,必须确保敏感元件不受微粒和液体的污染,同时还要保证它们在谐振环境下没有受到破坏。

成型后分割则不同,过程中没有自由活动的MEMS微机械结构,当分割以后,MEMS微结构就分布在每个独立的模子中。一般地,采用成形后的分割所得到的MEMS最终产品的成本较高。

3. 特殊情况的考虑

MEMS材料独特的性质可能会影响到封装工艺过程。例如,具有压阻现象或者压电现象的敏感元件对机械压力非常敏感。如果受到封装引起的外来压力,使得封装的硅膜片受到附加压力影响,导致压力传感器给出不正确的测量数据。若在硅膜和封装机架上面的键合,则会产生微小位移,这种微变形经过积累,会使装置对某一方向上的压力反应特别敏感。

热过程的控制也很重要。在MEMS工艺中,特别是热的微执行器,需要精确地控制温度的变化,同时还要发展局部散热的工艺方法。由于热过程的影响,可能导致邻近的MEMS传感器或执行器产生完全相反的作用或失效。

4. 保护性涂层

对于暴露在外部环境下的MEMS传感器和执行器,必须提供相应的涂层保护,使其能不受环境影响。在潮湿和有侵蚀的环境下工作的器件,可在其表面涂一层保护层,例如有机树脂等。碳化硅可以用来作为在十分恶劣条件下的MEMS器件的保护层。

选择保护涂层一般主要考虑湿气渗透率、粘附力和化学稳定性三个因素。

四、倒装芯片技术在MEMS中的应用

MEMS的互连工艺和IC相似,电路连通都可以通过引线键合和倒装芯片等进行互连,详见第三章。引线键合技术在MEMS产品封装中通常会遇到很大的局限性。例如,利用超声波能量,通常使用的频率为50Hz和100Hz,它可以激励微机械结构的谐振。大部分微机械装置,它们的共振频率很巧合地落在这个范围内,因此引线键合可能会导致MEMS结构失效。下面将重点介绍MEMS器件的倒装芯片封装。

1. 焊接式倒装芯片互连

传统的焊接工艺要使用焊剂去除被焊表面的氧化物，因而不完全适合于MEMS封装互连，因为某些结构特殊的MEMS器件经受不住清洗工艺，也无法在焊剂残留的条件下工作。为了解决这个问题，可采用以下几种方法。

1）将63Sn37Pb共晶凸点与Au在甲酸环境下进行焊接，用在微继电器的封装。

2）采用电子束蒸镀方法制作出Sn96.5Ag3.5共晶凸点，然后在无氧环境下进行自对位回流焊，也用于微继电器封装。

3）采用PbIn材料将传感器芯片通过倒装芯片互连到陶瓷基板上，在焊点形成的同时，焊上凸点框架，从而为电气互连和电路运行提供一个密封空腔。这种方法已用于CMOS风速计的封装。

2. 采用钉头凸点键合的倒装芯片

钉头凸点键合(Stud Bump Bonding，SBB)是一种非常方便的形成凸点的方法。采用球形WB的方法，在MEMS器件上成球并截断根部，形成钉头状Au凸点，然后凸点通过导电胶或者热压与目标基板互连。这种方法已成功应用于硅超微型麦克风以及微型压力传感器的封装，如图6-9所示。

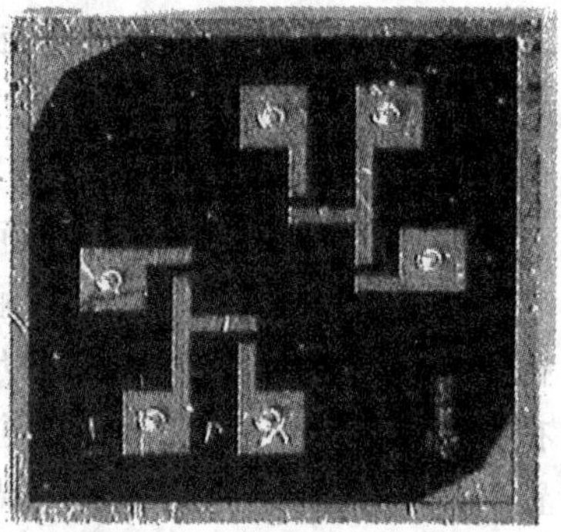

图6-9 制作有钉头凸点的微型压力传感器

3. 导电聚合物凸点倒装芯片

图6-10是采用导电聚合物凸点的MOEMS器件。这是将高25μm的热塑性导电凸点应用于砷化稼光电探测器封装的一个实例。其接触电阻低、封装温度低(170℃)，具有较好的机械稳定性，适合于很多微光机电系统(MOEMS，Micro Opto Electro Mechanical Systems)的封装。

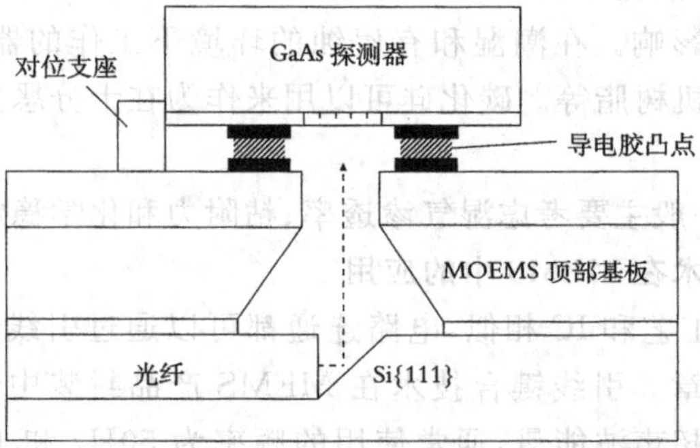

图6-10 MOEMS中导电聚合物凸点的倒装芯片封装示意图

五、MEMS机构的失效分析

MEMS的可靠性存在很多问题，因为MEMS没有统一的规范，常常是根据用户的特殊需求而加工。尽管有各种各样的困难，但是一些通用的方法可以用来对设备的机构失效进行可靠性评估。在IC封装过程中，机构失效通常与焊料有关，然而MEMS的机构失效要复杂得多。一些关键的MEMS失效与IC封装失效比较如下：

1）粘结失效和磨损失效：与IC系统机构焊料链接失效相比，热循环疲劳失效对于MEMS来说显得并不重要。粘结和磨损是MEMS最主要的失效原因。MEMS失效，有可能是当两个表面相接触导致的微粘结，这就是通常所说的粘结失效。因为MEMS结构分开的部分是很精微的，任何混杂的细小微粒都会降低或者停止部件的运动。因为腐蚀环境而导致磨损则是失效的另一大原因。

2）分层：与IC系统相比，MEMS失效更多的原因是分层，因为它利用了许多各种各样的键合方法。分层失效的例子如薄膜材料的键合，不同性质材料的键合失效和同种材料的键合失效，例如晶圆和晶圆之间的键合失效等。

3）机械疲劳强度：这在MEMS装置的梳状结构和隔膜中很关键，在那里材料受到选择性的负载作用。即使负载远远小于疲劳极限，负载压力也仍然可以使材料性能退化。例如，弹性的改变可以影响横梁的共振特征和阻尼特征，因而使MEMS的输出性能退化。

4）机械阻尼衰减影响：机械阻尼衰减对IC封装来说无足重轻，但是对于MEMS却很关键，因为部件在共振频率的运动将会损坏MEMS。阻尼衰减的原因很多，包括密封封装里面的气体等。因此，通过真空技术获得良好的密封对防止这种失效很重要。

5）密封性：MEMS封装中的不良密封性，对于MEMS设备的可靠性来说起着关键的作用，例如微陀螺仪的密封。密封性是由漏气等因素造成的。这个问题可以同时采用合适的抽气方法、封装材料和正确的预处理来克服。

第四节 常见的MEMS器件

常见的MEMS器件主要是各种传感器(Sensor)。传感器也被称为变换器或探测器，它将一种形式的能量转换为使用者所需要的特定形式的能量进行输出，以输出的能量值作为对输入能量的一种量度。在实际应用中，一般是将非电物理量转换为电物理量，而电物理量最终又转换为电压值。在工业中，传感器技术并不是新兴技术，但MEMS传感器技术却是具有革命性的新技术，它不仅缩小了传感器的尺寸，还将信号处理等电路也集成到传感器中，大大的提高了传感器的测量精度和可靠性。现在已开发出的MEMS传感器所能测量的量包括：加速度、速度、光强、流量、密度、温度、密度、气体浓度以及 PH 值等。

在 MEMS 传感器中最典型的是压力传感器和加速度计。压力传感器又可以分为电容式和压阻式，电容式压力传感器是通过外加压力使得电容两极间的距离发生变化引起电容值发生变化，而压阻式压力传感器是通过敏感材料的压电作用将压力值转换为电压值输出。图 6-11 是一种电容式压力传感器的芯片以及封装结构实物图。

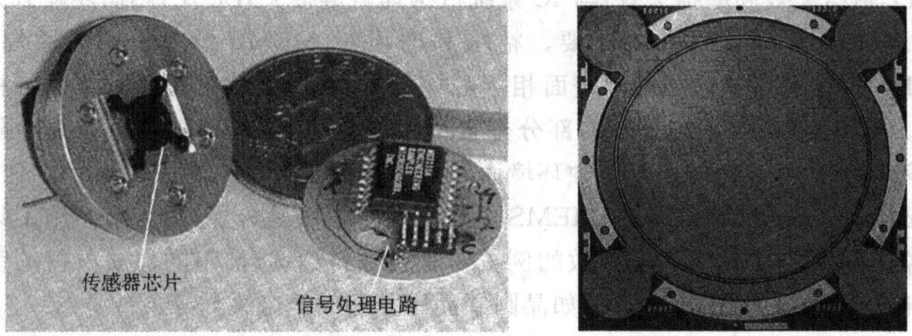

图 6-11　电容式压力传感器

加速度传感器也是一种较常用的 MEMS 传感器，在汽车上使用较多，当汽车猛烈的撞击到障碍物时会产生几十乃至几百个 g 的加速度，会被加速度传感器检测到并"告知"汽车上的安全系统打开安全气囊，以保护驾驶员和乘客免受伤害。

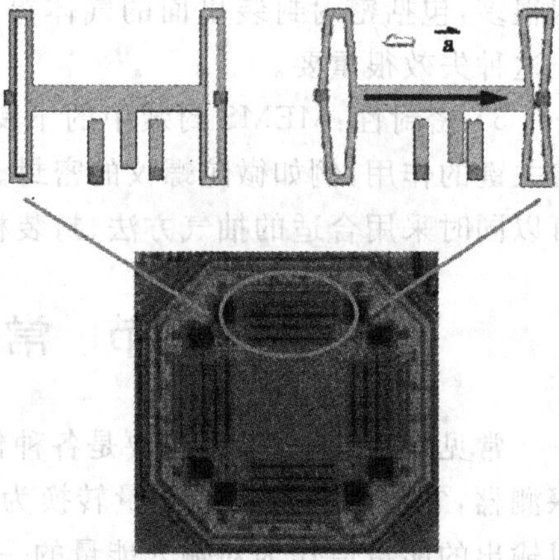

图 6-12　一种加速度计芯片及工作原理

图 6-12 是一种二维平面 MEMS 加速度传感器的原理与芯片实物图。芯片的关键部分是四组呈口字形排开的梳状电极，上方原理图是对单组梳状电极的放大，在其中部是一个可以沿中轴线左右移动的横梁，两端是两个口字形的弹簧，弹簧由压电材料制成，顶头上两个小方块是支撑座，使得横梁与弹簧悬在空中；在横梁上有许多与横梁垂直、且互相平行的能随横梁一起移动的鳍片，在芯片上相应的也有与之相平行的一组固定鳍片，这两组鳍片组成一组电容。当加速度施加到芯片上时，横梁在惯性作用下沿加速度的反方向与芯片发生相对运动，一方面梁两端的弹簧发生弹性变形通过压电效应产生电信号输出，另一方面由于鳍片发生了移动，两组鳍片间的距离发生改变导致电容发生变化，芯片上的处理电路

通过分析四组压电输出和电容的变化可同时测量出 X 和 Y 方向加速度的大小。

图 6-13 是一种能同时测量 XYZ 三个方向加速度的 MEMS 传感器。它是电容式的，在内核表面以及腔体的内壁上有特殊的电极花纹形成一系列的电容，在加速度作用下，质量球会在空腔中发生移动，各电极间的缝隙距离就会发生改变从而导致电容发生变化，电容的变化与加速度的方向和大小存在着函数关系，通过一定的电路可以测出电容的变化，再根据其与加速度的函数关系最终测出加速度的大小和方向。

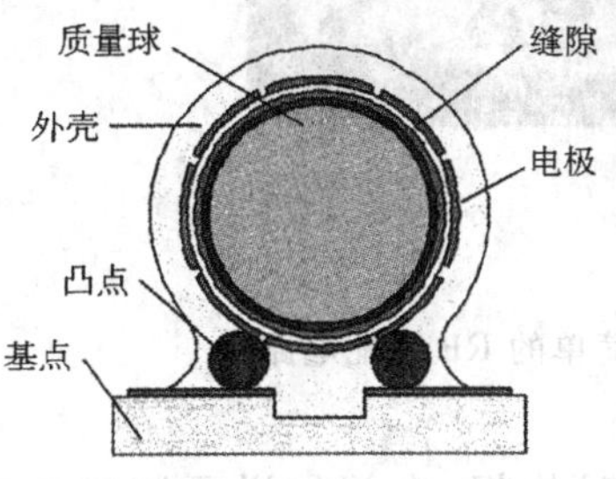

a)

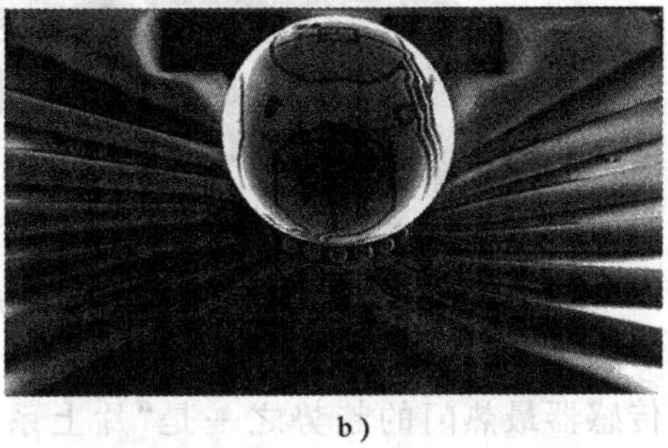
b)

图 6-13 三轴加速度计的原理与实物照片

陀螺仪(Gyroscopes)、射频元件(RF MEMS)也是较为常见的两类 MEMS 器件，图 6-14、图 6-15 分别为此两种 MEMS 器件的芯片实物照片。

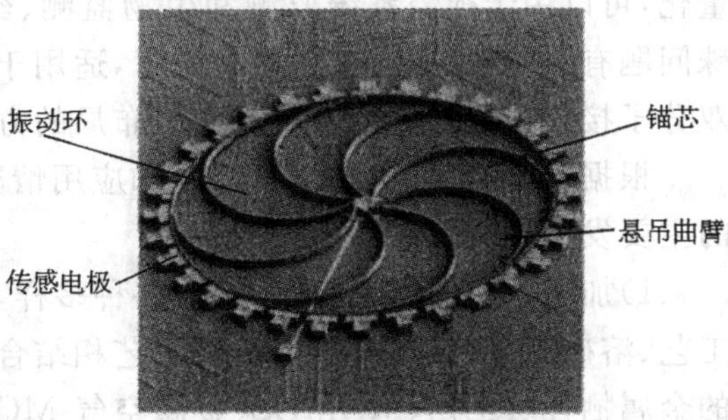

图 6-14 MEMS 陀螺仪

汽车工业是 MEMS 最主要的应用领域之一。发动机控制模块是最早使用在汽车装备中的 MEMS 器件。该模块由微型计算机和进气管绝对压力传感器构成，能根据需要控制发动机的工作状态，如最省油状态，尾气污染排放量最少状态等。电容式压力传感器检测轮胎压力，甚至将来可以用它来监控汽车中各种流体的压力，如悬浮流体、燃油、空调用流体和操纵用流体等。各种微加速度计已经在 20 世纪 90 年代中期出现在汽车安全气囊系统中，用于检测和监控汽车前面和侧面的碰撞，可靠性高，可以在汽车发生意外的时候更好的保护驾驶员的生命安全。

办公自动化和娱乐电子产品也是 MEMS 的应用领域之一。高清晰度投影显示设备中使用的数字光处理器件(DLP)，也属于一种 MEMS 系统。其核心是一种数字微镜器件(DMD)光半导体芯片。由于 DLP 技术不断实现商业化，该技术的应用也越来越广泛，目前全球已经有将近40家著名的电视机和投影设备厂商开始采用DLP子系统。

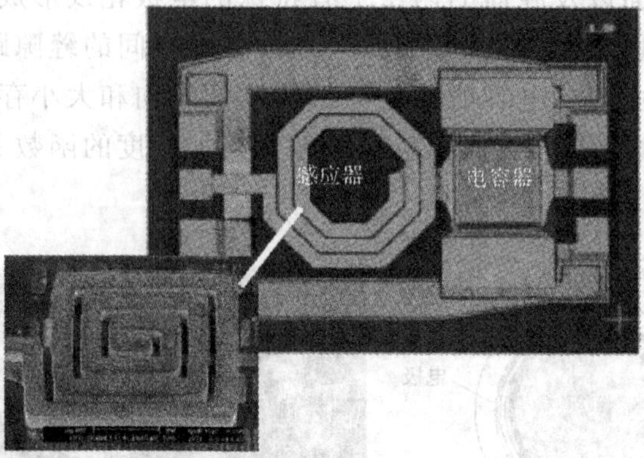

图6-15　基于MEMS技术的简单的RF匹配电路

微传感器最热门的趋势之一是“片上系统”构想，也就是说要制成微系统，而不仅仅是微传感器。这种研究工作大多是在大学里进行的，如开发的集成MEMS流体处理系统，可应用于分析仪器中的新型微阀门和微量泵。这些装置全都是将传感、传动及控制单元集成到一个单片式流体控制系统中。又如，微机械加工生物传感器高密度阵列结构，可以在复杂的混合物中对目标化学分析物进行识别和量化，可以用于神经系统监测和生物监测、药品检测及保健检测诊断。涉及的特殊问题有：需要双分子接受器组合库，适用于接收器在变换器元件上定位的方法，双分子接收器在阵列中将特殊立体布局的方法。

根据目前MEMS的加工工艺和应用情况，许多专家预测MEMS技术在今后的主要发展趋势如下：

1）加工工艺多样化：加工工艺多种多样，如传统的体硅加工工艺、表面牺牲层工艺、溶硅工艺、深槽刻蚀与键合工艺相结合、LIGA加工工艺、厚胶与电镀相结合的金属牺牲层工艺、MAMOS（金属空气MOSFET）工艺、体硅工艺与表面牺牲层工艺相结合等，而具体的加工手段更是多种多样。

2）系统单片集成化：由于一般传感器的输出信号（电流或电压）很弱，若将它连接到外部电路，则寄生电容、电阻等的影响会彻底掩盖有用的信号。因此采用灵敏元件外接处理电路的方法已不可能得到质量很高的传感器。只有把两者集成在一个芯片上，才能具有最好的性能，美国ADI公司生产的集成式加速度计就是将敏感器件与集成电路集成在同一芯片上的。

3）MEMS器件芯片加工与封装统一考虑：MEMS器件与集成电路芯片的主要不同在于，MEMS器件芯片一般都有活动部件，比较脆弱，在封装前不利于运输。所以 MEMS 器件芯片加工与封装应统一考虑。封装技术是 MEMS 的一个重要研究领域，几乎每次 MEMS 国际会议都对封装技术进行专题讨论。

4)普通商业应用低性能 MEMS 器件与高性能特殊用途如航空、航天、军事用 MEMS 器件并存，如加速度计，既有大量的只要求精度为 0.5g(g 为重力加速度，为 9.8m/s^2，0.5g 意为 0.5 个重力加速度值)以上，可广泛应用于汽车安全气囊等的具有很高经济价值的加速度计；也有要求精度为 10～8 g 的，可应用于航空航天等高科技领域的加速度计；对于陀螺仪，也是有些情况要求其精度为 0.1°/h，有的则只要求 10 000°/h。

第七章 封装基板技术

第一节 典型的印制电路板技术

在绝缘基材上，按预定设计形成的印制元件或印制线路(Printed Wiring)以及两者结合的导电图形称为印制电路(Printed Circuit)。

在绝缘基材上形成的，用作元器件之间电气连接的导电图形称为印制线路。它不包括印制元件。

印制电路或印制线路成品板通称为印制板(Printed Circuit Board，Printed Wiring Board)。习惯上也有人称为印制电路板或印制线路板。典型的印制电路板包括刚性、挠性和刚挠结合的单面、双面和多层印制板。

单面印制板是仅在一面上有导电图形的印制板。双面印制板是在两面都有导电图形，用金属化孔或另外的加固孔来进行互连的印制板。多层印制板是由多于两层的导电图形与绝缘材料交替粘合在一起，且层间导电图形互连的印制板。它包括刚性、挠性和刚挠结合的多层印制板。用刚性基材制成的印制板称为刚性印制板，用挠性基材制成的印制板称为挠性印制板。

一、对常用基板材料性能要求

作为PCB用基板材料，应具有所要求的众多性能特性。这些性能特性，可以分为三个方面。

1. 印制电路板加工所要求的性能

(1)尺寸稳定性(dimensional stability) 基板材料在整个印制电路板的加工、制作过程中，应保证良好的尺寸稳定性。

(2)电镀性 在对基板材料进行电镀加工时，基材不能由于受到溶液的影响，而析出可污染电镀液的物质。

(3)孔加工性(Hole Workability) 孔加工性表现在玻璃布基基材的机械钻孔加工性(Drilling Workability)、复合基和纸基基材的冲孔加工性(Punching Workability)、以有机纤维作增强材料或“纯”树脂构成绝缘层的多层板(例如，积层多层板)的激光钻孔(Laser via Hole)或光致穿孔(Photo via Hole)。

(4)翘曲(Camber，Bow)，扭曲(Twist) 为了保证PCB制作中的图形位置重合性好，提高尺寸精度，基板材料要具有好的平整度(Flatness)。不得在PCB加工过程中出现较大的翘曲或扭曲。

(5)耐化学药品性(Chemical Resistance) 基板材料在PCB加工中,对于酸、碱、有机溶剂的浸蚀,应不产生变色、分层、鼓胀,及特性恶化等问题。一般基材要测定耐碱性(Alkaline Resistance)、耐三氯乙烯性(Trechloroe-thylene Resistance)等性能。

(6) 粘结性 多层板用内芯基板,在完成制作内层导电图形后,再与粘结片层压时,要具有很好的粘结特性。

(7) 紫外光遮蔽性(UV Blocking) 在双面和多层PCB制造过程中所采用的液体感光阻焊剂和双面曝光加工工艺,为避免出现"重影",要求基板材料具有紫外光遮蔽(又称紫外光阻挡)的功能。

2. 元器件安装所要求的性能

(1)尺寸稳定性 电子元器件的小型化、高集成化及高密度化表面安装的发展,要求提高基板材料尺寸的稳定性。这样在安装时元器件贴装的位置才能达到高精度。孔的位置、表面安装用的焊盘位置精度、孔径尺寸精度等,都需要基材的高尺寸稳定性来保证。

(2)平整度 在电子元器件安装以及波峰焊接或再流焊接时,特别要求基材受热冲击后,仍然保持好的平整性,防止较大的翘曲或扭曲。

(3)耐热冲击性(Thermal Shock Resistance) 电子部件在基板上的搭载、连接,是通过在高温下(一般在240~270℃)焊接加工来实现的。在这个加工中,绝缘基板受到热冲击时,不应出现铜箔脱离、起泡、基板分层等问题。耐热冲击性,又称浸焊耐热性(Solder Heat Resistance)、耐浸焊性(Solder Float)、热冲击后起泡试验(Thermal Shock Blister Test)。表面安装技术的出现和发展,使基板材料在这方面又增加了再流焊耐热性(Reflow Soldering Heat Resistance)的检测项目。

(4)可焊性(Solderability) 基板材料的铜箔表面应具有被熔融焊料润湿的能力。

(5) 剥离强度(Peel Strength) 电子元器件安装时,或者元器件需拆卸、安装后的返修、个别部件单独焊接在基板等时,都要求在常态和热态下铜箔剥离强度达到所规定的指标。

3. 整机产品运行所要求的性能

(1)电气绝缘性 为了保证电子产品运行的稳定,基板材料要具有高电气绝缘性能。它包括:绝缘电阻(Insulation Resistance)、表面电阻(Surface Resistance)、体积电阻(Volume Resistance)、介电强度(Dielectric Strength)、表面腐蚀(Surface Corrosion)、边缘腐蚀(Electrolytic Corrosion at Edge)、相比痕迹指数(CTI,Comparative Tracking index)、耐金属离子迁移性(Metal Migration Resistance)、通孔电气绝缘可靠性等项目都要达到所规定的要求指标。

(2) 介电特性 基板材料的介电特性是指介电常数(Dielectric Constant,一般用 ε 表示)、介质损耗因数(Dielectric Dissipation Factor,一般用 $tg\delta$ 或 $\tan\delta$ 表

示)、Q谐振(Q Resonance)。它们的变化值,与频率、温度有关。另外,为了保证特性阻抗(Characteristic impedance)的控制精度,要求介电常数值在整个基板材料的各点达到稳定一致。

(3)基板厚度(Base Material Thickness) 为确保插接部件的电气连接性及特性阻抗的高精度控制,要求基板厚度偏差(Thickness Tolerance)要小,基板厚度均匀一致性好。特别是近年超薄型多层PCB的发展,对板的厚度偏差有更加严格的要求。

(4)耐湿热性 对基板材料耐湿热性要求,近年越来越受到人们的重视。耐热性(Heat Resistance)一般用基材的玻璃化温度(Glass Transition Temperature,简称Tg)来衡量。另外还有烘箱耐热性、热态弯曲强度等耐热性能的测定。

(5)机械性能 基板材料机械性能测定,包括弯曲强度(Flexural Strength)、落球冲击试验、跌落试验等。随着携带型电子产品向着薄轻、小型化发展,对基板材料的机械性能要求有所提高。

(6)耐霉性(Fungus Resistance)

(7)热传导性(Thermal Conduction) 有的电子产品要求基板材料具有高的热传导性,表现在基材具有低热阻(Thermal Resistance)、高导热系数(Thermal Conductivity)。这样可使安装器件所放出的热量及时排出、散发。

(8)安全性 基板材料的阻燃性(Nonflammable),为保证安全性,一般要求达到UL-94 VO级的阻燃水平。另外,基材的电磁兼容性(EMC,Electromagnetic Compatibility),近年也得到重视和研究。

(9)环境特性 包括基材的可再生性;基材在使用、废弃物处理时对环境有害物质的低散发性。特别是不含溴、锑的阻燃基材,得到开发并在电子产品中开始采用。

二、常用的印制板材料

1. 基板材料的分类

PCB用基板材料,在整个印制电路板上,主要担负着导电、绝缘和支撑三个方面的功能。印制电路板用基板材料,可以分为单、双面PCB用基板材料(覆铜箔板)和多层PCB用基板材料。多层PCB制造以薄型覆铜箔板制成的内芯印制板为基础,将导电图形层与半固化片交替地经一次性层压粘合在一起,形成三层以上的导电图形层间互连的PCB。

基板材料中目前使用量最大、最重要的种类是覆铜箔层压板(CCL,Copper Clad Laminates,可简称为覆铜箔板)。

一般覆铜箔板分为刚性CCL和挠性CCL两大类。刚性CCL用增强材料(Reinforcing Material),浸以树脂粘合剂,通过烘干、裁剪、叠合成坯料,然后覆上铜箔,用钢板作为模具,在热压机中,经高温高压成形加工而制成的。

覆铜箔板的品种有多种分类方法。

按板的增强材料不同，可划分为纸基、玻璃布基、复合基（CEM 系列等）和特殊材料基（陶瓷、金属芯基等）四大类，如图 7-1 所示。

- 各类刚性PCB基板材料
  - 纸基板
    - 纸、酚醛树脂覆铜箔板（FR-1、FR-2、XPC、XXXPC）
    - 纸、环氧树脂覆铜箔板（FR-3）
    - 纸、聚酯树脂覆铜箔板
  - 玻璃布基板
    - 玻璃布、环氧树脂覆铜箔板（FR-4、G10）
    - 玻璃布、耐高温环氧树脂覆铜箔板（FR-5、G11）
    - 玻璃布、聚酰亚胺树脂（PI）覆铜箔板（GPY）
    - 玻璃布、聚四氟乙烯树脂（PTFE）覆铜箔板
    - 玻璃布、BT树脂覆铜箔板
    - 玻璃布、PPE树脂覆铜箔板
    - 玻璃布、PPO树脂覆铜箔纸
  - 复合材料基板
    - 环氧树脂类
      - 纸（芯）、玻璃布（面）的环氧树脂覆铜箔板（CEM-1）
      - 玻纤非织布（芯）、玻璃布（面）的环氧树脂覆铜箔板（CEM-3）
    - 聚酯树脂类
      - 玻纤非织布（芯）、玻璃布（面）的聚酯树脂覆铜箔板（CRM-7、CRM-8）
      - 玻纤（芯）、玻璃布（面）的聚酯树脂覆铜箔板
  - 积层多层板基材
    - 感光性树脂（液态、干膜）
    - 热固性树脂（液态、干膜）
    - 附树脂铜箔（RCC）
    - 其他粘结片基材（芳酰胺纤维非织布的环氧树脂基材等）
  - 特殊型基材
    - 金属类基板
      - 金属基型
      - 金属芯型
      - 包覆金属型
    - 陶瓷类基板
      - 氧化铝基板（Al_2O_3，$3Al_2O_3 \cdot 2SiO_2$）
      - 氮化铝基板（AlN）
      - 碳化硅基板（SiC）
      - 低温烧制玻璃陶瓷基板（硼酸玻璃—陶瓷、硼酸、铅玻璃—陶瓷）
    - 耐热的热塑性基板（聚砜类树脂、聚醚酰亚胺树脂、聚醚酮树脂等）

图 7-1　各类刚性 PCB 基板材料分类

注：图中“（）”中型号，按美国 NEMA 标准所命名

2. 常见各类基板材料的性能对比

(1)酚醛纸基基板材料　是以酚醛树脂为粘合剂,以木浆纤维纸为增强材料的绝缘层压材料。酚醛纸基覆铜箔板,一般可进行冲孔加工,具有成本低、价格便宜,比重小的优点。但它的工作温度较低、耐湿性和耐热性与环氧玻璃布基基材相比略低。酚醛纸基覆铜箔板最常用的型号产品为:FR-1(阻燃型)和 XPC(非阻燃型)两种。

(2)环氧纸基基板材料　是以环氧树脂作粘合剂的纸基覆铜箔板。它在电气性能和机械性能比 FR-1 略有改善。它的主要产品型号为:FR-3,市场多在欧洲。

(3)环氧玻璃布基基板材料　是以环氧树脂作粘合剂,以电子级玻璃纤维布作增强材料的一类基板材料。它的粘结片和内芯薄型覆铜箔板,是制作多层印制电路板的重要基材。这种基材的双面覆铜箔(一般铜箔厚度为 18μm)用量最大,用于双面 PCB 中。

环氧玻璃布基基板材料的机械性能、尺寸稳定性、抗冲击性、耐湿性能比纸基基材高。它的电气性能优良、工作温度较高、本身性能受环境影响小。在加工工艺上,要比其他树脂的玻璃布基基材具有很大的优越性。应用最广泛的产品型号为 FR-4。近年由于电子产品、安装技术和 PCB 技术发展需要,又出现高 Tg 的 FR-4 基材。

(4)复合基基板材料　它主要是指 CEM-1 和 CEM-3 复合基覆铜箔板。以木浆纤维纸或棉浆纤维纸作内芯材增强材料、以玻璃纤维布作表面层增强材料,两者都浸以阻燃环氧树脂制成的覆铜箔板,称为 CEM-1。以玻璃纤维纸作为内芯材增强材料,以玻璃纤维布作表面层增强材料,都浸以阻燃环氧树脂,制成的覆铜箔板,称为 CEM-3。这两类覆铜板是目前最常见的复合基覆铜箔板。

复合基覆铜箔板在机械性能和制造成本上介于环氧玻璃布基和纸基覆铜箔板之间。它可以冲孔加工,也适于机械钻孔。CEM-3 板在耐漏电痕迹性、板厚尺寸精度、尺寸稳定性等方面效果良好,国外有些厂家制造出的 CEM-3 板性能已高于一般 FR-4 板的性能水平。用 CEM-1、CEM-3 去代替 FR-4 基板材料,制作双面 PCB,目前已在世界上得到十分广泛的采用。

(5)特殊性树脂玻璃布基基板材料　在以追求高电性能、高耐热性为主目的之下,产生出众多特殊性树脂玻璃布基基板材料。常见的有:聚酰亚胺树脂(PI)、聚四氟乙烯树脂 (PTFE)、双马来酰亚胺三嗪树脂(BT)、热固性聚苯醚类树脂(PPE 或 PPO)等。它们多在性能上表现出高耐热性(高 Tg)、低吸水性、低介电常数和介质损耗因数性。但一般都存在着制造成本高、刚性略大、PCB 加工工艺性比 FR-4 基材差的问题。

三、PCB 板的制作工艺

1. 单面板制作工艺

单面板一般采用酚醛纸基、环氧纸基或环氧玻璃布基作为基板材料,仅在基板的一面覆有铜箔。

通过有选择性地除去不需要的铜箔部分来获得电路图形。

金属箔蚀刻法和铜箔蚀刻法是两种常用的制作电路板的工艺方法，如图 7-2 所示。

首先用油墨或其他光致抗蚀剂，印制出所设计的电路图形。对于铜箔蚀刻法来说，其抗蚀图形为正相抗蚀图形。如果采用金属镀层来作为铜箔的抗蚀层，就要用负相抗蚀图形来印制出所要求的电路图形。在后一种情况中，金或焊料镀层要镀到没有光致抗蚀剂的图形区域内。下一步是蚀刻，形成铜的布线，没有被抗蚀剂保护或金属镀层保护的所有铜箔都被蚀刻剂除去。具体的制作工艺流程如图 7-3 所示。

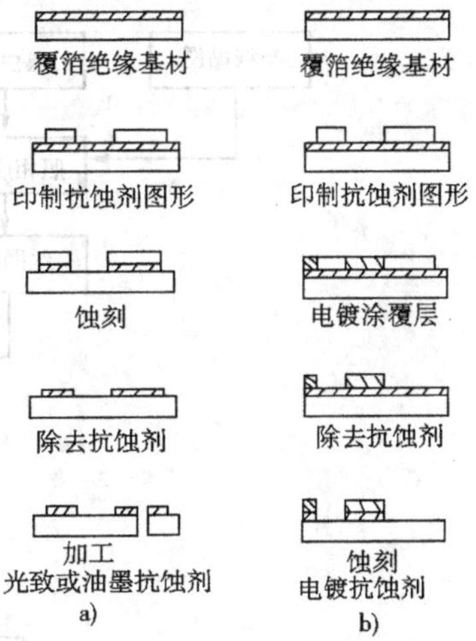

图 7-2　制作电路板的工艺方法
a) 铜箔蚀刻法　b) 金属箔蚀刻法

2. 双面 PCB 板的制作工艺

当要求不是一层线路时，电路图形就要安排在印制板的两面，这就必然提出互连两个层的方法问题。通常是贯穿印制板而不是围绕板边沿进行连接，因此而取名“贯穿连接”。在许多情况中，用孔贯穿印制板有双重目的：容纳元件引线以及为一些互连两面线路的方法提供位置。用来互连电路层间的许多方法都可以归纳为镀制或机械技术。

(1)孔的金属化　用孔贯穿印制板需要将孔金属化。金属化孔法(PTH)有两种贯穿镀制方法，每种都利用镀成导体连通孔的方法来实现互连。为了进行比较，图 7-4a 中的减成方法是上述单面板制造工艺的发展，下面介绍加成法工艺，如图 7-4b 所示。

减成法的金属化孔工艺是从有一系列孔的双面覆铜层压板开始，这些孔是对应于要进行贯穿互连的位置的。钻孔并去毛刺，在整个板表面及孔处化学镀铜，接着在外表面的铜箔及经过化学镀铜的孔壁上电镀铜，通常电镀到 0.0254mm(0.001in)厚，然后施加负相的或抗镀层图形，材料两面的图形要对准，抗镀层覆盖不需要用作导线的铜箔区域，以后进行蚀刻除去多余的铜箔。下一步是电镀一层适宜的抗蚀镀层，镀层通常是焊料或金，然后除去原来的丝印抗镀层或光致抗镀层，并以适宜的蚀刻剂去除露出的铜箔而留下电路图形。根据所用的抗蚀镀层类型来选择蚀刻剂。

加成法与减成法不同之处，在于无需进行蚀刻，在进行贯穿连接镀的同时就作出了电路图形。对要求连接的点再次钻孔，按图 7-4b 所示涂覆一薄层合适的粘合剂，再以化学镀铜敏化整个表面相所有孔，接着进行闪镀。

在印制板的两面对准印制的抗镀层图形之后，在露出的铜层区域内电镀到要求的厚度，去除抗镀层，不需要的化学镀铜层瞬间就蚀刻掉了，用合适的溶剂去除多余的粘合剂，最后一步是加热加压使粘合剂固化。

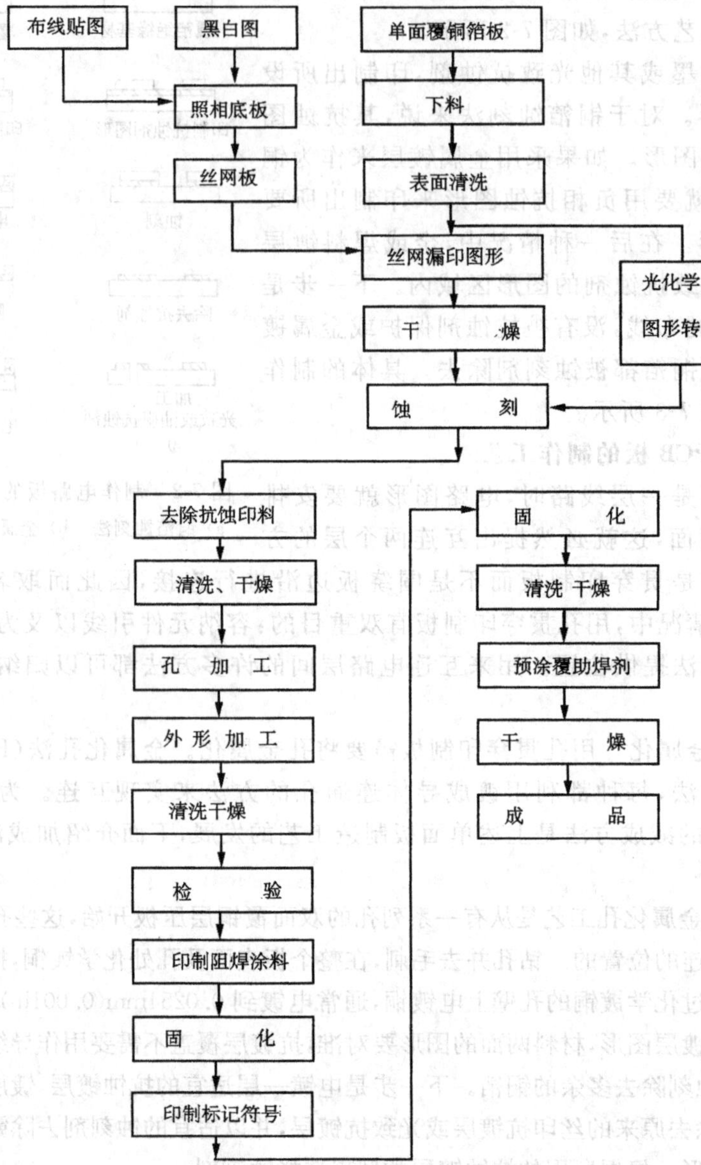

图 7-3　单面印制板制造工艺流程图

(2)双面印制板制造工艺　制造工艺分为工艺堵孔法、掩避法、工艺导线法、图形电镀—蚀刻法和裸铜覆阻焊剂工艺(SMOBC)。

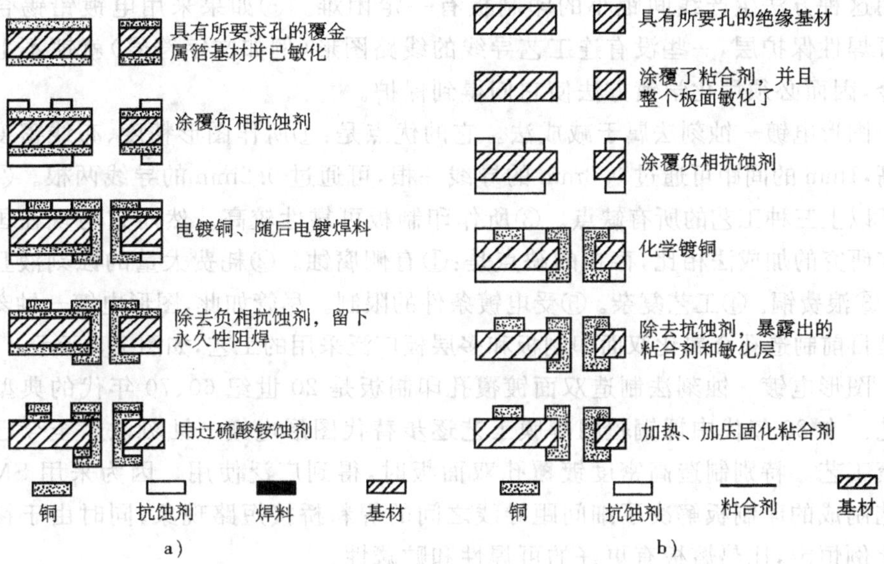

图 7-4 金属化孔工艺

a）减成法 b）加成法

堵孔法和掩蔽法实际上是全板电镀法，它们的工艺过程很相似。

堵孔法是先孔金属化，随后全板电镀铜加厚到最终所需要的厚度（25μm）。用专用堵孔油墨进行堵孔后进行图像转移，制出正相抗蚀图像，经蚀刻后不但要去掉抗蚀涂层，而且要把堵孔物质清除掉，最后的表面处理是浸银或化学镀金。这种方法的主要优点是工艺较简单。它的缺点是：① 全板电镀铜加厚的过程不但发生在导线图形上，而且还在非图形部分进行。后者的电镀铜层在蚀刻时要全被蚀刻掉，浪费很大。② 堵孔物质（沥青或松香）不易清洗干净，特别是从堵孔到洗孔这一时间间隔稍长一点堵孔物质就更难洗掉，这样就会影响可焊性。

掩避法与堵孔法相似，只是不用堵孔油墨，而用掩蔽干膜将已镀覆的孔盖起来。在全板电镀加厚到所要求的厚度之后，用干膜抗蚀剂进行图像转移，得到正相电路图像。干膜抗蚀剂在蚀刻时，不仅保护了电路图形而且掩蔽了金属化孔。这种工艺只有具备掩蔽型干膜时才能得以实现，它具有工艺简单能够实现在铜表面上涂覆阻焊膜，然后用热风整平进行选择性的焊料涂覆的工艺。因此在热风整平技术出现之后，它更有其生命力。它不存在堵孔法存在的堵孔物质不易清洗干净的问题，但是它却同样有堵孔法浪费能源和原材料等缺点。

工艺导线法也是不完善的。它的缺点是：①增加了可剥性塑料的涂覆工艺，也给钻孔造成一定困难。②影响金属化孔的质量。③切除工艺导线需要操作者认真对待，稍不留意就会漏切或错切，这将造成严重的质量事故，同时也影响印制板的外观。④电镀铜是在印制导线的表面和侧面同时进行，结果使导线加宽，所以用这种方法生产线间距小的印制板有一定困难。⑤如果采用电镀铅锡合金提供可焊性保护层，一些没有连工艺导线的线路图形（例如文字符号）就镀不上锡铅合金，因而必须用化学镀方法使它们得到保护。

图形电镀—蚀刻法属于减成法。它的优点是：①所作图形精度、布线密度都比较高，1mm 的间距可通过 0.3mm 的导线一根，可通过 0.2mm 的导线两根。②它克服了以上三种工艺的所有缺点。③所作印制板可靠性较高。然而它与现在国内外正在研究的加成法相比，存在的缺点是：①有侧腐蚀。②耗费大量的蚀刻液且有污染。③浪费铜。④工艺复杂。⑤受电镀条件的限制。尽管如此，图形电镀—蚀刻法仍然是目前制造孔金属化双面印制板和多层板广泛采用的工艺，如图 7-5 所示。

图形电镀—蚀刻法制造双面镀覆孔印制板是 20 世纪 60、70 年代的典型生产工艺。在 80 年代中裸铜覆阻焊膜工艺逐步替代图形电镀—蚀刻法。至今已成为主流工艺。特别制造高密度镀覆孔双面板时，得到广泛使用。因为采用 SMOBC 工艺制成的印制板解决了细间距导线之间的焊料桥接短路现象，同时由于锡和铅的比例恒定，比热熔板有更好的可焊性和贮藏性。

制造 SMOBC 板的方法很多，归纳起来都是先制成有镀覆孔的裸铜板，然后选择性涂覆阻焊剂后进行焊料热风整平，使裸露的铜焊盘上和孔壁上都涂覆上锡铅焊料。制造有镀覆孔的双面裸铜板有多种的方法如下：先按典型的图形电镀蚀刻法再退除锡铅的 SMOBC 工艺；用镀锡、浸锡等代替电镀锡铅的图形电镀 SMOBC 工艺；堵孔或掩蔽孔法 SMOBC 工艺；加成法 SMOBC 工艺等。

图形电镀法再退除锡铅的 SMOBC 工艺是沿袭了图形电镀蚀刻法工艺，只在蚀刻后发生变化，增加了退锡铅和热风整平工序。优点是工艺继承性强，工厂不需增加很多设备，就能很快投产。缺点是先镀锡铅，再退除，工艺繁复。用镀锡或浸锡代替镀锡铅即是对其的一个改进。

图形电镀法再退除锡铅的 SMOBC 工艺过程如下：

双面覆铜箔板→按图形电镀蚀刻法到蚀刻工序→退锡铅→电气通断检测→清洗→阻焊图形→插头镀镍镀金→插头贴胶带→热风整平→清洗→网印字符标记→外形加工→清洗干燥→检验→包装→成品

3. 多层印制板的制作工艺

多层印制板的制造一般采用环氧玻璃布覆铜箔层压板、聚酰亚胺系及三嗪系等覆铜箔板。多层板的制造工艺是从有镀覆孔双面板的工艺基础上发展起来的，它的一般工艺流程都是先将内层板的图形蚀刻好，经黑化处理后，按预定的设计加入半固化片进行叠层，上、下表面各放一张铜箔（也可用薄覆铜板，但成本较高），送进压机，经加热加压后，得到已预制好内层图形的一块“双面覆铜板”，然后按预先设计的系统，进行数控钻孔，钻孔后要对孔壁进行凹蚀处理和去钻污处理，以下就可按双面镀覆孔印制板的工艺进行下去。其工艺流程如图 7-6 所示。

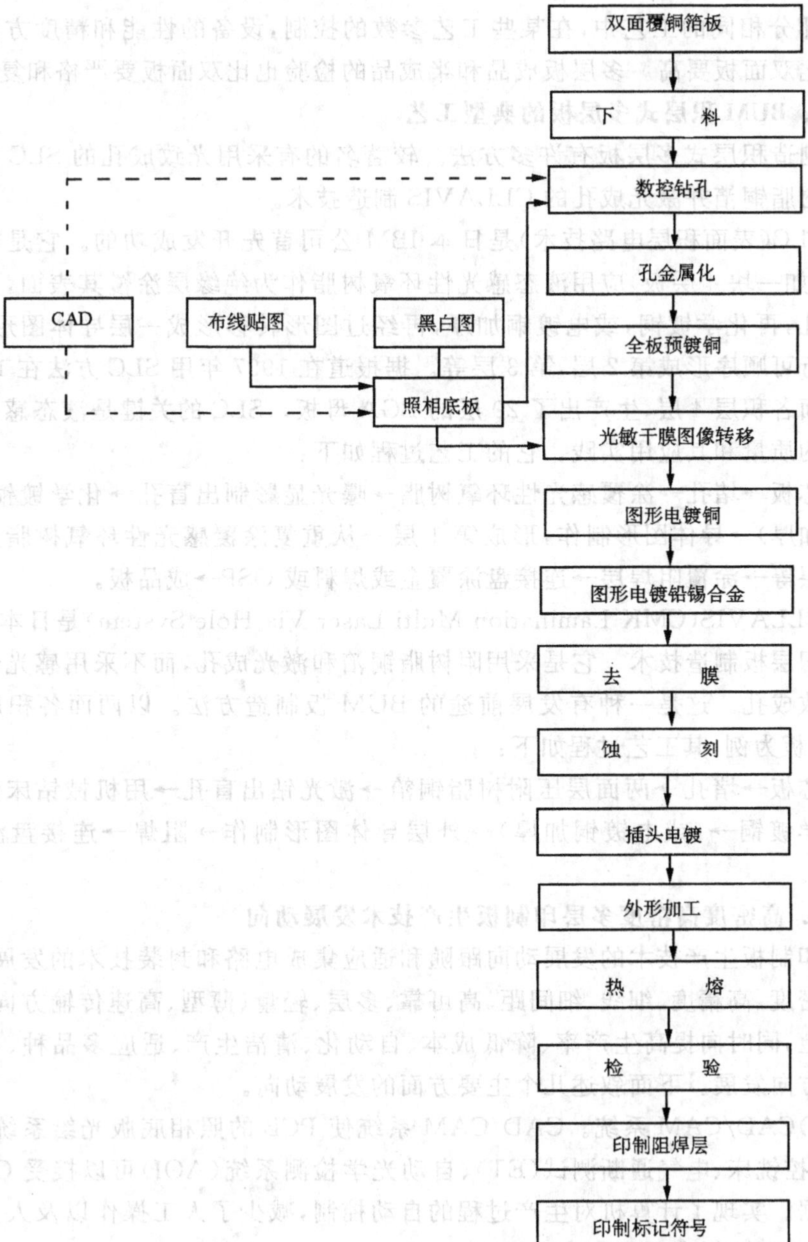

图 7-5　图形电镀—刻蚀法工艺流程图

对比一般多层板和双面板的生产工艺，有很大部分相同。主要的不同是多层板增加了几个它特有的工艺步骤:内层成像和黑化,叠层和层压,凹蚀和去钻污。在大部分相同的工艺中,在某些工艺参数的控制,设备的性能和精度方面等的要求也比双面板要高。多层板成品和半成品的检验也比双面板要严格和复杂得多。

4. BUM 积层式多层板的典型工艺

制造积层式多层板有许多方法。较著名的有采用光致成孔的 SLC 技术和采用涂树脂铜箔并激光成孔的 CLLAVIS 制造技术。

SLC(表面积层电路技术)是日本 IBM 公司首先开发成功的。它是在一块芯板上(如一块 4 层板)应用液态感光性环氧树脂作为绝缘层涂覆其表面,光致法形成盲孔,再化学镀铜,或电镀铜加厚,再经过图形转移形成一层导体图形,如此反复进行可顺序形成第 2 层,第 3 层等。据报道在 1997 年用 SLC 方法在 12 层芯板上两面各积层 4 层,生产出了 20 层的 BGA 母板。SLC 的关键是液态感光性环氧树脂的质量和其应用实践。它的工艺过程如下:

芯板→堵孔→涂覆感光性环氧树脂→曝光显影制出盲孔→化学镀铜→(或电镀铜加厚)→导体图形制作,形成第 1 层→从重复涂覆感光性环氧树脂开始形成第 2 层等→涂覆阻焊层→连接盘涂覆金或焊料或 OSP→成品板。

CLLAVIS(CMK Lamination Multi Laser Via Hole System)是日本 CMK 公司的积层板制造技术。它是采用附树脂铜箔和激光成孔,而不采用感光性环氧树脂光致成孔。这是一种有发展前途的 BUM 板制造方法。以两面各积层 1 层的 BUM 板为例,其工艺过程如下:

芯板→堵孔→两面层压附树脂铜箔→激光钻出盲孔→用机械钻床钻贯通孔→化学镀铜→(或电镀铜加厚)→外层导体图形制作→阻焊→连接盘涂覆→成品板。

5. 高密度高精度多层印制板生产技术发展动向

印制板生产技术的发展动向跟随和适应集成电路和封装技术的发展动向,即向高密度、高精度、细线、细间距、高可靠、多层、轻量、薄型、高速传输方向发展;在生产上,同时向提高生产率、降低成本、自动化、清洁生产、适应多品种、小批量生产的方向发展。下面叙述几个主要方面的发展动向。

1)CAD/CAM 系统。CAD/CAM 系统使 PCB 的照相底版光绘系统、数控钻床、数控铣床、电气通断测试(ET)、自动光学检测系统(AOI)可以接受 CAD 系统的数据。实现了计算机对生产过程的自动控制,减少了人工操作以及人为的疏忽产生的废品,提高了生产力和 PCB 质量。

另外,系统还具有处理照相底版、设计规则检查(DRC)或制造规则检查(MRC)、镀铜面积计算、在标记字符底版上去除焊盘上字符、防止字符油墨印上焊盘、为多层板内层删除无用的焊盘、为多层板压制增加排胶条等功能。

2)高精度照相底版制作技术。高精度照相底版制作技术使绘成照相底版时间缩短，精度提高。

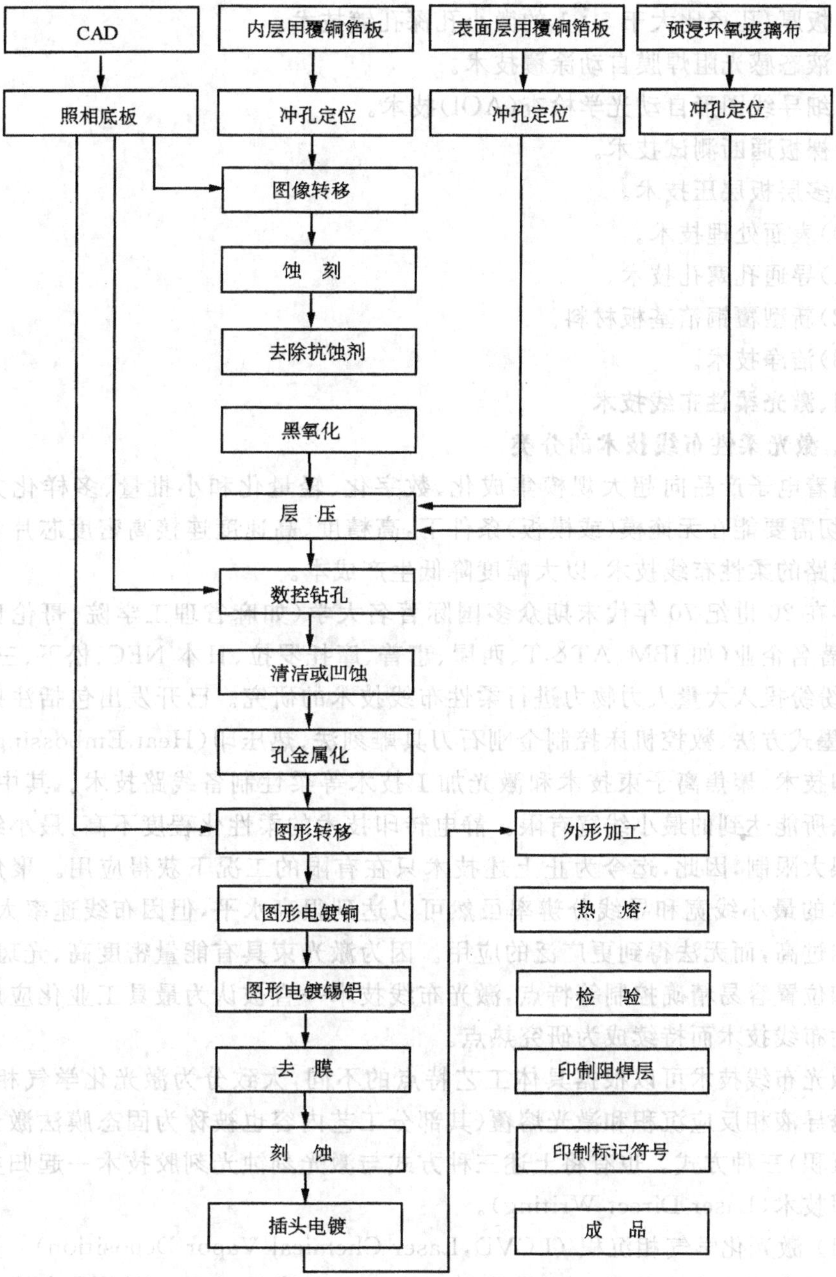

图 7-6 制造多层印制板的工艺流程图

3)微小孔制造技术。采用激光钻孔,等离子蚀孔和光致成孔取代数控床钻孔。

4)高精度、高密度、细导线成像技术。

5)板厚/孔径比大于 5∶1 的微小孔深孔镀技术。

6)液态感光阻焊膜自动涂覆技术。

7)细导线图形自动光学检查(AOI)技术。

8)裸板通断测试技术。

9)多层板层压技术。

10)表面处理技术。

11)导通孔塞孔技术。

12)新型覆铜箔基板材料。

13)洁净技术。

四、激光柔性布线技术

1. 激光柔性布线技术的分类

随着电子产品向超大规模集成化、数字化、轻量化和小批量、多样化方向发展,迫切需要能在无掩模(或模板)条件下,高精度、高速度连接高密度芯片和修复导电线路的柔性布线技术,以大幅度降低生产成本。

早在 20 世纪 70 年代末期众多国际著名大学(如麻省理工学院、哥伦比亚大学)和著名企业(如 IBM、AT&T、西屋、惠普、摩托罗拉、日本 NEC、松下、三菱、日立等)纷纷投入大量人力物力进行柔性布线技术的研究。已开发出包括注射式涂覆、喷墨式方法、数控机床控制金刚石刀具雕刻法、热压印(Heat Embossing)和静电转印技术、聚焦离子束技术和激光加工技术等柔性制备线路技术。其中,前四种方法所能达到的最小线宽有限。静电转印技术的柔性化程度不高,最小线宽也受到很大限制,因此,迄今为止上述技术只在有限的工况下获得应用。聚焦离子束技术的最小线宽和导线分辨率虽然可以达到很高水平,但因布线速率太低、设备成本过高,而无法得到更广泛的应用。因为激光束具有能量密度高、光斑直径、方向和位置容易精确控制等特点,激光布线技术一直被认为最具工业化应用前景的柔性布线技术而持续成为研究热点。

激光布线技术可以根据具体工艺特点的不同,大致分为激光化学气相沉积、激光诱导液相反应沉积和激光熔覆(其部分工艺内容也被称为固态膜法激光诱导金属沉积)三种方式。也有将上述三种方式与激光刻蚀光刻胶技术一起归类为激光直写技术(Laser Direct Writing)。

(1) 激光化学气相沉积 (LCVD,Laser Chemical Vapor Deposition) 是利用激光束的高温或者高能效应诱导化学反应沉积薄膜的过程。当激光束按一定路径在基板上扫描,即可沉积出所需要的导电图形,完成布线任务。20 世纪 80 年代初期以来,采用 LCVD 法在 SiO_xN_y、TiN、GaAs、多晶硅/二氧化硅/单晶硅复合基板等材料表面沉积了 Au、Al、Ag、Cu 等多种金属线，德国 Stuke 等人甚至利用该技术在氧化铝基材上制备微型电动机和三维结构。

LCVD 法的优点是导线纯度高、组织致密、线宽窄（最小可达 2μm），但其主要缺点为成套设备昂贵、布线速度过低（典型速度为 100μm/s）和导线厚度难以控制。因此，现在主要局限于超大规模集成电路芯片中线路的修复和微机械系统的制造。

(2)激光诱导液相反应沉积　又称激光诱导化学镀（LIEP，Laser Induced Electroless Plating），是由激光束直接辐照浸在液态化学介质中的基板，产生选择性反应沉积。LIEP 工艺最早出现于 1979 年，目前已在原有直接诱导化学镀的基础上，发展了激光预置晶种-化学镀复合法和激光直接照射选区活化基板-化学镀复合法（也称为两步法）两种工艺，先后在 Al_2O_3、ZrO_2、金刚石、SiC、PPQ 高分子表面制备出 Al、Cu、Pt、Pd、Ni-P 合金等金属线，最小线宽可也达到 2μm。LIEP 法的优点是不需真空、设备投资比 LCVD 少、布线速度比 LCVD 快近一个数量级。但是，由于基片必须浸入镀液中，众多的影响因素（如溶液温度、浓度等参数）使导线的尺寸精度、重复性及质量稳定性欠佳，加上布线速度仍然偏低、化学镀液对环境的严重污染等原因，应用前景并不如早期预期的乐观。

(3)激光熔覆布线　与激光化学气相沉积和激光诱导液相沉积主要依赖于原子沉积过程不同，激光熔覆布线技术直接采用导电金属或其（有机）化合物的固体粒子与有机粘结相混合预置于基板表面，激光加热后将固态粒子沉积在基板上，因而可以较快速度地沉积导线。1979 年，美国麻省理工学院的 Suh 等人将 CuO、NiO 等金属氧化物与环氧树脂等有机物混合后预置于绝缘基材表面，利用 CO_2 激光辐照使金属氧化物还原，形成金属导线，开启了绝缘材料表面激光熔覆金属导线的先河。但该工艺需要较高的温度或较长反应时间才能使金属氧化物还原成金属微粒，因此易导致基片表面严重损伤。1987 年，Soszek 等人首先在基板表面整体涂覆一层热激活粘性薄膜（Film of Heat Actuable Adhesive），再使用辊压、刷涂等方法在薄膜表面均匀铺一层金属粉末，然后采用激光加热激活粘性薄膜，使金属粉末和基板粘结起来，用刷子或者清洗液将未辐照区的粉末去掉，形成所需要的导电图形，最后把粘有粉末的基板放入约 900℃的炉子内烧结，形成表面光滑的导线。该工艺的特点是避免了激光过度损伤基材表面。但其工序偏多，导线尺寸与精度难以保证，且最后工序需 900℃烧结，因此只能用于高熔点的陶瓷基板。

1988 年，K. E. Beeson 在硅片上激光沉积金，布线速度达 2.5mm/s。1991 年，美国 AT&T 公司 Kestenbaum 等人采用甩胶法在基片表面先预置一定厚度的金属有机化合物导电胶，激光辐照后使化合物分解出纯金属粒子。最小线宽可以达到 1μm 左右。但由于必须梯度增加激光功率才能控制金属有机化合物分解速度，因此获得涂层的最大速度不超过 5μm/s。此外，由于激光诱导金属有机化合物分解反应速度较慢，容易在覆层中产生“毛刺”与“爆炸”现象，使覆层均匀性变差，因此人们在后续的研究中逐渐采用其他材料体系来代替金属有机化合物。1995年，美国Castro等人将金属盐和氨基化合物混合后预置于基片表面，激光辐照后获得了线宽为1～20μm、线间距为3～50μm的导线，但最大布线速度也只有100μm/s。1996年，Weigel等人利用激光选区照射过冷有机膜，使之变粘后制上金属粉末（银、铜、钯等），形成导电图形，最后在850℃保温约10min，得到表面光亮、导电层厚度可达30μm的电路板。1998年，日本日立公司的Maruyama等人用微型喷头将以超细金属粉末作为填料的导电料浆涂覆在导线断路处，激光熔覆后使导线重新连接。2000年，美国Naval研究室D. B. Chrisey等人用微米、纳米粉末与化学先驱物混合后预置于基板上，用脉冲紫外激光烧结制得导线、电阻和电容等元件，但未公布化学先驱具体成分和激光工艺参数；德国斯图加特大学的V. Kripesh等人利用传统厚膜金导电胶预置于陶瓷基板上，利用Nd：YAG激光烧直接得到金导线，线宽为50～200μm，由于烧结温度过高，所以只适合耐高温的基板，且未报道布线速度。

激光熔覆布线技术可以在无掩模条件下柔性制备线宽很窄的线路，且对环境损害极小。

2. 激光柔性布线技术的应用

以银粉和Ag-Pd合金粉末作为导电金属，以有机成膜物质（如丙烯酸树脂、水溶性氨基树脂等）作为粘结相的有机浆料体系，可在有机环氧板上制备出金属导线，其厚度达20μm，最小宽度可低于80μm，导电率$10^{-5}\Omega\cdot m$数量级，这些性能指标和现有电路板基本相当。在有机环氧板表面制备出的导线图形实物图如图7-7所示。

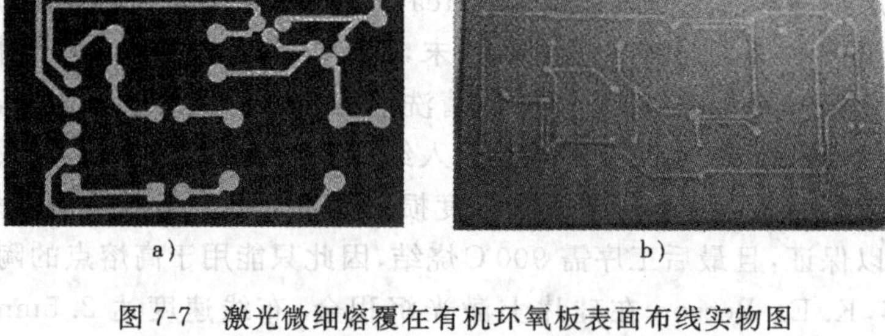

a) b)

图7-7 激光微细熔覆在有机环氧板表面布线实物图

a）导电线路板 b）窃听器线路板

以金属良导体粉末（如银、铜粉末）作为导电金属，以低熔点玻璃如$PbO\text{-}B_2O_3\text{-}T_iO_2$玻璃系列为粘结相的玻璃浆料体系，可在玻璃基板上布线，所布导线附着力、导电性能、导线的可焊性优良。在玻璃基板上布线的实物图如图 7-8 所示。

以 Pb-Sn 或者无铅低熔点多元合金作为粘结相的导电料浆体系，可在陶瓷基板上制备出连续、均匀的导线，导线与基板结合力好，导电率与传统厚膜电路工艺所制备的导线性能相当，但是最小线条宽度却比传统工艺制备的导线更细，如图 7-9 所示。在陶瓷基板表面布线的实物图如图 7-10 所示。

图 7-8 玻璃基板表面激光直写微细回型导线实物图

（最小线宽 40μm，最小线间距 30μm）

激光熔覆布线技术还可以用于：

（1）激光熔覆布线技术用于 PCB 板、厚膜电路的制作与修复　采用氩离子激光器柔性布线时，最小光斑可以达到 5μm 以下，这一优势可以将导线的宽度和线间距也达到这一数量级，从而轻易超越传统布线工艺的局限，并使得 PCB 可以达到接近 IC 的布线水平，缩小 PCB 尺寸近 10 倍，并因此缩小相关外围部分的尺寸，除大大提高 PCB 质量外，节约材料的费用每年在国内可以产生上亿元人民币的经济效益。

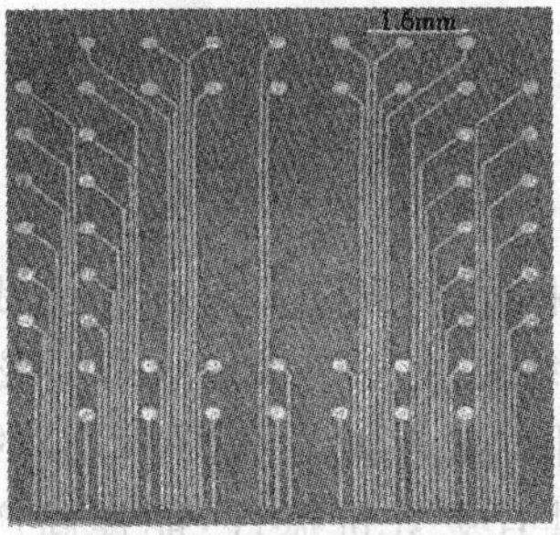

图 7-9 激光微细熔覆直写芯片

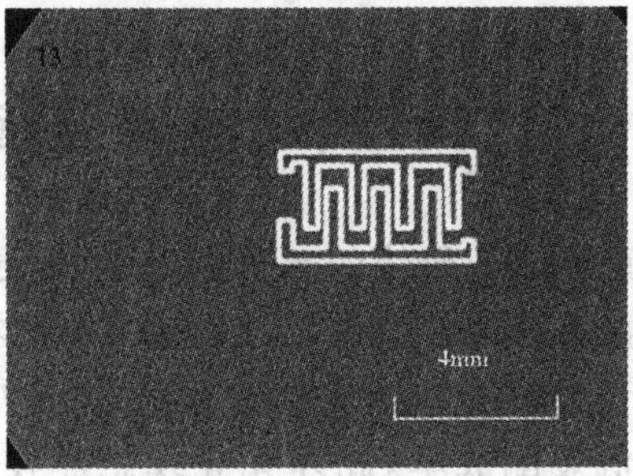

图 7-10 激光直写厚膜传感器件

利用激光器柔性布线系统能对厚膜电路的缺陷进行方便、快捷、高效的修复。

(2)激光熔覆布线技术可以加快研发进程,可直接小批量生产线路板 激光柔性布线无需制作掩模、设备简单、体积小、能够放在办公室、实验室里,设计人员足不出户就可以在数小时之内,将软件设计和电路图形制作成为现实的线路板。具有小批量制作(比如几块、几十块)时,快捷、方便柔性化的特点。

3. 采用激光熔覆技术直写电阻

采用激光熔覆柔性布线技术可以在陶瓷基板、玻璃基板表面制备厚膜电阻,可以控制电阻的形状、长度,按照工艺要求设计厚膜电阻的阻值。图 7-11 所示为采用该方法制备的线式电阻、螺旋式电阻、片电阻等。

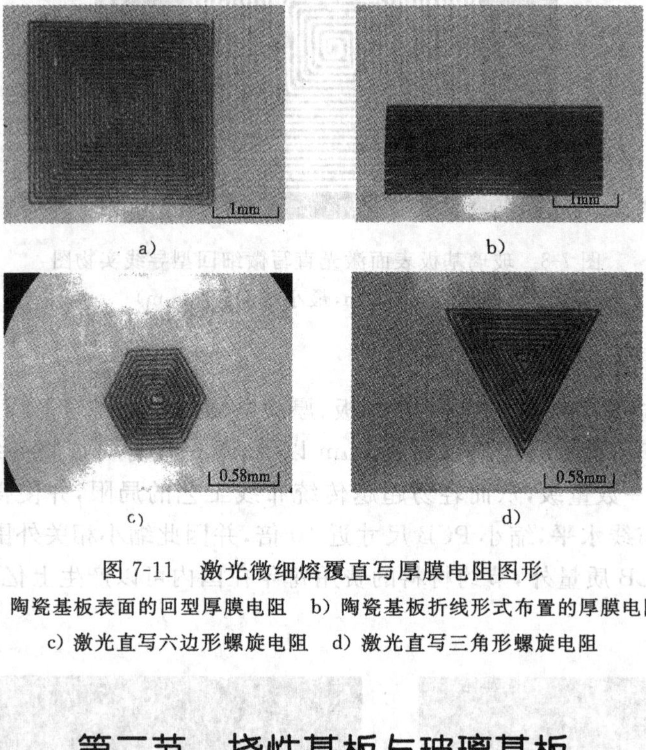

a) b) c) d)

图 7-11 激光微细熔覆直写厚膜电阻图形

a) 陶瓷基板表面的回型厚膜电阻 b) 陶瓷基板折线形式布置的厚膜电阻

c) 激光直写六边形螺旋电阻 d) 激光直写三角形螺旋电阻

第二节 挠性基板与玻璃基板

挠性线路板成长最快的部分是计算机硬盘驱动器(HDD)内部连接线。硬盘磁头要在旋转的盘片上前后移动扫描,可用柔性线路代替导线实现移动磁头和控制线路板之间的连接。硬盘制造商藉由一种叫做"悬浮柔性板"(FOS)的技术增加产量并降低装配成本,此外无导线悬浮技术具有更好抗振性,能提高产品可靠性。在硬盘中用到的另一种高密度柔性线路板是内部连接式柔性板(Interposer Flex),用在悬浮体和控制器之间。

柔性线路板成长速度位居第二的领域是新型集成电路封装。芯片级封装

(CSP)、多芯片模块(MCM)以及柔性线路板上芯片封装(COF)等都要用到柔性线路,其中 CSP 内连式线路的市场尤其巨大,因为它可用在半导体器件和闪速内存上而广泛用于 PCMCIA 卡、磁盘驱动器、个人数字助理(PDA)、行动电话、传呼机、数字摄像机及数字照相机中。此外,液晶显示器(LCD)、聚脂薄膜开关和喷墨打印机墨盒是高密度柔性线路板的另外三个高成长应用领域。

柔性线路技术在可携式装置(如行动电话)中的市场潜力非常大,这是很自然的,因为这些设备要求体积小重量轻以迎合消费者的需求;除此之外,柔性技术的最新应用还包括平板显示器和医疗设备,设计人员可以利用它减少产品(如助听器和人体植入装置)的体积和重量。

上述各领域的巨大成长使得全球柔性线路板的产量也跟着增加。如硬盘年销售量预计在 2004 年将达到 3.45 亿台,差不多是 1999 年的两倍,移动电话在 2005 年的销量保守的估计也是 6 亿部,这些成长导致高密度柔性线路板的产量预计每年将增加 35%,到 2002 年达到 350 万平方米。如此高的产量需求需要有高效低成本的加工工艺过程,激光加工技术就是其中之一。

一、挠性基板

挠性印制板作为一种特殊的互连技术,能够满足三维组装的要求,具有轻、薄、短、小的特点,已经被广泛应用于计算机、航空电子以及军用电子设备中。但有初始成本高以及不易更改和修复等缺点。挠性印制板以挠性材料为主体结构,有单面、双面、多层,还有挠性和刚性印制板组合的,制作工艺与刚性印制板大致相同。

1. 挠性覆铜箔基材的产品结构

挠性覆铜箔板(挠性 CCL)基材是一种由金属导体材料和介质基片构成的复合材料。它呈现为带状,可随意卷绕而不会在金属导体或在介质基板中折断。为使挠性电路不受尘埃、潮气、化学药品的侵蚀,减小弯曲过程中的应力影响挠性 CCL 基材,多数采用表面覆盖层结构。

同刚性覆铜箔板的介质基体材料的功能一样,挠性介质基材也起着对电子线路机械支撑作用并具有高介电绝缘性功能。挠性介质基材除应具有良好的机械性能和介电性能外,还必须具备优良的挠曲性、尺寸稳定性和耐热性能。

挠性覆铜箔板基材从制造工艺过程和产品结构组成上可以划分为有粘结层型(三层法型)和无粘结层型(二层法型)。有粘结层型的挠性 CCL,是由金属箔导体和介质基片,中间用各种不同类型的粘结剂经热压粘结而成的。它是目前最为广泛应用的一类挠性 CCL。无粘结层型的挠性 CCL,是近年新发展起来的。它是仅由金属导体箔与介质基片构成的。两类挠性 CCL 在特性的对比见表 7-1。

表 7-1 有胶粘剂型与无胶粘剂型挠性 CCL 比较

特性项目	有胶粘剂型挠性 CCL	无胶粘剂型挠性 CCL
基片层厚度/μm	30～150	12.5～125
耐热性	低	高
尺寸稳定性	差	良 好
耐挠曲性	良 好	根据品种
与覆盖层的匹配性	良 好	未确定
工艺性	容 易	较 难
发展、应用史	长	短
成 本	较 低	较 高

2. 挠性印制板的材料

挠性印制板的材料包括有粘结层的挠性材料和无粘结层的挠性材料，有粘结层的挠性材料是现在制作挠性印制板最常用的材料。挠性印制板通常是铜箔和挠性基材的复合结构。常用的铜箔有压延铜箔（RA）和电解铜箔（ED）。常用的挠性印制板基材有聚脂、聚酰亚胺薄膜等。它具有体积小、重量轻、可弯曲、可折叠、卷绕可连接不同平面，能自由立体排列并可连续化生产。

(1) 铜箔　在挠性 CCL 中，对铜箔的挠曲性要求要比刚性 CCL 更高。挠性 CCL 用铜箔主要分为压延铜箔（RA）和电解铜箔（ED）。电解铜箔由于采用电镀的方法形成，其铜微粒结晶状态呈垂直针状，在蚀刻时易于形成垂直的线条边缘，利于精细导线的制作。另外，电解铜箔粗糙的一面与基材的结合力非常好，有利于焊接工艺。电解铜箔的缺点是在弯曲半径小于 5mm 或动态挠曲时，针状结构容易发生断裂，而且更容易形成导线上的针孔。正因为如此，以往的挠性基材多选用压延铜箔，压延铜箔是采用厚的铜板多次重复压延而成。在压延的过程中，铜微粒形成水平轴状结晶，具有比电解铜箔更高的延展率和折曲性。但这种铜箔在某种微观程度上会对蚀刻剂造成一定阻挡。另外，由于压延铜箔的两面都非常光滑，所以需要进行化学处理以增加与基材的结合力，而且压延铜箔一般比电解铜箔贵（以 35μm 铜箔为例在价格上高出 2 倍）。随着材料技术的不断发展，最新的电解铜箔在延展率方面已有了很大的提高，甚至超过压延铜箔，最重要的是它的厚度可以非常薄，这更有利于精细导线的制作和耐挠曲。适应近年 PCB 制作中蚀刻更微细电路图形。

挠性 CCL 一般采用 18μm、35μm、70μm 铜箔。而 12μm、9μm 的极薄电解铜箔也已经在挠性 CCL 制造中实现实用化。

(2) 基材　挠性 CCL 的介质基材有薄膜型、纤维纸型、玻璃布增强型等多种。从薄膜类型分，有聚酯（PET）、聚酰亚胺（PI）、聚酯亚胺、聚四氟乙烯（PTFE）等薄膜。所用薄膜的厚度一般是为 12.5～125μm。而 25μm 厚薄膜，从生产成本考虑是适宜的。这种厚度薄膜在整个挠性 CCL 市场上占有很大部分。从高尺寸稳定性和机械强度需求方面考虑，有的采用 50μm、75μm、125μm 厚薄膜。其中，聚酰亚胺和聚酯是最常用的挠性基材。

聚酰亚胺(PI,polyimide)薄膜，是制造挠性 CCL 的重要的基体材料。它是由均苯四酸二酐和二氨基苯醚缩聚而成树脂，再通过流延法或拉伸法而制成。

PI 薄膜的厚度为 7.5μm、12.5μm、25μm、50μm、75μm 和 125μm。最大宽度为 508～660mm。因为 PI 薄膜为热固性聚合物，故没有熔融点或软化点，从而使得应用中，在挠性 PCB 上热熔焊接时，不会使薄膜出现熔融和热分解。它具有优良的介电性能、高的耐热性、高温下的高尺寸稳定性、高机械特性等。

聚酰亚胺(PI)薄膜在耐热性、抗张强度等方面高于聚酯(PET)薄膜和聚四氟乙烯(PTFE)薄膜，但在耐湿性、耐碱性上表现略差。聚酰亚胺由于它优异的耐高温性能，几乎应用于所有的军事硬件和要求严格的商用设备中。聚酰亚胺的耐高温性能允许进行多次焊接和返修。聚酰亚胺具有耐高温的特性，介电强度高，电气性能和机械性能极佳，是最常用的生产挠性印制板及刚挠印制板的材料。但是聚酰亚胺价格昂贵，且易吸潮，常用的聚酰亚胺介质薄膜有杜邦公司生产的 Kapton 膜。聚酰亚胺基材的厚度通常为 0.0127～0.127mm。

与聚酰亚胺相比聚酯材料具有价格低廉的优点，而且它的电气和物理性能与聚酰亚胺相似，并且比以往使用的聚酰亚胺耐潮湿。聚酯基材的厚度通常为 0.0254～0.127mm，适用于－40～55 ℃的工作环境，广泛应用于照相机、打印机、磁盘驱动等。聚酯的耐高温性能较差，决定了它只适用于简单的挠性板。当采用常规的 63/37 锡铅焊料焊接时成品率较低，最好采用其他的焊接技术如：采用低温焊料合金或使用导电粘结剂，以保证较高的成品率。聚酯材料易于加工，不仅体现在可以使用刚性印制板的常规工艺，更重要的是当用于要求不严格和精度不高的应用上时，它还可以采用更加简化的全加成法加工，即在聚酯基材上直接印上导电油墨形成导电图形，最后再印上聚合物保护层的方法。这种“无污染”的全加成法也可以用于加工双面的聚酯挠性板，通过将导电油墨印入钻好的孔中形成导通孔。可使用的导电油墨有碳浆、铜浆、银浆或它们的混合物，究竟选用哪一种导电油墨主要取决于挠性板的最终用途。

用作挠性基材的还有芳香聚酰胺、环氧和聚四氟乙烯等。环氧基材通常用于特定要求的场合，比如自动引擎控制。环氧挠性板具有优异的散热性和高温条件下工作的长期可靠性，它的适用温度范围为－60 ～155 ℃，这一点远远优于聚酯和聚酰亚胺。非编织的聚酰胺纸基材料不但价格低廉而且性能优良，但耐湿和耐化学性较差。聚四氟基材的性能优异，但需要特殊的加工工艺，主要应用于阻抗控制和低介电常数要求的高频产品。在选择材料时，不仅要考虑价格还要考虑材料的机械、电气、耐高温及耐化学等性能。表 7-2 为聚酰亚胺膜、聚酯、聚四氟乙烯介质薄膜的性能对照。

表 7-2 聚酰亚胺、聚酯、聚四氟乙烯介质薄膜性能对照表

性　能	聚酰亚胺(Kapton)	聚酯(Mylar)	聚四氟乙烯(PTFE)
极限张力/(N/mm^2)	172	172	20.7
极限延伸率(%)	70	120	300
因蚀刻引起的尺寸变化/(mm/m)	2.5	5.0	5.0
相对介电常数	4.0	4.0	2.3
损耗角正切	0.035	0.035	0.06
体积电阻率/(MΩ·cm)	10^6	10^6	10^7
表面电阻/MΩ	10^5	10^5	10^7
抗电强度/(MV/m)	25	25	25
吸潮性(%)	4.0	<0.8	0.1
熔点或零强度温度/℃	180	600	280
浮焊试验	通过	通过	通过

挠性覆铜箔基材是在挠性介质薄膜的单面或双面粘结上一层铜箔。覆盖层是在挠性介质薄膜的一面涂上一层粘结薄膜，然后再在粘结膜上覆盖一层可撕下的保护膜。这层保护膜通常只有在将覆盖层与蚀刻后的电路进行对位时才撕下。在生产挠性印制板时，除了选择材料的种类外，所选用的挠性覆铜箔基材和覆盖层的介质厚度以及铜箔的厚度也十分重要。首先，介质薄膜的厚度应不小于 0.025mm，才能满足电气性能和机械性能的要求。而铜箔厚度则应根据电路密度、载流量以及耐挠性来选择。总之，介质薄膜及铜箔的厚度越小，挠性板的挠性就越好。

另外，由于覆盖层是覆盖于蚀刻后的电路之上，这就要求它有良好的敷形性，才能满足无气泡层压的要求。较薄介质薄膜的覆盖层敷形性好，层压的压力低，因而层压后挠性板的变形小。但是，当覆盖层上要求余隙孔时，使用较厚的介质薄膜可以减小钻孔时余隙孔的变形。总之，从工艺角度讲，更希望采用较厚的覆盖层，而从层压的角度讲，则希望采用较薄的覆盖层。

(3) 有粘结层的挠性基板　用做粘结层的材料有聚酯、丙烯酸、改性环氧、氟碳树脂和聚酰亚胺等。比较常用的是改性环氧树脂类、改性丙烯酸薄膜和不流动环氧玻璃布半固化片。要根据对粘结强度、尺寸稳定性、耐热及层压工艺的不同要求，来选用粘结材料。聚酯基材一般采用聚酯作为粘结材料。由于丙烯酸与聚酰亚胺的结合力极好，具有极佳的耐化学性和挠性。聚酰亚胺基材一般采用丙烯酸作为粘结材料。多层挠性印制板采用聚酰亚胺-丙烯酸体系的覆铜板和覆盖层加工制作。

无论是采用那一种粘结材料，它们都具有以下两个缺点：①热稳定性差，与基

材的热膨胀系数相差较大。②数层粘结剂的厚度影响了电路的散热。粘结层一直是挠性板最薄弱的环节,不仅因为每一层粘结层都使挠性印制板的总厚度增加0.0254～0.0508mm,降低了挠性和减少了挠曲寿命。更重要的是它的高热膨胀系数(CTE),是金属化孔可靠性差的重要原因之一。聚酰亚胺覆铜板通常采用丙烯酸粘结技术,虽然这种挠性板比较耐用,但由于丙烯酸不仅易于吸潮而且它的Tg(玻璃化温度)低,热膨胀系数高达$450 \sim 600 \times 10^{-6}$。环氧树脂的热膨胀系数低于丙烯酸数倍,在$Z$方向的热膨胀小,利于保证金属化孔的耐热冲击性。因此,在选用改性丙烯酸薄膜做内层的粘结剂时,两个内层之间的丙烯酸厚度一般不超过0.05mm,以防止热冲击时Z方向膨胀过大而造成金属化孔的断裂。当0.05mm厚的丙烯酸无法满足粘结要求时,最好改用环氧树脂型粘结片代替。

粘结剂涂敷在薄膜上的加工,以及与铜箔粘合的层压加工,主要由涂胶—层压机组来完成。涂敷加工的质量好坏,对挠性CCL质量的稳定性有直接的影响。工艺要求粘结剂涂敷的单点厚度偏差一般不能超过0.5%。层压加工是将已涂好粘结剂的介质薄膜与金属箔材料连续地(或片状式地)在一定的温度和压力条件下复合到一起。

(4) 无粘结层的挠性基板　有粘结层挠性CCL中粘结层的存在,带来耐热性、耐药品性、电绝缘特性下降等问题。层压过程中使用的数层丙烯酸,它们过大的Z轴热膨胀,给化学镀铜和电镀铜带来困难,影响挠性板的耐热冲击性。使得高层数(10层以上)挠性及刚挠印制板的制作非常困难。同时,粘结剂中卤素阻燃剂的存在,也给今后适应环保带来负面影响。无粘结层的挠性材料正是在这种情况下应运而生的。

无粘结层挠性覆铜箔板基材,由于没有粘结层和使用超薄铜箔,不仅克服了上述有粘结层型挠性CCL的粘结层所带来的问题,而且还可以降低产品的重量和厚度,使板子的散热性提高一倍,提高了阻燃性,使挠性板能够通过UL94V-0阻燃性试验,从而保证了挠性板的高温可靠性,延长了使用寿命,使得挠性板可以应用于许多高可靠性要求的军事硬件。由于没有粘结层,降低了Z方向热膨胀系数,减少了PCB加工出现的玷污问题,增加了孔的可靠性,因而已被应用于高层数(20层以上)的刚挠印制板制作。在机械方面,由于减少了粘结层,使铜导线更靠近中心,增加了挠性、延长了挠曲寿命。总之,在机械、电气和散热性等方面都有了进一步的改善。由于无粘结层挠性CCL比有粘结层挠性CCL具有许多优点,国外有关专家预测:随着挠性基板性能要求的不断提高,它将成为挠性PCB制造中用的主要基材。

目前无粘结层的挠性CCL的加工方法,有涂敷法、层压法和电镀法。

涂敷法是在铜箔上涂敷聚酰亚胺树脂,经干燥、亚胺化形成绝缘薄膜层而制成挠性CCL。这种工艺法可以获得高的铜导线剥离强度及很薄的膜层。但此工艺法制造厚的膜层较为困难。涂敷法制作两面铜箔的挠性基材时，是采用先涂敷一层粘结性高的热塑性或热融性的PI树脂，再覆上具有高尺寸稳定性的PI薄膜(厚度为10～50μm)。然后再涂上一层PI胶粘剂，覆上铜箔后经加热加压而制成。所涂的热融性型PI树脂的熔点在300℃以上。压制的温度在350℃左右。压制加工的方式多采用真空压制。这种工艺的难点是，如何克服PI基片层中在最后成形中，由于PI的亚胺化反应时生成少量的水而产生气泡的问题。

层压法是在PI薄膜(一般厚为18～70μm)两侧表面涂敷热融型PI树脂，覆上铜箔，通过真空压制(在350℃下)来完成。铜箔的厚度一般为18μm。此工艺成形法与涂敷法存在的问题是，制作较厚的金属导体层的挠性CCL较困难。另外，此工艺法中所用的一般的粘结性PI树脂或热融性PI树脂，由于分子结构密度较大，使得化学蚀刻较困难。因而多采用激光或等离子体刻蚀的工艺加工。

电镀法是在经过表面处理的薄膜上，利用化学镀或者真空蒸镀、溅射镀膜以及化学气相沉积等先沉积上一层极薄的铜层(厚为几十纳米)，然后再进行铜电镀加工，达到表面导体层需要的厚度(电镀层厚为1～35μm)。这种方法消除了前两种方法的材料热失配，并且具有在聚酰亚胺薄膜之前，先钻孔(激光、等离子或机械的方法)后孔化的优点，不但简化了制作工序，而且使生产CSM和BGA用的挠性板成为可能。

无胶粘剂型挠性CCL的三种工艺形成过程如图7-12所示。它们的优、缺点对比见表7-3。

表7-3 各种无胶粘剂型挠性CCL制作工艺特点对比

参数及选择	形成方法		
	电镀法	涂敷法	层压法
基片层的选择	自由度大可使用各种薄膜	自由度较小	自由度较小
基片层的厚度	与使用的薄膜种类有关	自由度不大	可与其他薄膜组合制作，自由度大
导体层的选择	与使用的薄种类有关	自由度不大	可与其他薄膜组合制作，自由度大
导体层的厚度	自由度小	自由度大，可使用其他金属箔	自由度大，可使用其他金属箔
导体层的厚度	自由度大，5μm以下可制作	与使用的金属箔厚度有关	制作较厚金属层困难
双面挠性CCL制作	制作容易	单独用一层薄膜基片制作困难。需采用其他工艺方法	制作容易
卷状材料制作	容易	较容易	较容易

(5) 覆盖层　覆盖层的作用是使挠性电路不受尘埃、潮气、化学药品的侵蚀以

及减小弯曲过程中应力的影响。覆盖层传统结构是在挠性介质薄膜的一面(非铜箔面)涂上一层粘结膜,再在其上覆盖一层可撕下的保护膜。这层保护膜通常只有在将覆盖层与蚀刻后的电路进行对位时才撕下。

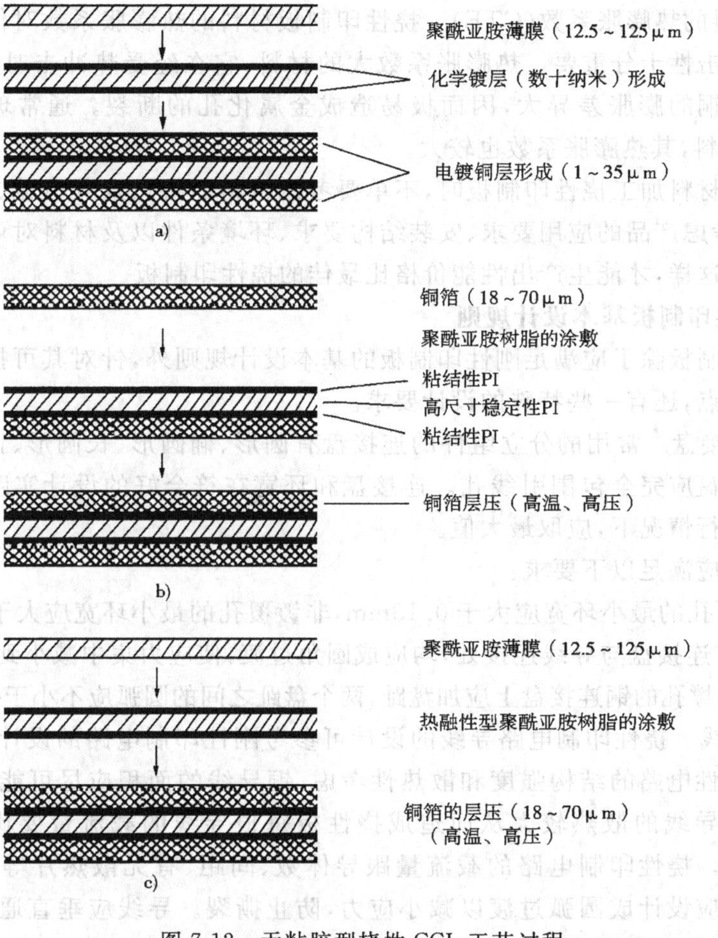

图 7-12 无粘胶型挠性 CCL 工艺过程

a) 电镀法 b) 涂敷法 c) 层压法

在生产和设计高密度挠性印制板时,层压覆盖层的生产工艺常常面临以下两个局限性:①覆盖层窗口的机加工局限:随着挠性板上 IC 等组件的不断增多,机加工的精度已无法满足 0.5mm 以下小节距的要求。②覆盖层粘结剂的流动和窗口对位的精度。

在现代制造技术的发展下,液体感光型覆盖层的应用不但解决以上两个问题,而且减低了成本,简化了生产工艺。它采用标准的 UV 曝光,水溶性显影液显影。然后加热进行后固化的工艺,省去了传统的层压覆膜的工序。由于减少了两张覆盖层上的粘结层，因而提高了板子的散热性以及增加了可挠性。通过采用掩孔工艺，可制成高质量的光致通孔。液体感光型覆盖层能耐 120℃的工作环境，在弯曲半径为 5mm 时能耐 10^7 次挠曲循环，其分辨率达 0.07mm，而且显影后膜的侧面是陡直的，适用于 SMT 的挠性板。

(6)材料的热膨胀系数(CTE)　挠性印制板材料的热膨胀系数对保证金属化孔的耐热冲击性十分重要。热膨胀系数大的材料，它在经受热冲击时，在 Z 方向上的膨胀与铜的膨胀差异大，因而极易造成金属化孔的断裂。通常玻璃化温度(T_g)低的材料，其热膨胀系数也较大。

在选择材料加工挠性印制板时，不单要考虑材料的特点及其机械、物理、化学特性，还要考虑产品的应用要求、安装结构要求、环境条件以及材料对可加工性的影响。只有这样，才能生产出性能价格比最佳的挠性印制板。

3. 挠性印制板基本设计规则

挠性印制板除了应满足刚性印制板的基本设计规则外，针对其可挠性及层压覆盖层等特点，还有一些特殊的设计要求。

(1) 连接盘　常用的分立组件的连接盘有圆形、椭圆形、长圆形、正方形和矩形等。连接盘应完全包围引线孔。连接盘和环宽在符合好的设计实践和电气间隙要求的可行情况下，应取最大值。

连接盘应满足以下要求：

1) 镀覆孔的最小环宽应大于 0.13mm，非镀覆孔的最小环宽应大于 0.25mm。

2) 所有连接盘与导线连接处，均应成圆角过渡，使应力集中减小到最小。

3) 非支撑孔的铜连接盘上应加盘趾，两个盘趾之间的圆弧应不小于孔的直径。

(2) 导线　挠性印制电路导线的设计可参考刚性印制电路的设计，但也略有不同。从挠性电路的结构强度和散热性考虑，铜导线的面积应尽可能加大，因为挠性电路中导线的散热较大从而造成挠性板每根导线的载流量要比刚性板低 20%～50%。挠性印制电路的载流量跟导体数、间距、有无散热片等因素有关。导线的拐弯应设计成圆弧过渡以减小应力，防止撕裂。导线应垂直通过弯曲处，金属化孔、组件安装孔或表面安装连接盘应至少离弯曲区 2.54mm。当弯曲发生在只有几根导线的面积处，应用不同长度的铜导线对该处进行增强。

(3) 覆盖层和开窗口　有焊料涂层时，覆盖层圆形窗口直径至少应比在铜导线上的组件孔直径大 0.76mm。如果覆盖层搭接在铜连接盘上小于 0.25mm，在非支撑孔周围铜连接盘上应加盘趾以防止铜从基材表面起翘。

(4) 防止挠性边缘撕裂的方法　挠性印制板边缘的形状应尽可能简单，避免出现小半径拐角。在必须用小半径内角的地方，应采用如设置孔、铜堤等防止撕裂的措施。

总之，合理的设计是生产合格的挠性印制板的前提，才能避免错误设计造成的可加工性降低以及使用性降低。

4. 挠性印制板的制造工艺

挠性多层印制板结构复杂，涉及多种类型的材料，因而制作难度大，生产工艺复杂。图 7-13 为挠性印制板工艺流程图。

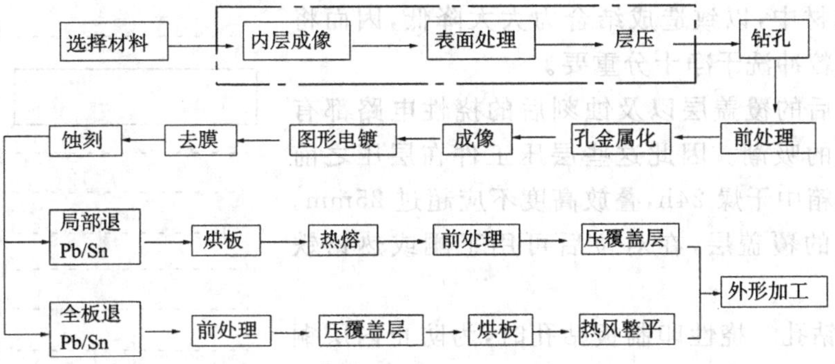

图 7-13 挠性印制板工艺流程图

(1) 挠性覆铜板的成像 在成像之前，首先要对挠性覆铜板进行表面清洗和粗化，其工艺与刚性板材大致相同。但是由于挠性板材易变形和弯曲，最宜采用化学清洗或电解清洗；也可以采用手工或专用浮石粉刷板机粉刷。板材的持拿同样要十分小心，板材的凹痕或折痕会造成曝光时底版无法贴紧，从而造成图形的偏差。这一点对于精细导线和细间距图形的成像尤为重要。挠性板的贴膜、曝光以及显影工艺与刚性板大致相同。显影后的干膜由于已经发生聚合反应，因而变得比较脆，同时它与铜箔的结合力也有所下降。因此，显影后的挠性板的持拿要更加注意，防止干膜起翘或剥落。

(2) 挠性覆铜板的蚀刻 挠性覆铜板的蚀刻与刚性板略有不同。通常挠性板弯曲部位往往有许多较长的平行导线。为保证蚀刻的一致性，可以在蚀刻一半时变换印制板的位置。当制作精细导线时，应将要求比较严格的一面向下放，这样可以防止蚀刻液的堆积，从而增加蚀刻的精度。另外，在蚀刻之前，由于覆有铜箔，挠性板材比较硬。而在蚀刻过程中，当板材上的铜被蚀刻掉之后就会变得十分软，从而造成传动困难，甚至板材会掉入蚀刻液中造成报废。因而蚀刻时，应在挠性板之前粘一块刚性板牵引它前进。刚性板的厚度应大于 0.8mm，宽度应大于 10cm，长度应大于蚀刻机所允许的最小印制板长度。最后，为保证蚀刻的最佳效果，蚀刻液的再生与补加应当快捷，有效。

(3) 层压

1) 挠性多层印制板的内层及覆盖层层压典型的工艺参数为：层压时间：17℃±2℃，全压下净压时间为 60min；升温速率：在 10～20min 内由室温升至 173℃；

压力:150～4300N/cm²,需在5～8s内达到全压力。

图7-14为挠性及刚挠印制板的迭层实例。

2) 覆盖层及内层的准备:蚀刻后的挠性覆铜板在压覆盖层之前,要对表面进行处理以增加结合力。用浮石粉刷洗的效果最好,但是浮石粉颗粒容易嵌入基材中,以致造成结合力大大降低,因而将浮石粉颗粒冲洗干净十分重要。

钻孔后的覆盖层以及蚀刻后的挠性电路都有不同程度的吸潮。因此这些层压工件在层压之前应在干燥箱中干燥24h,叠放高度不应超过25mm。有余隙孔的覆盖层,在对位后可用丁酮或热铬铁固定。

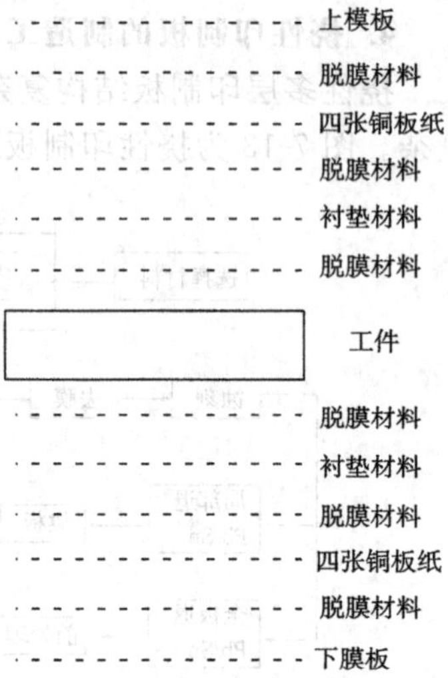

图7-14　叠层实例

(4) 钻孔　挠性印制板钻孔时,为防止内层铜环以及挠性基材的钉头现象,首先要选用锋利的钻头。如果所加工的印制板数量大或加工板内的孔数量多,还要在钻够一定孔数时更换钻头。钻头的转速以及进给是最重要的工艺参数。进给太慢时,温度急剧上升产生大量钻污。而进给太快则容易造成断钻头、粘结片以及介质层的撕裂和钉头现象。通常$\phi 0.6$的孔,典型的钻孔工艺参数为:进给量70mm/s,转速50 000r/min。对于有附连测试图形的在制板,附连测试图形的孔应最后钻,这样才能真实的反映加工板孔内的情况。当覆盖层上开窗口采用冲孔方法加工时,一定要注意将带有粘结层的一面向上,否则很容易产生钉头现象。当覆盖层上的钉头是向着胶面时,会降低覆盖层与挠性电路的结合力。

盖板及垫板的使用对钻孔质量也十分重要。盖板能防止板子的上表面产生毛刺和钻头钻偏,起导向作用。盖板一般采用0.3mm厚的硬铝板,铝板还能起到散热从而减少钻污的作用。垫板具有保护工作台、防止板子下表面产生毛刺的作用。垫板的厚度一般为1.5mm,应具有均匀、平整、对钻头磨损小以及不含能引起钻污的成份等特点。一种覆铝箔层压板是较为理想的垫板,它是以木屑和纸浆为芯,两面是硬铝箔,用不含树脂的胶作粘结剂。

印制板孔内钻污主要是钻孔时的高温使印制板中的树脂发生熔化形成的。实验证明,印制板的钻污水平和厚度随着钻孔时温度的升高而增加,在树脂的玻璃化温度之上增加更快。因而有些制造商曾尝试冷冻法钻孔,通过降低加工板上的温度而达到减少钻污的效果。具体做法是:先将刚挠印制板在低温下(放入冷库或冰箱中)冷冻数小时,取出后在冷气保温条件下钻孔。采用这种方法钻的孔,孔壁铜环光亮,只有少许钻污,效果十分明显。

(5) 去钻污和凹蚀　经过钻孔的印制板孔壁上可能有树脂钻污,只有将钻污彻底清除才能保证金属化孔的质量。双面的挠性覆铜板经钻孔后一般不需要去钻污和凹蚀,可直接进行孔化。多层挠性印制板则要采用等离子体技术进行去钻污和凹蚀,以使内层铜环与电镀铜呈可靠的三点接触,从而提高金属化孔的耐热冲击性能。要求的凹蚀深度为 5～10μm。通常,聚酰亚胺产生的钻污较少,而环氧和改性丙烯酸产生的钻污较多。环氧钻污可用浓硫酸去除,而丙烯酸钻污只能用铬酸去除。铬酸法处理过程中板子的持拿及清洗都十分不方便。又由于聚酰亚胺不耐强碱,因此强碱性的高锰酸钾去钻污根本不适用于挠性印制板。因此,许多厂家都使用等离子体法去钻污和凹蚀。

等离子体去钻污是国外20世纪80年代才开始采用的技术。等离子体是电离的气体,整体上呈电中性,是一种带电粒子组成的电离状态,称为物质第四态。应用等离子去除挠性板孔壁的钻污可看作是高度活化状态的等离子气体与孔壁高分子材料和玻璃纤维发生气固化学反应,同时生成的气体产物和部分未发生反应的粒子被抽气泵排出,是一个动态的化学反应平衡过程。

1)高压湿喷砂　高压湿喷砂是用600目左右的刚玉(Al_2O_3)在高压水条件下对多层板孔壁进行清洗的过程。高压水洗与湿喷砂都是为了提供洁净的孔壁,减少后续等离子体处理的负荷。但对于孔径小于中 0.5mm 的印制板,应慎重考虑是否使用该工艺,防止堵孔。

2)烘板　烘板主要是为了去除加工板中的潮气。因为丙烯酸树脂和聚酰亚胺树脂的吸潮系数比环氧树脂大得多。如果印制板中的潮气因低真空而进入真空系统,必然降低真空度,同时在真空泵中凝结,会对真空泵造成极大的损害。另外,对等离子体的化学活性也有影响。烘板的工艺条件为:120℃下烘 3～4h。

3)等离子体处理　印制板专用的等离子体化学处理系统——等离子体去钻污凹蚀系统,一般由五部分组成:真空腔体、真空泵、RF发生器、微机控制器、原始气体。

整个等离子体处理过程为分批间歇操作,分为三阶段。第一阶段是用高纯度的 N_2 气为处理气,产生等离子体。目的是使整个系统处于 N_2 氛围;N_2 自由基与孔壁附有的气体分子反应,使孔壁清洁且使孔壁实氮,同时预热印制板,使高分子材料处于一定的活化态,以利于后续阶段反应。第二阶段以 O_2、CF_4 为原始气体,混合后产生O、F等离子体,与丙烯酸、聚酰亚胺和环氧树脂、玻璃纤维反应,达到去钻污凹蚀的目的,第三阶段采用 O_2 为原始气体,生成的等离子体与反应残余物反应使孔壁清洁。

等离子体去钻污凹蚀是复杂的物理化学过程,有许多影响因素。包括工艺参数、钻孔质量、前处理效果、印制板潮湿程度和温度、印制板上孔的分布和大小等。总之,只有充分考虑各类影响因素,正确确定前处理和等离子体处理的工艺参数才能确保去钻污凹蚀的质量。

(6) 孔金属化和图形电镀

1)工艺流程　如图7-15所示。

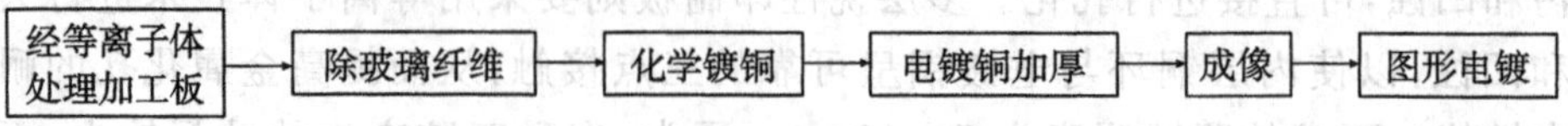

图7-15　金属化孔和图形电镀工艺流程

2)去除玻璃纤维　采用等离子体除去挠性印制板孔内钻污时，各种材料的凹蚀速度各不相同，从大到小的顺序是：丙烯酸膜、环氧树脂、聚酰亚胺、玻璃纤维和铜。为了保证化学镀铜溶液能充分接触孔壁，使铜层不产生空隙和空洞，必须将孔壁上等离子反应的残余物、凸出的玻璃纤维和聚酰亚胺膜除去。处理方法，包括化学法和机械法或两者相结合。化学法是用氟化氢胺溶液浸泡印制板，再用离子表面活性剂（KOH溶液）调整孔壁带电性。机械法包括高压湿喷砂和高压水冲洗。采用化学法和机械法相结合的效果最好。

3)化学镀铜　由于挠性基材（如聚酰亚胺和丙烯酸）不耐强碱，因此孔化的前处理溶液最好采用酸性的，活化宜采用酸性胶体钯而不宜采用碱性的离子钯。通常，刚性印制板的孔化溶液经过调整后可以用于挠性印制板的化学镀铜，但要注意既要防止反应时间过长又要防止反应速度过快。由于化学镀铜溶液大都是碱性的，因此反应时间过长会造成挠性材料的溶胀。反应速度过快会造成孔空洞和铜层的机械性能较差。有时在较快的反应速度下孔化的挠性板，虽然在目检时并没有发现孔空洞，但是在孔的周围有一个亮圈，在做背光实验时，就会看到有分散的亮点，这是由化学镀铜反应速度过快造成的，最终造成铜层粗糙和机械性能较差。这种板子虽然通常都能通过通断测试，但却往往无法通过后续的热冲击等试验或是在用户调机过程中就开始出现断路现象。

由于聚酰亚胺和聚酯材料钻孔后的表面，比环氧玻璃布的表面要光滑许多。因此它们的表面积比环氧玻璃布小，每平方米挠性印制板消耗的化学试剂也较少。当采用刚性印制板的化学镀铜溶液时，挠性印制板的反应速度就会过快，最终导致空洞的产生。实验证明在降低化学镀铜的反应速度和减少溶液的补加后，大大降低了孔空洞的出现。合适的速率为5cm×5cm玻璃布试验引发时间5～6s，覆盖时间15～20s。通常，刚性印制板用孔化溶液如硫酸铜体系化学镀铜溶液，应将反应速度降低至原来的62%～72%。可以通过降低反应温度、减少溶液中各组分的浓度等方法降低溶液反应速度。调整后的溶液，反应30min后的化学镀铜层的厚度为0.6～0.81μm。化学镀铜宜采用镀薄铜工艺。因为化学镀铜层的机械性能（如延展率）较差，在经受热冲击时易产生断裂。一般在化学镀铜层达到0.3～0.51μm时，立即进行全板电镀铜加厚至3～41μm，以保证在后续的处理过程中孔壁镀层的完整。

4)成像　挠性多层板在层压之后表面不如刚性多层印制板平整，最好采用真空贴膜和真空曝光工艺。孔周围的不平整还易影响干膜的显影从而形成残膜。因而显影后的清洗一定要干净彻底,以防干膜残渣污染孔壁,最终造成孔内空洞。

5)图形电镀 图形电镀要求电镀铜层的延展率大于挠性多层印制板的热膨胀率并且有较高的抗拉强度。

6)热风整平(热熔) 由于厚度薄,挠性印制板热风整平时,一般不会出现刚性板常见的堵孔、起瘤子和焊料层粗糙等现象,主要容易出现基材分层起泡现象。由于挠性印制板的吸潮性大,因此在热风整平(或热熔)之前一定要烘板以去除潮气,防止在经受热冲击时板子分层、起泡。通常应在120℃下烘4~6h。挠性板由于很软,在热风整平时应固定在特制的夹具上。刚性印制板热风整平的温度为230~250℃,浸焊时间3~5s。由于挠性板非常薄,它进入焊料后温度能够迅速上升,因此在保证热风整平质量的前提下,应最大程度的减小热冲击的力度,挠性板应适当降低热风整平的温度,减少浸焊时间。挠性板热风整平的典型工艺参数为:230~240℃,浸焊时间2~3s。由于通常热风整平机前风刀的压力要大于后风刀的压力,因此在热风整平时最好将挠性板带夹具的一面向着前风刀,以使光滑的另一面略微靠近后风刀。这样可以防止板子提升时挂住两边风刀上方的钩子。挠性板的热熔工艺通常采用甘油热熔,它比红外热熔更容易控制。造成热冲击时挠性印制板分层起泡的原因很多,除了烘板以外,在工艺上保证覆盖层的结合力也能减少分层起泡的发生。

7)外形铣 挠性印制板的外形加工,在大批量时是用专用冲模(橡皮模具)冲,小批量时用剪刀剪。铣外形的典型工艺参数为进给25mm/s,转速45 000r/min。低进给高转速会造成印制板边缘烧焦,反之进给大而转速低则会造成铣刀折断和印制板外形的参差不齐。

5. 挠性印制板的性能要求

挠性印制板在大多数通用要求上与刚性印制板是一致的,针对其引进了挠性材料的特点,还有以下几方面的特殊要求。

(1) 覆盖层分层 挠性及刚挠印制板的覆盖层分层应符合以下规定:

1)离开导线随机位置分层的面积不大于6.5mm^2(约直径22.5mm),离印制板边缘或余隙孔边缘的距离不小于1mm。在任意6.5mm^{2}覆盖层表面区域内,分层的个数不多于3个。

2)沿导线边缘的分层宽度不大于0.5mm或不大于相邻导线间距的20%(以较小者为准)。

3)覆盖层外边缘无分层。

4)在满足1)~2)条要求的情况下,允许覆盖层有皱褶。

(2) 连接盘上粘结剂 组件孔连接盘上的粘结剂应不使环宽小于0.13mm(金属化孔)或0.25mm(非金属化孔)。

(3) 覆盖层余隙孔　当每个组件孔绝缘层为单个余隙孔时，其重合度应不使最小环宽小于0.13mm(金属化孔)，0.25mm(非金属化孔)。有盘趾加固的连接盘，盘趾应被覆盖层搭盖。

(4) 增强层的附着性　挠性印制板与增强层间的最小剥离强度应不小于0.55N/mm。

(5) 耐挠曲性　挠性和刚挠印制板应能耐10万次挠曲而无断路、短路、性能降低或不可接受的分层现象。

6. 卷状环氧玻璃布基挠性覆铜箔板

传统的挠性覆铜箔板是指在一般的聚酰亚胺薄膜或聚酯薄膜上复合铜箔而成的挠性基材。近几年挠性基材的不断发展，已经打破了这一传统概念，出现了多种其他新型基材。以环氧玻璃布为基材的卷状薄型CCL产品，就是其中的一种新型挠性PCB基材。它由于有显著的高尺寸稳定性、优良的耐湿特性，作为封装用基板材料而更加引人注目。目前，国外已经将此类挠性基材用在了带载型封装用基板中。

在适宜薄型化封装用基板材料特性方面，这类环氧玻璃布基挠性CCL与聚酰亚胺薄膜制的挠性CCL相比较，产品特性有如下优势：

1)尺寸稳定性和耐湿性优良。

2)与封装树脂的密封粘结性好。

3)耐化学药品性优良。

4)在制作挠性PCB及元器件实装中，卷绕式生产的作业性好。

5)成本较低。

卷状环氧玻璃布基挠性CCL在产品形态上，与PI薄膜类似，可制造并提供有胶粘剂型的三层的挠性基材。也可制造并提供无胶粘剂型的两层的基材。但主要发展的是后者。一般它的幅宽为35～500mm。厚度规格为50μm、70μm、100μm、120μm。根据阻燃性的要求，又分为具有阻燃性的(FR-4型)和非阻燃的(HB型)两大类产品。

7. 挠性基板在半导体封装中的应用

随着封装器件的薄形小型化以及布线电路的微细化的不断发展，半导体塑料封装中挠性基材的采用量快速增长，在半导体封装中，像μBGA、D^2BGA、T-BGA、T-CSP等都采用了挠性带状基板，特别是聚酰亚胺挠性覆铜箔板基材。

(1) 封装用带状挠性基板　用于封装的带状挠性基板的特点是，可批量化生产幅宽165mm的宽幅带状基板，既提高了封装设计自由度，又降低了封装的价格，还能满足硅圆片级封装(WLP)的要求；挠性基板便于自动化生产，易于实现布线微细化，而且精度高；对应各种封装制品，可采用2层或3层(有粘结剂或无粘结剂)结构的，单金属层、双金属层的，可采用液态光刻胶阻焊层或热固性阻焊层；目前的布线密度L/S(线宽/线距)为25/25μm，孔径为75 μm(最小为50μm)。封装用挠性基板可广泛用于各种 CSP 封装，带载 BGA 封装，多芯片封装，倒装芯片 BGA、CSP，液晶驱动器用基板等。图 7-16 分别给出带状挠性基板用于芯片封装的结构，其中图 7-16a 表示单金属层挠性基板，用于芯片 WB 的 BGA 封装；图 7-16b表示双金属层挠性基板，用于倒装芯片 BGA 封装，其中芯片凸点连于过孔之上；图 7-16c 表示双金属层挠性基板用于倒装芯片 CSP 封装，其中芯片凸点连于金属焊盘之上。

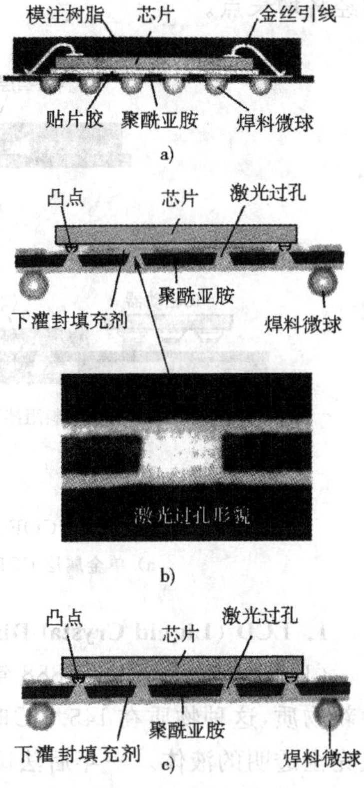

图 7-16 带状挠性基板用于芯片封装的结构
a）单金属层柔性基板
b）双金属层柔性基板
c）双金属层柔性基板

(2) COF 用带状挠性基板 用于 COF(Chip On Film 带载芯片)的带状挠性基板的特征是，可批量化生产幅宽 165mm 的宽幅带状基板，既提高了封装设计自由度，又降低了封装的价格，还能满足窄凸点节距 IC 驱动器封装的要求；挠性基板便于自动化生产，易于实现布线微细化，而且精度高；对应于各种带载芯片，可采用 2 层或 3 层(有粘结剂或无粘结剂)结构的，单金属层、双金属层的，可采用液态光刻胶阻焊层或热固性阻焊层；目前的布线密度 L/S 为 $20\mu m/20\mu m$，孔径为 $75\mu m$(最小为 $50\mu m$)。COF 用带状挠性基板可广泛用于各种手机 LCD 显示屏的 IC 驱动器载体及挠性引线，各种 PC、PDA 平板显示屏的 IC 驱动器载体及挠性引线等。图 7-17 分别给出 COF 用挠性基板用于 IC 驱动器载体的结构，其中图7-17a表示单金属层 COF 挠性基板，图 7-17b 表示双金属层 COF 挠性基板。

二、玻璃基板

近年来，随着 IT 产业的迅猛发展，液晶显示器(LCD)、等离子显示器(PDP)等高科技电子显示产品相继应运而生。这种平板显示器具有体积小、重量轻、能耗低、图像精确、无辐射、无闪烁、抗电磁干扰、屏幕反应速度快等特点，被广泛用作高清晰度壁挂式电视机、高清晰度数字电视、笔记本电脑、液晶监视器、通信设备、家电设备、游戏机、电子书和电子新闻阅读机、便携式终端产品(如 PDA，个人数据助理)、网络网际撷取装置、网页专用阅览器、汽车用显示器、可穿戴式显示器、通信设备以及体育场等公共场所的电子显示器材等电子显示产品的基板。这种绿色环保型平板显示器将成为 21 世纪显示器市场发展的主流，而生产这种平板显示器所需的基础材料为玻璃基板(motherglass)，也必将成为平板玻璃行业新的经济增长点。

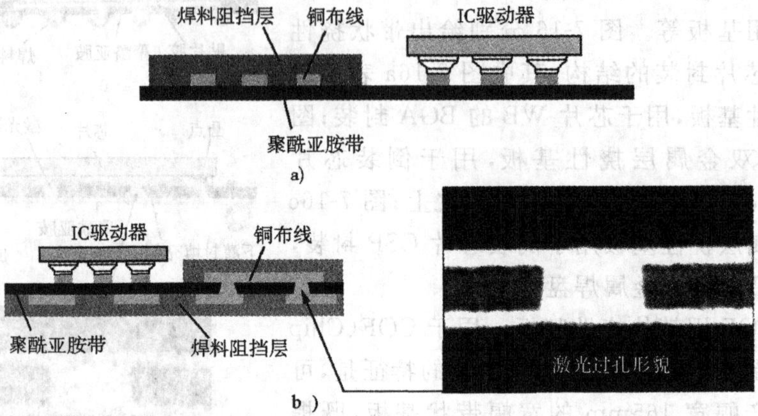

图 7-17　COF 挠性基板用于 IC 驱动器载体的结构
a) 单金属层 COF 挠性基板　b) 双金属层 COF 挠性基板

1. LCD (Liquid Crystal Display, 液晶显示) 用玻璃基板

(1) 液晶显示技术　1888 年，奥地利植物学家弗里德里·雷尼泽尔发现了一种新物质，这种物质在 145.5℃时由固体变为不透明液体，而在 178.5℃时，就会变成完全透明的液体。一年后法国人奥托·莱曼发现，这种物质即使在不透明的液体状时仍然保持一种液体结构，故为其取名为“液晶体”。液晶从形状和外观看上去都是一种液体，但它的分子结构又表现出固体的形态。20 世纪 60 年代起，人们发现给液晶充电会改变它的分子排列，继而造成光线的扭曲或折射。经过反复测试，1968 年，在美国发明了液晶显示器件，随后 LCD 液晶显示屏就正式面世了。从第一台 LCD 显示屏的诞生以来，短短 30 年，液晶显示器技术得到了飞速的发展：70 年代初，TN-LCD(扭曲阵列)显示器开始出现；80 年代初，TN-LCD 产品在计算器上得到广泛应用，但电光特性曲线不够陡峭，无法实现 64 线以上的大容量显示；90 年代，液晶显示器朝高质量的薄膜晶体管液晶显示器(TFT-LCD, Thin-Film Transistor Liquid-Crystal Display)发展。目前已在微型电视、游戏机、移动电话、数码照相机、数码摄像机以及显示器等多个领域得到了广泛应用，并逐步进入桌面系统市场。而且，众多的电子产品都纷纷采用 LCD 作为显示面板，使得 LCD 产业得到了蓬勃的发展。

液晶显示器的显像原理，是将液晶置于两片导电玻璃之间，靠两个电极间电场的驱动，引起液晶分子扭曲向列的电场效应，以控制光源透射或遮蔽功能，在电源关开之间产生明暗而将影像显示出来，若加上彩色滤光片，则可显示彩色影像。在两片玻璃基板上装有配向膜，所以液晶会沿着沟槽配向，由于玻璃基板配向膜沟槽偏离 90°，所以液晶分子成为扭转型，当玻璃基板没有加入电场时，光线透过偏光板跟着液晶做 90°扭转，通过下方偏光板，液晶面板显示白色（见图 7-18 左）；当玻璃基板加入电场时，液晶分子产生配列变化，光线通过液晶分子空隙维持原方向，被下方偏光板遮蔽，光线被吸收无法透出，液晶面板显示黑色（见图 7-18 右）。液晶显示器便是根据此电压有无，使面板达到显示效果。

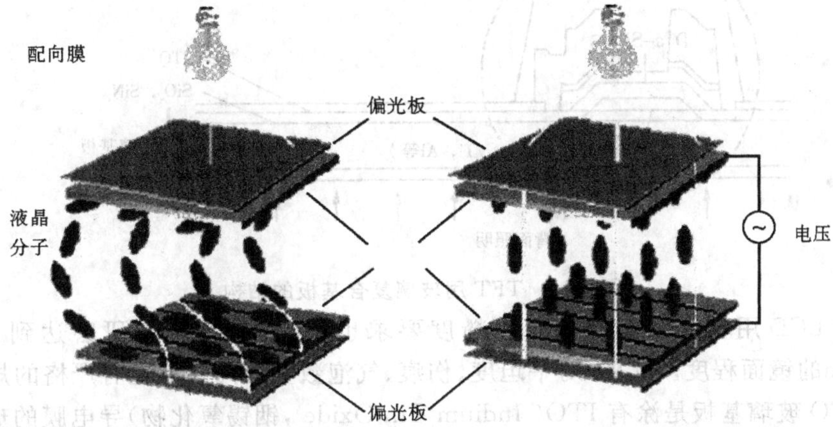

图 7-18 液晶显示原理图

（2）液晶显示器玻璃基板的结构 玻璃基板，就是构成 TFT-LCD 面板的两片素玻璃，分前基板和后基板。TFT-LCD 面板可视为两片玻璃基板中间夹着一层液晶，上层的玻璃基板覆有偏色膜、滤色膜，形成彩色滤光片（Color Filter），而下层的玻璃则有薄膜晶体管 TFT、金属布线和绝缘膜镶嵌其上。当电流通过晶体管产生电场变化，造成液晶分子偏转，藉以改变光线的偏极性，再利用偏光片决定像素（Pixel）的明暗状态。此外，上层玻璃因与彩色滤光片贴合，形成每个像素（Pixel）各包含红蓝绿三种颜色，这些发出红蓝绿色彩的像素便构成了面板上的影像画面。

图 7-19 为液晶显示器用带有薄膜三极管（TFT，Thin Film Transistor）的玻璃基板结构示意图。除导体布线及绝缘膜之外，还设有液晶材料、透明导电膜、TFT、滤色器等许多高功能组件。

作为电子用玻璃，一般采用硅酸盐玻璃、硼硅酸玻璃、磷酸盐玻璃等。对于 TFT 应用来说，特别要求采用无碱金属离子玻璃、低碱金属离子玻璃和低热膨胀系数的合成石英玻璃等。前者要求碱金属离子含量应控制在 0.1%以下，一般采用电炉熔化法制作。

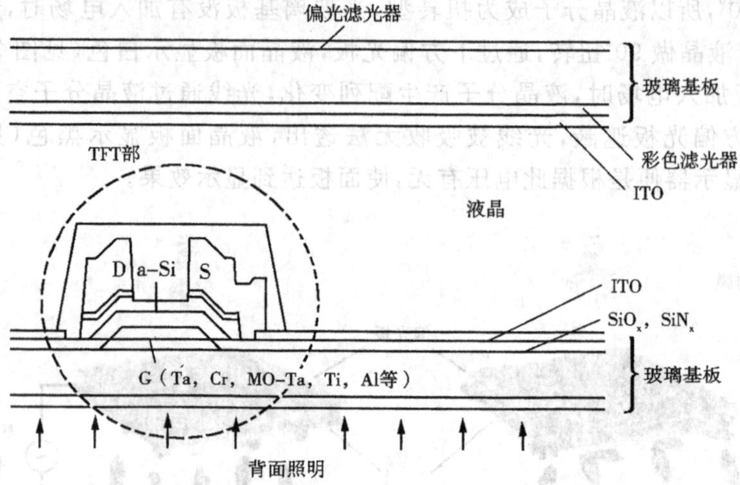

图 7-19　TFT 用玻璃复合基板的结构

对 LCD 用玻璃基板的表面粗糙度要求也很高，需要精密研磨达到 Ra 为 4～5nm的镜面程度。此外，对平坦度、伤痕、气泡数量及间距等也有严格的规定。

ITO 玻璃基板是涂有 ITO(Indium Tin Oxide，铟锡氧化物)导电膜的玻璃基板，其平整度参数如玻璃表面粗糙度、基板表面波纹度、基板翘曲度、基板平行度、ITO 膜表面粗糙度、ITO 膜厚和均匀度对 LCD 的显示质量有重要影响。

如图 7-19 所示，透明电极采用已广泛使用的 ITO 膜，外部布线中采用金属布线(Al、Mo 等)多层膜，目的在于降低电阻。

对于 50cm 以上大型 LCD 用玻璃基板的光学特性要求更高，需要采用无缺陷且性能更均匀的玻璃。

此外，受 TFT 控制的非晶硅(a-Si)图像传感器也要按阵列紧密附着在玻璃基板上，并由 Cr/a-Si/ITO 构成 Cr 肖特基二极管。布置在 ITO 膜上与驱动器相连接的布线导体要通过 Cr/Al 实现多层化以降低布线电阻。

(3) 对玻璃基板性能的要求

1) 具有较高的应变点(或者说具有良好的高温热稳定性，一般应变点温度大于 610℃)；玻璃基板要不断地被重复加热(有时温度高达 500℃～650℃)和冷却，而且在高温状态下，玻璃基板表面还需要印制上微电子电路。微电子电路印制在玻璃基板上位置的准确程度将直接影响显示器显示出的画面质量，因此要求玻璃基板表面必须无热收缩或几何变形(一般要求其热收缩在 $1\times10^{-6}\sim10\times10^{-6}$ 之间。例如 10×10^{-6} 相当于＜10 (μm/m)，而这主要与玻璃的应变点(玻璃退火温度下限)及热历史有关。

2)较高的电阻率，应阻止碱金属离子扩散到玻璃基板表面和显示器介质中。LCD 显示器采用液晶作为显示介质，不允许碱金属离子进入显示介质中，因而玻璃组分中不应含碱金属氧化物，但对玻璃组分中所含碱金属氧化物可采取表面涂覆二氧化硅或二氧化钛膜以及充分利用碱金属混合碱效应特性（Na/K＝0.9）阻止碱金属离子扩散到玻璃基板表面和显示器介质中。

3）较低的热膨胀性能；基板的膨胀系数必须与硅的膨胀系数相匹配。由于LCD显示器基板表面镶嵌单晶硅或多晶硅片，因此要求玻璃基板的膨胀系数必须与硅的膨胀系数相匹配。

4）表面光洁平整无缺陷、厚度均匀，如小气泡（＜0.1mm）数少于0.3个/kg，波纹度小于0.4 μm，粗糙度小于100。

5）良好的化学稳定性。

对玻璃基板的其他方面要求：密度要尽量小，以便降低显示器的整体重量，一般小于2.8g/cm³为了确保显示板具有良好的机械稳定性，弹性模量（*E*）大于70GPa；具有良好的失透稳定性及光照稳定性等。

平板显示器用玻璃基板的组分具体见表7-4。

表7-4　平板显示器用玻璃基板的组分

<table>
<tr><th rowspan="2">含量w（%）
氧化物</th><th colspan="4">含　碱</th><th colspan="2">不含碱（含硼）</th></tr>
<tr><th colspan="2">钠钙硅型</th><th colspan="2">铝硅酸盐型</th><th>硼硅酸盐型</th><th>铝硅酸盐型</th></tr>
<tr><td>SiO_2</td><td colspan="2">60～61.8</td><td colspan="2">45～68</td><td>58～59</td><td>54～57</td></tr>
<tr><td>Al_2O_3</td><td colspan="2">1.00～5</td><td colspan="2">5～18</td><td>14～15</td><td>16～21.8</td></tr>
<tr><td>Na_2O</td><td>0～4</td><td rowspan="2">且
11 ≤ Na_2O + K_2O≤12.4</td><td>0～5</td><td>11 ≤ Ns_2O + K_2O≤16</td><td></td><td></td></tr>
<tr><td>K_2O</td><td>0～9</td><td>9～15</td><td>0.5 ≤ Na_2O/K_2O≤0.35</td><td></td><td></td></tr>
<tr><td>MgO</td><td>0～2</td><td rowspan="2">且
10 ≤ MgO + CaO≤13</td><td colspan="2"></td><td>0～1</td><td>2.2～2.5</td></tr>
<tr><td>CaO</td><td>0～11</td><td>0～3</td><td rowspan="3">且
12≤CaO＋BaO＋SrO＜17</td><td>5～7</td><td>1.5～9.5</td></tr>
<tr><td>BaO</td><td colspan="2"></td><td>0～7.5</td><td>7～9</td><td>0.1～14.5</td></tr>
<tr><td>SrO</td><td colspan="2">0～7</td><td>9.5～15</td><td>0～1</td><td>4.5～5.5</td></tr>
<tr><td>ZrO_2</td><td colspan="2">0～7</td><td colspan="2">2～5</td><td>0～5</td><td></td></tr>
<tr><td>TiO_2</td><td colspan="6">0.5～2</td></tr>
<tr><td>B_2O_3</td><td colspan="2"></td><td colspan="2"></td><td>9～11</td><td>0～14</td></tr>
<tr><td>As_2O_3</td><td colspan="2"></td><td colspan="2"></td><td>0～0.5</td><td></td></tr>
<tr><td>Sb_2O_3</td><td colspan="2"></td><td colspan="2"></td><td>0～0.5</td><td></td></tr>
<tr><td>熔化温度/℃</td><td colspan="2">1330～1408</td><td colspan="2">1450～1580</td><td>1640～1660</td><td>1480～1600</td></tr>
<tr><td>工作温度/℃</td><td colspan="2">1037～1120</td><td colspan="2">1191～1253</td><td colspan="2">1321</td></tr>
<tr><td>退火温度/℃</td><td colspan="2">630～650</td><td colspan="2">620～637</td><td colspan="2">721～730</td></tr>
</table>

（续）

含量w（%）/ 氧化物	含碱		不含碱（含硼）	
	钠钙硅型	铝硅酸盐型	硼硅酸盐型	铝硅酸盐型
应变点温度/℃	595～650	650～680	595～680	593～666
热膨胀系数/K^{-1}	84×10^{-7}	$(8.1\sim9.0)\times10^{-6}$	$(3.7\sim3.9)\times10^{-6}$	$(32\sim40)\times10^{-7}$
弹性模量/GPa	72～78	71～76		70.6～72
密度/($g\cdot cm^{-3}$)	2.6～2.8	2.564～2.779	2.46～2.76	2.37～2.8

除了上述玻璃基板组分外，高纯石英也可作为生产平板显示器用玻璃基板的原料，但生产出的显示器，其成本和售价将大大增加，不利于产品的推广使用。

(4) 玻璃基板的制作　玻璃基板的技术门槛其实很高，一片 TFT-LCD 的素玻璃，厚度仅约 0.7～0.4mm，且厚度必须平均，目前全球只有 4 家厂商有能力生产。

玻璃基板生产的前段工艺包括熔炉与薄板成形，后段加工包括抛光、切割、磨边、清洗等。玻璃基板的生产方式有两种：浮法和下拉法；前者是原料从熔炉流出后，使其浮在金属表面；后者则利用平均液流的方式成形。两种生产技术各有利弊，浮式法可以生产较大面积的玻璃基板，但必须经过抛光的研磨程序；下拉法生产的玻璃基板的面积比浮法小，但玻璃表面光滑，不需再经抛光。

(5) 生产工艺　显示器玻璃基板性能和品质除了直接受到玻璃原料的组分影响外，还与玻璃的热历史密切相关，玻璃熔化、成形、退火在生产过程中至关重要。如玻璃板通常出现翘曲、炸裂现象主要与在熔化、澄清、退火过程中，玻璃液或玻璃板的化学均匀和温度均匀有直接的关系。另外，切裁和清洗也是影响玻璃基板最终能否作为显示器组件的重要因素。平板显示器玻璃基板的生产工艺过程如下：

原料的制备→玻璃熔制（包括熔化、预澄清）→澄清→成形→退火→检测→切裁→清洗→装箱入库。目前最常采用工艺：溢流下拉法、铂金下拉法、平拉工艺、浮法工艺。为了保证玻璃的质量，熔窑通常均采用全氧或全电熔进行熔化。

1)溢流下拉法(Down-draw Process)。该工艺是让粘度为 20 000Pa・s 的熔融玻璃从熔化部流入料槽或溢流管，玻璃流分开并从料槽两侧溢流，在耐火材料的根部又重新合为一体从而形成平板玻璃。通常生产 0.5～1mm 的薄玻璃，板宽是浮法玻璃的一半。用该工艺成形的平板玻璃的组分范围较广，生产出的玻璃与浮法玻璃具有一样的表面质量。因而目前大多数玻璃基板厂家采用此工艺。采用溢流下拉工艺，要求玻璃液态时必须具有较高的粘度。

2)铂金下拉法。与溢流下拉法生产工艺原理基本相同，但澄清、均化、成形设备均采用铂合金构件。玻璃液从铂金板的成形小缝中拉出，调节缝隙的宽度，可以生产出不同厚度的玻璃板。该工艺熔化量不大，一般在 0.7～30t/d 左右，能生产出 50μm～1.1mm 薄玻璃，板宽可达 1.5mm。该工艺虽然一次性投资较大，但生产出的玻璃质量与浮法玻璃基本相同。

3)平拉工艺。该工艺可生产出厚度在 0.6～1.1mm 之间的薄玻璃，生产出的薄玻璃表面质量与浮法无法相比，而且只有少量原片可作平板显示器基板。但由于其附加值很高，目前仍有个别厂家采用此工艺。

4)浮法工艺。该工艺通常在锡槽中设置石英辊、增加拉边机数量、调节操作参数来控制玻璃板的厚度。采用此工艺生产出的玻璃基板质量最佳，厚度在 0.5～0.7mm 之间，熔化量在 120t/d 以下，一般适用于生产硬质玻璃基板的生产。无论采用哪种工艺，对于熔制组分中含有 B_2O_3 的玻璃，熔窑必须采取密封，同时对熔融玻璃液进行充分的搅拌。这主要是因为 B_2O_3 易挥发，且易分层。如不进行密封和充分的搅拌，不仅影响玻璃基板的质量，而且挥发出的 B_2O_3 易造成环境污染。另外，切裁与清洗直接将最终影响显示模块质量和成品率，因此也是生产过程中必须注意的。浮法工艺，要求玻璃组分中不含 PbO、As_2O_3、Sb_2O_3，因为它们在浮法生产过程中会导致玻璃变色或变模糊。

玻璃基板的切割可用超硬辊式旋转凿子或金刚石砂轮切割，但这些机械加工方法会产生微切削或飞散，甚至残留微龟裂，使成品率下降，而激光切割可避免上述问题。

玻璃基板的清洗主要用于清洗玻璃基板上微粒子污染、有机物等。湿清洗处理后之玻璃基板，需干燥处理，而一般多以采用快速(spin)干燥方式或气刀方式。

前段的组(Array) 制造工艺与半导体制造工艺相似，但不同的是将薄膜晶体管制作于玻璃上，而非硅晶圆上。

中段的单元(Cell) 制造工艺，是以前段的组(Array)的玻璃为基板，与彩色滤光片的玻璃基板结合，并在两片玻璃基板间灌入液晶(LC)。

后段模块组装制造工艺是将单元(Cell)制造工艺后的玻璃与其他如背光板、电路、外框等多种零组件组装的生产作业。

2. PDP 用玻璃基板

(1) PDP 显示器结构　继 LCD之后，由于等离子体平板显示器 PDP 容易实现大画面(对角线 100cm 以上)显示，它自发光、视角大、响应快，具有存储特性、彩色丰富(与 CRT 相当)、全数字化工作、薄型平板化、受磁场影响小，无需磁屏蔽等优点，覆盖了从 30～70in 的高分辨率显示领域。目前，已研制出的彩色 PDP 中，分辨率最高的是 Photonics Imaging 公司 53cm ACPDP，具有 1280×1024 彩色像素(节距仅为 0.33mm)，而尺寸最大的是 Fujtsu 公司 106cm 852×480 彩色像素的 ACPDP。

图 7-20 表示 PDP 的工作原理及结构示意。在 PDP 中，有数百万个如上所述

的微小荧光灯，即放电胞。真空放电胞中封入的放电气体，一般采用Ne(氖)和Xe(氙)，或He(氦)和Xe组成的混合惰性气体。放电胞内壁涂敷的荧光体并不是发白光，而是发红(R，Red)，绿(G，Green)，蓝(B，Blue)三原色光。这三种颜色布置成条状或马赛克状。对放电胞施加电压，放电胞中发生气体放电，产生等离子体。等离子体产生的紫外线照射胞内壁上涂敷的荧光体，产生可见光。三原色巧妙地混合，对于视者来说，产生丰富多彩的颜色。

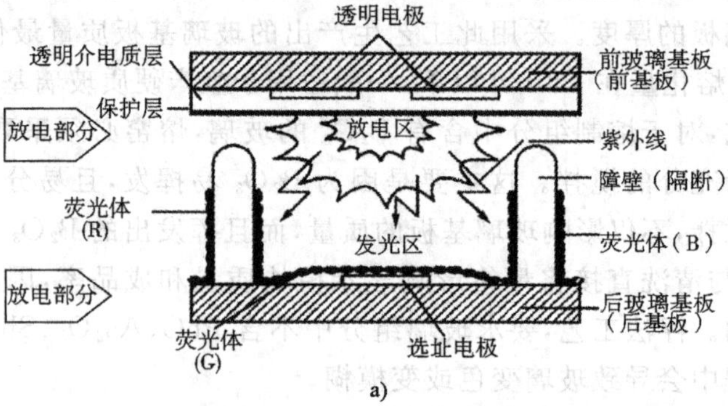

a)

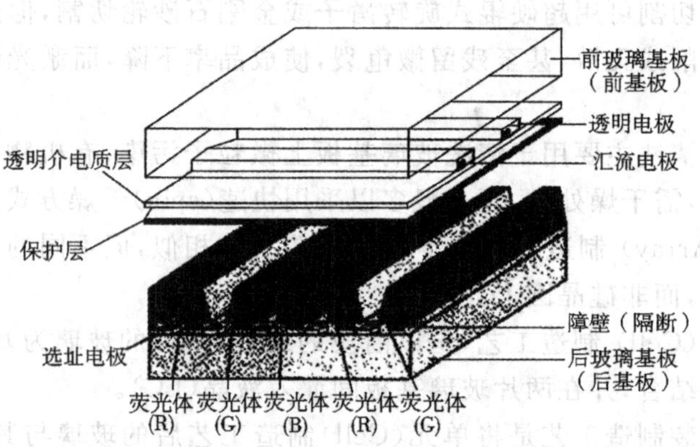

b)

图 7-20 PDP 的工作原理及结构示意图

a) PDP 的工作原理 b) PDP 的结构示意图

PDP有各种不同的结构，但其都是由两块玻璃板，在上边形成各种各样的功能层，贴合在一起，中间封入气体构成的。相对于视者来说，前面的玻璃基板称为前基板，后面的称为后基板。

彩色PDP制造工艺过程如图7-21所示。

(2)基板玻璃的性能要求

1)表面平坦。

2)良好的热稳定性,高的玻璃应变点。在玻璃的应变点附件,玻璃的粘度—弹性特性变化很快,从而导致玻璃基板产生弯曲、不规则变形和热收缩。对玻璃基板而言,热收缩可能会造成最大的变形,使像素错位。通常,在彩色PDP的制造过程中,基板要经受多次高温热处理过程,如烧结温度在450~600℃之间,封接温度为380~400℃,排气最高温度350℃,因此,玻璃基板要求有良好的热稳定性,高的玻璃应变点。

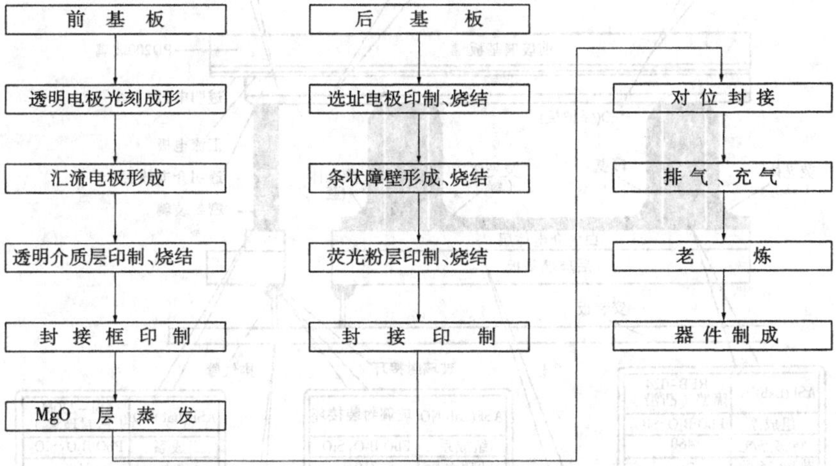

图 7-21 彩色PDP典型制造工艺

3)消除玻璃中的内应力。必须将玻璃加热到低于转变温度 Tg 附近某一温度进行保温均热,使应力松弛。选定的保温均热温度称为退火温度。

4)对于PDP采用荧光粉作为显示介质,要求玻璃基板的膨胀系数也必须与荧光材料的膨胀系数相匹配。

(3) PDP玻璃基板材料 目前,PDP用玻璃基板,多采用苏打石灰玻璃。这种玻璃跟普通平板窗玻璃基本相同,比薄膜三极管(TFT)用无碱金属离子玻璃要便宜得多。虽然超扭曲向列液晶(STN)用玻璃也属于苏打石灰玻璃,但由于其表面精度要求高,需要表面研磨。PDP用玻璃基板表面平坦性的要求与窗玻璃为同一水平,故不需要研磨工程。而且,玻璃的厚度以3mm,0.7mm为主,与LCD用玻璃相比,可算是相当厚的。

一般情况下,需要在前玻璃基板上形成透明电极、汇流电极、透明介电质层、保护层和封接层;在后玻璃基板上形成电极(数据电极或选址电极)、障壁(隔断)、荧光体、封接层等。

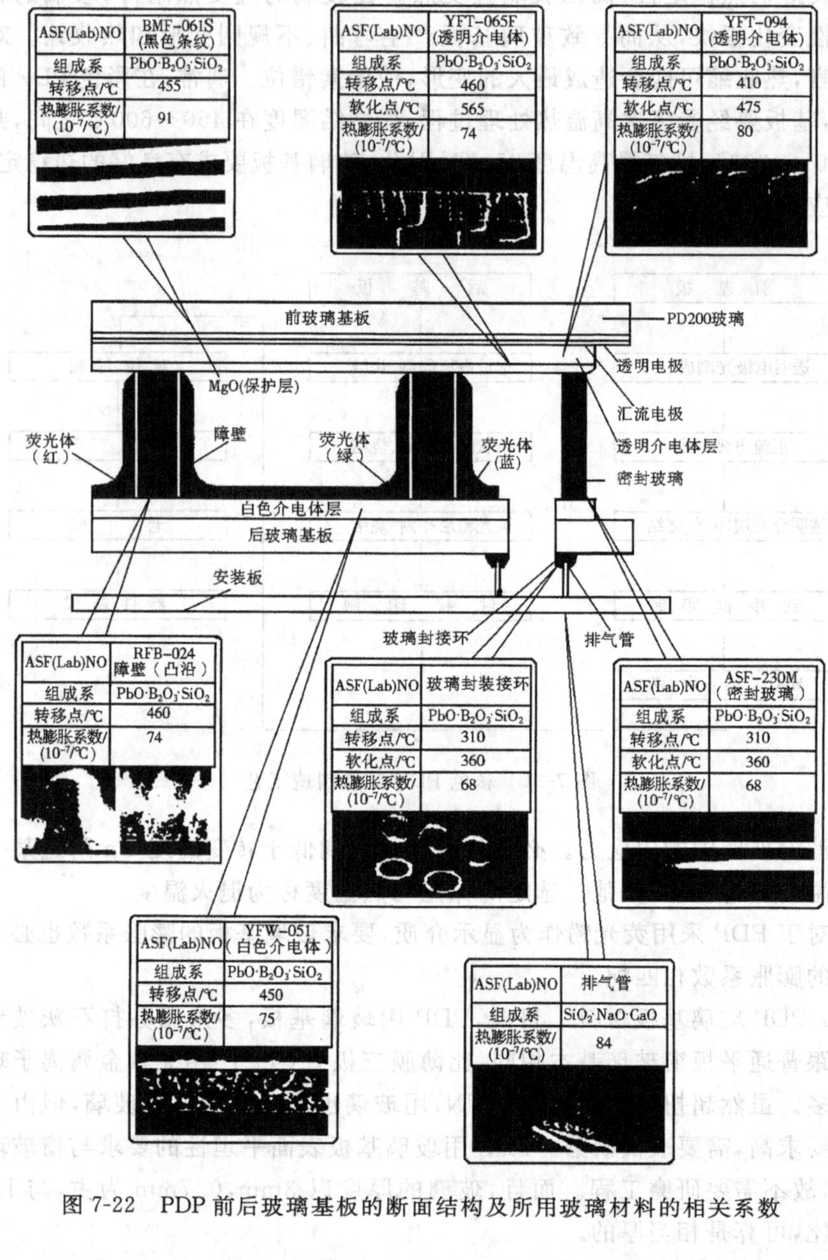

图 7-22 PDP 前后玻璃基板的断面结构及所用玻璃材料的相关系数

在 PDP 中，除前、后玻璃基板外，障壁（隔断）及透明介电质层、封接层等也都要使用玻璃材料。而在 PDP 最初开始生产时，玻璃基板采用苏打石灰玻璃，其他玻璃材料的热膨胀系数也是按与其相近开发的，如图 7-22 所示。若玻璃基板的热膨胀系数改变，其他玻璃材料及其生产工艺、设备等也必须进行新的开发。正是因为如此，高屈服温度玻璃的热膨胀系数也选择与传统苏打石灰玻璃的热膨胀系数基本在同一水平。

彩色 PDP 常用的玻璃基板是钠钙玻璃。PDP 显示器相对 LCD 显示器而言，限制稍宽，因此作为 LCD 显示器用玻璃基板同样也可用于生产 PDP 显示器。

(4) PDP 基板玻璃的制造　尽管平板玻璃的制造方法有很多种，但现在制造窗玻璃、汽车玻璃等最常采用的方法是浮法。浮法是指玻璃液流漂浮在熔融金属上生产平板玻璃的方法。浮法玻璃的成形过程是在浮抛锡槽中完成的。锡槽也叫浮抛窑。锡槽有一定深度，其高温区在 1 200℃以上，并保持一定的温度，通入保护气体(N_2 及 H_2)防止锡液氧化。温度为 1 100℃左右的玻璃液，通过溢流口经流槽流到锡液表面上，在重力及表面张力的作用下，玻璃摊开成为玻璃带，向锡槽尾部拉引，经抛光、拉薄、硬化，冷却后彼引上过渡辊台。辊台的棍子转动把玻璃带拉出锡槽，送入退火窑。

这种生产方式的优点在于：

1)可得到平整度高的平板玻璃。

2)它有自身抛光作用，使其具有光洁平整的表面。

3)能比较容易地制得从 0.5 ～ 25 mm 厚的玻板。

4)容易实现大面积、大批量生产。

由于大面积 PDP 的目标是瞄准在 1 m 级以上的。通过浮法过程进行一定的控制，就可以直接制造出合乎尺寸的基板，省去划边、磨边工艺的费用。

基于上述理由，PDP 基板用玻璃用浮法制造是最适合不过的了。

(5) 彩色 PDP 用新型玻璃基板　PD200 是由日本旭硝子公司专为彩色 PDP 制造开发的玻璃材料，具有高的膨胀系数和高的应变点。PD200 经过 PDP 制造工艺的热处理也不产生扇形变形和不均匀的收缩。另外，由于 PD200 中所含碱金属氧化物少，实验证明它具有高的体电阻，具有良好的电绝缘性，这对 DCPDP 的制造作用较大。

CS25 是由美国 Corning 公司和法国 Saint-Gobain 公司合作开发出的一种新的彩色 PDP 用玻璃基板，特点是具有高的膨胀系数，具有高的体电阻即具有良好的电绝缘性；在绝大多数的无机酸或碱中具有优良的化学稳定性；有足够大的杨氏弹性模量，使 3 mm 厚的基板就能满足 PDP 工艺对基板的机械强度要求；最重要的是它极大地提高了玻璃的应变点(达 610℃)，使得热变形和热收缩性能有了很大的改善。

CS25 型玻璃的密度虽比钠钙玻璃的约高 15%，但它的抗弹性下垂倾向因 CS25 的弹性模量增加 18%而补偿。因此，尽管这种玻璃稍重，但 CS25 的弹性下垂的倾向比钠钙玻璃的稍小。

第三节　微过孔技术

一、印制电路板中的孔连接技术的发展

1. 单面板

PCB板经历了单面板、双面板、多层板的发展期。简单的单面PCB板是在绝缘基板的单面形成导体布线，然后在该布线上搭载元器件，如图7-23所示。

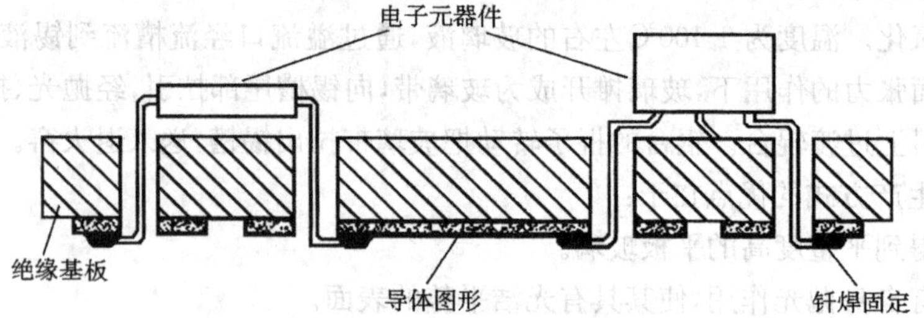

图7-23　单面印制线路板(蚀刻箔技术)示意图

2. 双层板

随着电子部件的小型化，需要在同一块基板上搭载多个部件，布线交叉不可避免，仅靠单面板完成复杂的连接变得越来越困难。为此，人们提出了在绝缘基板正反两面布线的方法，如图7-24a、b所示。但这两种方法工艺复杂，费工费料，且难以保证可靠性。1953年，摩托罗拉公司开发了由电镀通孔连接双面电路图形的方法，如图7-24c所示。由于这种方法工艺简单、结构合理、能保证可靠性，因此被普遍接受。如后面所述，这种方法作为多层布线板的基本技术，逐步完善，在半个世纪中得到长足发展。

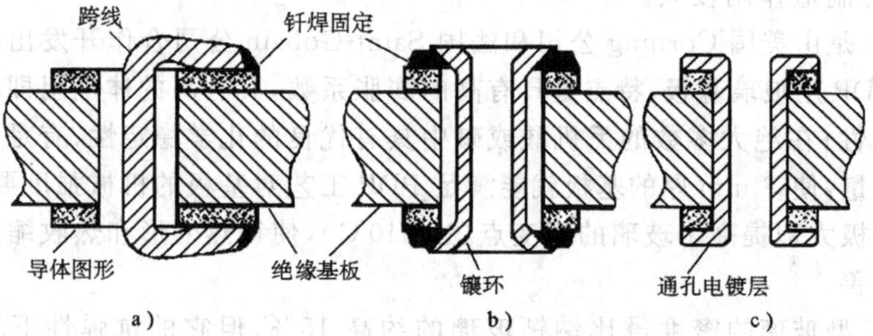

图7-24　连接双面电路图形的各种方式

a) 跨线方式　b) 镶环方式　c) 电镀通孔方式

3. 多层板

随着 IC(Integrated Circuit)、LSI(Iarge Scale Integrated Circuit)的出现，多功能、高性能电子设备层出不穷，电子设备向轻薄短小方向发展的趋势锐不可当。与此同时，总布线量飞跃性地增加，布线密度迅速提高。印制线路板才逐渐发展成为今天通用多层布线板的方式。

多层布线板的关键是如何实现层间导体图形的连接，最初的多层布线板的连接如图 7-25 所示。排屑孔方式中内层电路图形的引线露于板外，用于连接，由于制造工艺复杂，不便于高密度布线，故未能达到实用化。

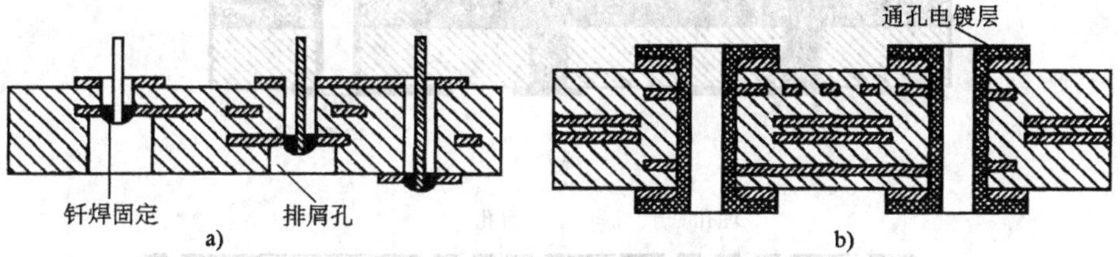

图 7-25　多层布线板的连接

a) 排屑孔(退刀槽)方式　b) 电镀通孔方式

相比之下，电镀通孔方式简单、方便，可保证高可靠性。通孔电镀与普通双面板通孔电镀工艺相同，便于实现工业化生产。今天，多层布线板已发展成为一个独立的产业领域，但其中采用的电镀通孔方式仍然是整个工艺的核心与关键。

4. 立体连接方式

过去的层间连接一般采用通孔导通化方式。但由于通孔孔径、孔距都不能太小，而且孔盘露于表面降低了布线的自由度和搭载元器件的密度。随着高密度封装技术的迅速发展，一块 PCB 中的布线总长度逐年增加，与小型化相关联，对高密度布线的要求越来越高。因此，仅采用通孔导通化方式远远不能适应高密度布线的要求。此时必须采用多层立体布线。因此，厚度方向的电气连接必不可少。

为了实现立体的微过孔连接，微过孔是指孔径小于 0.15mm 的通孔，需要采用紫外光、激光等方法在绝缘层厚度方向制孔，在孔的内壁和孔中形成导体以实现。微过孔的类型有通孔(Via)、盲孔(Blind Via)、埋孔(Buried Via)、内层连孔(Inner Via)、表面埋孔(Surface Buried Via)、孔上焊盘(Pad On Hole)、内通孔(Inner Via Hole)、中间层导通孔(Interstitial Va Hole)等。图 7-26 为具有各种孔连接的 PCB 截面结构。

其中，盲孔位于印制线路板的顶层和底层表面，具有一定深度，用于表层线路和下面的一个或多个内层线路连接的镀铜孔，孔的深度通常不超过一定的比率(孔径)。埋孔是指位于印制线路板内部连接两个或两个以上内层的镀铜连接孔，它不会延伸到线路板的表面。上述两类孔都位于线路板的内层，层压前利用通孔成型工艺完成，在过孔形成过程中可能还会重叠做好几个内层，采用埋孔和盲孔可提高多层板密度，减少层数和板面尺寸，并大大减少了镀覆通孔的数量。目前先进的积成式多层板(BUM)几乎都采用埋孔和盲孔结构。通孔则穿过整个线路板，可用于实现内部互连或作为元件的安装定位孔。

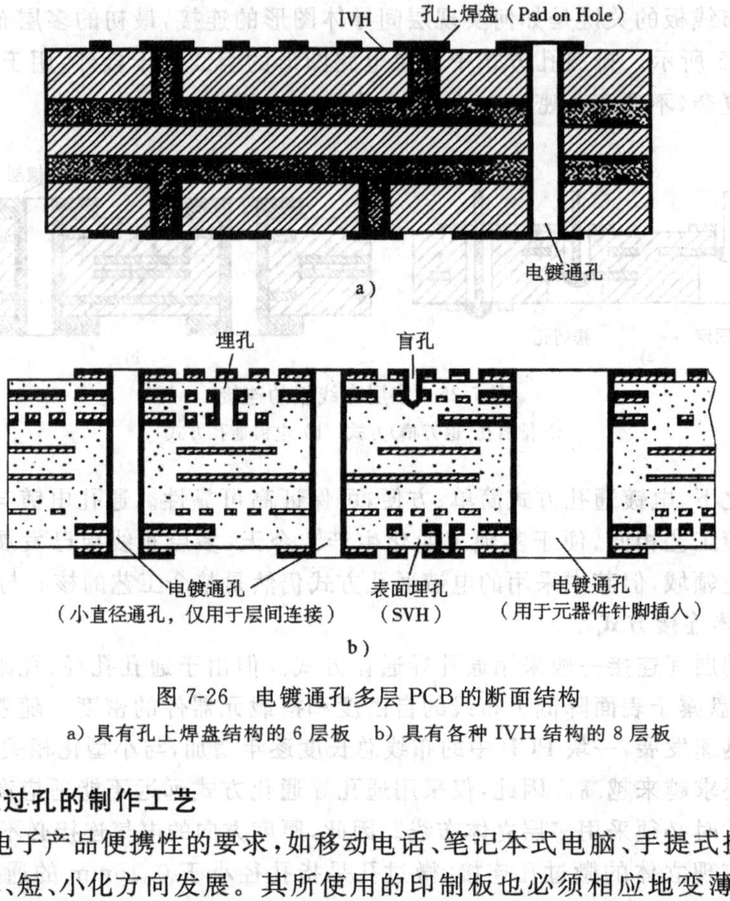

图 7-26　电镀通孔多层 PCB 的断面结构

a）具有孔上焊盘结构的 6 层板　b）具有各种 IVH 结构的 8 层板

二、微过孔的制作工艺

随着电子产品便携性的要求，如移动电话、笔记本式电脑、手提式摄相机等产品向轻、薄、短、小化方向发展。其所使用的印制板也必须相应地变薄、变小。同时随着半导体封装技术的发展，集成电路由双列直插、表面封装向球栅阵列及令人注目的倒装芯片(Flip Chip)发展。使得布线密度进一步提高，芯片的端子间距和焊盘尺寸进一步缩小。使得实现层间互连的微过孔随之发展起来。

微过孔的生产方法主要有：光致成孔法、等离子蚀孔法、机械钻孔法和激光钻孔法。在孔径大于 200 μm(0.008 in)的场合基本上都使用机械式钻孔，较小孔径则主要应用激光钻孔，激光钻孔的孔径最小为 25 μm (0.001in)。总的趋势是朝覆铜材料和双激光加工方向发展。

1. 光致成孔

光致成孔工艺通常是用半加成法或全加成法生产 PCB。先将专用配方的光敏树脂即新型的光致成像绝缘材料(HD)涂覆在芯板上,这种材料既有液体的,也有干膜的。使照相底版与光致材料紧密贴合,在 UV 光中曝光,再显影、热固化便产生大量的裸盲孔。将孔粗化,化学镀铜、电镀铜而成金属化微孔。外层电路通过成像、蚀刻出导电图形或进行图形电镀。也可用导电膏堵塞微孔而实现导通。但这种方法有以下四项缺点:

1) 需要大量投资购买设备;

2) 绝缘层(介电层)表面的化学镀铜层附着力差;

3) 产量小时无效益;

4) 微导通孔径局限于 0.1mm 左右。

2. 等离子体蚀孔

首先在印制板表面贴一层专用覆盖膜,进行孔图形转移并在铜箔上蚀刻出窗孔,露出下面的介质层,然后将板子放在等离子体蚀刻机的真空室中,抽真空后通入介质气体。最常用的介质气体有 CF_2、H_2、O_2、He 和 Ar。介质气体在超高频射频电源作用下被电离,气体原子的外层电子被激励到较高的能级,形成活性很强的自由基,与高分子介质层进行反应,起到蚀孔的作用。它的优点是所有的导通孔可以一次加工并且不遗留残渣。问题是处理时间较长,不适于大批量生产。由于整个在制板都处于等离子气体中,其蚀刻能力是各向同性的。当它垂直蚀孔的同时也侧向蚀刻,导致铜箔下面产生侧蚀的问题。从而造成金属化工艺的难度或者要增加处理的工艺步骤。

3. 机械钻孔

印制电路复合材料最常用的通孔形成技术是机械钻孔。影响钻孔质量的主要因素包括:钻床、钻头、工艺参数、盖板及垫板、加工板材质量和加工环境。已研制出具有高转速和进刀功能的多转轴钻床,钻出直径小到 0.20mm 或更小的孔。钻头常常做成倒锥形和后角形,以减少摩擦产生的热量。钻头是用细颗粒碳化钨粉末冶金材料,通常为 6%~12%的钴基硬质合金制造的,能经受高应力和磨损。

印制电路板钻孔时,使用盖板和垫板有利于提高印制板的质量、提高成品率。钻孔用盖板要求有合适的硬度、较大的导热系数和一定的弹性。目前国内使用的盖板主要是 0.3~0.5mm 厚的酚醛纸胶板、环氧玻璃布板和铝箔。垫板要求硬度适宜、树脂含量或其他杂质成份含量少、固化程度好、平整度好、不变形、不吸水,有利于钻头散热或能冷却钻头。国外常用高密度纤维板和铝箔作垫板。

机械钻孔是一种成熟的技术,同时也有新的发展,如先进的单轴及多轴钻孔系统、采用有限元分析对钻孔设备器进行设计，能够以很快的速度开发出钻孔，使机器性能更快稳定下来，从而提高了设备的稳定性和每分钟钻孔数量，可对 100μm (0.004in)或以上过孔的加工进行深度控制。在加工通孔和盲孔时，机械钻孔依然是最经济的钻孔方法。

最近研制出一种带空气轴承的钻头，转速可达 170kr/min 以上。钻孔时为得到最大的产量需要有较高转速，板上测量工具则可以监测钻头状态和钻孔尺寸。

目前正在研制一种用于进行盲孔深度控制的新型高精度深度控制传感技术，它是压力感应探头的重要组成部分，采用了最新研究的电场传感技术。每一个传感器信号都通过专用的微处理器进行处理，这样可以并行地处理每个传感器的信号，使钻头状态分析更加迅速准确。其原理是检测钻头和线路板表面的实际接触情况，它能使操作员将钻孔深度控制在 0.005mm (±0.0002in)精度范围内。由于传感器探测的是钻头和线路板的接触情况，所以精度不会受线路板上碎屑、板面变化及周围毛刺的影响，传感器还可以监测钻头在 0.05mm(0.002in)至 6.35mm (0.250in)范围内的磨损情况。深度控制微过孔钻孔系统目前采用的就是这种技术。

钻头技术也在变化。现正在开发一种用于盲孔加工的特殊钻头，工程技术人员也尝试用凹槽式设计及硬质合金钻头，希望藉此能够提高精度延长钻头的寿命，降低每个孔的制作成本。

4. 激光钻孔

机械钻孔是层布线板(PWB)制造中费用最大的工序。正被激光打孔或光成孔等方法替代。激光制作微过孔是一种非接触式成孔技术，工艺简单，低成本，不像机械钻孔那样会有一笔昂贵的工具更换费用。满足精密钻孔的需要。

激光钻孔可采用光热烧蚀法和光化学烧蚀法。光热烧蚀是加热蒸发过程，加工材料吸收高能量的激光，在极短的时间加热到熔化并被蒸发掉，导通孔周围区域在这一过程中受热的影响，造成孔壁的炭化或焦化，在孔化前要进行处理。光化学烧蚀是光子能量超过 2eV(电子伏特)、激光波长低于 400nm 的高能量光子作用的结果。这种高能量的光子能破坏有机材料的长分子链，成为更小的微粒。而能量大于其原分子，极力从孔中逃逸，或像粉末一样停留在基材表面，或被强制抽走，它不会对周围造成热损伤，孔化时清洗工艺也较简单。

PCB 钻孔用的激光器主要有 CO_2 气体激光器和 UV 固态 Nd-YAG 激光器两种。

(1)CO_2 激光器　CO_2 激光器是气体激光器，发射波长为 10.6μm 或 9.4μm 的连续或脉冲 FIR 激光。尽管两个波长都易于被电介质如聚酰亚胺膜基材吸收，但电介质对 9.4μm 波长的光吸收系数较高，用这一波长来钻孔或切割电介质材料比用 10.6μm 波长快，但铜对 FIR 激光的反射率较高。所以绝大多数 CO_2 激光用于电介质的加工成型、切片以及电介质基材和层压板分层。CO_2 激光钻孔的加工方法主要有直接加工法(Direct)和敷形掩模加工法(Conformal Mask)两种。

直接加工法是把激光光束直径调制到与被加工孔的直径相同，在没有铜箔的绝缘介质(如树脂层)上直接进行孔加工。CO_2 激光束照射材料表面，每发出一次激光脉冲就有一部分材料被蚀刻掉，然后在下一步工序中对材料整个表面进行电镀。该工艺的特点是钻孔速度快，但由于 CO_2 激光的分辨率太低，其孔径不能低于 100μm (0.004in)；另外未覆铜材料还存在共面和精确度等问题。

敷形掩模工艺是在在制板表面涂覆一层专用的掩模，用传统的曝光/显影/蚀刻工艺去掉孔表面的铜形成敷形窗口，未除去的 Cu 作掩模。然后用大于孔径的激光束照射这些孔，切除曝露的介质层树脂。要求这种专用的掩模材料或者能够反射激光，或者其烧蚀临界值(ablation threshold)远远大于树脂烧蚀的值。这样，掩模材料不会被激光烧损，但是树脂却被切除。如果掩模中只有一个孔被激光照射，一次只形成一个孔。如果采用大的激光束，在制板面扫描，一次可产生许多孔。由于覆铜层已预先腐蚀掉，所以孔的直径与激光波长无关，在 25～250μm 之间。

目前，CO_2 激光已广泛用于加工微盲孔。

(2)Nd-YAG(钕一钇铝柘榴石)激光器和准分子激光器　准分子激光器工作在紫外线(UV)波段，每秒达几百个脉冲。该工艺常用来制造通到埋置导体的盲孔，或者是均质基板中的通孔。Nd-YAG 激光器是既能以连续波方式工作又能以每秒发射几千个脉冲来工作的固体激光器。虽然 Nd-YAG 激光器的基波波长在红外范围(1 064nm)，但利用非线性晶体光学系统可提供该基波的谐波(例如波长分别在 532、355 和 266nm)，因此 Nd-YAG 激光器在材料和横截面兼容性方面是很通用的，它们比准分子激光器更常用于包含铜层和环氧玻璃的多层基板上制造光洁的通孔。准分子激光器和 Nd-YAG 激光器都已被用来产生直径小于 25μm 的通孔。

两种固态晶体共同激发出 UV 激光。最近多采用二极管脉冲激励的激光束，它可以制成有效的激光密封系统，不要水冷。这种激光三次谐波波长为 355nm，四次谐波波长为 266nm，波长是用光学晶体调制的。这两种谐波波长在 PCB 钻孔中均有应用。波长越短，光点越小，能量越强。在激光钻孔中，必须有光束定位系统、钻孔位置的校准和补偿系统。

1) Nd-YAG/UV 激光钻孔系统的钻孔技术　电介质和铜都能很容易地吸收输出波长为 355nm 的 UV 激光。UV 激光比 CO_2 激光的光点小而且输出功率低，可用于加工直径小于 50μm 的微过孔。大功率 UV 激光可以提高钻孔速度。

① 导通孔。导通孔可由激光直接冲孔和激光圆周旋转挖孔加工。当孔径小

于0.050mm(2mil)时用激光直接冲孔产生。而大孔用激光圆周旋转挖孔。

激光直接冲孔法是激光束定位在需要钻孔的位置，重复发射高频率脉冲将板材冲透。孔的尺寸取决于聚焦激光束的尺寸。孔距可以非常小。覆铜箔材料和多层板全可以加工。其钻孔速度是300～10 000孔/分。影响其冲孔速度的主要因素是材料的厚度与材料结构。

激光圆周旋转挖孔法是激光束从孔中心开始切挖，然后绕孔周作一定数量的圆周开挖运动，再回到中心，因而确切的说是切或挖孔而不是钻孔。这一方法通常用于一定直径的通孔加工。挖孔速度由材料厚度、结构和孔尺寸决定。

② 盲孔加工。孔内必须清除干净而又不损伤下面的铜箔，激光的能量密度要刚好调整到这样一个水平——即达到一个烧蚀临界值，图7-27是其示意图。激光束移动到要求的位置并以一个脉冲快速形成盲孔。孔径可达150μm。冲孔速度4 000孔/分。典型的速度为2 500孔/分。

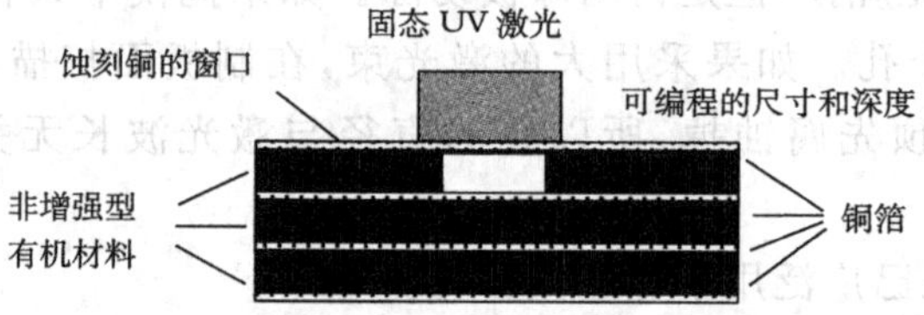

图7-27 激光冲盲孔

③ 激光螺旋状旋转掏孔。当在FR4/玻璃布上加工孔时，其能量密度能烧蚀金属铜与玻璃布。Nd－YAG浅的穿透深度刚好保证精确的孔深。孔的尺寸由可编程的螺旋状激光束控制。从孔中心开始的激光束向周围作螺旋运动，所走过的螺旋轨迹能按一定的深度清除孔内所有材料。孔干净且无碳化或焦化，很容易电镀。铜箔表面不要预蚀刻出窗孔。此法多用于微盲孔的加工。

2) Nd-YAG紫外激光的应用

① 用UV固态Nd-YAG激光钻孔机在聚酰亚胺覆铜箔层压板上钻导通孔，最小孔径是25μm (1mil)。最经济的直径是25～152μm (1～6mil)。钻孔速度10 000孔/min。可采用直接激光冲孔，孔径最大约50μm (2mil)。也可采用激光圆周旋转挖孔。孔径干净并且无碳化，很容易电镀，其表面铜箔也不需要预蚀刻出窗孔。

② 在聚四氟乙烯(PTFE)覆铜箔层压板钻导通孔，最小孔径为25μm (1mil)，经济的孔径是25～152μm (1～6mil)。钻孔速度4 500孔/分。能切割顶部和底部的铜箔，不需要预蚀刻出窗孔，能穿透内层铜箔可加工多层板。有非常大的板厚与孔径比。孔很干净，不需要附加别的处理工艺步骤的要求。当用激光直接冲孔时最大直径约35μm。

③ 在 FR4 钻导通孔，孔径最小为 50μm (2mil)。经济的直径是 50～152μm (2～6mil)。钻孔速度 1 800 孔/分。能切透顶部与底部的铜箔及内层铜箔，不要求预蚀刻出窗孔，可加工多层板，能实现大的板厚孔径比。玻璃纤维能被干净的切断而无损伤。不需要附加别的处理工艺步骤的要求，能可靠的电镀。当然也可以钻盲孔，钻孔速度 1 000 孔/分。

(3) 双激光器系统　目前已开发出带有 CO_2 激光器和紫外激光器的系统，该系统可先用紫外(UV)激光器，采取套孔(螺旋形或同心圆形)钻孔法，钻通上顶铜层，于是能精确地确定小至 50μm 以下直径的通孔位置。然后用 CO_2 激光器，采取冲击打孔法，高效地除掉通孔中的电介质。这种工艺的优点是孔径可以小至 50μm (0.002in)而且很精确，同时每分钟钻孔数量可达 5 000 个以上。该工艺也可用于多层线路板的钻孔。

5. 两种激光钻孔的优缺点比较

根据目前激光钻孔机的性能及生产实践结果、两种激光钻孔的优缺点如下：

1) 可钻孔径：CO_2 激光加工最小孔径为 50μm；而 Nd-YAG/UV 固体激光可以加工 25μm 直径的小孔。UV 激光本身波长很短，所以它射出的光点比 CO_2 激光的精细，但某些应用中 CO_2 激光产生的大直径光点比 UV 激光更有用。例如切除槽、方块等大面积材料或钻大孔(直径大于 50μm)时，用 CO_2 激光加工所需时间更短。一般来说，孔径比 50μm 大时用 CO_2 激光加工比较合适，孔径小于 50μm 时则用 UV-DPSS 激光效果更好。

2) 钻孔速度：Nd-YAG/UV 固态激光钻孔速度比高能量 CO_2 激光钻孔速度慢。Nd-YAG/UV 固态激光为 10 000 孔/分以内；而 CO_2 激光可达 30 000 孔/分，所以 CO_2 激光钻孔生产效率高。

3) 介质材料的适应性：Nd-YAG/UV 固态激光适用于各种 PCB 材料(包括铜箔和玻璃布)的钻孔加工；而 CO_2 激光仅宜用于树脂介质层。树脂介质层对 CO_2 激光器发出的中红外波长激光的吸收非常好。

4) 钻孔工艺：Nd-YAG/UV 固态激光为短脉冲紫外激光，波长为 266nm 和 355nm，激光功率密度高，可以直接在铜箔上穿(冲)孔，可以进行微贯通孔和盲孔加工；而 CO_2 激光波长为 9 400nm 的红外光束，由于铜对红外线波长吸收率很低，因而 CO_2 红外激光不能烧蚀金属铜，需要采用敷形掩模工艺形成窗孔，才能在附树脂铜箔介质层上钻孔，只宜加工盲孔和较大直径的通孔，一般直径在 75μm 以上。

5) 钻孔质量：Nd-YAG/UV 固态激光钻孔后孔内干净、无残渣，不需进行去钻污等后续工艺处理就可以进行化学镀铜；而 CO_2 激光钻孔后在内层铜箔表面会出现介质材料残膜或炭化残留物，必须加强后续工序的除胶、除残渣处理，如采用准分子(Excimers)激光清除碳化残留物。同时，由于 CO_2 激光钻孔原理为激光烧蚀介质材料，故孔壁质量较差，甚至出现盲孔底铜下面与内部介质层分离的缺陷。

三、选用原则

当所需过孔的孔径为0.15mm或更大，产量相对较低时可选择机械钻孔系统。

当过孔要求为孔径0.1～0.15mm，中等产量时，机械钻孔和激光钻孔都可以满足加工要求。采用激光钻孔可提高产量但投资较大。

当过孔要求为孔径0.1mm或更小，此这时即使产量很低也要采用激光钻孔，因为用机械钻孔方法不能满足技术要求。

当加工的孔径范围大，而且产量高时，可采用机械钻孔和激光钻孔相结合的办法，使产量达到最高以及单位钻孔费用最低。

第八章 电子组装技术

本章主要介绍电子产品生产中的电子组装技术，包括电子组装工艺的流程，表面贴装技术和通孔组装技术的主要工艺，并简要介绍其他新型组装技术。

第一节 电子组装技术概述

电子组装技术可定义为：根据成熟的电路原理图，将各种电子元件、电子器件、机电元件、机电器件以及基板合理地设计、互连、安装、调试，使其成为适用的、可生产的电子产品(小到集成电路，大至雷达、通信、超级巨型计算机)的技术过程。它是一门电路、工艺、结构、元件、器件、材料紧密结合的多学科交叉的工程学科，涉及到集成电路固态技术、厚薄膜混合微电子技术、印制电路板技术、表面贴装技术、电子电路技术、CAD/CAT/CAM技术、互连与连接技术、热控制技术、封装技术、测量技术、微电子学、物理学、化学、金属学、电子学、机械学、计算机学、材料科学、陶瓷及硅酸盐学等领域。

电子组装技术可分为通孔组装技术(THT，Through-hole Technology)和表面贴装技术(SMT，Surface Mount Technology)。THT组装技术的特点是穿孔插入式印制线路板(PCB，Printed Circuit Board)组装，采用的是传统的波峰焊技术；SMT组装技术特点是印制线路板上无需通孔，直接将表面贴装元器件(SMC/SMD，Surface Mount Component/Surface Mount Device)贴、焊到印制电路板表面规定位置上的电路装连技术。随着电子制造业发展，表面贴装技术已经逐渐取代通孔组装技术而成为目前电子制造的主流技术。据有关权威机构预测，到2010年全球范围插装元器件的使用率将下降到10%，表面贴装元器件的使用率将上升到90%左右。

一、表面贴装技术和通孔插装技术的比较

电子组装技术的发展主要受元器件类型的支配。SMT生产中采用“无引线或短引线”的元器件，故从组装工艺角度分析，表面贴装技术(SMT)和通孔插装技术(THT)的主要区别一是所用元器件、PCB的外形不完全相同；二是前者是“贴装”，即将元器件贴装在PCB焊盘表面，而后者则是“插装”，即将长引脚元器件插入PCB焊盘孔内。前者是预先将焊料——焊膏印刷或滴涂在焊盘上，贴片后一次加热而完成焊接过程，而后者是通过波峰焊机利用熔融的焊料流，实现升温与焊接。两种技术的比较见表8-1。

表 8-1 THT 与 SMT 的区别

类型	THT (Through-hole Technology)	SMT (Surface Mount Technology)
元器	双列直插或 DIP,针阵列 PGA,有引线电阻,电容	SOIC、SOT、SSOIC、LCCC、PLCC、QFP、PQFP、片式电阻电容
基板	印制电路板,2.54mm 网格,ϕ0.8～0.9 mm 通孔	印制电路板,1.27mm 网格或更细,导电孔仅在层与层互连调用(ϕ0.3～0.5mm),布线密度高 2 倍以上,厚膜电路,薄膜电路,0.5mm 网格或更细
焊接方法	波峰焊	回流焊
面积	大	小,缩小比约 1∶3～1∶10
组装方法	通孔插装	表面贴装
自动化程度	自动插件机	自动贴片机,生产效率高

二、表面贴装技术的组成

表面贴装技术通常包括:表面贴装元器件、表面贴装电路板及图形设计、表面贴装专用辅料——焊膏及贴片胶、表面贴装设备、表面贴装焊接技术(包括双波峰焊、回流焊、汽相焊、激光焊)、测试技术、清洗技术以及表面贴装大生产管理等多方面内容。这些内容可以归纳为三个方面:一是设备,人们称它为 SMT 的硬件;二是装连工艺,人们称它为 SMT 的软件;三是电子元器件,它既是 SMT 的基础,又是 SMT 发展的动力,它推动着 SMT 专用设备和装联工艺不断更新和深化。

实际生产中的 SMT 生产线主要由点胶机、焊膏印刷机、贴片机、回流焊炉、检测设备、送料装置等组装、检测和送料设备组成。图 8-1 是一个 SMT 生产线组成示意图。

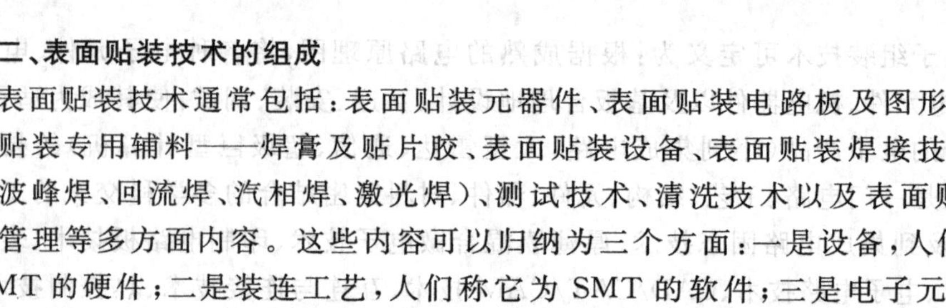

图 8-1 SMT 生产线示例

三、表面贴装技术的特点

与传统的通孔插装技术相比,表面贴装技术有以下特点:

1. 组装密度高、结构紧凑、体积小、重量轻

表面贴装元器件(SMC/SMD)比传统通孔插装元件所占面积和质量都大为减

少，同时贴装时不受引线间距、通孔间距的限制，因此可以大大提高电子产品的组装密度。如采用双面贴装时，元器件组装密度达到5～20个/cm^2，为插装元器件组装密度的5倍以上，从而使印制电路板面积节约60%～70%以上，重量减轻90%以上。

2. 可靠性高

由于片式元器件的可靠性高，元器件小而轻，且焊点为面接触，焊盘焊接面积相对较大，故抗振动能力强。同时生产自动化程度高，人为干预少，工艺简单，焊接缺陷少，因而贴装可靠性高，易于保证电子产品的质量。其不良焊点率一般比通孔插装元件波峰焊接技术低一个数量级，用SMT组装的电子产品平均无故障时间(MTBF)为25万小时。目前几乎有90%的电子产品采用SMT工艺。

3. 高频特性好

表面贴装元器件(SMC/SMD)通常为无引线或短引线，可以大大降低寄生电容和引线间的寄生电感，减少电磁干扰和射频干扰；耦合通道的缩短，改善了高频性能。采用SMC/SMD设计的电路最高频率达3GHz，而采用通孔元件仅为500MHz。采用SMT也可缩短传输延迟时间，可用于时钟频率为16MHz以上的电路。若使用多芯片模块MCM技术，计算机工作站的高端时钟频率可达100MHz，由寄生电抗引起的附加功耗可降低2～3倍。

4. 成本低

①贴装印制电路板面积减小，仅为采用通孔技术面积的1/10，若采用CSP安装，则其面积还会下降；②工序简单，节省了厂房、人力、材料、设备的投资；③印制板上钻孔数量减少，节约返修费用；④频率特性提高，减少了电路调试费用；⑤片式元器件体积小、重量轻，不需要成形；⑥片式元器件(SMC/SMD)发展快，成本迅速降低，甚至还要便宜。所以，一般电子产品采用表面贴装技术后可降低生产成本30%左右。

5. 适于自动化生产

目前通孔插装印制板要实现完全自动化，需要扩大40%印制板面积，这样才能满足插装头自动插件的要求；如果没有足够的空间间隙，将碰坏零件。而SMT生产中，自动贴片机采用真空吸嘴吸放片式元器件(SMC/SMD)及细间距QFP器件，真空吸嘴小于元器件外形，可提高安装密度，实现全线自动化生产，生产效率很高。

当然，SMT在生产中也存在一些问题，如：①元器件上的标称数值看不清，维修工作困难；②维修调换器件困难，并需专用工具；③元器件与印制板之间热膨胀系数(CTE)一致性差，受热后易引起焊接处开裂；④采用SMT的PCB单位面积的功率密度大，散热问题复杂；⑤塑封器件的吸潮问题。随着专用拆装设备及新型的低膨胀系数印制板的出现，它们已不再成为阻碍SMT

深入发展的障碍。

四、电子组装方式及其工艺流程

元器件和组装设备是决定电子组装方式及其工艺流程的两大要素。最简单最基本的组装工艺就是单纯的 THT 或 SMT 工艺(见图 8-2),前者采用通孔组装元件(Through-hole Component,THC)及波峰焊工艺,价格低廉,其基本工艺流程为:插装→波峰焊→清洗→检测→返修;后者采用表面贴装元器件(SMC/SMD)及回流焊工艺,特点是简单、快捷,有利于产品体积的减小,其基本工艺流程为:印刷焊膏→贴片→回流→清洗→检测→返修。如果同时使用 THC 和 SMC/SMD,则称为混合组装或混合安装,简称混装。

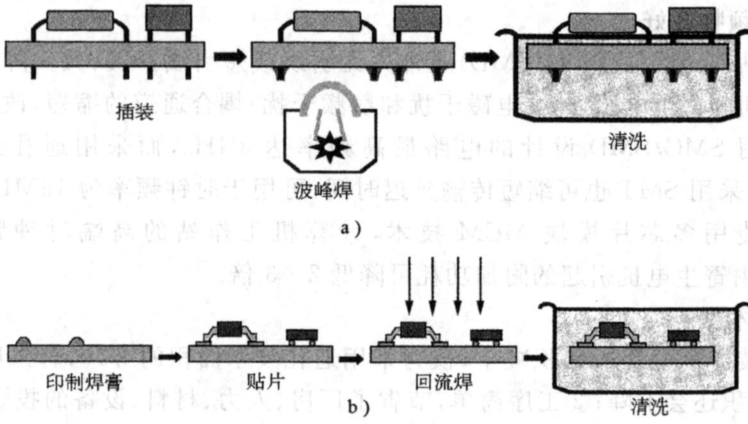

图 8-2 单纯的 THT 和 SMT 工艺流程

a) 通孔组装工艺流程 b) 表面贴装工艺流程

在实际生产中,根据所用元器件和生产装备的类型以及产品的需求,除了单纯的 THT 和 SMT 工艺外,还可选择多种组装工艺,以满足不同产品生产的需要。

1. 单面混合组装

单面混合组装是指 PCB 板只有单面导电层(即单面板),故其焊接面为单面,这样 SMC/SMD 贴装在正面(有导电层的一面),THC 从反面插装,经过一次波峰焊(现一般为双波峰焊)完成焊接过程。这一类组装工艺具体有两种组装方式。

(1) 先贴法　它是在 PCB 的 B 面(焊接面)先贴装 SMC/SMD,然后从 A 面插装 THC。这种工艺比较简单,组装密度较低。

工艺流程为:来料检测→B 面点贴片胶→贴片→固化→翻板→A 面插件→波峰焊→清洗→检测→返修。图 8-3 给出先贴法的工艺流程图。

(2) 后贴法　与先贴法次序不同,它是在 PCB 的 A 面(焊接面)先插装 THC,

然后从 A 面贴装 SMC/SMD。这种工艺较复杂，组装密度较高。

工艺流程为：来料检测→A 面插件（引脚打弯）→翻板→B 面点贴片胶→贴片→固化→翻板→波峰焊→清洗→检测→返修。

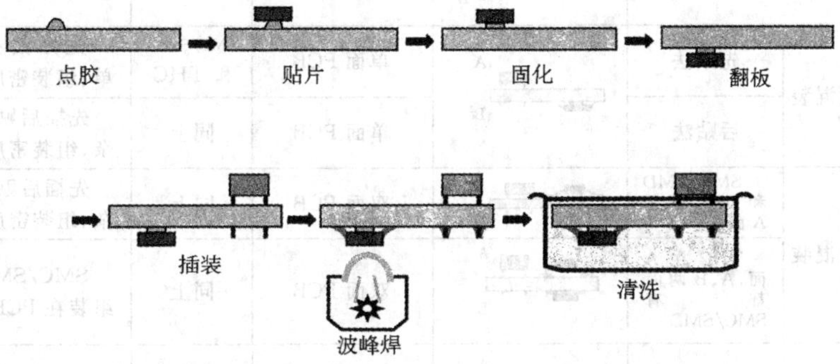

图 8-3 先贴法点胶—波峰焊单面混装工艺流程

2. 双面混合组装

双面混合组装是 PCB 板两面都有导电层（即双面板），SMC/SMD 和 THC 可混合分布在 PCB 的同一面，同时，SMC/SMD 也可分布在 PCB 的双面，此时两面都有各自的焊接过程。双面混合组装采用双面 PCB、双波峰焊或回流焊。在这一类组装方式中也有先贴还是后贴 SMC/SMD 的区别，一般根据 SMC/SMD 的类型和 PCB 的大小合理选择，通常采用先贴法较多。该类组装工艺常有两种组装方式。

(1) SMC/SMD 和 THC 同侧方式　它是先贴装 SMC/SMD 并回流，然后在同一面插装 THC 后过波峰焊，完成焊接过程。

(2) SMC/SMD 和 THC 不同侧方式　通常把表面贴装集成芯片（SMIC，Surface Mount Integrated Circuit）和 THC 放在 PCB 的 A 面而把 SMC 和小外形晶体管（SOT，Small Outline Transistor）都放在 A 面。

这类组装方式由于在 PCB 的单面或双面贴装 SMC/SMD，而又把难以表面贴装化的有引线元器件进行插装，因此组装密度相当高。

3. 双面贴装

双面贴装是在 PCB 双面板上只有 SMC/SMD，而无 THC。这一类组装方式一般是在细线图形的 PCB 或陶瓷基板上，采用细间距元器件和回流焊工艺进行组装。其组装密度更高，且组装件很薄。

工艺流程为：印刷焊膏→贴片→回流焊→翻板→印刷焊膏→贴片→回流焊→清洗→检测→返修

各种组装方式总结于表 8-2。

表 8-2　电子组装方式的分类

序号	组装方式		组件结构	电路基板	元器件	特征
1	通孔插装			单面 PCB	THC	工艺简单，组装密度低
2	单面混装	先贴法	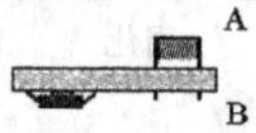	单面 PCB	SMC/SMD 和 THC	先贴后插、工艺简单、组装密度低
3		后贴法		单面 PCB	同上	先插后贴、工艺较复杂、组装密度高
4	双面混装	SMC/SMD 和 THC 都在 A 面	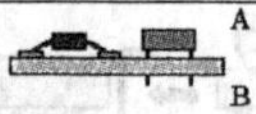	双面 PCB	同上	先插后贴、工艺较复杂、组装密度高
5		THC 在 A 面，A、B 两面都有 SMC/SMD		双面 PCB	同上	SMC/SMD 和 THC 组装在 PCB 同一侧
6	表面贴装	单面贴装		单面 PCB 和陶瓷基板	SMC/SMD	工艺简单，适用于小型、薄型化的电路组装
7		双面贴装		双面 PCB 和陶瓷基板	同上	高密度组装，薄型化

第二节　印刷技术

焊膏的印刷是 SMT 中第一道工序，也是 SMT 的关键工艺，据估计，60%以上的焊接缺陷来源于焊膏印刷（见图 8-4），因此印刷工艺是关系到表面贴装组件 SMA（Surface Mount Assembly）质量优劣的关键因素之一。特别是对含有 0.65mm以下细间距引脚的 IC 器件贴装工艺，对焊膏印刷的要求更高。焊膏的印刷涉及到三项要素：焊膏、模板和印刷机。三者必须合理地组合，以实现焊膏高质量地定量分配。有关焊膏的内容在第九章中做介绍，印刷机则在第十章中进行介绍，本节主要讨论模板和焊膏印刷过程及工艺参数。

一、模板

模板（Stencil），又称为漏板、钢板，用于定量分配焊膏。早期焊膏的印刷采用丝网印刷技术，但由于丝网制作的网板不易对正位置，易堵塞焊料粒子，难清洗，且开口面积要被丝网本身占用一部分，即开口率达不到 100%，使用寿命也很低，因此不适合焊膏印刷工艺，很快被镂空的金属模板代替。

1. 模板的结构

金属模板的结构如图 8-5 所示。其上有许多镂空的开口，对应于 PCB 上的焊盘图形。印刷时金属模板与 PCB 直接接触，在刮刀下压并行走时，将焊膏压入开孔内，脱模后在焊盘上留下定量的焊膏小堆。模板结构可分为刚性金属模板和柔性金属模板。前者是将金属模板直接连接到铸铝框架(或铝方管焊接而成)上,加工成本低,但缺乏弹性;后者则在模板和框架间依靠丝网相连接,呈"刚—柔—刚"的结构,这种结构综合了刚性金属模板和丝网印制的优点,确保金属模板既平整又有弹性,使用时能紧贴 PCB 表面,目前这类模板使用最为广泛。柔性金属模板四周距铝框架的距离不能太大,保证纤维拉紧超过弹性点,具有一定柔性,一般将距离控制在 50~70mm。

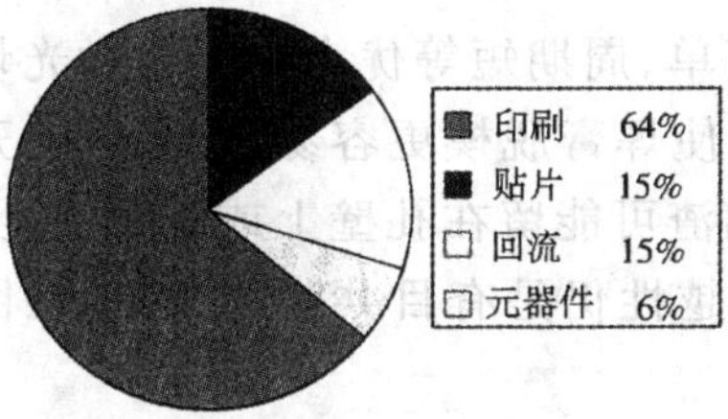

图 8-4 表面贴装工艺的缺陷分布

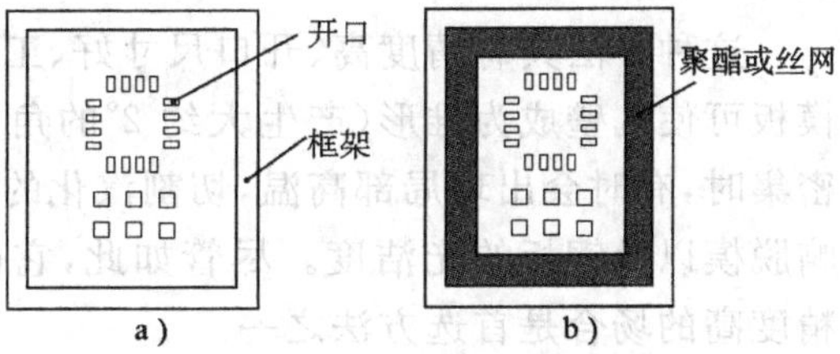

图 8-5 金属模板
a) 刚性金属模板 b) 柔性金属模板

金属模板的材料一般采用弹性较好的锡青铜或不锈钢制作,前者价格便宜,材料易得,特别是开口壁光滑,便于漏印焊膏,但使用寿命不及后者;不锈钢制造的模板坚固耐用,寿命长,但开口壁光滑性不够,不利于漏印焊膏,价格也较贵。目前这两类材料制造的模板均有使用,但以不锈钢模板更为常用。

2. 金属模板的制造方法

(1)化学腐蚀法(Chemically Etched) 化学腐蚀法制造金属模板是最早采用的方法。其制作过程是:首先制作两张显影用的薄膜,上面的图形应按一定比例缩小;然后在金属板上两面贴好感光保护膜(Resist);通过薄膜对其正反曝光;再经过双向腐蚀,制得金属模板;最后将它胶合在网框上,整理后可以制得模板,如图 8-6 所示。

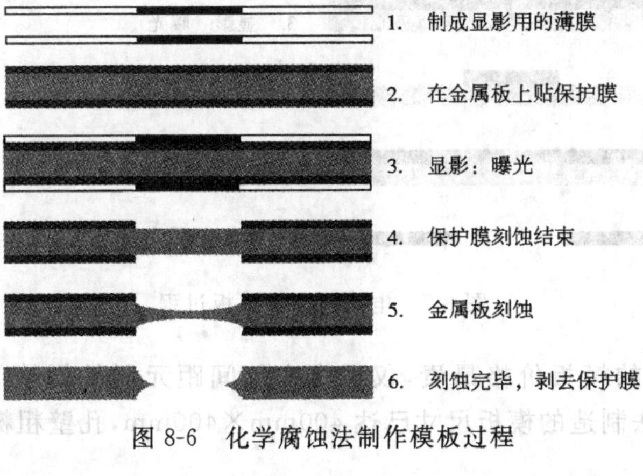

图 8-6 化学腐蚀法制作模板过程

化学腐蚀法由于存在侧腐蚀，故开口壁光洁度不够，尤其对不锈钢材料效果较差，因此漏印效果也较差。其次，从两面进行蚀刻，其结果是几乎直线的孔壁，在中间有微微的收窄。这种制板方式只适合于QFP 0.65mm间距以上的制作，当间距在0.5mm以下时就相当困难，化学腐蚀法目前已经很少使用。

(2)激光切割法(Laser-cut)　激光切割法是目前模板加工使用最广的一种方式。它利用微机控制CO_2或YAG激光发生器，像光绘一样直接在金属模板上切割开口。

这种方法具有精度高、开口尺寸好、工序简单、周期短等优点，另外，激光切割模板可使孔壁成为锥形(产生大约2°的角度)，使焊膏脱模更容易。不过，当开口密集时，有时会出现局部高温，切割汽化的金属渣可能留在孔壁上或跳出小孔，影响脱模以及钢板的光洁度。尽管如此，它的优越性仍是有目共睹的，特别在图形精度高的场合是首选方法之一。

(3)电铸法(Electroformed)　随着焊盘尺寸越来越小，引脚间距越来越细，对模板的质量要求也越来越高，无论是腐蚀法还是激光法制作的漏板，在印刷细间距元器件图形时，均会出现不同程度的堵塞开口，或者经常需要清洁模板底面，给生产带来不便，因此又出现电铸法制造金属模板技术。其制造方法与蚀刻法相反，是一个加成过程。具体方法是：将光刻胶贴在一块平整的铜基板上，通过感光的方法制得开口图形的负像，然后在基板上非焊盘区电镀镍至要求的厚度，最后将镍层与基板、光刻胶剥离，形成模板，其过程如图8-7所示。用电铸法制造的模板精度高，开口内壁光滑，有利于焊膏在印刷时顺利通过，这意味着模板底面擦拭的频率可以显著地降低，减少潜在的桥连缺陷。

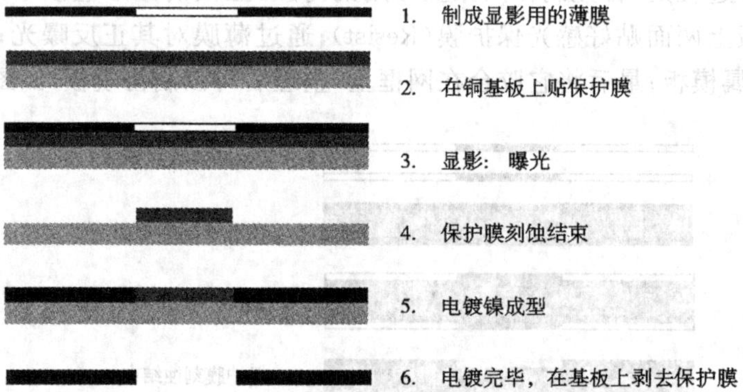

图8-7　电铸法制作模板过程

电铸法制造的模板价格昂贵，仅适合在细间距元器件焊接产品中使用。目前，国外用电铸法制造的模板尺寸已达400mm×400mm，孔壁粗糙度在0.005mm

以下。现将上述三种方法列表比较如下(见表 8-3),三种方法制作模板的开口截面如图 8-8 所示。

表 8-3 模板制造方法的比较

方 法	化学腐蚀法	激光法	电铸法
材 料	锡青铜或不锈钢	不锈钢	镍
适用间距	一般,0.6mm	细间距,<0.6mm	超细间距,<0.4mm
开口形状			
优点	价格低	1. 易加工 2. 尺寸精度高 3. 开口形状好 4. 孔壁较光滑	1. 尺寸精度高 2. 开口形状好 3. 孔壁光滑
缺点	1. 开口图形不好 2. 孔壁不光滑 3. 模板尺寸不宜太大	1. 价格较高 2. 孔壁有时会有毛刺,仍需二次加工	1. 价格昂贵 2. 制作周期长

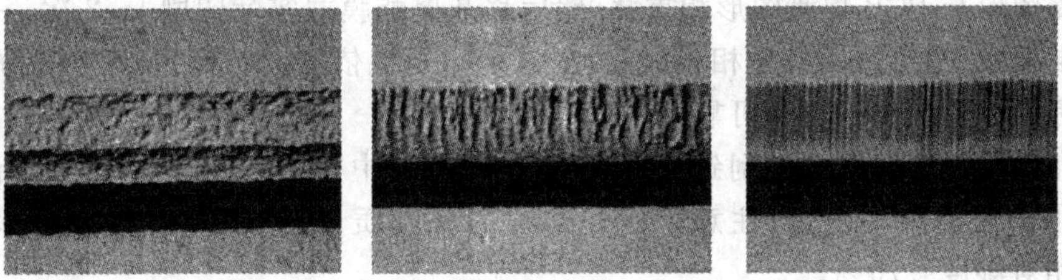

a) b) c)

图 8-8 三种模板制作方法的开口截面
a) 化学腐蚀法 b) 激光切割法 c) 电铸法

3. 模板尺寸

模板厚度与开口尺寸直接关系到焊膏印刷质量。焊膏用量过多,易造成“桥连”;用量少,会产生“虚焊”。这里主要介绍模板开口的宽厚比和面积比。

设 L、W、T 分别为开口的长、宽、厚(也即模板厚度),将宽厚比和面积比定义如下:

宽厚比=开口宽度/模板厚度= W/T

面积比=开口面积/开口孔壁面积= $(LW)/[2(L+W)T]$

一般要求宽厚比>1.5,面积比>0.66。面积比越大,脱板越容易,反之,由于间距的缩小,面积比减小,开口侧壁对焊膏的拉力越大,越不容易脱板。表 8-4 为常用的元器件引脚间距与模板厚度的关系。

表 8-4 元器件引脚间距与模板厚度的关系

间距/mm	厚度/μm
<0.625	150～175
0.5～0.625	125～150
0.4	100～125
0.3	75～100

二、焊膏印刷

1. 焊膏印刷过程

(1)印刷准备　焊膏印刷前，首先做好准备工作。一是将焊膏从冰箱中取出，并恢复到室温(约 2～4h)后再打开盖，搅匀数分钟后方可使用，也可以通过焊膏搅拌机进行搅拌回温。如果在回温不完全的条件下开盖，焊膏容易吸潮而使性能变差。其次是进行模板安装与定位。手工印刷机可以将几块定位板粘在基座平台上进行定位，然后夹上模板，对准开口；半自动印刷机通常没有自动校准模板功能，一般在模板及 PCB 装夹后，在 PCB 上放置一块带框架的透明聚酯膜，然后将焊膏印刷在聚酯膜上，透过聚酯膜调节印刷机的 X、Y、Z、θ 四个参数，使聚酯膜上的焊膏图形与 PCB 焊盘图形相重叠，然后移开聚酯膜并实际印刷 1～2 次，一般都能对准模板位置，最后锁紧相关旋钮；全自动印刷机依靠 CCD 图像识别系统对准基准标记，精度更高，更为可靠。

印刷前将适量的焊膏刮到模板上；在使用过程中，应注意补充新焊膏，保持焊膏在印刷时能滚动前进；注意印刷焊膏时的环境质量：无风、洁净、温度 23℃±3℃，相对湿度<70%。

(2)印刷动作　印刷焊膏的动作一般为：上 PCB→压下模板(或抬上 PCB 与模板接触)→压下刮刀→充填→抬起刮刀→脱板→PCB 取出→清洁模板。其中对印刷品质影响最关键的工序是充填、脱板和清洁工序。

(3)充填　充填是指在刮刀的压入作用下，将焊膏对模板的开口进行充填。在印刷时，焊膏受到的推力可分解为水平方向的力和垂直方向的力。当焊膏运行至模板开口附近时，其垂直方向的力导致焊膏顺利地通过开口沉到 PCB 焊盘上，当模板抬起后便留下精确的焊膏图形。良好的焊膏印刷应该是印刷时刮刀前的焊膏产生滚动(如图 8-9a)，配合压力作用，使焊膏均匀地填入开口内。焊膏填入开口过程如图 8-9b 所示，充填首先是从图中 A 点开始，然后逐渐填满开口。在印刷过程中维持焊膏的粘度和流变性质，保证印刷时焊膏的滚动，对实现稳定地充填，保持焊膏在多次重复印刷中的充填量和充填形状的一致性是很重要的。

(4)脱板　脱板是指将印刷在开口内的焊膏从模板的开口部抽出。脱板时，一方是模板开口侧壁对焊膏的粘着力，另一方是焊盘对焊膏的粘着力，相当于不同附着面对焊膏的拉拔，拉力强的一方会夺取焊膏。因此，为了将更多的焊膏留在焊盘上，焊盘对焊膏的粘着力应比模板开口侧壁的粘着力大，才能保证脱板。因此，开口面积对开口侧壁面积的比越大，开口侧壁越光滑，越容易脱板。但随着对 SMC/SMD 越来越追求小型化，引脚间距越来越小，模板越来越薄，脱板问题日益凸现。脱板性能主要取决于焊膏的性能和模板开口的精度与光滑程度。

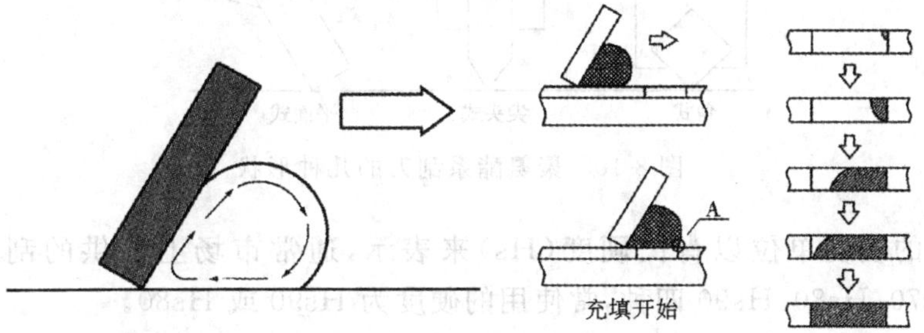

图 8-9 充填过程

a）焊膏印刷时的滚动 b）实际充填状态

(5)清洁 清洁是使用各种方法对模板进行清洁，以保证良好的印刷状态。脱板过程中焊膏粒子会残留在模板开口侧壁，可引起开口堵塞或降低焊膏分配量的一致性；也可能残留在模板背面，从而污染下一块 PCB 板的表面，因此需要及时清理。自动印刷机具有自动擦拭系统，可以干擦、加溶剂擦拭或真空擦拭。采用干的或蘸有溶剂的擦拭纸将模板底部擦拭干净以消除湿式桥连；而真空擦拭是通过真空吸附把每个模板开口内壁粘附滞留的焊膏吸出，保证模板开口孔壁的干净。为了提高生产效率，缩短印刷周期，通常采用适当的印刷间隔对模板进行清洁处理。

完工后，模板上未使用完的焊膏不应再放回原容器中，需单独存放。用清洗剂和擦拭纸及时将模板清洗干净，并可用压缩空气将模板开口清洁干净。若开口堵塞，千万勿用坚硬的金属针划捅，可用洗网水泡洗，避免破坏开口形状。

2. 印刷机工艺参数的调节与影响

(1)刮刀材料、形状、硬度 印刷用刮刀通常由聚氨酯橡胶或金属制成。聚氨酯橡胶刮刀的形状如图 8-10 所示。角形刮刀一般在间隙式印刷时使用，对于目前的接触式印刷容易发生凹坑、涂抹等不良；尖头形刮刀在结构上持有“让位”的地方，容易受平行度调整和印刷平面调整时的影响，因而接触式印刷时也会产生凹坑或模糊，现在这两种刮刀不再或很少使用。平面形刮刀是目前接触式印刷上应用最普遍的一种，主要特点是调整印刷条件时简单方便，即使在印刷压力比较低的情况下，仍可以正常印刷，因此成为 SMT 中的应用主流。金属刮刀普遍采用的材料是不锈钢，也可以是其他高硬度的合金，为防止金属刮刀印刷时对模板的损害，同时提高刮刀端部的耐磨性，可以在刮刀刃部涂覆润滑膜层。当刃口在模板上运行时，焊膏能被轻松地压入开口，消除了焊料凹陷和高低起伏现象。

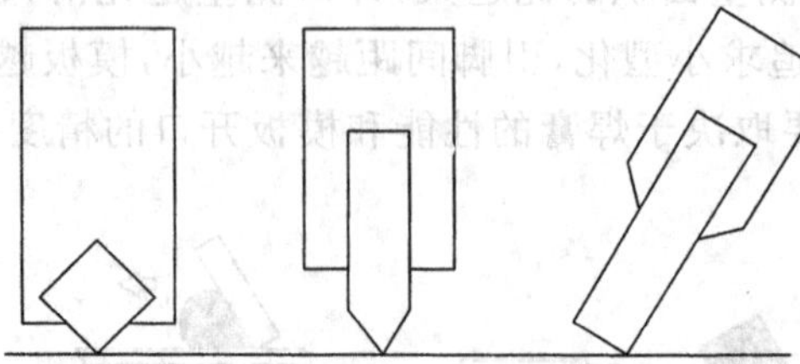

图 8-10　聚氨酯系刮刀的几种形状

刮刀的硬度单位以肖氏硬度（Hs）来表示，通常市场上提供的刮刀硬度为 Hs60、Hs70、Hs80、Hs90 四种，常使用的硬度为 Hs90 或 Hs80。

聚氨酯刮刀与金属刮刀互有长短。聚氨酯刮刀印刷性能良好，对模板损伤小，价格低，但印刷寿命较低。当聚氨酯刮刀使用一段时间后，如果刀口的棱角发生磨损，将不易将模板上的焊膏刮干净，另外，压力不能过大，否则聚氨酯刮刀会变形，产生"挖锡"现象（刮到开口处时，橡胶刀锋弹出，离开开口处，将开口的焊膏挖掉，造成少锡）。金属刮刀使用寿命长，调整容易，工艺范围宽，印刷平整，效果好，但对模板的损伤较大。目前金属刮刀应用更广泛。

（2）刮刀速度　刮刀的速度和焊膏的粘度有很大的关系，刮刀速度越慢，焊膏的粘稠度越大；反之，刮刀的速度越快，焊膏的粘度越小。一般刮刀速度选择在 12～40mm/s。若速度太快，则会造成刮刀通过模板开口的时间太短，导致焊膏不能充分渗入开口。假设刮刀以 12mm/s 的印刷速度，通过 0.3mm 的开口的话，它通过开口的时间，其实只有 25ms。因此，适当降低刮刀的速度，能够增加印刷至印制板的焊膏量。

（3）刮刀压力　刮刀的压力对印刷影响很大，压力太小，则漏进开口的焊膏量少，PCB 上焊膏量不足；压力太大，导致焊膏印得太薄。一般把刮刀的压力设定在 0.5kgf/25mm。

理想的刮刀速度与压力应该正好把焊膏从模板表面刮干净。刮刀速度与压力也存在一定的转换关系，即降低刮刀速度等于提高刮刀的压力，提高了刮刀速度等于降低了刮刀的压力。

（4）刮刀角度　印刷机刮刀角度，一般推荐使用固定值 60°。近年来，组装间距微细化带来印刷间距的微细化，所选用的焊料粒子直径也减小，刮刀角度固定值设在 55°，可能比 60°时的充填性要好。有时还会选择较小的刮刀角度（45°～50°），这会增加充填压力，可用于较厚模板以及贴片胶的印刷。

（5）刮刀宽度　如果刮刀相对于 PCB 过宽，那么就需要更大的压力、更多的焊膏参与其工作，因而会造成焊膏的浪费。一般刮刀的宽度为 PCB 长度（印刷方向）

加上 50mm 左右为最佳，并要保证刮刀头落在金属模板上。

(6)印刷间隙　印刷间隙是模板装夹后与 PCB 之间的距离，关系到印刷后 PCB 上的留存量，其距离增大，焊膏量增多，一般控制在 0～0.07mm。

(7)分离速度　焊膏印刷后，模板离开 PCB 的瞬时速度即分离速度，是关系到印刷质量的参数，其调节能力也是体现印刷机质量好坏的参数，在精密印刷中尤其重要，早期印刷机是恒速分离，目前先进的印刷机其模板离开焊膏图形时有一个微小的停留过程，以保证获取最佳的印刷图形。

第三节　点胶技术

贴片胶是应用于表面贴装的特种胶粘剂，其膏体中均匀地分布着固化剂、颜料、溶剂等化学物质，用来将元器件固定在印制板上，由于其颜色为红色，又常被称为红胶。点胶工艺是采用贴片胶将 SMC/SMD 粘合在 PCB 表面，随后放入回流炉或烘箱中加热固化后，在 PCB 另一个面上插装通孔元件，然后通过波峰焊就完成焊接过程。过波峰焊时，贴片元器件都在 PCB 板的底面，面向锡波，因此贴片胶的作用就是保证表面贴装元器件牢固地粘在 PCB 上，在焊接时不会脱落。焊接完成后，贴片胶的作用就完成了，但它仍保留在 PCB 上。贴片胶的热固化过程是不可逆的，也就是说，贴片胶一经加热固化后，再加热也不会熔化。贴片胶需要很好的粘合强度、电气性能和各种工艺性能。

一、贴片胶的性能

1. 存储性能

贴片胶固化前以单组分形式存储，要求它存储时间长、性能稳定、质量一致及无毒无味。入库的贴片胶需要密封存储在 0～10℃的冰箱内。

2. 涂布

由于表面贴装元器件都非常小，贴片胶常涂布在两焊盘的中心处，它通常用压力点胶、模板印刷等方法涂布在 PCB 上，因此要求贴片胶在涂布时，具有以下特性：①适合不同涂布工艺的流变性；②有足够的初粘力，保证贴片时足以粘牢元器件，不会出现元件的位移；③胶点形状与大小一致、光滑、饱满、不拉丝、无拖尾、不塌落、避免污染焊盘，保证高速贴片的要求。贴片胶一旦被沾在焊盘上，元器件就无法实现与印制板的电气性连接，所以，贴片胶必须在涂布时无拉丝和拖尾、涂布后不塌落。

3. 固化

贴放元件后 PCB 进入回流炉或烘箱中加热固化，要求：①在较低的温度下(140℃)完成固化；②固化时间短，不损害不耐热的元器件(LED、铝电解电容等)；③无挥发性气体放出，无气泡出现和阻燃，特别是不应漫流，否则会污染焊盘，影响焊接。

4. 固化后

固化后,要求贴片胶有以下特性:①连接强度高;②良好的电气性能,最主要的是表面绝缘电阻,一般在 $8\times10^{11}\,\Omega$ 以上;③能够承受正常焊接温度,不会吸收焊剂;④化学性能稳定,清洗时耐溶剂,抗潮湿,抗腐蚀;⑤维修时,到达一定温度可软化,方便拆除。

二、贴片胶的类型

贴片胶根据成分划分,主要有环氧型贴片胶和丙烯酸型贴片胶。

环氧型贴片胶用环氧树脂、固化剂、增韧剂、填料以及触变剂混合制成,采用热固化工艺。它具有良好的点胶性能,可以高速连续地滴涂非常小的胶点,胶点轮廓和大小一致性好,可快速固化,固化强度高,抗温度冲击,并提供良好的固化电气特性,是目前主流的贴片胶。图 8-11 是一种环氧型贴片胶在不同温度下的固化曲线。

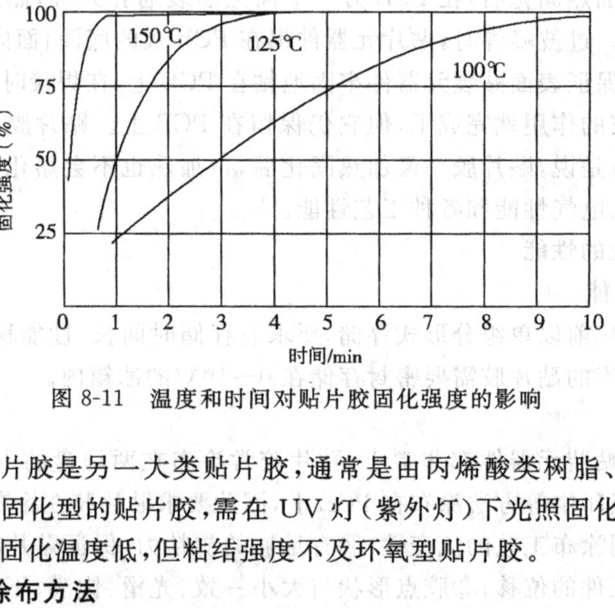

图 8-11 温度和时间对贴片胶固化强度的影响

丙烯酸型贴片胶是另一大类贴片胶,通常是由丙烯酸类树脂、光固化剂和填料组成。它是光固化型的贴片胶,需在 UV 灯(紫外灯)下光照固化。其特点是固化时间短(10s),固化温度低,但粘结强度不及环氧型贴片胶。

三、贴片胶涂布方法

贴片胶的涂布是指将贴片胶从储存容器中(管式包装、胶槽)均匀地分配到 PCB 指定位置上。常见的方法有针式转移、模板印刷和注射法。

1. 针式转移

针式转移是在金属板上安装一系列针头组成针床,每个针头对准需要点涂贴片胶的位置,涂布前将针床上所有针头浸入贮胶容器中蘸起胶滴,然后将针床移到 PCB 上对准按下,再次提起针床时,胶液就会因毛细管作用和表面张力效应转移到 PCB 上,胶量的多少则由针头直径和贴片胶的粘度来决定。针床可以手工控制也可以自动控制，一块印制电路板所需的胶滴可一次全部滴涂完成。

针式转移的优点是所有胶点能一次点完，速度快，适合大批量生产，而且设备投资少。其缺点是：①对于一个新产品必须重新设计一个新的滴胶模板；②胶量控制精度不够，不适用于精度要求高的场合使用；③胶槽暴露在空气中，易混入杂质，吸潮，影响胶合质量。

针式转移工艺中，胶滴的大小由下列因素决定：针头直径、针头浸入贮胶容器的深度、贴片胶的流变性、环境温湿度以及胶的成分。针式转移是早期大批量生产时最简单的涂覆工艺。目前这种使用方法已不多见，一般用于试制生产，用针式转移法时，其贴片胶的粘度要求为70～90Pa・s。

2. 模板印刷

模板印刷法涂布贴片胶与焊膏印刷的原理和设备是一致的，它也是通过镂空图形的模板，用刮刀将贴片胶印刷到PCB上，一次完成所有胶点的分配。

模板印刷的优点是：①工艺过程简单快捷，适合大批量生产；②精度比针板转移高；③可以利用印刷机，无需添置点胶机。其缺点是：①贴片胶暴露在空气中，对外界环境、温湿度要求高；②需要清理丝网模板，否则容易在PCB上形成污点。

丝网印刷/模板印刷工艺中，胶滴的大小决定于模板上开口的尺寸、胶粘剂的流变性和各种机器参数。近几年，乐泰公司推出Varidot刮板印刷技术，采用特殊的塑料模板，可印刷不同高度的贴片胶。此工艺对贴片胶的粘度要求为200～300Pa・s。

3. 压力注射

压力注射法又称为点涂法，是目前最常用的涂布贴片胶的方法。其原理是预先对点胶机进行编程，需要点胶时，点胶头由计算机控制，逐点定位并将贴片胶点涂到PCB上的需要涂覆贴片剂的位置。

压力注射法的优点是：①灵活，易调整，无需模板，产品更换极为方便，既适合大批量生产，也适合多品种生产；②贴片胶装在针管之中密封性好，不易污染，胶点质量高。其缺点是须投资点胶机，且比其他方式慢。随着设备技术的发展，现在已出现4万点/h的高速点胶机，点胶过程不再是制约生产量的瓶颈。

压力注射法工艺中，胶滴的外形不仅仅取决于所用胶粘剂的品质，还和设定的点胶时间、点胶时点胶头距基板的距离及其他机器参数有关。该法对贴片胶粘度要求是粘度值为100～150Pa・s。

第四节 贴片技术

贴片是指用一定的方式将片式元器件准确地贴放到PCB指定的位置上，这个过程英文称之为“Pick and Place”，显然它是指吸取/拾取与放置两个动作。在

SMT 初期，片式元器件尺寸相对较大，人们用镊子等简单的工具就可以实现上述动作，这种手工贴片的方法至今仍在工厂中使用。但为了满足大生产需要，特别是随着 SMC/SMD 的精细化，人们越来越重视采用自动化的机器——贴片机来实现高速高精度的贴放元器件。

近 30 年来，贴片机已由早期的低速度（1～1.5s/片）和低精度（机械对中）发展到高速（0.08s/片）和高精度（光学对中，贴片精度±60μm/4σ）。高精度全自动贴片机是由计算机、光学、精密机械、滚珠丝杆、直线导轨、线性电动机、谐波驱动器以及真空系统和各种传感器构成的机电一体化的高科技装备。从某种意义上来说，贴片机技术已成为 SMT 的支柱和深入发展的重要标志，贴片机是整个 SMT 生产中最关键、最复杂的设备。贴片机及其详细的工艺设置见第十章。

第五节 回流技术

近十年，随着电子组装向表面贴装转化，回（再）流焊工艺技术发展迅猛，很快得到普及，由于它具有不可比拟的优势，已逐步取代波峰焊成为主流。回流焊技术大体上包括以下几种：汽相回流焊（Vapor Phase），热板传导回流焊（Hot Belt Conveyer），红外回流焊（IR，Infra-red），热风对流回流焊（Forced Convection），激光回流焊（Laser）。前四种为群焊工艺，即一次可完成整块印刷电路板的焊接；激光回流焊为点焊工艺，采用局部加热进行逐点焊接。

目前以热风对流回流焊使用最为广泛，它是利用加热器与风扇，强制炉膛内空气对流，将热量传递给待焊接印制板，其主要传热方式是对流，也有部分热辐射和传导。热风对流回流焊炉一般在传送带上下各设置若干个温区，分别进行温度控制，具有加热均匀、温度稳定的优点。其缺点是强风可能将贴装的元器件吹移位，并可能带来氧化。为此可采用氮气保护的办法，可防止氧化，同时也提高了焊接润湿力，润湿速度加快。各种回流焊设备在第十章中具体介绍，本节以最常见的热风对流回流焊炉为例，介绍该技术中回流曲线的设置及加热因子的选取。

一、回流曲线

在对 PCB 贴片并检测以后，将 PCB 送入热风对流回流焊炉进行回流，目的是使焊膏内的焊锡合金熔化，与焊盘及元件引脚发生焊接产生冶金结合，形成焊点。在回流过程中，必须对各温区的温度及传送带速度进行精确的设置及控制，获得一条优化的回流温度曲线，以保证得到优质的焊点，并尽可能减少缺陷的发生，因此，回流曲线（Reflow Profile）是回流工艺中最重要的因素。图 8-12 为一条典型的 Sn63Pb37 焊膏回流曲线，它可分为预热、保温、回流、冷却四个阶段，各阶段的任务和作用描述如下：

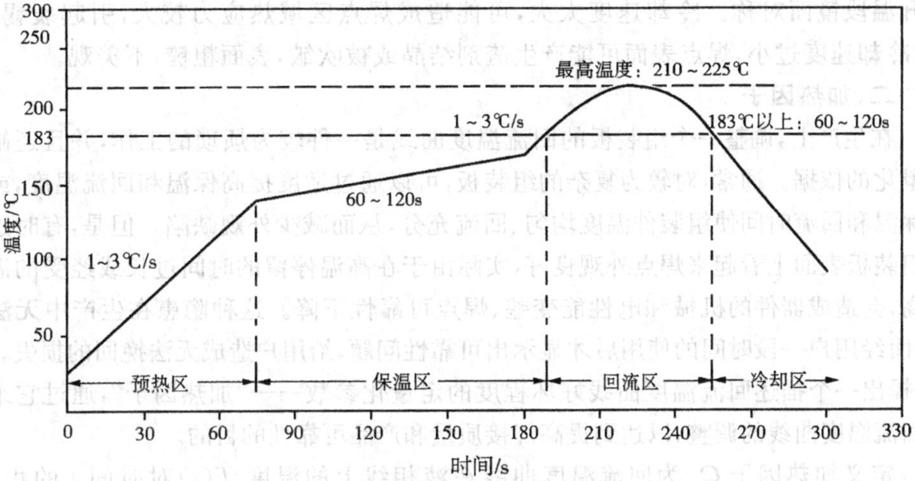

图 8-12 Sn63Pb37 焊膏的回流曲线

(1)预热区(Preheat) 指由室温升至120～150℃的区域，升温速度一般为1～3℃/s。该段可使PCB和元器件预热，同时焊膏中的溶剂缓慢挥发，以防焊膏发生塌落和焊料飞溅。升温过快可能造成对元器件的伤害，比如会引起多层陶瓷电容器开裂，同时还可能造成焊料飞溅，形成焊料球以及焊料不足的焊点。

(2)保温区(Soaking) 指温度维持在150℃至焊料熔点之间的区域，通常时间为60～120s。该段主要是为了保证PCB及其组装的元器件在回流前温度尽可能达到一致，特别是对PCB较大、元器件品种多的场合，保温时间要取上限，否则容易由于PCB、元器件温度不均匀造成冷焊、芯吸、桥连等缺陷。同时，焊膏中的活化剂开始作用，清除元器件焊接面或引脚、焊盘、焊粉中的氧化物及污染物，获得“清洁”的表面准备回流熔化。不过，焊盘、焊膏、元器件焊接面在加热和风吹的条件下更易于氧化，保温时间太长，焊膏中的活化剂可能消耗完，反而使回流性能变差，特别是在目前越来越多地采用无卤素、免清洗焊膏的情况下。

(3)回流区(Reflow) 指温度超过焊膏中焊料熔点的区域，对于Sn63Pb37，常用的温度为210～225℃。此时焊膏中的焊料开始熔化，呈流动状态，对焊盘和元器件焊脚发生润湿，产生冶金结合。润湿作用导致焊料进一步扩展。回流区温度太高，加热时间过长，PCB及元器件易造成损坏；反之，回流区温度过低，加热时间过短，焊料熔化不充分，焊接效果不好，会产生虚焊、冷焊等焊接缺陷。回流区的时间通常为60～120s，PCB越大、元器件越多，时间越长。确定回流时间的原则是必须保证热容最大的元器件发生良好的焊接。

(4)冷却区(Cooling) 指降温时温度低于焊料熔点的区域。此时，液态焊料发生凝固，形成光亮的焊点，提供良好的电接触和机械结合。冷却段曲线一般同回流区升温段镜面对称。冷却速度太大，可能造成焊点区域热应力较大，引起裂锡、脆化；冷却速度过小，焊点表面可能产生渣剂结晶或被吹皱，表面粗糙，不美观。

二、加热因子

在生产上，调整一个组装板的回流温度曲线是一件较为烦琐的工作，并且还缺乏定量化的依据。通常，对较为复杂的组装板，可以通过适度提高保温和回流温度，或延长保温和回流时间使组装件温度均匀、回流充分，从而减少外观缺陷。但是，有时这样的组装板表面上看起来焊点外观良好，实际由于在高温停留的时间过长或经受的温度太高，会造成器件的机械和电性能变差、焊点可靠性下降。这种隐患在生产中无法察觉，而经用户一段时间的使用后才显示出可靠性问题，给用户造成无法挽回的损失。为此，提出一个描述回流温度曲线好坏程度的定量化参数——“加热因子”，通过它来指导回流温度曲线的调整，以达到提高焊接质量和产品可靠性的目的。

定义加热因子 Q_η 为回流温度曲线在液相线上的温度 $T(t)$ 对时间 t 的积分，相当于曲线在液相线上的面积（见图 8-13）

$$Q_\eta = \int_{t_1}^{t_2} (T(t) - T_m)\,dt$$

式中，$(t_2 - t_1)$ 为液相线上停留的时间。将它进一步简化为一个三角形，底为 $\Delta t = t_2 - t_1$，高为 $\Delta T = T_{max} - T_m$，即

$$Q_\eta = \frac{1}{2}\Delta t \cdot \Delta T$$

对于共晶 SnPb 合金，$T_m = 183$℃，则

$$Q_\eta = \frac{1}{2}(t_2 - t_1)(T_{max} - 183)$$

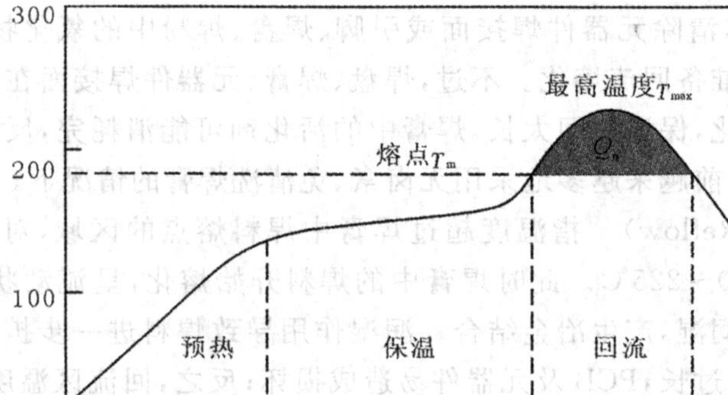

图 8-13 回流曲线上确定加热因子 Q_η

图 8-14 是一组 Sn63Pb37 合金成分的 Micro BGA 试样在不同的加热因子下的振动和弯曲疲劳寿命试验结果。它们表明加热因子过大或过小时，都使振动、弯曲疲劳寿命急剧降低；为了保证较高的疲劳寿命，锡铅共晶焊膏的加热因子最佳的范围在 600～900s℃。一些常用品牌的焊膏推荐的回流曲线所计算的加热因子也基本处于这个范围，如表 8-5 所示。

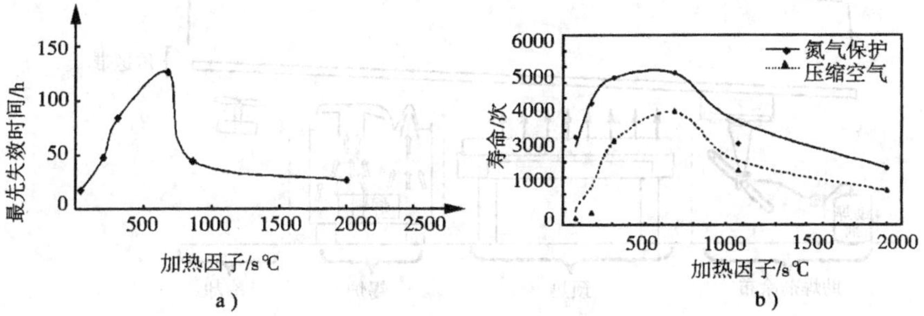

图 8-14　加热因子对 Micro BGA 疲劳寿命的影响

a）振动疲劳寿命　b）弯曲疲劳寿命

表 8-5　一些常用焊膏的加热因子范围

品牌	合金类型	加热因子范围 Q_{η} /(s℃)
Alpha	Sn63Pb37	630～810
Qualitek	Sn63Pb37	660～1100
	Sn62Pb36Ag2	780～1170
Heraeus	Sn63Pb37	720～740
	Sn62Pb36Ag2	800～830

由此可见，知道了组装板在回流焊设备中的运行速度和经历的最高温度就可以近似地判断出回流焊的特征工艺参数——加热因子，可以为回流曲线的判断提供了一个简单可行的方法。

第六节　波峰焊技术

通孔组装技术虽然已越来越为表面贴装技术所取代，但仍有一部分元器件不能为表面贴装元器件 SMC/SMD 所代替，所以通孔组装技术仍有它的市场。通孔组装技术中的核心技术是波峰焊技术，SMC/SMD 通过点胶固化后也可采用波峰焊技术来形成焊点。

波峰焊是将熔融的液态焊料，借助于泵的作用，在焊料槽液面形成特定形状的焊料波，在特定的角度及浸入深度下，插装 PCB 板底部穿过焊料波峰而形成焊点的焊接过程。波峰焊机主要是由传送系统、助焊剂涂布区、预热区、锡炉、冷却区和排气系统组成，如图 8-15 所示。波峰焊机具体介绍见第十章，本节主要介绍波峰焊的工艺过程与参数选择。

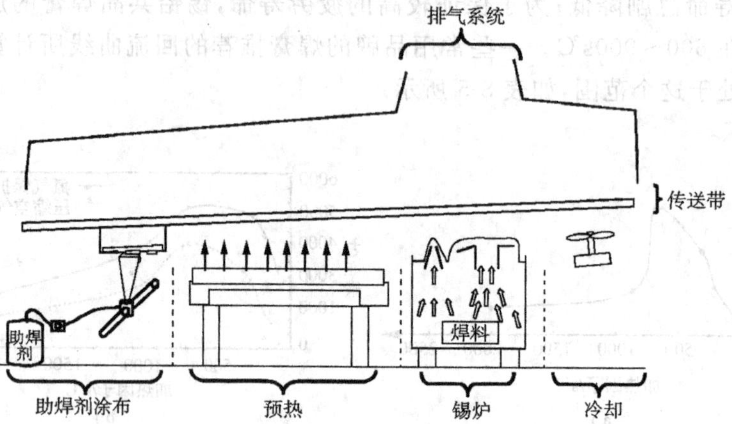

图 8-15　波峰焊系统

一、助焊剂的涂布

助焊剂的作用是去除焊接面上的氧化层，提供“清洁”的焊接面。通常助焊剂的密度在 0.8～0.85g/cm³ 之间、固含量为 1.5%～10%左右。根据使用的助焊剂类型，焊接需要的固态焊剂量在 0.5～3g/m² 之间，相当于湿焊剂层的厚度为 3～20μm。PCB 底部焊接面必须均匀涂布一定量的焊剂，才能保证 SMA 的焊接质量。

目前常见的焊剂涂布方法有发泡法、浸渍法、刷涂法和喷雾法。前三种方法适用于通孔金属化的印制板（双面板），因为它们可将焊剂渗透到孔内，提供可靠的焊接。

1. 发泡法

发泡法是在液态焊剂槽内埋有一根管状多孔陶瓷，在多孔陶瓷管内接有低压压缩空气，迫使焊剂流出陶瓷管并产生均匀的微小泡沫，当 PCB 焊接面经过喷嘴时就均匀地附着上焊剂，完成焊剂的涂布。多余的焊剂仍沿着喷嘴口流回焊剂槽中，余下的气泡则逐步消失（否则会出现外溢现象）。焊剂涂布的质量主要由多孔陶瓷管微孔的均匀性及焊剂的密度决定。标准的泡沫由直径约为 1～2μm、大小均匀的气泡组成。焊剂的密度由焊剂密度控制系统来控制，通常控制的范围为 0.81～0.85g/cm³。此外多孔陶瓷管可以拆换，以便使用后清洗。

焊剂发泡工艺参数：

1）焊剂的波面必须高于多孔陶瓷管顶部 10～25mm。

2）空气压力应根据采用的多孔陶瓷管孔径大小来调节，一般在 0.3～

0.5MPa左右。

3) 压缩空气必须严格去水、去油，以免污染焊剂。

4) 喷嘴上部的泡沫高度应在0～15mm之间调整，即保证PCB通过时不会浸渍到PCB顶面。

发泡法涂布焊剂如图8-16所示。发泡法涂布焊剂的优点为可靠性高；泡沫高度调节方便；PCB金属化孔能得到可靠的润湿，不会有过量的焊剂沉积在PCB上。

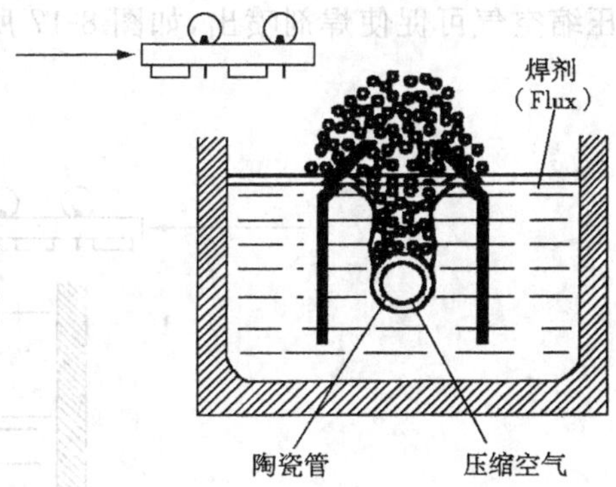

图8-16 发泡法涂布焊剂

发泡法的缺点为有时不适用于低固含量焊剂；焊剂易吸潮，应注意检查并定期更换；开放系统溶剂易挥发，必须定期补充；PCB上的堵孔胶会破坏泡沫并影响四周的焊点；采用发泡法涂布的助焊剂密度高，因此预热工位应适当增长，最好有热空气循环装置，以去除过量的溶剂。

2. 浸渍法

浸渍法是把PCB焊接面浸入到液态焊剂中，但焊剂不能浸到元器件面。焊剂存放在上部开口的容器内，不用时必须加盖，以免焊剂中的溶剂过量挥发。该方法适用于间歇式生产，经常与浸焊工艺相配套，适合小批量生产。特点是简单易行、投入小、但均匀性不够。

3. 刷涂法

刷涂法是在焊剂槽中放置一个圆柱形制体，在转动时下部浸入焊剂，当被焊PCB在上面通过时，毛刷可将焊剂飞溅到PCB上。此法主要用于PCB表面的保护，故在波峰焊过程中很少使用。

4. 喷雾法

喷雾涂布的方法有超声波振荡方式(无压力式)、喷嘴喷雾方式(压力式)和有网目的旋转滚筒方式。现将这三种方法的原理分述如下。

(1)超声波振荡方式　采用超声波发生器产生高频振荡能(20～40kHz)，并通过换能器转化为机械振荡，强迫焊剂成雾化状并送至SMA的焊接面上，这是目前市场上最先进的涂布方法。

该方式的优点：操作与维护方便，操作费用经济；适用于任何品牌的助焊剂，可减少70%的不良焊点；采用密闭式，可避免助焊剂污染并可均匀地涂沫在PCB上；采用振荡原理，喷口不会堵塞。缺点是投资费用高。

(2)喷嘴喷雾法　此法类似喷漆原理，焊剂受到0.5～3kg/cm^{2}的压力后，通过喷嘴产生雾化，涂布在PCB焊接面上。

该方法优点是适用于低固含量(＜5%)焊剂,不用稀释剂,助焊剂与空气隔离不会被污染可调节喷射宽度。缺点是喷雾系统复杂,维护不易;焊剂喷射均匀性差,且有飘浮焊剂分子,需另加外罩及排风装置;喷嘴有时会出现堵塞现象。

(3)有网目的滚筒　以不锈钢制成的极精细滚筒在焊剂中旋转,在滚筒内加压缩空气可促使焊剂喷出,如图 8-17 所示。

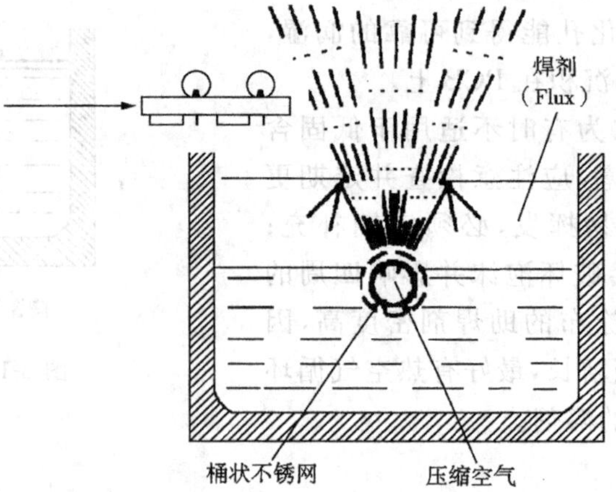

图 8-17　带网目的不锈钢滚筒喷雾涂布焊剂

该方法优点是可适用于不同类型的焊剂,成本低。缺点是无法控制宽度;焊剂会造成二次污染,溶剂易挥发,无法控制焊剂喷雾量;清洗困难,需用稀释剂,维护费用高。这种方法因品质不稳定,面临淘汰。

以上介绍了焊剂常用的涂布方法,目前仍以发泡式较为常用,喷嘴喷雾法及超声波喷雾法是发展方向,浸渍法仍是手工操作的手段之一。

二、预热

在波峰焊过程中,PCB 涂布焊剂后应立即烘干(又称预热),焊剂的预热可以使焊剂中的大部分溶剂及 PCB 制造过程中夹带的水汽挥发。如果溶剂依靠焊料槽的温度进行挥发,则会因在挥发时吸收热量,造成波峰液面焊料冷却而影响焊接质量,甚至会出现冷焊等缺陷。当然预热也应适当,使 PCB 上的焊剂保持适合的粘度即可,如果焊剂的粘度太低,焊剂过早地从 PCB 焊接面上排出,会使焊盘润湿性变差,严重时会出现桥接等毛病。

PCB 预热的另一个优点是降低焊接期间对元器件及 PCB 的热冲击。片式电容是由多层陶瓷叠加而成的,易受热开裂。因此要特别防止对片式电容的热冲击,重视 PCB 的预热过程。

通常 PCB 的预热温度控制在 90～110℃,最佳预热温度取决于被焊产品的设计、比热、焊剂中溶剂的汽化温度和蒸发潜热等多种因素。例如,多层印制板需要较高的预热温度来干燥和活化金属孔中的焊剂，以确保焊料渗透；大型元器件、金属支座和散热器应均匀分布，以防吸热不均匀。在测量 PCB 预热温度时，探头应放在吸热较多的元件附近，以保证预热温度的可靠性，并通过调节 PCB 在预热段传闭的速度来达到 PCB 表面预热温度的均匀性。

波峰焊机中常见的预热方法有红外加热、热风对流加热。红外加热的优点是节约能耗、升温速度快。热风对流加热则加热均匀，是最有效的热量传递方法。

三、焊接

完成波峰焊接的主要部分是锡炉和波峰发生器。其中波峰发生器是波峰焊机的核心。波峰发生器有机械泵式和液态金属电磁泵式，通过泵的作用，液态焊料经过导流板、喷头喷出液态波峰，然后回流到导锡槽内。根据波峰的结构，又分为以下几种：

1. λ 波

λ 波由一个平坦的主峰区和一个弯曲的副峰区组成，主峰面较宽，如图 8-18 所示。其特点是 SMA 与波峰接触时间较长，焊料的擦洗作用最佳。由于喷嘴前安置有挡板控制波峰形状，可以控制波峰的速度特性，这样在喷嘴前面形成了较大的相对速度为零的区域，在这个区域进行焊接，有助于减少焊点拉尖和桥接现象。

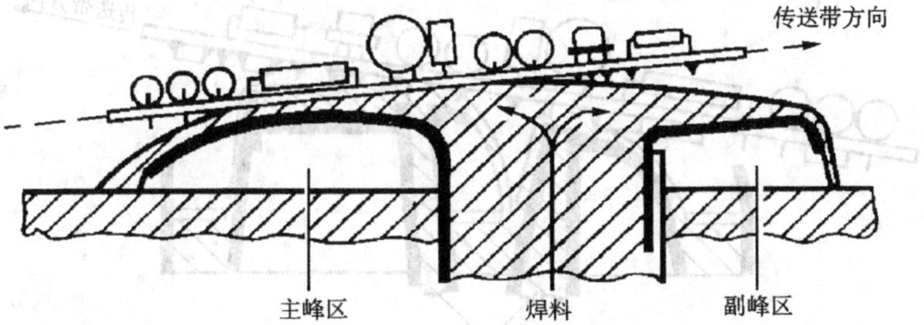

图 8-18 λ 波结构

2. T 形波

T 形波又称双面波，左右两个峰相同，焊锡从波峰两侧回流到锡槽中。T 形波结构如图 8-19 所示。

3. Ω 波

Ω 波又称为振荡波，由 λ 波演变而来的，如图 8-20 所示。这种波产生的原理是，焊料出口内装有振动源，使锡波表面产生小波幅振动。利用它的振荡增加焊接功能，突破焊盘附近包围的气体，促使焊料润湿元器件引脚，有效地解决“焊接死区”问题。但是在密度过高或零件高低度差异较大时，Ω 波对 SMC/SMD 的焊接效果有时还不尽如人意。

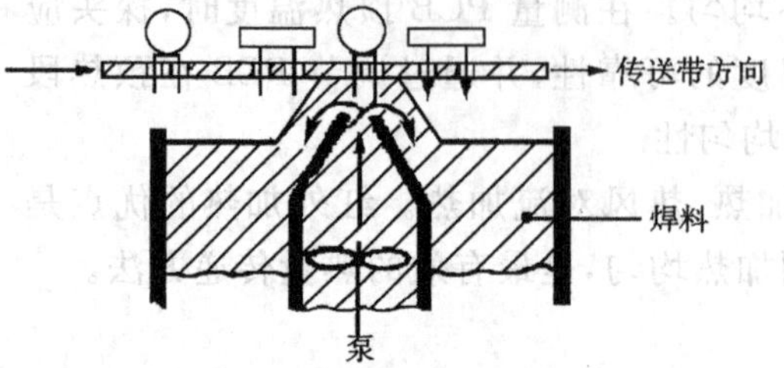

图 8-19　T 形波结构

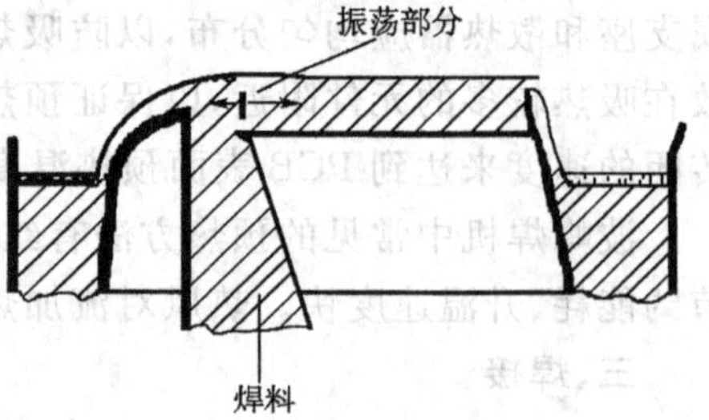

图 8-20　Ω 波结构

4. 双波峰

双波峰的第一个锡波是紊流波（也称振动波、脉冲波、乱波），其作用是使焊料在“垂直”方向上冲击印制板底面所有的焊盘、元器件焊端和引脚，进行浸润和扩散，故能有效地克服“焊接死区”现象。第二个焊料波是平滑波，平滑波将引脚及焊端之间的连桥分开，并去除拉尖等焊接缺陷，使焊接效果更佳。双波峰的结构如图 8-21 所示。

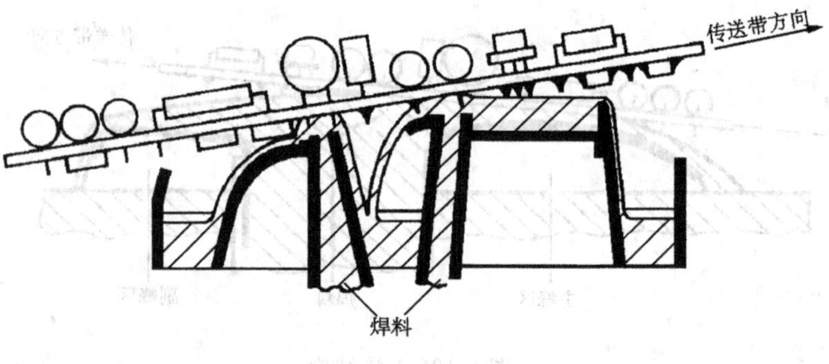

图 8-21　双波峰焊结构

四、波峰焊工艺参数

波峰焊的工艺参数受许多复杂因素影响，不仅取决于机器型号，也取决于被焊产品的设计等。

1. 传送倾角

传送倾角对焊接效果的影响较为明显，特别是在焊接高密度 SMC/SMD 时。倾角太小，可导致 SMC/SMD 的“遮蔽区”出现桥连；倾角过大，虽然有利于桥连的消除，但焊点吃锡量太小，容易产生虚焊。适当的倾角，还有利液态焊料与 PCB 更快地剥离，使之返回锡炉中。传送倾角应控制在 3°～7°之间。

2. 焊剂涂覆量

要求在印制板焊接面(底面)有薄薄的一层焊剂,要均匀,不能太厚,对于免清洗工艺特别要注意不能过量。焊剂涂覆量要根据波峰焊机的焊剂涂覆系统,以及采用的焊剂类型进行设置。

采用刷涂与发泡方式时,必须控制焊剂的比重。焊剂的比重一般控制在0.82～0.84之间(液态松香焊剂原液的比重),焊接过程中随着时间的延长,焊剂中的溶剂会逐渐挥发,使焊剂的比重增大;其粘度随之增大,流动性也随之变差,影响焊剂润湿金属表面,妨碍熔融的焊料在金属表面上的润湿,引起焊接缺陷。因此,应定时测量焊剂的比重,如发现比重增大,应及时用稀释剂调整到正常范围内;但是,稀释剂不能加入过多,比重偏低会使焊剂的作用下降,对焊接质量也会造成不良影响。另外,还要注意不断补充焊剂槽中的焊剂量,不能低于最低极限位置。

采用定量喷射方式时,焊剂是密闭在容器内的,不会挥发、不会吸收空气中水分、不会被污染,因此焊剂成分能保持不变。关键要求喷头能够控制喷雾量,应经常清理喷头,喷射孔不能堵塞。

3. 预热温度的控制

预热的作用:①使助焊剂中的溶剂充分挥发,以免印制板通过焊锡时,影响印制板的润湿和焊点的形成;②使印制板在焊接前达到一定温度,以免受到热冲击产生翘曲变形。根据经验,一般预热温度控制在90～130℃,预热时间1～3min。

4. 波峰高度

波峰高度是指波峰焊接中的PCB吃锡深度,通常控制在PCB板厚的1/2～2/3,过大会导致熔融焊料流到PCB的表面,出现桥连。此外PCB浸入焊料面越深,其挡流作用越明显,再加上元件引脚的作用,就会扰乱焊料的流动速度分布,不能保证PCB与焊料流的相对零速运动。对幅面过大和超重的PCB,通常用增加挡锡条或在波峰机的锡锅上架设钢丝的办法来解决。

5. 焊接温度和时间

焊接温度是影响焊接质量的一个重要的工艺参数。焊接温度过低时,液体焊料的粘度大,焊料的扩展率、润湿性能变差,使焊盘或元器件焊端不能充分的润湿,产生虚焊、拉尖、桥连、焊点表面粗糙等缺陷;焊接温度过高时,则加速了焊盘、元器件引脚及焊料的氧化而损坏元器件,还会由于焊剂被炭化失去活性、焊点氧化速度加快,产生焊点发乌、焊点不饱满、虚焊等问题。

通常焊接温度控制在250℃±5℃(必须测打上来的实际波峰温度)。由于热量是温度和时间的函数,在一定温度下焊点和元件受热的热量随时间的增加而增加。波峰焊的焊接时间通过调整传送带的速度来控制的,传送带的速度要根据不同型号波峰焊机的长度、预热温度、焊接温度统筹考虑进行调整。以每个焊点接触波峰的时间来表示焊接时间,一般焊接时间为3～4s。

6. 热风刀

热风刀是20世纪90年代出现的新技术，它是PCB刚离开焊接波峰后，在PCB的下方放置一个窄长的带开口的"腔体"，对PCB焊接面吹出高温高压的气流，尤如刀状，故称为热风刀。热风刀的高温高压气流吹向PCB上尚处于熔融状态的焊点，过热的风可以吹掉多余的焊锡，也可以填补金属化孔内焊锡的不足，还可以修复桥连，促进带有气孔的焊点除气，因此热风刀可以使焊接缺陷大大降低。热风刀已在PCB焊接中广泛使用。热风刀的温度和压力应根据PCB上的元器件密度、元器件类型以及板上的方向而设定。为了获得最佳的效果，通常可调整热风刀的角度40°～90°(以水平为基准)以及与PCB底面之间的距离(尽可能近)；如果发现有焊锡吹到板子上部，则应减少风刀的压力，既要保证吹掉多余焊锡，修正桥连，又要保证不使焊料吹上元器件面；通常对所有类型的板子压力设置为(5～10)×0.068个标准大气压，温度为400～500℃左右，以得到很好的焊接效果。

7. 波峰焊工艺曲线

焊接温度曲线对于获得良好的焊接效果至关重要。好的焊接曲线有利于减少焊接缺陷，还能防止热冲击对元器件的破坏。此外，预热区和焊接区的温差尽量小。它可以防止元器件热冲击太大，也可减少由助剂干燥不足释气引起的漏焊。典型的波峰焊温度工艺曲线如图8-22所示。

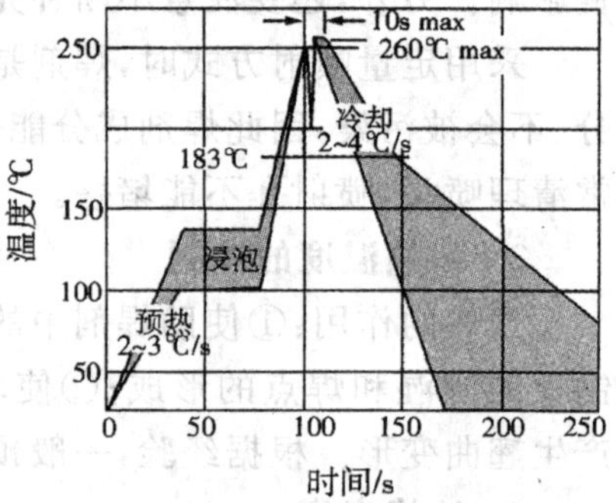

图8-22 波峰焊工艺曲线

第七节 清洗技术

通常SMA在焊接后，其板面总是存在不同程度的助焊剂的残留物及其他类型的污染物，如堵孔胶高温胶带的残留胶、手迹和飞尘等，即使使用低固含量的免清洗助焊剂，仍会有或多或少的残留物。因此清洗对保证电子产品的可靠性有着极其重要的作用。

早期的通孔安装的电子组件，由于元器件本身通过长引线与PCB焊接，故元件本体离PCB空间距离大，清洗时溶剂容易与污染物接触；污染物主要来源于助焊剂中的松香，成分较单一；焊接时高温时间短(PCB上高温为220℃时间约6～8s)。而在采用SMT技术的电子组件时，SMC/SMD与PCB几乎紧紧贴在一起，清洗时溶剂不易浸透到焊接点，且污染物主要来源于焊膏中的包括松香在内的多种化学成分，其复杂程度远远高于普通助焊剂中的残留物，且焊接的高温时间相对较长(200℃以上约30～60s)，又增加了松香的聚合程度。因此对SMA来说，其清洗的难度大大增加。

一、清洗原理

1. 污染物的种类

组装板上的污染物主要分为三大类，即极性污染物（或称离子型污染物），非极性污染物（或称非离子型污染物）和粒状物。

（1）极性污染物 极性污染物是指在一定条件下可以电离为离子的一类物质，如助焊剂、焊膏中的活性剂，包括卤化物、酸及其盐，它们是引起电迁移的主要原因。电迁移可在导体之间（如焊好的引脚之间）形成树枝状金属物质，引起导体之间的绝缘电阻下降，甚至发生短路。电迁移可用表面绝缘电阻（SIR）是否下降来判断，SIR 值越大（无电迁移），部件越清洁。另外，在潮湿环境下，具有酸性的极性污染物还可以直接腐蚀铜引线、焊点及元件，导致电气失效。例如，焊料中的铅（Pb）氧化后与焊剂中的盐酸（HCl）相结合，形成氯化铅（$PbCl_2$）；如果氯化铅在清洗期间未被除去，它将与空气中的水汽（H_2O）和二氧化碳（CO_2）反应，形成碳酸铅（$PbCO_3$），而且又重新生成盐酸，反复循环，一直继续到焊料中的铅完全消耗完为止。反应过程如下：

$$Pb + \frac{1}{2}O_2 = PbO$$

$$PbO + 2HCl = PbCl_2 + H_2O$$

$$PbCl_2 + H_2O + CO_2 = PbCO_3 + 2HCl$$

盐酸还会腐蚀存在的铜，形成氯化铜

$$CuO + 2HCl = CuCl_2 + H_2O$$

（2）非极性污染物 非极性污染物主要指助焊剂以及焊膏中残留的有机物，最典型的是松香或树脂的残渣、波峰焊中的防氧化油、贴片机或插装机的油脂或蜡、焊接工艺过程中夹带的胶带残留物以及操作人员的肤油等，这些污染物自身发黏，吸附灰尘。有时覆盖在焊点之上的松香或树脂残渣还有碍测试，特别是非极性污染在极性污染物的配合下，还会加剧污染的后果。这是因为，松香成分中含有多种酸性物质，如松香酸（Abietic Acid）和海松酸（Pimaric Acid）。

（3）粒状污染物 粒状污染物通常是指工作环境中的灰尘、棉绒、烟雾等在组装印制板上留下的尘埃，以及焊接时出现的焊料球。它们也能降低电气性能，对电子组装产品造成危害。尘埃可以采用机械方法，如喷射或超声波清洗来去除。

2. 清洗原理

同其他污染一样，SMA 上污染物也主要是依靠物理键结合与化学键结合产生。所谓“物理键”结合是指污染物与印制板表面之间以分子引力相结合。分子之间的作用力又称为次价力，如范德华力和氢键。范德华力包括诱导力、取向力和色散力。通常物理键键能相对较低，一般在 $0.8\times10^3 \sim 2.1\times10^4$ J/mol 之间。

附着在印制板上的松香、树脂、残胶等属于物理键结合。所谓"化学键"结合是指污染物与印制板表面之间发生了化学反应，形成原子之间的结合，生成离子化合物或共价化合物。化学键的键能较强，其数量级为 $4.2\times10^5 \sim 8.4\times10^5$ J/mol 之间。如松香酸与金属形成的松香酸盐等。清洗的原理在于破坏污染物与 PCB 之间的物理键或化学键的结合力，从而达到分离污染物的目的。

去除污染物时，除浮尘可以采用高压气体喷吹的方法去除以外，附着力强、难以去除的污染物普遍采用液态清洗方式，其原理是通过污染物和溶剂之间的溶解或化学反应将污染物从 PCB 上去除。采用溶解方法时，选择溶剂要采用极性相似的原则，即非极性和极性污染物分别用非极性溶剂和极性溶剂进行清洗，因此清洗剂往往采用多种溶剂复合的方法。也可以采用化学反应方法，比较典型的是皂化反应，即采用表面活性剂和水一起与松香残留物发生化学反应，生成可溶于水的脂肪酸盐。

二、清洗类型

实际生产中最常用最有效的四种清洗方法是：

1. 溶剂清洗

溶剂清洗是最早采用的方法之一。它主要是利用溶剂的溶解力除去污染物，同时借助超声波、喷淋以及温度的作用，可以增强去污能力。采用溶剂清洗，由于其挥发快，溶解能力强，故对设备要求简单。早期使用的溶剂是氯氟烃化三氯三氟乙烷（简称 CFC-113），具有脱脂效率高、对焊剂残渣溶解力强、易挥发、无毒、不燃不爆、对电子元件和 PCB 无腐蚀以及性能稳定等优点，是一种理想溶剂。但由于发现 CFC 对大气臭氧层有破坏作用，严重危害人类的生存环境，这种清洗剂将被淘汰。1987 年在加拿大蒙特利尔签订了保护臭氧层协定书——《关于消耗臭氧层物质（ODS，Ozone Depleting Substance）的蒙特利尔议定书》，根据协定，发达国家已于 1996 年开始禁止使用 ODS，发展中国家将于 2010 年前逐步淘汰使用 ODS。

替代的有机清洗溶剂包括可分为可燃性清洗剂和不可燃性清洗剂，前者主要包括有机烃类和醇类（如有机类、醇类、二醇酯类等），后者主要包括氯代烃类（二氯甲烷、三氯乙烯、四氯乙烯等）和氟代烃类（如 HCFC 和 HFC 等）。使用这些溶剂进行清洗不需要水，清洗、漂洗、乃至于当采用蒸汽干燥时，都使用溶剂，因而无需纯水制备和废水处理。

可燃性溶剂的挥发性大、闪点低，使用时必须对清洗设备及其辅助设备采取防爆措施；HCFC（含氢的氟氯烃）溶剂仍属破坏臭氧层物质，已规定在 2020 年全面淘汰。另外其温室效应系数也较高，应尽量防止其向大气中排放；而氯代烃类溶剂如三氯乙烯等毒性大，而且有致癌作用，应对其加强管理。

2. 半水清洗

半水清洗介于溶剂清洗和水清洗之间。其工艺中使用的是碳氢化合物类(烃类)溶剂和表面活性剂的混合清洗剂。这种清洗剂可采用浓溶液方式使用,然后用水清洗;也可在水溶液中乳化后进行清洗,因此称为半水清洗。烃类溶剂用于溶解污染物,表面活性剂则提供润湿、乳化和冲洗功能。

烃类/表面活性剂清洗剂的溶解能力强但闪点较低,溶剂槽一般不加热。其次,这类清洗剂是可燃的,若无保护措施则不能以蒸汽或喷射清洗方式使用。如果清洗剂用水配制为乳化液使用时,可适当加热干燥,其步骤以及废水处理步骤与水清洗工艺相似。因为烃类/表面活性剂清洗剂很容易从漂洗用的水中通过沉淀分离出去,漂洗水可以循环再利用,而废弃的清洗剂和油污可作焚烧处理。

半水清洗的优点是:①清洗能力较强,能同时去除水溶性污染物和油污渍,特别是对重油脂、焦油、蜡和难清除的污垢等;②与大多数金属和塑料相容;③蒸汽压下降(尤其是在乳化方式使用时),蒸发损失减少;④废液易从废水中析出,可大大减少排放污染物的处理量。其缺点是:①需要干燥,亦需要进行废水处理;②烃类/表面活性剂清洗剂可燃,当浓溶液以喷射方式使用时,必须有相应的保护措施。

3. 水清洗

水清洗是使用去离子水来清洗零部件。去离子水中可添加少量表面活性剂、有机溶剂、皂化剂、缓蚀剂等制成水清洗剂,提高去污能力。

水清洗的优点是:①安全性好、不燃烧、不爆炸、基本无毒;②工艺设计、配方和浓度的自由度大,可以专门设计或配制以满足特定的清洗需要,取得最佳清洗效果,清洗范围广;③可采用多重清洗机制。水是极性很强的极性溶剂,除溶解作用外,还有皂化、乳化、置换、分散等共同作用,使用超声波清洗比在有机溶剂中有效得多;④水基清洗费用低。其缺点是:①水的表面张力大,难于渗透进“盲孔”和缝隙中,清洗困难,对残留的表面活性剂也难以彻底去除;②水基清洗对工艺规范的管理和控制要求更严格;③需干燥设备和废水处理装置,增加设备成本和能耗;④产生材料兼容性问题:可能发生金属腐蚀或某些高聚物的龟裂现象。

4. 免清洗

免清洗技术是在焊接过程中采用免清洗焊膏或助焊剂,焊接后不再清洗。免清洗技术无疑具有简化工艺流程、节省制造成本和污染少的优点,但同时对电子组装生产提出了更高的要求,车间环境、设备、组装工艺、免清洗材料(包括焊膏和助焊剂等)都将影响最终产品稳定性与合格率。

对免清洗焊膏和助焊剂的要求是:①可焊性好;②无毒、操作安全;③低固态含量,保证焊后残留物少,颜色浅而透明,焊后无腐蚀性,不影响针测;④焊接后板面干燥、不粘板,表面绝缘性能好;⑤免清洗助焊剂还要求适用于发泡和喷雾工艺。由于低固态含量的要求,这些免清洗材料不可避免地牺牲了活性,在回流或波峰焊过程中可能由于对组装部位清洗不干净而产生各种焊接缺陷,为此可在惰性气体保护下焊接,应用最多的是氮气保护。

表 8-6 是水清洗、半水清洗和溶剂清洗的溶剂体系。

表 8-6 三种清洗方法的媒剂选择

水清洗剂	半水清洗剂	溶剂清洗剂
1. 去离子水	1. 非线性酒精	1. 异丙醇
2. 去离子水加非反应添加剂	2. 支线性酒精	2. 异丙醇/环已胺混合物
3. 去离子水加有机皂化剂	3. P 系列乙二醇醚	3. 碳氢化合物
4. 去离子水加无机皂化剂	4. 环形胺	4. HCFC②
5. 含水酒精结合中性反应	5. 萜烯①	5. HFE 双极共沸混合物②
6. 含水有机溶剂乳剂	6. 碳氢化合物/氧化物混合溶剂①	6. HFC 双极共沸混合物②
	7. 高分子重量酯①	7. N-丙基溴化物

注:① 为非水溶性,②为不易燃

清洗设备主要包括以下两类:

1)批量式溶剂清洗机。它是通过溶剂蒸汽溶解和急流喷淋洗净 PCB 上残留的焊剂,通过手工半自动的方法,适用于单件小批量生产。

2)连续式在线溶剂清洗机。根据不同的清洗工艺,随传送带的运动,依次完成蒸汽、喷淋、浸没煮沸、喷淋等过程,完成对 PCB 上残留焊剂的清洗。

第八节 返修技术

一、返修概念

电子组装设备及制造工艺一直在为努力提高一次组装通过率,但是 100% 的合格率仍然是一个可望而不可及的目标,总会存在一些由于组装制造中无法控制的因素而产生的不良品。PCB 组装中必须对不良品率有一定的估计,并且通过返修工艺来弥补。

返修是指对存在电气、焊接等各种缺陷的不合格组装印制板按特定的工艺要求进行修理,使之恢复成合格的组装产品。返修时,返修操作人员借助返修工具对故障部分进行修理,因此,返修好坏决定于两个因素:返修操作人员的技术和返修工具。返修操作人员要经过培训,其技艺的高低往往对返修质量是决定性的。返修工具中,最常用最简单的是返修电烙铁,它与普通烙铁的主要区别在于:温度可以调节,控温精度高,低电压输出,具有静电防护功能,高级的还配有真空泵和吸锡头。"智能电烙铁"还能对不同的焊盘尺寸施以不同的加热能量,保证焊接温度的一致性。随着电子产品向着更小、更轻的方向发展,PCB上越来越多地采用精密组装微型元器件,如FP(Flip Chip,倒装芯片)、CSP、BGA等,对返修工艺提出更高的要求,需要使用更高级的返修设备,如返修工作站等(见第十章)。

二、返修过程

1. 发现故障

PCB组装缺陷通过肉眼、视觉系统或自动检测技术来检查,找到缺陷区或损坏的元器件后做上标志,以待返修。

2. 元器件的拆卸

拆卸前,先除去绝缘涂层,清除工作面的污物、氧化物、残留物或助焊剂,然后根据需要涂上助焊剂。

通孔元器件拆卸时,通过真空吸锡器从通孔上逐个吸走焊料,然后取掉元器件;表面贴装元器件的拆卸更为复杂,通常所有的元器件引脚必须同时加热,在焊料完全熔化之后取走元器件。由于表面贴装元器件形状、尺寸、引脚差别很大,因此需要采用不同的拆焊工具,特别是拆焊夹头的形式多种多样,其原则是必须能够均匀平稳地夹持待拆元器件。常用的加热方法有热空气对流加热和热传导加热,前者采用热气喷嘴吹出热空气加热待拆元器件的焊脚,后者则直接采用加热夹具对焊脚进行加热熔化。

拆卸表面贴装元器件,特别是细间距器件时,需要格外小心,因为它极容易损坏焊盘或刮伤板子。必须在所有引脚同时加热、所有焊点都处于熔化状态时再提起待拆元器件。反之,如果所有引脚加热不同步,或焊料还没有完全熔化就提取元器件,会损坏焊盘和印制线,这会影响贴装新元器件时PCB的共面性。另外,还要避免元器件、基板和邻近元器件过热。过热可导致邻近元器件的热损坏、焊点熔化,印制板走线剥离,印制板翘曲等缺陷。通常要求邻近元器件温度处在安全温度150℃以下,温度上升速率应小于30℃/s,必要时还要预热印制板。

提取元器件时,根据元器件的尺寸,操作者可使用真空吸取工具或镊子。对于多引脚的器件推荐使用真空工具,使用镊子则有可能拖动器件,在板子上留下焊料柱使清洗困难。另外在使用镊子时,镊子头的形状必须能够接触元器件的硬区,且不损坏元器件和印制线。

3. 清理焊接区域

去掉损坏的元器件后,剩余的焊料也必须在元器件重贴之前去掉。这时可采用扁平的编织吸锡带或真空连续吸锡器吸走熔化的焊料。编织铜吸锡带由细直径铜线编织而成,将编织带端部放在焊盘上,再用烙铁加热时,编织带就吸取熔化的焊料。编织带可帮助消除多余的焊料、桥接和毛刺。真空吸锡器亦可从吸走熔化的多余焊料。

无论使用编织吸锡带还是真空吸锡器，焊料必须被迅速有效地去掉，否则熔化的焊料会流动到板子上邻近的地方引起其他问题。

4. 安装并焊接新元器件

对于通孔安装元件，可采用手工焊的方法返修。

对于表面贴装片式元件，可以在焊盘上使用注射点涂器滴涂焊膏，再用镊子贴上新的元器件，用热风笔吹热风，直到焊膏熔化铺满焊盘、元件在液态焊料中在表面张力作用下拉正为止。对于小尺寸焊盘和细间距器件（如 QFP），可采用专门的返修工作台进行对中和贴放，以保证位置精度。具体的做法是：可以先滴涂焊膏，然后贴放，再用热风笔预吹干后逐点回流，或采用专用的方形热风罩引导热风吹向引脚部位一次性全部回流；也可以先贴放，再用烙铁和焊锡丝焊接对角的两个引脚，以固定元件，然后逐点焊接。生产中可根据实际遇到的情况及返修设备条件制定合适的方法做好返修工作。采用滴涂焊膏的方法返修片式元件和 QFP 器件如图 8-23 和图 8-24 所示。

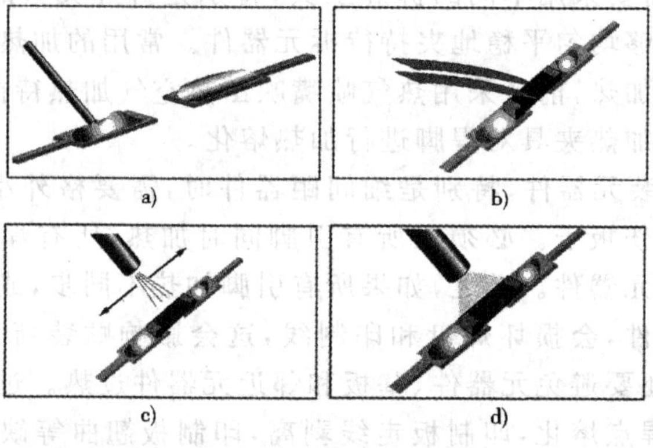

图 8-23　滴涂焊膏返修片式元件

a）滴涂焊膏　b）贴放元件　c）预吹干焊膏　d）熔化焊料

5. 清洗 PCB 并测试

新的元器件焊好后，仍需要进行必要的清洗和测试工序，以保证产品满足要求。

此外，由于 BGA 器件具有高的 I/O 数量、小型化等优点，应用越来越广泛。但由于其焊点阵列面在器件底面不可见，返修操作比较困难，必须借助专用返修设备进行，如 BGA 返修工作站。

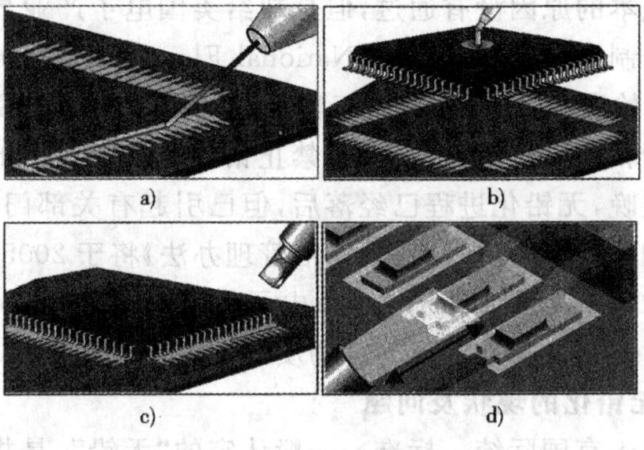

图 8-24　滴涂焊膏返修 QFP

a) 滴涂焊膏　b) 贴放 QFP　c) 预吹干焊膏　d) 熔化焊料

第九节　其他组装技术

电子产品的旺盛需求带动电子组装技术不断发展，一方面电子产品追求轻薄短小、低价格和高可靠性，另一方面新的组装技术层出不穷，各种技术相互竞争来适应电子产品市场的要求。以下介绍几种新型组装技术。

一、无铅焊接技术

1. 电子产品无铅化的背景

铅锡合金焊料在电子工业中已使用了多年且应用广泛。据统计，目前全球电子行业每年使用焊料消耗的铅约为 20 000 吨，约占世界每年铅总产量的 5%。绝大部分电子产品废弃物都被直接丢弃或掩埋，其中的铅会逐渐溶入土壤并进入地下水中，经过各种循环方式又进入人们生活用水中。铅在人体内沉积造成中毒，伤害肾脏、肺，引起贫血、生殖功能障碍、高血压等疾病，危害人体中枢神经。此外，铅还会影响儿童的智商和正常发育。因此，人们提出电子产品铅含量不得超过 0.1%（指重量百分比）这一无铅标准，希望减少电子产品废弃物带来的铅污染。

发达国家相继在电子产品上制定了禁铅法规。日本通过“家用电子产品回收法案”限制铅的使用，日本电子封装协会（JIEP，Japan Institute of Electronics Packaging）要求到 2005 年底彻底废除电子产品中铅的使用。Sony、NEC、Panasonic、Toshiba 等电子制造商已经实现了消费类电子产品的无铅化。欧盟《关于限制在电子电器设备中使用某些有害成份的指令》（RoHS，Restriction of Hazardous Materials）几经修改，于 2003 年 2 月 13 日开始正式生效，规定“自 2006 年 7 月 1 日起，在欧盟市场上销售的全球任何地方生产的属于规定类别内的电子产品中不得含铅”。美国上世纪 90 年代初曾提出一些法案限制电子产品中铅的使用。

尽管因为技术和成本的原因没有通过，但是却给美国电子产业界带来极大的危机感。美国国家电子制造协会（NEMI，National Electronics Manufacturing Initiative）于1999年开始实施"NEMI无铅工程"。许多大公司和相关团体机构还积极游说美国国会进行相关立法工作，以全面禁止铅在电子工业中的使用。我国由于电子封装业起步较晚，无铅化进程已经落后，但已引起有关部门的注意，比如国家信息产业部制定的《电子信息产品污染防治管理办法》将于2005年1月1日实施。它明确提出，自2006年7月1日起，"列入电子信息产品污染重点防治目录的电子信息产品中不得含有铅及其他有毒有害物质"。

2. 电子组装无铅化的现状及问题

无铅的定义尚未有国际统一标准。一般认定的"无铅"，是指电子产品中的铅含量不超过0.1%。总体来讲，无铅封装是一个系统工程，它不仅仅指无铅焊料，还有相应的元件引脚及其覆层、电路板涂层等都要求无铅。同时由于现有大量昂贵的电子产品生产设备与制造工艺大都是与传统锡铅焊料相适应的，所以向无铅的转变必然会带来大量明显和潜在的各种问题。

电子组装无铅化有两个解决办法：①采用新型的无铅合金替代传统的铅锡合金，并基本上不改变现有的生产过程。这是为了在使用无铅合金的同时，使无铅生产工艺与现有的生产设备条件尽量兼容，降低技术更新的成本。②采用导电胶互连技术取代合金互连技术。各向同性导电胶期望可在现有的生产条件下与焊膏一样作为互连材料，并且可在较低温度下固化，还可以应用于更细间距的印刷。

采用无铅合金替换含铅合金，实现电子组装无铅化工艺涉及到三个方面：①使用无铅合金焊料；②元器件引脚镀层无铅化；③PCB涂层无铅化。

(1)无铅合金焊料　无铅合金焊料的开发基本上围绕着Sn/Ag/Cu/In/Bi/Zn二元或多元系合金展开。设计思路是：以Sn为主体金属，添加其他金属，使用多元合金，利用相图理论和实验优化分析等手段，开发新型无铅合金与焊接工艺。美国国家制造科学研究中心(NCMS)经过三年多的信息收集和研究，推荐了79种低、中、高温不同用途的无铅焊料，认为42Sn58Bi(139℃)、91.7Sn3.5Ag4.8Bi(210～215℃)和96.5Sn3.5Ag(221℃)综合性能较好，适合于不同要求的SMT应用。目前市场上主流无铅焊料合金为96Sn3.5Ag0.5Cu(217～219℃)，96.5Sn3.5Ag(221℃)和99.3Sn0.7Cu(227℃)，前两者用于焊膏和波峰焊，后者用于波峰焊。这些无铅合金体系的屈服强度、抗拉强度、断裂韧性、塑性、弹性模量等机械性能指标接近甚至远远超过63Sn37Pb，但不足之处是除Sn-Bi外，大部分合金熔点高于63Sn37Pb，比热也增加20%～30%，这意味着回流温度和时间都需增加，对元器件、板卡、生产设备及制程都是一个考验，此外，润湿性也大多不及63Sn37Pb，带来新的可焊性问题。

(2)元器件引脚镀层 元件引脚的无铅镀层有多种选择,包括:Sn、NiPd、NiPdAu、SnBi、SnCu、SnNi、NiAu 和 SnAg 等。Pd 涂层与 SnPb 涂层的性能相当甚至更好,这是因为 Pd 比 Au 在高锡合金中的溶解速度大的缘故,但是其电镀却存在一定困难。AgPd 镀层可能因为 Ag 向合金中扩散而在焊点中形成空位,所以正在被 SnNi 取代。Sn 有晶须生长的倾向;SnBi 是低熔点镀层,存在脆性相和可靠性问题;SnAg 的电镀比较困难;NiAu 的工艺过程难以控制,其中还有银溶蚀和金属间化合物的问题。

NiPd 虽然有很长的应用历史,但是和无铅焊料以及过渡镀层的兼容性较差,润湿性较差,也有氧化问题和金属间化合物的问题。目前的倾向是 NiPdAu 镀层,德州仪器公司(Texas Instruments)对此种镀层的元器件和焊料的兼容性、焊点脆性相、润湿、强度、机械热疲劳等研究表明 NiPdAu 必将成为元器件镀层的主流,但是还存在材料、工艺以及可靠性方面很多参数的不确定因素。

(3)PCB 涂层 板卡的表面涂层可以保护 PCB 上的铜导体免受腐蚀和氧化,对于焊接性能和可靠性是极其重要的。传统的主要方法是采用热风平整的方法(HASL)将 SnPb 材料施加到 PCB 焊盘上,或化学镀保护金属涂层或者施用有机焊料保护剂。由于无铅化的需要,PCB 镀层必须相应地改变。目前采用以下几种主流替代品:

1)有机焊料保护剂 OSP(Organic Solderability Preservative):这是一种可选用的候选材料,成本和 SnPb 相当,易于操作,可焊性也不错;但是其存储寿命短,而且对于温度比较敏感,其润湿性和焊接强度也存在问题,有待进一步研究,以确立合适的焊接工艺。

2)无铅 HASL:其主要问题是涂层平整度的问题,较高的温度工艺会导致翘曲,而且涂层会吸附焊接过程中的化合物,是可靠性的隐患。

3)浸渍涂层:可将浸渍涂层用来替代 HASL,其表面平整度高,易于操作。但是较高的温度会导致基体金属的向外扩散和氧化,使得可焊性下降。浸 Sn 和浸 Ag 的应用比较看好。浸 Sn,对 Sn 晶须的生长以及对可靠性影响的研究成为热点;浸 Ag,则存在化学迁移的可靠性问题,亟待解决。

4)化学镀 NiAu:与其他涂层相比较它在加工处理过程中具有抗破坏性,存储寿命明显提高,但是很难控制其工艺过程。学者和工业界对这种镀层和传统 SnPb 焊料的作用过程做了深入的研究,建立了金属间化合物相关体系、失效模型、疲劳特点等系列基本理论,并得到了初步实践结果。

3. 无铅工艺对电子组装设备的要求

在板卡、元器件和焊料合金无铅化的同时,无铅化工艺也对电子组装设备提出了更高的要求。其中焊膏印刷机和贴片机经过一定的工艺优化,可以支持无铅工艺生产。改动较大的设备主要包括回流焊炉、波峰焊炉、检测设备、返修设备等。

(1)回流焊炉　传统锡铅焊料的回流焊峰值温度最高约为225℃,采用SnAgCu焊料时的峰值温度约为245℃,它们与回流焊的危险温度260℃(热敏感元器件的最高允许温度)分别相差35℃及15℃,无铅化使回流焊工艺窗口收窄约57%,这要求回流炉不仅要有很好的热传导性能,使不同热容量的元器件、PCB在回流时的表面温差达到最小,而且必须控温精确。为此,目前主流回流焊炉普遍采用热风对流式,多温区控制,温区数最大可达上下各12～15温区。温区越多,越有利于回流曲线的精确调整和控制,满足温度爬升和下降变陡的要求。无铅回流焊炉一般还设置了2个以上强制对流冷却温区,有的还采用了分层气流冷却系统,使回流焊接的冷却也处于受控状态。为了防止高温下焊膏的氧化,PCB、元器件的氧化变色等问题,无铅回流焊炉还设置了氮气保护,可以明显改善焊点的外观和可靠性,但相应成本增加。

(2)波峰焊炉　与回流焊炉一样,波峰焊炉也要求控温精确,最好在±1℃之内。预热区一般需要加长,保证进入波峰焊之前,组装板保持住高温,并使温度均匀。锡炉内第一、二锡波之间的间隔尽量缩短,防止温度下降过多。此外,焊料槽内的金属部分(如喷嘴等)容易在高温下,被高锡无铅焊料熔解腐蚀,为此要选择特殊的材料防止它们过快的腐蚀。

(3)检测设备　与铅锡焊点相比,无铅焊点表面较粗糙、光泽较暗,当光源照射焊点时会产生漫反射,从而干扰检测结果。此外,无铅焊料的润湿性较差,表面张力较高,不像锡铅焊料那么容易流动,造成焊点形状不尽相同,这要求AOI(Automated Optical Inspection,自动光学检测)设备必须能检测出焊点的不规则变化。为此,设备厂商尽力对AOI设备和软件重新校准,比如,欧姆龙公司在AOI设备上首先推出彩色高亮度技术,采用三色光源和不同的照射角度将焊点的三维形状用二维色调变化图像显示出来,结合先进的计算机算法,可对无铅焊接质量进行有效检测。至于AXI(Automated X-ray Inspection,自动X射线检查),由于铅可以阻碍X射线的照射,当转变为无铅焊料时,有必要对X射线系统进行重新校准。

(4)返修设备　板卡上的漏焊、脱焊以及虚焊等缺陷,仍需要手工焊接返修。目前所用的树脂芯无铅焊丝比锡铅焊丝硬,且熔化速度较慢,为此,最基本的改进方法是提高烙铁的功率,提供更高的温度。但温度过高,又可能导致元器件损坏、焊剂加速胶着、器件引线端镀层消失、锡氧化、焊盘剥落等问题,影响手工焊接质量,这是当今无铅手工焊接技术面临的挑战。为解决这一难题,现在日本市场上出现一种新型无铅树脂芯焊丝产品,它是在树脂芯焊料丝加入一种专门开发的耐热性助焊剂,并将其含量增加到3%～4%。在400℃高温下测试结果表明,这种无铅焊丝具备很好的延伸性。无铅生产PCB返修工作站也在不断提升技术含量，比如通过采用全闭环控制系统对温度进行精密控制，可达到非常理想的热量分布。返修工作的概念不再是简单的修理，而是指模拟产品初始的生产工艺，采用与初始生产工艺标准几乎同样的标准来可靠、全面地恢复产品的全部特性。

总之，电子组装无铅化已经得到推广应用，取得了一定的成功，但仍有许多问题尚待研究探索。

二、COB、COF、COG 技术

芯片直接组装 COB(Chip on Board)，又称为板上芯片或板载芯片技术，它是一种将裸露的集成电路或晶体管芯片直接安装、互连到印制板上的组装技术。COB 的结构如图 8-25 所示。COB 技术相当于一次完成了从晶片封装(零级封装)，到元器件级封装(一级封装)，再到板卡级封装(二级封装)的全过程。

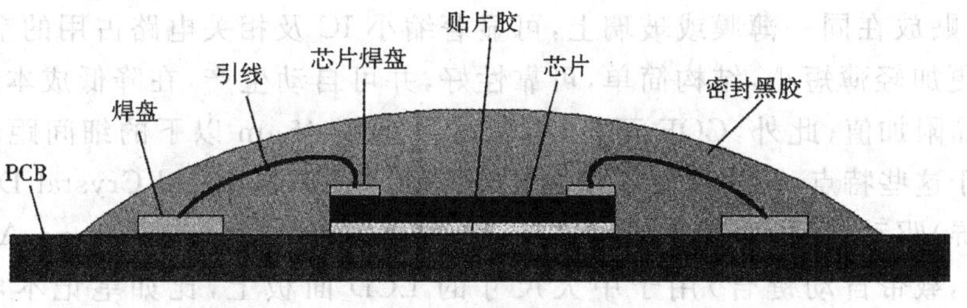

图 8-25　COB 结构

典型的裸芯片 COB 工艺过程为：

1)清洁 PCB。用橡胶或化学溶剂清洁印制板表面的污渍。

2)点胶。将贴片胶点到对应的位置，准备粘结芯片。

3)贴裸芯片。用防静电吸笔吸取裸片，贴放在已点好胶的 PCB 上。

4)固化。将贴片后的 PCB 放在烘箱中加热固化，使裸片牢固粘结在 PCB 上。

5)键合。使用键合机(Bonder)在超声、热压作用下将金属丝(Al 或 Au)分别连接到裸片压焊位置和 PCB 对应的焊盘上，形成电气连接。

6)目检及功能测试，又称前测。在封胶前对键合芯片的外观缺陷及电气性能进行检测。

7)封胶。用手工方式或封胶机对裸芯片进行涂胶，保护金属引线不被损坏。

8)固化。使黑胶固化，以达到保护芯片及引线的效果。

9)功能测试，又称后测。再次对芯片的电气性能进行检测。

用 COB 封装好的一块电路板如图 8-26 所示。COB 技术的优点是：①节约成本，仅为同芯片的 1/3 左右；②柔性化生产，提高交货速度，特别适合中小批量 IC

芯片贴装的要求；③节省空间。其缺点是封胶后无法维修，以致整个组件报废，另外，对作业环境要求更为严格。

图 8-26　COB 封装的印制板

与 COB 技术类似，又发展出 COF(Chip on Film)和 COG(Chip on Glass)技术，分别是将裸芯片直接安装到薄膜及玻璃上的组装技术。COF 和 COG 将元器件和 IC 贴放在同一薄膜或玻璃上，可显著缩小 IC 及相关电路占用的空间，使电子产品更加轻薄短小，结构简单，可靠性好，并可自动生产，在降低成本的同时提高了产品附加值；此外，COF 可折性好，并可适用 45μm 以下的细间距高密度封装。由于这些特点，它们现已广泛运用于手机上 LCD(Liquid Crystal Display，液晶显示屏)驱动 IC 的封装。预计在未来，COF 可望代替 TAB(Tape Automated Bonding，载带自动键合)用于中大尺寸的 LCD 面板上，比如笔记本电脑的显示屏。

三、封闭式印刷技术

焊膏的模板印刷中产生工艺波动的最大原因是模板上焊膏粘度的不断变化。当焊膏印刷时，焊膏中的低沸点溶剂就开始缓慢挥发，焊膏中的金属焊料球亦会在空气中开始氧化，焊膏的可印刷性逐渐变差。此外一些网印操作员工为节省时间进行其他的操作而在模板上放置过量的焊膏，这样会使大量的焊膏在模板上干涸。焊膏性能的变化不仅会使印刷过程的工艺参数发生变化，而且极易造成印刷缺陷，使模板开口不能完全被焊膏充满，造成焊盘没印上或者过多的焊膏粘在模板、支撑物或摄像头上造成不必要的浪费。虽然自动化焊膏分配、并对其数量和频次进行编程可以最大限度地减少操作者的失误，但是这种方法很费时，而且焊膏对空气状况敏感，并且在这段时间内仍有相当数量的焊膏暴露在空气中。

一种新的焊膏分配技术被称之为封闭式焊膏印刷技术(流变泵印刷头技术)取代了传统的刮刀印刷方式，如图 8-27 所示。它采用气压向下推动将焊膏从专用的密封塑料焊膏辊中挤出，注入到模板开口中，从而涂敷到印制电路板焊盘上；同时泵的剪切叶片上的薄缘将其从膏体上切离，这样焊膏就不会暴露在空气中的印刷模板上，而仅有那些与模板接触的焊膏涂敷在焊盘上。

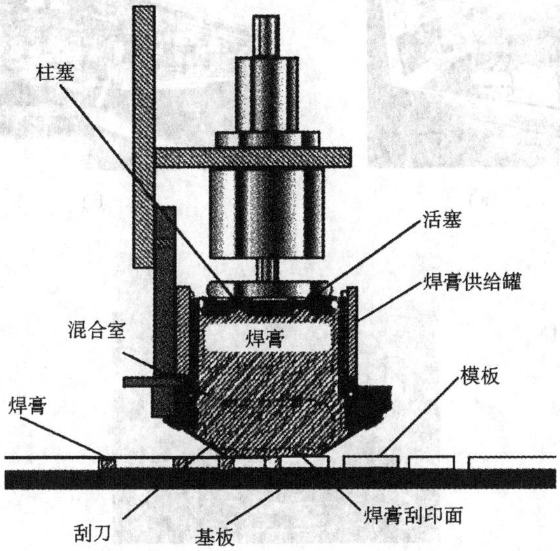

图 8-27 封闭式印刷示意图

封闭式印刷头具体工作流程是：焊膏筒连续不断地将焊膏填满焊膏辊，料筒对印刷头加压提供填充模板开口的动力，密封的焊膏辊为圆形的内腔结构，并在由计算机控制的焊膏馈送之前使焊膏充分混合。当压力和摩擦力作用于焊膏时，焊膏将开始滚动。流变泵系统在印刷腔的顶部直接施加压力，配合焊膏的滚动，将焊膏泵入印刷模板的开口中。当流变泵在模板上移动时，摩擦将使焊膏滚动并挤压进焊膏辊内腔，这种滚动作用将有助于使焊膏混合并保持在工作黏度，施加在焊膏腔中的压力直接传递到印刷模板表面和开口中。当焊膏通过模板开口时，泵的剪切叶片与模板始终接触。一旦模板开口被填满，剪切叶片上的薄缘就将其从膏体上切离。

封闭式印刷技术的优势是明显的。首先，焊膏完全被封闭，不与空气接触，延长了焊膏的模板寿命，保证焊膏的性能不变；其次，焊膏 100%被使用，不产生废料，并可减少清洗模板，人工维护较少，因而有助于降低成本，提高生产效率。因此，封闭式焊膏印刷技术可望成为新一代焊膏印刷技术。

四、选择性焊接技术

选择性焊接是焊接过程中，喷头固定，不断喷出液态焊料波峰，PCB 待焊接面通过机械手带动沿各个方向运动，将待焊接部位输送到焊料波峰处，进行焊接。在焊接前也必须预先涂敷助焊剂。选择性焊接机的结构、工作时的情况及喷嘴形状如图 8-28 所示。

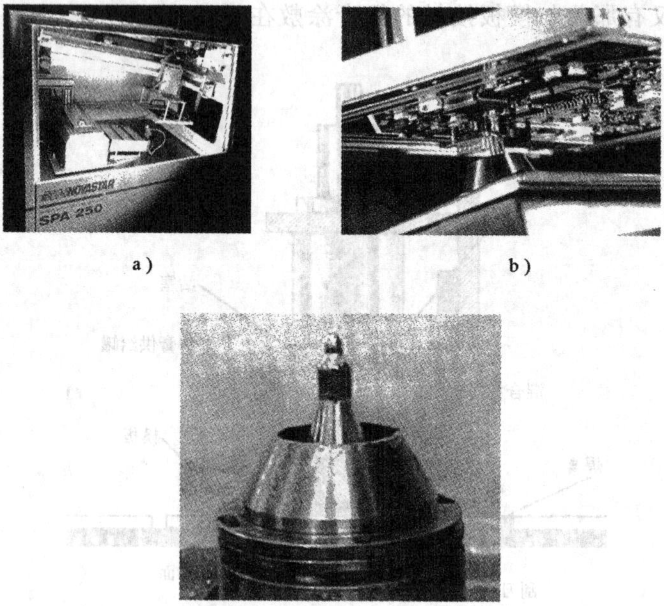

a)　b)　c)

图 8-28　选择性焊接机

a）选择性焊接机的结构　b）焊接时的情况　c）喷嘴

选择性焊接与波峰焊的最大的差别在于：波峰焊中，PCB 的底面完全浸入流动的焊料中，且助焊剂也喷涂到 PCB 全部底面，是整面焊接；而选择性焊接则仅对某些特定的区域进行焊接，助焊剂也仅涂覆在 PCB 下部的待焊接部位，是局部焊接。由于 PCB 本身就是一种不良的热传导介质。因此选择性焊接时，锡波不会加热熔化邻近元器件和 PCB 区域的焊点。

选择性焊接包含有两种类型：喷焊和浸入焊。喷焊是通过 PCB 下固定的单一喷嘴来完成。利用喷焊可实现单个点或引脚等微小区域的焊接。通过控制 PCB 的移动速度以及 PCB 与喷嘴间的夹角（通常在 10°左右）来优化焊接的质量。而浸入焊接则是将 PCB 上待焊区域浸入一专用的喷嘴盘中，从而一次实现多个焊点的焊接，由于不同 PCB 上焊点的分布不同，浸入焊接要对不同的 PCB 制作专用的喷嘴盘。

典型的选择性焊接的工艺流程为：助焊剂喷涂→PCB 预热→浸入焊和喷焊。某些情况下，预热这一步骤可以省略，有时只需喷焊即可完成。

与波峰焊相比，选择性焊接在劳动力成本、能源消耗等方面占有较大的成本优势。与手工焊相比，选择性焊接的最大优势在于焊接质量的极大提高。三种焊接方式的比较见表 8-7。

表 8-7 三种焊接方式的比较

焊接方法	选择性焊接	波峰焊接	手工焊接
焊接区域	单点或局部	整个 PCB 待焊接面	单点
优点	灵活性， 焊接质量可控， 重复性好	生产率高，适于规模化生产	灵活性
缺点	设备投资	再次焊接需要保护膜，PCB 板较大需要工装夹具	与工人技术相关

五、通孔回流焊接技术

通孔回流焊接技术(THR，Through-hole Reflow，or PIP ，Pin-in-Paste)是对通孔插装元器件采用类似 SMT 焊膏—回流焊工艺的一种焊接方式，即对通孔印刷焊膏后，插装元件，然后回流形成焊点，它还被称为选择性回流技术(Alternative Assembly and Reflow Technology)或点焊回流工艺(Spot Reflow Process)等。通孔回流焊接技术起源于日本 SONY 公司，20 世纪 90 年代初已开始应用，应用范围诸如 CD、DVD 激光机芯伺服板以及 DVD-ROM 伺服板等大规模生产的电路板。

1. 通孔回流焊接生产工艺流程

与 SMT 生产流程类似，通孔回流焊接技术工艺流程为：印刷焊膏→插装元件→回流焊接。

(1)印刷焊膏　通孔回流所用的焊膏粘度较低，流动性好，便于流入通孔内。一般在 SMT 工艺以后进行通孔回流，若 SMT 采用的焊膏合金成分为 63Sn37Pb，那么为了保证通孔回流时 SMT 元件不会再次熔化而跌落，焊膏中焊锡合金的成分可采用熔点稍低的 46Sn46Pb8Bi(178℃)。焊膏印刷机可与一般焊膏印刷机通用，但需要特别的模板配合印刷机使用。模板主要由铝板及许多漏嘴组成。印刷时，在一定的压力及速度下，用塑胶刮刀对装在模板上的焊膏进行水平刮印，使得焊膏通过模板上的漏嘴漏印到 PCB 上待插装通孔位置，如图 8-29 所示。刮刀与模板之间保持一定的间距(比如，0.1～0.3mm)。漏嘴的尺寸要大小合适，太大引起焊膏过多而短路；太小引起焊膏过少而少锡，因此漏嘴应准备不同的尺寸，满足不同焊锡量的要求。印刷速度应能调节，它的快慢对漏印在 PCB 上焊膏量有较大的影响。

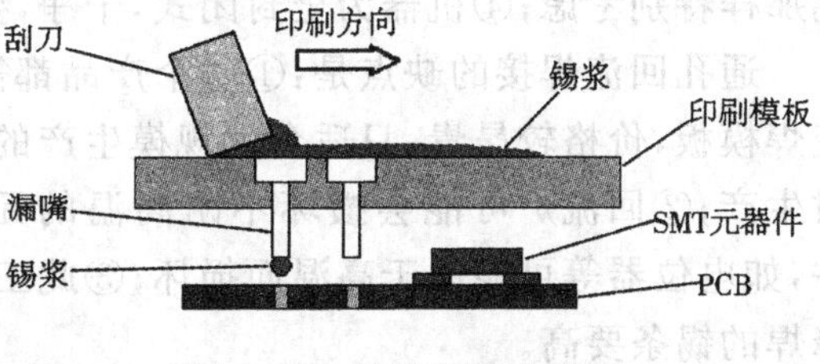

图 8-29　焊膏印刷示意图

(2)插装元件　可手工将 THC 插入 PCB 中，如电容、电阻、排插、开关等。元件在插入前已将线脚剪好，焊接后无须再剪。

(3)回流焊接　与前面SMT工艺回流炉相比，通孔回流炉仍采用强制热风对流方式加热（见图8-30），但为了尽量减少温度对元器件的损坏，采用了一些特别的措施：①回流炉不需要上方加热，只有下方加热区，回流曲线与SMT回流曲线相似，回流区在保证焊料充分熔化浸润的条件下尽量减少保温时间；②采用特别的模板配合回流炉使用，模板较厚，主要由耐高温金属板及许多喷嘴组成，喷嘴的数量、位置与插孔元件的引脚的数量、位置对应，热风通过喷嘴对插孔元件引脚处的焊膏直接加热回流。喷嘴的尺寸可以选择，以满足不同元件不同位置的热量需求。

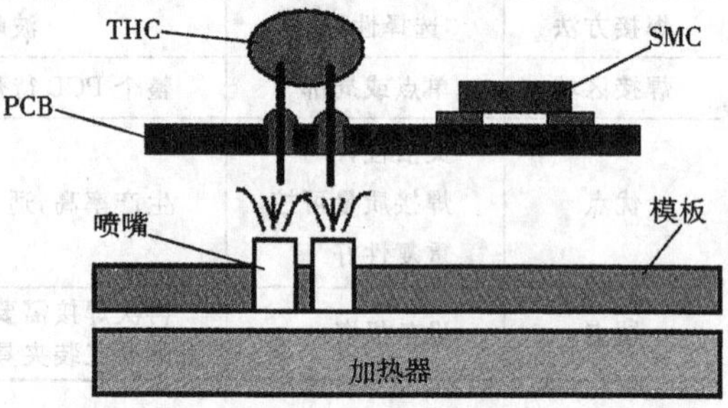

图8-30　通孔回流焊接示意图

2. 通孔回流焊接与波峰焊的比较

在目前SMT工艺占主流的情况下，通孔回流焊可取代波峰焊，用于表面贴装元件多而插孔元件较少的电子产品。与波峰焊相比，通孔回流焊接具有以下优点：①焊接质量好，不良率低，虚焊、桥连等缺陷少，极少的返修率；②简化了工艺流程，设备操作和保养简单，占地面积少；③PCB Layout的设计无需像波峰焊工艺那样特别考虑；④机器为全封闭式，干净，生产车间里无异味。

通孔回流焊接的缺点是：①每个产品都需订制一套各自专用的印刷模板及回流焊模板，价格较昂贵，只适合大规模生产的电路板，不适合多个不同的电路板同时生产；②回流炉可能会损坏不耐高温的元件，在选择元件时，特别注意塑胶元件，如电位器等可能由于高温而损坏；③此工艺由于采用了焊膏，焊料的成本比波峰焊的锡条要高。

第九章 封装材料

第一节 封装材料简介

电子封装技术的重要支撑是电子封装材料。电子封装材料行业已成为半导体行业中的一个重要分支，它涉及化学、电学、热力学、机械和工艺设备等多种学科。

电子封装材料的主要功能有：为微电子器件提供机械支撑和环境保护，抵御有害环境如水分、尘埃及有害气体对电子器件的影响（高分子模塑化合物或陶瓷材料）；为内外器件提供信号输入输出通路（键合线、引线框架）或限制信号的传递（绝缘材料）；为封装器件提供散热通路（热沉）。

一、电子封装对封装材料的要求

作为一种理想的电子封装材料，必须满足下列基本要求：

1）材料的导热性能要好，能够将半导体芯片在工作时所产生的热量及时地散发出去。

材料的热导率越高，越利于散热。因此，从芯片功耗日益增加的发展趋势看，高热导率材料日益引起人们的重视。但是，作为一般物质的特性，导电性好的热导率高，反之，电绝缘性好的热导率低，这对于导体材料不存在什么问题，而对于绝缘材料来说，则很难兼顾两方面的要求。以 Al_2O_3、AlN、SiC 为代表的陶瓷材料的导热机制为晶格振动（声子），构成这类材料原子的原子序数较小、晶格结构完整、晶体内部缺陷较少时，有利于热导率的提高。

2）材料的热膨胀系数要低或与 Si、GaAs 等芯片相匹配，以避免芯片的热应力损坏。

但实际上，多层布线板的制作、芯片安装固定、微互联、封装、封接等过程，往往都是多种热膨胀系数不同的材料相互连接、相互积层。用厚膜工艺制作的膜层，随膜面积增加附着强度变低。对于全覆层或交叉覆层玻璃厚膜来说，其热膨胀系数为$(1\sim3)\times10^{-6}/℃$，比 Al_2O_3 基板材料的热膨胀系数低，降温时基板会对膜层产生压缩预应力。从另一方面看，导体及焊料等表现为金属特性，与 Al_2O_3 基板相比，热膨胀系数要大得多，在工作过程升温时，会在膜层上产生拉应力。压缩预应力的存在可使膜层在拉应力作用下不会发生破坏。这种组合方式有利于提高可靠性。另外，为了使引脚及气密封装用金属外壳与作为基板材料的 Al_2O_3

的热膨胀系数尽量匹配，引脚及外壳通常用可伐合金（Kovar 合金）或 Fe/Ni42 合金制作。

3）材料要有足够的强度和刚度，对芯片起到支承和保护的作用。

4）封装材料要有良好的力学性能（强度、弹性 、杨氏模量、硬度、韧性、延性），封装材料要有良好的电学性能。

5）为了提高电气信号的传输特性，希望绝缘材料的介电常数越低越好。一般说来，有机材料比无机材料的介电常数低，作为高速信号传输特性要求高的布线板绝缘层，一般选用聚酰亚胺、聚四氟乙烯或光敏性聚苯并环丁烯（BCB）等材料。但这些有机材料同晶化玻璃等无机绝缘材料相比，有较大的吸湿性，由此产生绝缘电阻劣化，进而发生漏电、短路。布线板吸湿还会导致再流焊中发生裂纹等。关于体积电阻率，为了提高电气信号的传输特性，对导体材料来说希望越低越好，对绝缘材料来说希望越高越好。

6）封装材料必须具有良好的封装工艺性能以及高可靠性、低成本，能满足大规模商业化应用的要求。

在某些特殊的场合，还要求材料的密度尽可能地小（主要是指航空航天设备和移动计算/通信设备），或者要求材料具有电磁屏蔽和射频屏蔽的特性。

二、封装材料的类型

电子封装材料与封装结构有关，主要有封装金属材料、封装高分子材料和封装陶瓷材料。目前以高分子塑封料需求量为最大，陶瓷封装材料次之。

1. 金属材料

电子封装所用金属材料与封装结构形式有关。主要有键合线（包括键合金丝、键合铝合金丝和键合铜丝）、合金焊料（电子封装用到的合金焊料包括锡铅焊料、锡基无铅焊料等多种形式）、框架材料和热沉（金属材料及合金具有强度高、导电导热性能好等优点，常用作引线框架和热沉）。

传统的电子封装金属材料包括：Al、Cu、Mo、W、Kovar 合金、Invar（因瓦）合金。这些材料可以部分的满足封装的要求，然而，它们仍然存在许多不尽人意之处。其性能见表 9-1。

表 9-1 常用封装材料的性能指标

材 料	热膨胀系数 α /($\times10^{-6}$/ K)	热导率 /[W /(m·K)]	密度 /[g/(cm³)]
Si	4.1	150	2.3
GaAs	5.8	39	5.3
Al_2O_3	6.5	20	3.9
BeO	6.7	250	2.9

（续）

材料	热膨胀系数α /(×10⁻⁶/K)	热导率 /[W/(m·K)]	密度 /[g/(cm³)]
AlN	4.5	250	3.3
Al	23	230	2.7
Cu	17	400	8.9
Steel(4140)	13.5	50	7.8
Mo	5.0	140	10.2
W	4.45	168	19.3
Kovar 合金	5.9	17	8.3
Invar 合金	1.6	10	
W/10%Cu	6.5	209	17.0
Mo/10%Cu	7.0	180	10.0

芯片材料如 Si、GaAs 以及基片材料 $A1_2O_3$、BeO、AlN 等的热膨胀系数值介于 4～7 之间，而 A1、Cu 虽然具有很高的导热系数，但其热膨胀系数太大（A1 的热膨胀系数为 $22\times10^{-6}\sim25\times10^{-6}\ K^{-1}$，Cu 的热膨胀系数大约为 $16\times10^{-6}\sim18\times10^{-6}\ K^{-1}$），容易产生热应力问题。Invar 合金、Kovar 合金的加工性能良好，具有较低的热膨胀系数，但导热性能很差，Kovar 合金的热膨胀系数，在数值上与 GaAs 的热膨胀系数较为接近，但是由于其导热系数太低，密度也很大，使其广泛应用受到了限制。Mo 和 W 的热膨胀系数较低，导热性能远高于 Invar 合金和 Kovar 合金，而且强度和硬度很高，所以，Mo 和 W 在电力半导体行业得到了普遍的应用。但是，Mo 和 W 价格昂贵，加工困难，可焊性差，密度大，且导热性能比纯 Cu 要低得多，阻碍了其进一步应用。

2. 高分子材料

目前，适用于微电子封装的聚合物材料有许多种类（见表 9-2），不同的应用对材料的性能要求是不尽相同的。表 9-3 给出了聚合物封装材料的理想性能指标。可以看出，虽然 IC 封装对于材料的性能要求是多种多样的，但可以归纳为“五高与五低”，即高纯度、高耐热及热氧化稳定性、高力学性能、高电绝缘性能、高频稳定性能；低介电常数与介电损耗、低吸潮性、低内应力、低热膨胀系数和低成型工艺温度。聚酰亚胺和环氧树脂、硅橡胶等材料可在很大程度上满足上述性能要求，因而在 IC 封装中得到了广泛的应用。

表 9-2　IC 封装中的聚合物

典型应用	聚合物材料
层间绝缘材料	聚酰亚胺(PI)、聚芳醚(PAE),聚喹噁琳(PQ)、聚烯烃(PE)、聚苯并环丁烯(BCB),聚苯并噁唑(PBO)、Silk
表面钝化、应力缓冲、α—粒子屏蔽	聚酰亚胺(PI)、聚酯、硅橡胶
制图、通孔材料	光敏性聚酰亚胺(PSPI)、光敏性聚苯并环丁烯(BCB)
粘结材料	环氧树脂、硅橡胶、聚酰亚胺、聚氨酯、丙烯酸酯
塑封树脂	固体环氧树脂、液体环氧树脂、聚氨酯、硅橡胶
基板材料	环氧树脂、聚酰亚胺、氰酸酯树脂、BT 树脂

表 9-3　聚合物材料的理想性能

		建议值	典型值
电性能	1MHz 下的介电常数	尽可能低	3(最好＜2.5)
	1MHz 下的介电常数	尽可能低	0.005
	击穿强度/(MV/cm)	尽可能高	1
热性能	氮气中 1%热失重温度/℃	高	＞425
	玻璃化转变温度/℃	对于低热膨胀系数聚合物,高。对于低模量聚合物,低	＞400
	热膨胀系数/(×10⁻⁶/K)	对于高模量聚合物,低	＜50
	固化后的热收缩(%)	尽可能低	＜2.5
力学性能	拉伸强度/MPa	高	＞120
	拉伸模量/GPa	对于高热膨胀系数聚合物,低	＞3
	断裂伸长率(%)	大	＞5
其他	吸水率(%)	尽可能低	＜1
	4%～7%固含量时的成本/(￥/g)	尽可能低	＜1.2
	金属离子含量	尽可能低	ppb 级
	储存期/月	稳定,室温储存	＞6
	可加工性	易	-
	平坦化性	尽可能好	-
	粘结性	高与金属、基体及自身	-
	应力	尽可能低	-

环氧树脂一般可分为缩水甘油醚、缩水甘油酯、缩水甘油胺、烯丙基环氧、脂肪族环氧、元素有机改性环氧及聚烯烃环氧树脂等。

环氧树脂具有优良的电绝缘性、耐热性、耐水性、耐化学药品性和机械性能,加固化剂后又有较好的加工性和可操作性。因此，它被广泛地用作涂料、绝缘材料、层压板材料、防腐材料、粘合剂、土木建筑和结构材料的原料。环氧树脂在电气电子领域用作绝缘涂料的原料，已有较长的历史，而用作封装材料是它的特殊新用途，发展很快，在日本电气电子封装材料中环氧树脂用量占50%左右。随着电子产品的小型化、轻量化、高性能化，对封装材料用的环氧树脂的要求越来越严格。

聚酰亚胺材料由于其优异的耐热性能、介电性能、粘附性能、耐辐射性能、力学机械性能以及很好的化学物理稳定性等近年来在航天航空、电子电力、精密机械等高新技术领域得到了广泛的应用。聚酰亚胺材料可分为热固性和热塑性两大类。热塑性聚酰亚胺材料一般采用两步合成法制备，即首先在极性溶剂中由有机芳香四酸二酐和有机芳香二胺反应制成聚酰胺酸溶液，然后经高温热处理使聚酞胺酸环化脱水生成不溶不熔的聚酸亚胺材料。由于它的不溶不熔性质，材料的加工成型都需在聚酞胺酸阶段完成，这在很大程度上影响了这类高性能材料的广泛应用。为了克服热塑性聚酰亚胺材料不易加工成型的缺点，研制开发成功了加工性能优良的热固性聚酰亚胺材料，它不但具有热塑性材料所具有的各种优异性能，而且克服了热塑性材料不易加工成型的缺点，融优良的加工成型性能和高性能于一体。作为轻质、耐高温的结构材料和优良的绝缘介电材料在航天航空、电子电力等领域得到了广泛应用。

3. 陶瓷封装材料

陶瓷(Ceramic)是一种在高温(>600℃)下人工合成的无机非金属材料。陶瓷材料具有良好的机械性能(从室温到高温)、介电性能(其介电常数可变化在4~10 000之间)和物理及化学稳定性。陶瓷的电阻率很高；热导率可以作得很高；热膨胀系数可以制成与硅或铜接近；更重要的是在烧结后的尺寸精度变化可控制在0.1%之内。但陶瓷脆性很大，容易破裂。

陶瓷封装材料常用于陶瓷封装，陶瓷封装属气密性封装，这种封装的优点是：①耐湿性好，不易产生微裂现象。②热冲击实验和温度循环实验后不产生损伤，机械强度高。③热膨胀系数小，热导率高。④气密性好，芯片和电路不受周围环境影响。因而适用于航空航天、军事工程所用的高可靠、高频、耐高温、气密性强的产品封装。目前，陶瓷封装虽然在整个封装行业里所占比例不大，却是性能比较完善的封装方式。在要求高密封的场合，唯一只能选用陶瓷封装。据报道，在功耗30W以内，陶瓷封装是最佳选择。因此，陶瓷封装材料令人瞩目。

在电子封装领域，常用的有氧化铝(Al_2O_3)、氮化铝(AlN)、氧化铍(BeO)、碳化硅(SiC)以及玻璃陶瓷。

4. 复合材料

电子封装领域用到的复合材料有用于引线框架和热沉的金属基、由高分子材料和导电粒子合成的导电胶、高分子材料和陶瓷材料复合形成的复合材料等。

第二节 金属材料

电子封装过程中,用到的金属材料包括金属键合线、焊料合金、引线框架材料和热沉等。

一、引线键合用金属材料

在超大规模集成电路(ULSI)中,芯片与外部引线的连接方法中,引线键合是芯片连接的主要技术手段,如图 9-1 所示。芯片先以适当的材料,如 Au-Si、Au-Sn 的共晶(Eutectic)或更常用环氧树脂(Epoxy)黏着剂,将芯片固定于金属导线架上(Lead Frame);再以超声波键合(Ultrasonic Bonding)、热压键合(Thermal Compression Bonding)或两种方法合用,将细金属线依序与芯片及导线架完成接合。集成电路引线键合是实现集成电路芯片与封装外壳多种电连接中最通用,也是最简单而有效的一种方式。引线键合工艺中所用导电丝主要有金丝、铜丝和铝丝,它们是电子封装业四大重要结构材料之一。线径一般在 18~50μm。

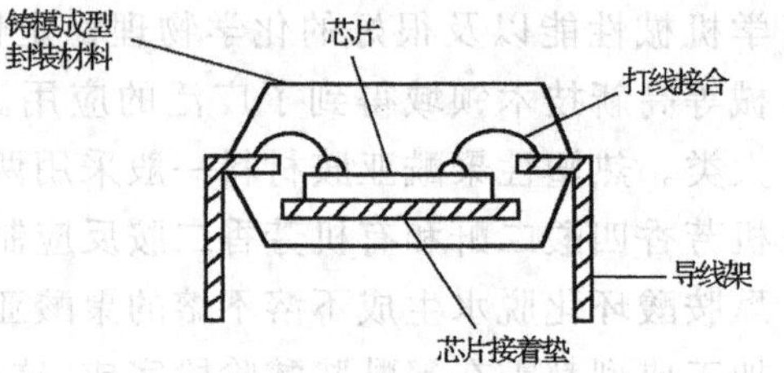

图 9-1 引线键合示意图

1. 键合金丝

ULSI 引线键合,使用最多的导电丝材料是金丝。而键合金丝是指纯度为 99.99%,线径为 18~50μm 的高纯金合金丝。通常采用球焊楔焊方式键合,并常用于塑料树脂封装。

键合金丝主要有以下几项特性要求:①机械强度:要求金丝能承受树脂封装时应力的机械强度,具有规定的拉断力和延伸力。②成球特性好。③接合性:金丝表面无划痕、瑕疵、脏污、尘埃及其他粘附物,使金丝与半导体芯片之间、金丝与引线框架之间有足够的接合强度。④作业性:随着金丝长度的加长,要防止卡丝,还要求金丝直径精度要高,表面无卷曲现象。⑤焊接时焊点没有波纹。

为了获得机械性能稳定的金丝产品,需要在高纯金中加入微量元素进行调节,通过对微量元素种类及数量的控制,不仅可使金丝得到稳定适合的机械性能,也可获得合适的金焊球形状和弓丝弧度。例如,添加 Al、Si 和 Pb 则不易成球;添加 Cu、Fe 和 Mg 则易在焊球表面形成氧化膜;添加 Pd 和 Pt 会使焊球表面产生皱折;Pb、Al 、Ti 、Bi 含量高常导致球颈端部断裂;添加 Pb、Sn、In 与弧圈下塌有关;添加 Pt 、Pd、Ag、Si 易产生拖尾现象;另外添加 Al 、Ca、Ti 、Be 等可提高再结晶温度到 400℃以上;添加钙还可降低铅的不良影响,与铅形成的化合物熔点可提高到1 000℃以上。金属铍的添加可细化晶粒，除了有利于加工外，还可提高再结晶温度，但加入量多了也会使金丝变硬变脆。

(1) 键合金丝的种类及工艺　键合金丝直径一般在20～50μm。大部分使用在高速自动键合机上，最高速焊机每秒可完成7～10根键合线。因此要求金丝具有均匀稳定的机械性能和良好的键合性能。为适应自动化规模生产，同时要求每轴丝的长度在300、500或1 000 m，国外的微细丝已达到2 000 m，甚至3 000 m供货。

键合金丝按用途及性能分为普通金丝（Y）、高速金丝（GS）、高温高速金丝（GW）和特殊用途金丝（TS）。当金丝的延伸率一定的时候，高速键合机用金丝与手动键合机用金丝的室温强度是不一样的，按大小顺序GW型最大，Y型最小；金丝的实际使用温度一般在250～350℃，高温强度还是GW型的金丝最大，Y型最小。延伸率则是Y型丝最大，GW型最小。高速键合机一般使用强度较大的GW和GS型金丝，Y型丝则主要用于手动键合机。

为了满足微细金丝各种各样的性能要求，金丝的分类，还可以弧度高低的不同分为高弧度、中弧度、低弧度金丝。微细金丝的端部熔成球状压焊到半导体电极上，焊球在熔化的时候，球颈附近金丝发生再结晶，形成再结晶领域。产生弧度的时候金丝在比母线软的再结晶领域和母线的界面变形，再结晶领域越长弧度越高，反之再结晶领域越短，弧度越低。金丝键合工艺有热压焊（T/C）、热超声焊（T/S）和超声波焊接（U/S）。

金丝键合存在的问题，一是原材料价格昂贵，制造成本高；二是在高温下会与铝电极形成金属间化合物 $AuAl_2$ 和 Au_2Al，可能引起器件失效。

(2) 键合金丝的发展方向　目前，键合金丝主要有以下几个发展方向：

1)集成电路及半导体器件向封装多引线化、高集成度和小型化发展，要求用更细的键合丝进行窄间距、长距离的键合。因此对键合金丝的技术指标提出了越来越高的要求，高纯度、高温、超细、超长的金丝需求量迅速增长，一半以上的普通键合金丝都将向高密度低弧度键合金丝发展。根据预测，近年金丝直径将达到15 μm左右。如用以往的键合金丝直接拉细，必然会使机械性能特别是断裂强度下降，从而造成断丝。由于线径变细，晶粒减少，使热压后的接合强度下降，只添加提高破断强度的元素会使弧度降低，这又造成金合金丝与半导体元件附近的线接触或与元件中央部接触面产生短路，直接影响到半导体器件的组装质量和成功率。所以金丝直接拉细存在很大困难，迫切需要与以往金丝相比线径细、机械强度高、热压后的接合强度相同、弧高较高或较低的键合金合金丝。这就需要最佳设计合金组成，研究微量添加元素的作用效果，提高金丝的强度。

2)通过微量添加元素的复合作用和最佳的合金化元素设计，达到键合金丝的合金化、加工细线化和低成本化以及提高键合强度和在高温振动环境下的使用性能，但微量元素总量在 0.01%以下，以保持金的特性。添加元素主要有：Ca、Y、Sm、Be、Ge 五种，合计添加最佳范围为 $4.0\times10^{-3}\%\sim5.0\times10^{-3}\%$。上述元素的添加使金的晶格发生变化，从而提高了再结晶温度。由于添加元素在晶界析出，提高了常温机械强度和耐热性能，降低了键合时的回线高度。焊球可进一步的小球化、细线化，键合时弧不塌陷或变形，可进行半导体器件的长间距多引线键合，解决了以往金丝由于球颈部再结晶温度低、耐热性差、强度不足等缺陷造成的断线问题。但添加元素的添加量要严格控制，不能超出添加范围，否则适得其反。

最新的研究发现有些微量元素对金丝具有复合协同添加效果。同时添加 Cu 和 Ca 可有效提高金合金细丝的抗拉强度。单独添加也可提高常温下的强度，但效果小，并且不能满足高密度组装特性的要求。单独添加 Ca 很难达到良好的细线化强度。

3）针对键合金丝细线化、接合性和降低成本问题，日本田中电子、住友金属矿山和德国贺利氏等公司相继开发出高性能的 Au-Ag、Au-Ni、Au-Sn、Au-Cu 等新型微细合金丝，现在已开始进入推广应用阶段。

银与金在液态和固态都能无限固溶，其固相线与液相线间隔较窄，Ag 在金中全部固溶，是提高键合丝强度的元素。以前曾提出 Ag 添加范围在 20%～50%（重量百分比）下的 Au-Ag 合金丝，但都存在成球时球变硬，发生芯片裂纹，在热压焊键合时不能形成稳定的回线形状，在组装中或组装移动中丝在细颈部等处多发生断线，在实际组装中还未使用高纯的键合金丝。田中电子和住友金属矿山公司针对以往高 Ag-Ag 键合金丝存在的问题提供了新型的金银系键合金丝，银含量最高达到 40%。通过添加银提高强度，添加微量提高丝的耐热性和成环性，满足微细化的要求. 同时避免由于树脂流动而使金丝产生变形，提高金丝的强度。

新型金银系键合金丝与以往的金丝相比，强度高，用这种金合金线连接 IC 芯片电极可提高可靠性，在超声热压键合树脂密封后 200℃、10 000h 的高温时效下，接合性具有优良的耐时效劣化性能（高温放置性能），而且抗振动破断性能优良，金球有良好的正圆度，在 IC 芯片电极压焊焊球时 IC 芯片不产生裂纹，可靠性非常高。

德国贺利氏公司开发一种含镍的金合金丝，具有良好的强度伸长率关系。这种细丝既适合于用作连接导线，还可用于倒装技术。

2. 键合铜丝

为了降低封装成本，人们一直在寻找一种较便宜的材料代替昂贵的金丝材料。采用铜丝键合新工艺不但能降低器件制造成本，而且其互连强度比金丝还要好。它推动了低成本、细间距、高引出端数器件封装的发展。第二是晶片尺寸在不断缩小，器件的密度增大、功能增强。这就需要焊区焊点极小的细间距、高引出端数的封装来满足上述要求。第三是器件的工作速度，出现了晶片铝金属化向铜金属化的转变。因为晶片的铜金属化可以使电路密度更高、线条更细。对于高速器件的新型封装设计来说，在封装市场上选择短铜丝键合并且间距小于 50μm 的铜焊区将成为倒装焊接工艺强有力的竞争对手。表 9-4 列出铜作为键合材料用于 IC 封装中的发展趋势。

表 9-4 铜丝键合材料组合

细引线	晶片上的焊区金属化	应用时间
Cu	Al	1989 年
Au	Cu＋溅射(Al)的焊区	2000 年
Au	Cu＋镀镍/金(Ni/Au)焊区	2000 年
Au	Cu＋OP2(抗氧化工艺)	2001 年
Cu	Cu	2002 年

(1) 铜丝键合工艺的发展　早在 10 年前，铜丝球焊工艺就作为一种降低成本的方法应用于晶片上的铝焊区金属化。当时，行业的标准封装形式为 18～40 个引线的塑料双列直插式封装(塑料 DIP)，其焊区间距为 150μm、200μm ，焊球尺寸为 100～125μm，丝焊的长度很难超过 3mm。

在大批量、高可靠性的产品中，金丝球焊工艺要比铜丝球焊工艺更稳定更可靠。然而，随着微电子行业新工艺和新技术的出现及应用，当今对封装尺寸和形式都有更高、更新的要求。首先是要求键合丝更细，封装密度更高而成本更低。一般在细间距的高级封装中，引出端达 500 个，金丝键合长度大于 5mm，其封装成本在 0.2 美元以上。与以前相比，丝焊的价格成为封装中的重要问题。在经过新工艺如新型 EFO(Electronic Flame Off，电子灭弧)、OP2(抗氧化工艺)及 MRP(降低模量工艺)的改进后，使铜丝键合比金丝键合更牢固、更稳定。尤其是在大批量的高引出线、细间距、小焊区的 IC 封装工艺中，成为替代金丝的最佳键合材料。

超细间距的球形键合工艺随产品尺寸和线宽不断缩小的要求而发展，是因为器件的封装密度要求越来越高。当间距尺寸低于 60μm 时，键合线的直径必须低于 25μm。而直径低于 25μm 的金丝在硬度和强度上都要略差一些，工艺实施也比较困难。但是采用直径低于 25μm 的铜丝，其硬度比金丝硬度大 40，强度是金丝的两倍，且便于工艺操作，器件产量高。因此，在当今高级微电子封装中，硅晶片上的铝金属化工艺正在朝着铜合金化工艺发展，铜丝键合明显占优势。目前，在晶片上实现铜丝金属化工艺的线宽最细可低于 0.13μm。

(2) 铜丝键合工艺　全球的 IC 制造商普遍采用三种金属互连工艺，即：铜丝与晶片铝金属化层的键合工艺，金丝与晶片铜金属化层的键合工艺以及铜丝与晶片铜金属化层的键合工艺。近年来第一种工艺用得最为广泛，后两者则是今后的发展方向。

1) 铜丝与晶片铝金属化层的键合工艺　近年来，人们对铜丝焊、劈刀材料及新型的合金焊丝进行了一些新的工艺研究，克服了铜易氧化及难以焊接的缺陷。采用铜丝键合不但使封装成本下降，更主要的是作为互连材料，铜的物理特性优于金。特别是采用以下三种新工艺，更能确保铜丝键合的稳定性。

第一种工艺为充惰性气体的 EFO 工艺。常规用于金丝球焊工艺中的 EFO 是在形成焊球过程中的一种电火花放电。但对于铜丝球焊来说，在成球的瞬间，放电温度极高，由于剧烈膨胀，气氛瞬时呈真空状态，但这种气氛很快和周围的大气相混合，常造成焊球变形或氧化。氧化的焊球比那些无氧化层的焊球明显坚硬，而且不易焊接。新型 EFO 工艺是在成球过程中增加惰性气体保护功能，即在一个悬空管内充入氮气，确保在成球的一瞬间与周围的空气完全隔离，以防止焊球氧化，焊球质量极好，焊接工艺比较完善。这种新工艺不需要降低周围气体的含氧量，用通用的氮气即可，因此降低了成本。

第二种工艺为 OP2 工艺。铜丝球焊和金丝球焊的正常焊接温度为 175～225℃。在该温度范围内，铜线很快被氧化，如果表面没有保护层就无法焊接。所以需要进行抗氧化的表面处理形成可靠的可焊接表面层。

第三种工艺为 MRP 工艺。丝焊键合工艺的有限元模型的建立为焊接材料和工具图形的效果提供了新的认识。通过金丝焊球和铜丝焊球的变形而产生的压力图形比较，可以看出在铜丝球焊过程中的底层焊盘的力要大一些。同样高度的铜、金焊球，铜焊球的焊接压力大，硬度明显高于金，但比金焊球容易变形。硬度和模量是焊丝的主要参数。为降低其硬度，以前人们是依靠采用纯度高达 99.999％或 99.9999％的铜，因为纯度低则硬度高。

目前最新的方法是结合专利的焊接和焊丝制造工艺，在降低模量的同时提高了焊接质量和产量。MRP 工艺可以提高铜焊点的拉伸强度，一般对于 10μm 直径的 Cu 来说，采用 MRP 的焊接强度可达 5～6g，若不采用 MRP，焊接强度仅有1～2g，此外，还可改善由细直径焊接头和细间距劈刀产生的铜球焊接点的失效模式。

2) 金丝与晶片铜金属化层的键合工艺　焊区间距降低到 55μm 以下后，金丝球焊工艺可以代表许多元器件铜金属化互连的整体级别。金是贵金属，不需要球成型的保护性气体。然而未受保护的晶片金属化铜在正常工艺温度下易氧化。因此，在组装工艺即划片、芯片粘结、热固化以及丝焊键合过程中，需要加入特殊的清洗、保护性表面处理和 OP2 工序中以防金属化铜的氧化。试验证实，铜丝焊球的形状及剪切强度在铜金属化焊盘上与铝金属化焊盘上的质量一样。但是金、铜的扩散率明显低于金-铝。金-铜金属间的化合成型较低，很少出现空洞，因而可靠性高于金-铝。目前，晶片铜焊区上的铝丝球焊工艺做得好的是美国的 K&S8028 型键合机，焊丝为 99.99％的金丝，劈刀为特殊设计，其剪切强度高达 0.87～0.93 g/cm^2，这种被命名为“OP2-Gold60”和“OP2-Gold50”的工艺能使用户在焊区间距为50～60μm的晶片铜金属化层上实施既实用又可靠的金丝键合工艺。

3)铜丝与晶片铜金属化层的键合工艺　元器件的工作速度是铜丝与晶片铜金属化层的键合工艺发展的主要驱动力。目前，铜丝与晶片铜金属化层的键合工艺还处于研究阶段，已经于2001年底应用在大批量生产中。该工艺目前只能使用K&S8060楔焊机。铜楔焊是在室温下进行的焊接工艺，而球焊接则需要提高温度来辅助焊球成型。楔焊接的一个主要缺点是其焊接速度低于球焊接。然而，目前较新型的楔焊机在生产率和精确度方面都取得了显著的提高，可达到每秒六根丝的生产速率，而且焊丝间距为50μm。因此，这种铜丝与晶片铜金属化层的键合工艺能满足最佳功能与特性设计要求。其中：①有超长或跨接键合丝的封装设计，焊丝直径小于20μm；②金丝直径小于17μm时，其阻抗或电阻特性很难满足一些封装要求，而铜丝的导电率比金丝高，直径也小于金丝；③铜丝具有超强的电特性，可满足数据传输速率和射频要求。

总之，铜丝已经很成功地应用于镀Ag/Ni引线、铝金属化层以及铜金属化层的键合中。影响焊接成型以及焊接可靠性的一个关键因素是焊丝与金属化层之间金属间化合物的增长速率。在焊接过程中，焊丝与金属化层的扩散速率越低，金属间化合物的增长速率就越低，而使接触电阻值低，产生的热量就少。而铜丝球焊的金属间渗透明显低于金丝球焊。这就意味着铜、铝界面比金、铝界面的电阻率更低、热量更小、封装寿命长即可靠性更高，更能满足焊接强度的要求。对于金-铝焊点来说，它的剪切表面是在焊球内部，穿过球体。而铜-铝焊点的剪切面是穿过铝焊区，明显比金丝的强度高。铜焊球和金属间界面层都比铝焊区坚硬。

随着微电子封装技术的发展，芯片制造商拟将晶片上的铝金属化层更换为铜，这样不但能提高器件特性，还能降低成本。因为在晶片的铜金属化层上可以直接焊接，而不需要像铝金属化层那样加一层金属焊接层。同时，在工艺上，逐渐将传统的金丝换成铜丝，解决细间距的器件封装。对器件超细间距的要求成为降低焊丝直径的主要驱动力。因而，在今后的微电子封装发展中，铜丝焊将会成为主流技术。铜丝与传统的晶片上铝金属化焊区的键合，可降低成本，使高产、细间距的封装的焊丝更牢固和坚硬。金丝与晶片上铜金属化焊区的键合，需要附加OP2和MRP工艺。铜丝与晶片上铜金属化焊区的键合是解决最细间距封装的最佳方案，该工艺技术是未来的发展方向。

3. 键合铝丝(含少量硅或镁的合金丝)

尽管集成电路引线键合中使用最多的引线材料是金丝，并逐渐用铜丝取代金丝，但在陶瓷外壳封装的集成电路中，多采用铝硅丝或铝镁丝作为引线材料。因为铝硅丝或铝镁丝具有良好的导电导热能力和抗蚀性，易于与集成电路芯片的铝金属化布线形成良好的键合，并且很稳定，也易于拉制成细丝，且价格比金丝便宜得多。再说，它不像金丝那样，容易与芯片上铝金属化布线层形成有害的金属间化合物（紫斑或白斑），降低键合接触强度，增大接触电阻，进而降低电路的可靠性。因铝基键合线的密度小、导电性和导热性良好，因此发展密度更小、线径更细和线长更长的铝基键合线不仅有利于资源的合理利用，同时还可以满足相关领域对轻量化的要求。可以预计，铝硅丝或铝镁丝的市场需求令人看好。

（1）铝-硅（Al-Si）键合丝　在早期生产细铝丝（直径小于 50μm）的试验中发现，用一组递减收缩模具很难将纯铝拉制成细丝线。利用键合设备键合这种丝也同样困难，因此必须生产一种坚韧的合金材料。铝硅化合物应运而生，它未在封装中引入其他元素，所以使用十分安全，从此就极为广泛地应用在商业领域。Al-Si 1%合金系统从 20 世纪 60 年代一直沿用至今，已成为标准组分。

回顾已做过的实验，基于冶金学的观点，U/S 键合引线中 1%的 Si 作为 Al 的溶质而存在，此方案并不是最佳的选择。在室温 20℃时，Si 在 Al 中形成的固态合金的平衡溶解度约为 0.02%（重量比）。只有在高于 500℃时，Si 在 Al 中的平衡固溶度才为 1%。因此，在通常的键合温度下，Si 总有析出的趋势，从而形成第二相。尤其在失控状态下，过量的 Si 析出，造成引线键合困难和键合点不完整。

（2）铝-镁（Al-Mg）键合丝　含 0.5%～1%Mg 的铝-镁合金也可以拉成很细的丝。它的抗断强度和延伸率与 Al-Si 1%合金相似。而且在第一键合点根部的抗疲劳失效及高温环境下抗断强度降低等性能要优于 Al-Si 1%合金，键合结果令人满意。早先的一个假设认为器件的场致失效是由键合引线中含 Mg 引起的，现已被否定。在相同产量下，Al-Mg 丝应当不比 Al-Si 1%合金贵。

作为铝丝合金熔质的 Mg 较 Si 的另一个优势是，它在 Al 中的平衡固溶度为 2%（重量比）。而前面提到的 Al～Si 合金，在 20℃室温时 Si 在 Al 中的平衡固溶度仅为 0.02%。因此 Al 中 0.5%～1.0%Mg 浓度不像 Al～Si 1%发生偏析而形成第二相。

在高可靠集成电路中，键合用引线材料多为铝硅丝或铝镁丝，目前其键合方式一般采用超声楔焊键合。

目前硅铝丝主要有日本田中电子公司（新加坡）生产的硅铝丝，该公司生产的硅铝丝基本能满足应用。国产硅铝丝的主要问题是硬度不一、表面氧化层过厚等，不能获得高质量的键合引线。由于工艺条件限制，国内目前尚无大批量生产的工厂。

二、合金焊料

电子封装常采用钎焊方法实现互连和气密封接。钎焊时，需要连接的母材金属不熔化，母材间隙中填充的熔点比母材的熔点低、且呈熔化状态的金属或合金，经冷却固化而实现母材间的连接。母材间充填的金属或合金称为焊料。在很多电子制造工艺包括封装过程中都要用到合金焊料。例如，在倒装芯片连接过程中，芯片与基材的接合依赖焊料（Solder），如图 9-2 所示。焊料依其使用工艺与系统的其他材质，而有不一样的成分选择外，其所使用形态也并非一致，常见的使用形态有焊棒（Solder Bar）、焊块（Solder Ingot）、焊线（Solder Wire）与焊膏（Solder Paste）等，在倒装芯片连接过程中，芯片上焊料凸点（Solder Bump）与基材上对应部分的 UBM 制作最为重要。UBM 包括镀在芯片与基材上薄层金、铂、镍、铜、铬等材料，这些材料用于增加黏着性及提高与焊料之间的湿润性。

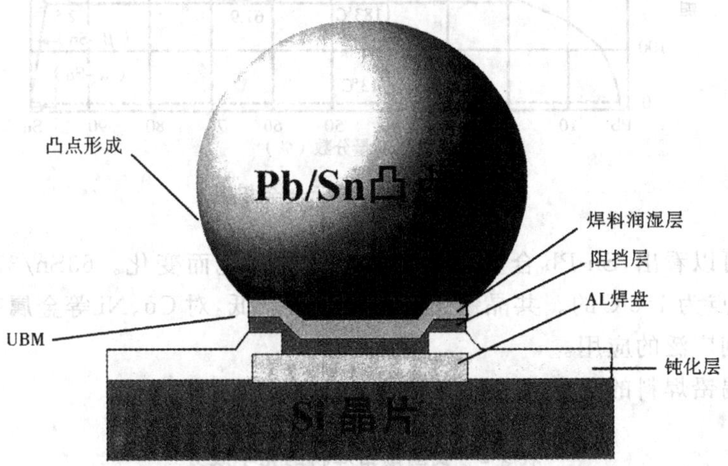

图 9-2 倒装芯片凸点与基材的互连

通常电子封装中常用的焊料是指低熔点的合金，焊接过程中在被焊表面之间形成冶金结合，起到机械支撑、电气连接等作用。为了满足电子封装的基本要求，焊料的选择必须考虑以下几个方面：

1）适当的熔化温度。由于电子元器件和基板等对温度很敏感，所以焊料合金温度不能太高，以降低损坏率。电子封装焊接焊料的熔点一般低于被连接金属熔点的几十度，约在 180～240℃内。

2）较好的润湿性和流动性。铺展性好、表面张力小、流动性好，则有利于在焊接温度范围内润湿被焊表面，焊料容易填满焊区，从而具备良好的焊接条件。

3）冶金相容性好。可与被焊金属有一定的相互扩散和溶解，以形成良好的冶金结合。组分稳定，对被焊金属没有损害作用。

4）环境服役相容性。要具有一定的强度、良好的导电性、抗腐蚀性能好、热性能与连接组件匹配等质量和工作要求。

5）成本合理，对环境和人类健康无毒无害。

下面对常用的焊料进行简介。

1. 锡铅焊料

目前，在电子制造过程中，最广泛使用的是 Sn-Pb 焊料。Sn-Pb 焊料由锡（Sn）、铅（Pb）组成。图 9-3 所示为 Sn-Pb 二元合金相图。

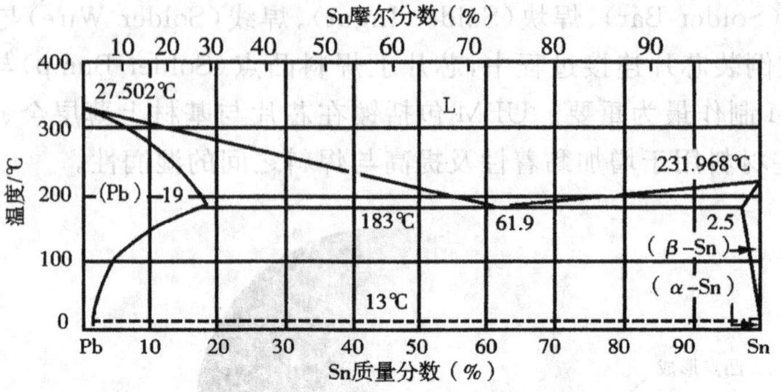

图 9-3　Sn-Pb 二元合金相图

由图可以看出，Sn-Pb 合金的熔点随成分的变化而变化。63Sn/37Pb 为共晶合金，其熔点为 183℃的。共晶锡铅焊料由于熔点低，对 Cu、Ni 等金属有较好的润湿性而得到广泛的应用。

我国锡铅焊料的化学成分规定见表 9-5。

表 9-5　我国锡铅焊料的化学成分

代号	主要成分（%）			杂质（%），不大于						
	Sn	Sb	Pb	Cu	Bi	As	Fe	S	Zn	Al
HLSnPb10	81～91	≤0.15	余量	0.10	0.10	0.02	0.02	0.02	0.002	0.005
HLSnPb39	59～61	0.3～0.8	余量	0.08	0.10	0.05	0.02	0.02	0.002	0.005
HLSnPb50	49～51	0.3～0.8	余量	0.08	0.10	0.05	0.02	0.02	0.002	0.005
HLSnPb58-2	39～41	1.5～2.0	余量	0.08	0.10	0.05	0.02	0.02	0.002	0.005
HLSnPb6-2	29～31	1.5～2.0	余量	0.08	0.10	0.05	0.02	0.02	0.002	0.005
HLSnPb73-2	24～26	1.5～2.0	余量	0.08	0.10	0.05	0.02	0.02	0.002	0.005
HLSnPb80-2	17～19	1.5～2.0	余量	0.08	0.10	0.05	0.02	0.02	0.002	0.005
HLSnPb90-6	3～4	5～6	余量	0.08	0.10	0.05	0.02	0.02	0.002	0.005
HLSnPb45	53～57		余量	0.20	0.20	0.10	0.10	0.02	0.002	0.005

2. 无铅焊料

锡铅焊料的使用带来环境污染问题，对人类健康和生存环境造成危害。因此，目前电子在目前常用的焊料中，铅含量约占 40%，由于其对人体有害，也由于现用锡铅焊料已不能满足电子装连对可靠性的要求，开发高性能的无铅焊料已成为普遍关心的问题。

3. 发展无铅焊料的背景

锡铅焊料的应用已有几千年的历史，但铅及其化合物属剧毒物质，长期使用会给人类生活环境和安全带来较大危害。在制造和使用焊料的过程中，由于熔化温度较高，有大量铅蒸气逸出，将严重影响操作人员的身体健康。近几年来有关无铅焊抖的研究工作发展很快制造行业正在积极研发无铅焊料以代替传统的含铅焊料。这些焊料主要为 Sn-Ag、Sn-Zn、Sn-Bi 系合金。表 9-6 中分类列出各种无铅焊料，包括材料组成、熔点、相关特性。表 9-7 为无铅合金焊料的优缺点。

表 9-6 各种无铅合金系

合金系	优化的成分	熔化温度/℃	疲劳寿命 N_f($\varepsilon=0.2$)
SnAgBiCuIn	85.2Sn4.1Ag2.2Bi0.5Cu8In	193～199	10000～12000
	82.3Sn3Ag2.2Bi0.5Cu12In	183～193	
SnAgBi	92Sn3.3Ag4.7Bi	210～215	3850
SnAgCuBi	93.3Sn3.1Ag3.1Bi0.5Cu	209～212	6000～9000
SnAgCuIn	88.5Sn3Ag0.5Cu8In	195～201	＞19000
SnCuInGa	93Sn0.5Cu6In0.5Ga	210～215	10000～12000
SnAgBiIn	90Sn3.3Ag3Bi3.7In	206～211	10810
	91.5Sn3.5Ag1Bi4In	208～213	10000～12000
	87.5Sn3.5Ag1Bi8In	203～206	
SnAgCu	93.6Sn4.7Ag1.7Cu	217	
	95.4Sn3.1Ag1.5Cu	216～217	6000～9000
SnAgCuSb	96.2Sn2.5Ag0.8Cu0.5Sb	216～219	6000～9000
SnAg	96.5Sn3.5Ag	221	4186
SnCu	99.9Sn0.7Cu	227	1125
SnPb	63Sn37Pb	183	3656

表 9-7 无铅合金系优缺点

合金系	优　点	缺　点
SnCu	成本低、来源丰富、对焊盘铜的溶解小	熔点偏高、机械性能差
SnAg	可靠性高、机械性能好、比 SnCu 可焊性高	熔点偏高、成本高
SnAgCu	可靠性与可焊性好、对铅含量不敏感、强度高	熔点偏高、成本高、有时焊点出现微裂纹
SnAgBi	润湿性与可焊性好、熔点低、强度高	焊角翘起、对铅敏感、疲劳性能对环境敏感
SnZnBi	熔点低(接近 SnPb 共晶熔点)、成本较低	易氧化、稳定与润湿性差、腐蚀性强，形成复杂金属化合物

总体来说，无铅焊料出现了很多合金系可供选择，虽然目前主流趋势是以 Sn-Ag-Cu 为基准，但是具体成分选择、焊接工艺、焊接性能和可靠性等还不确定。

目前接近实用化的是 Sn-Ag 系焊料，而其中 Sn-Ag-Cu 系及 Sn-Ag-Cu 中添加 Bi 的系统最接近实用化。

(1) Sn-Ag 无铅焊料

1)Sn-Ag 系无铅焊料特性　一般说来，Sn-Ag 系焊料在蠕变特性、强度、耐热疲劳等力学性能方面要优于传统的 Sn/Pb 共晶焊料。以拉伸强度为例，前者可达后者的1.5～2倍。但就浸润性而论，Sn-Ag系焊料则比Sn/Pb共晶焊料稍差些，一情况下Sn/Pb共晶焊料的浸润展宽系数在90%以上，而Sn-Ag系焊料为70%～80%。当然，若能控制流焊及回流焊的最佳工艺条件，则充分满足实用是不成问题的。采用Sn-Ag系焊料的难点如下：与共晶焊料熔点183℃相比，前者的熔点要高出35～40℃，这对某些电子器件和印制板来说，由于耐热性较差而不能承受。另一方面，从钎焊温度与焊料熔点(液相线)的关系看，传统的Sn/Pb共晶焊料要求钎焊温度比其熔点高出40～50℃，而Sn-Ag焊料仅高出20～30℃即可。但即使如此，从电子器件及布线板耐热性的限制看还是存在问题。特别是对于在大型印制线路板上搭载大型电子器件及半导体封装，并进行回流焊的情况，若不采用更高的回流焊温度，则难以保证钎焊键合部位达到所定的温度。最近的研究表明，在Sn-Ag系无铅焊料中添加Bi可降低其熔点，但添加少量Bi引起浸润性略有降低，而添加多量Bi，对于器件电极电镀时加入Pd的情况，会引起可靠性下降。

2)Sn-Ag-Cu系无铅焊料特性　Sn-Ag-Cu系无铅焊料，是适用性很强的无铅焊料。可以在回流焊、波峰焊、手工焊组装时使用，对多层基板的高密度组装，从可靠性方面考虑多选用这种焊料。Sn-Ag-Cu系焊料具有优异的耐热疲劳特性，其在125℃放置时的抗蠕变特性，与原来的Sn-Pb系焊料相比，对应Sn-Pb焊料的1h，而Sn-Ag-Cu焊料可达到3.849h。另外焊接中如有Pb等的混入，其产生的不良影响很少。

Sn-Ag-Cu焊料的熔融温度比原Sn-Pb焊料高出36℃，形成商品化以后的价格也比原来提高。

(2) Sn-Cu系无铅焊料特性　Sn-Cu系无铅焊料从应用成本来说具较强的优越性，一般在单面印制板的波峰焊接工艺中用得较多，为防止使用过程中产生的氧化，可在焊料中加入微量的Ni，P、或Ge等元素，这种无铅焊料的最适性合金成分组合正在进一步研究中。

针对氧化作用所选择何一种第三合金元素，如何控制Sn-Cu系焊料表面的氧化浓度，这在使用过程中要加以摸索掌握。除此之外，Sn-Cu系无铅焊料的润湿性、耐热疲劳特性、耐蠕变特性等都需要不断地进行改善。

(3) Sn-Zn系焊料　Sn-Zn系焊料可以实现与Sn/Pb共晶焊料最接近的熔点，其力学性能也好，而且便宜，有希望达到实用化。Sn-Zn共晶的熔融温度为199℃，Sn-8Zn-3Bi型合金的固相线温度可下降到189℃。因此这种焊料的最大优点是可以仍参照原来Sn-Pb系焊料的应用标准加以使用。但Zn为反应性强的金属，容易氧化致使浸润性变差。Sn-Zn系焊料钎焊系统的保存性较差，长期放置会引起结合强度变低等不少问题。特别是对于150℃的高温放置极为敏感。为克服容易氧化的问题，可在氮气等非活性气氛中进行回流焊，从而可确保良好的浸润性。其中，回流焊炉中的氧浓度控制十分关键。另外，人们正在开发可在大气气氛中进行回流焊的焊膏，通过改良焊剂特性，可确保良好的钎焊特性。这些方面的研究开发工作一直在进行中。

(4) Sn-Bi 系焊料　含 Bi 的无铅焊料最大特征是熔融温度低。Sn-Bi 系无铅焊料的熔融温度只有 139℃，适合于大多数耐热性差的片式元件的组装，采用这种焊料可以降低对电子器件及印制板耐热性的过高要求。做成的 Sn-Bi 系焊膏不存在经时变化及浸润性变差等问题，钎焊材料本身的拉伸强度也较高。但是，该焊料一旦发生塑性变形，由于延伸率低而表现为脆性。而且还有因偏析引起的熔融现象，会产生耐热性变差的失效问题。Bi 系焊料组织的粗大化发生在 80～125℃之间，其粗大化程度远甚于 Sn/Pb 共晶焊料。晶粒粗化造成焊料强度低而且脆。为此，需要对器件在印制线路板上的实装状态以及振动、冲击强度等方面的情况进行分析评价。当冷却速度慢时，组织粗大化会加速，为抑制脆性，控制冷却速度相当重要。

三、IC 封装用引线框架及材料

众所周知，集成电路由芯片和引线框架经封装而成，其中引线框架既是骨架又是半导体芯片与外界的连接电路，是芯片的散热通道，又是连接电路板的桥梁，因此引线框架在集成电路器件和各组装程序中占有极重要的地位，成为集成电路发展的突出问题。为此，国外科技界对引线框架的加工方法和引线框架材料的研究投入巨大的人力、物力和财力，并取得了重大的技术进步。其主要技术动向是采用当代最先进的金属压力加工技术，迅速实现引线框架材料生产的产业化，力求提高劳动生产效率，提高质量，降低成本，占领市场，同时适应集成电路的发展，研究高性能的功能引线框架材料。

1. 封装对引线框架材料的要求

IC 的许多可靠性性能都是由封装的性能决定的，引线框架为芯片（或管芯）提供电通路、散热通路、机械支撑等功能，IC 封装要求其必须具备高强度、高导电、导热性好、良好的可焊性、耐蚀性、塑封性、抗氧化性等一系列综合性能，因而对其所用材料的要求也十分苛刻，所用材料的各项性能指标的优劣，最终都将直接影响 IC 的质量及成品率。其材料应满足下列特性要求：

1)导电、导热性好，伴随芯片集成度的提高，尤其是功耗较大的 IC，芯片工作时发热量增加，要求引线框架能及时向外散发热量。良好的导电性可降低电容和电感引起的不利效应。材料导电性高，将使引线框架上产生的阻抗小，也利于散热。

2)较高的强度和硬度，冷热加工性能良好，抗拉强度至少为 441MPa（45kgf/mm^2），尤其是薄形化的材料强度要求高，延伸率不小于 5%，硬度 HV 应大于 130。

3)弹性优良，屈服强度高，提高强度改善韧性。

4)耐热性和耐氧化性好，热稳定性优良，耐氧化性对产品的可靠性有很大影响，要求因加热而生成的氧化膜尽可能小。

5)具有一定的耐蚀性，不发生应力腐蚀裂纹以及潮湿气候下断腿现象。

6)较低的热膨胀系数，并与封装材料的热膨胀系数匹配，确保封装的气密性。

7) 弯曲、冲制加工容易，且不起毛刺；弯曲、微细加工的刻蚀性能好，适应引线框架加工制作方法多样化需求。

8) 表面质量好，可焊性高，为提高可焊性，需要采取镀锡、镀金或镀银，电镀性好。

9)成本尽可能低，满足大批量商业化应用要求。

10) 引线框架材料还要求有良好的工艺性能、钎焊性能、蚀刻性能、氧化膜粘结性能等性能。

以上要求可归纳为：一次特性、成形特性、二次特性，引线框架材料要具有物理、机械、化学等多方面特性。以铜为基体的复合材料因其高强度、高导热和低廉的价格，而日益受到重视。

封装用引线框架材料的性能要求见表 9-8。

表 9-8 引线框架所要求的材料特性

工 艺	要 求
引线框架材料	价 格
引线框架材料加工工艺	平整度、强度、蚀刻性能、残余内应力、冲裁性能、电镀性能
封装工艺	强度、热阻、弯曲成型性
组装工艺	钎焊性能、氧化膜粘结性能
使用过程	散热性能、焊点热剥离抗力

2. 引线框架常用的材料

常用的引线框架材料包括 Invar 合金(Fe-Ni42 合金)、Kovar 合金(Fe-Ni-Co 可伐合金)以及 Cu、Al、W、Mo 等纯金属。这些材料虽然可部分地满足封装的要求，但由于性能上的差异，使它们的应用受到很大的限制。表 9-9 列出了这几种引线框架材料的性能和特点。

表 9-9 常用引线框架和封装材料

材 料	热膨胀系数/($\times10^{-6}$/K)	热导率/[W/(m·K)]	密度/(g/cm^3)	优缺点
Invar	0.4	11	8.1	导热率和导电性差、热膨胀性好
Kovar	5.9	17	8.3	加工性能好、成本高
W	4.4	174	19.3	强度高、匹配性差，成本高
Mo	5.0	140	10.2	同上
Cu	17.7	400	8.9	导电、导热性能好，但易产生热应力
Al	23	221	2.7	同上

由于铜合金和铜基复合材料有高强度、高散热和高导电等性能，所以在 IC 封装中被广泛用为引线框架材料。

(1) 铜合金　铜及铜合金是人类应用最早的金属，也是应用最广泛的金属材料之一。铜的导电率和导热率仅次于银，工艺性能优良，价格远比铁镍 42 合金便宜，作为引线框架用材料的关键是强度问题，纯铜的强度只有铁镍 42 合金的 1/2。但是，铜具有另一个极为优势的性能，这就是很容易与其他元素形成合金，通过合金化完全可将其强度提高到相当于铁镍 42 合金的水平，同时其导电率可以提高 15-20 倍，铜合金现成为主导的引线框架材料。随着电子工业的发展，对铜合金材料的要求越来越高，高强度、高导电率铜合金，即抗拉强度在 600MPa 以上，电导率大于 80%IACS 的铜合金将是开发的热点之一。

目前，获得高强度高导电铜合金的方法有：加工硬化（通过冷塑性变形以提高强度）；固溶强化（通过合金元素溶入铜基体产生晶格畸变，阻碍位错运动来提高强度）；第二相强化（固溶于铜基体中的合金元素超过最大固溶度后便会出现过剩相，过剩相多为硬而脆的金属间化合物，少量存在会引起点阵畸变，从而来提高强度）；快速凝固析出强化（将铜合金液体快速冷却，使过量合金元素固溶于铜基体中，经时效处理后，在铜基体中形成弥散分布相，阻碍位错运动来提高强度）和弥散强化（通过粉末冶金方法向铜基体内植入稳定弥散的第二相颗粒阻碍位错运动）等。常用铜合金引线框架材料及强化机制如表 9-10 所示。表 9-11 列出了近年来应用和研究的新型电子用铜合金。

表 9-10　常用铜合金引线框架材料及强化机制

合金牌号	化学成分	强化机制
NK/MF202	Cu-2.0Sn-0.03P-0.2Ni　0.15Zn	S(Sn)
C194	Cu-2.4Fe-0.07P-0.12Zn	P(Fe)
C151	Cu-0.1Zr	P(Cu_3Zr)
EFTEC64T	Cu-0.3Cr0.25Sn-0.2Zn	P(Cr),S(Sn)
C1025	Cu-3.0Ni-0.65Si-0.15Mg	P(Ni_2 Si)
KLF125	Cu-3.2Ni-0.7Si-1.25Sn-0.3Zn	P(Ni_2 Si)，S(Sn)

注：S：固溶强化 P：析出强化 ()：表示强化相

表 9-11　近年来应用和研究的新型电子用铜合金

材　料	牌　号	抗拉强度/MPa	电导率(%IACS)	研制者
Cu-0.15Sn	EFTEC-3	380	85	古河电器
Cu-Cr-Zr	OMCL-1	610	82.7	三菱公司
Cu-Ni-Si	HCL305	760	43	三菱公司
Cu-0.8Cr	-	478	76	刘平等

(续)

材　料	牌　号	抗拉强度/MPa	导电率(%IACS)	研制者
Cu-2.65Al_2O_3	-	628	87	上海交通大学
Cu-ZrB_2(ZrN)	-	300	82	日本津田大学
Cu-15Nb	-	1400	75	王深强等
Cu-20Fe	-	1090	54.9	王深强等

注:强度为300℃下所测数据。

表9-12也为常用Cu合金引线框架材料引线框架用铜合金大致分为铜-铁系、铜-镍-硅系、铜-铬系、铜-镍-锡系(JK-2合金)等,三元、四元等多元系铜合金能够取得比传统二元合金更优的性能,更低的成本,铜-铁系合金的牌号最多,具有较好的机械强度,抗应力松弛特性和低蠕变性,是一类很好的引线框架材料。国内外某些大量使用的引线框架材料的主要性能如表9-12所示,表中电导率的%IACS(International Annealed Copper Standard)为国际软铜电导率标准,100%IACS=$5.800 \times 10^5 S \cdot m^{-1}$。

表9-12　常用引线框架合金及性能

合金系列	合金牌号	化学成分(重量百分比)	抗拉强度/MPa	延伸率(%)	电导率(%)IACS	热膨胀系数 25~300℃/(×10^{-6}/℃)	热导率/(W/m·K)
Cu-Fe	019400	Cu-2.35Fe-0.12Zn-0.03P	362~568	4~5	55~65	17.4	262
	019500	Cu-1.5Fe-0.8Co-0.6Sn-0.05P	360~670	3~13	50	16.9	197
	019700	Cu-0.6Fe-0.2P-0.04Mg	380~500	2~10	80	16.7	173
	019210	CirO. lOF-0. 034P	294~412	5~10	90	17.7	364
Cu-Cr	OMCL-1	Cu-0.3Cr-0.1Zr-0.05Mg	590	8	82	17.0	301
	EFTEC64T	Cu-0.3Cr-0.25Sn-0.2Zn	560		75		
				13			
Cu-Ni-Si	064710	Cu-3.2Ni-0.7Si-0.3Zn	490~588	8~15	40	17.2	220
	KLF-125	Cu-3.2Ni-0.7Si-1.25Sn-0.3Zn	667	9	35	17	
	C70250	Cu-3. ONi-0.6Si-0.1Mg	585~690	2~6	35~40	17.6	147~190
Cu-Sn	C50710	Cu-2Sn-O. 2Ni-O. O6P	490~588	9	35	17.8	155
其他	C15100	Cu-0.1Zr	294~490	3~21	95	17.6	360
	C15500	Cu-0.11Ag-0.06P	275~550	3~40	86	17.7	345
Fe-Ni	Alloy 42	42Ni-56Fe	650		2.7	4.0~4.7	0.04

(2) 铜基复合材料(其他元素的含量较高)　复合材料充分发挥了基体Cu的高导电、导热特性和复合层的高强度、高硬度、低热膨胀系数的特性,因而具有良好的综合性能。表9-13列出了近年来使用和开发的引线框架和电子封装复合材

料，当然，这些材料也有缺点：①所复合的材料大多为密度较大的W、Mo金属，在某些场合应用显得过于笨重；②由于Cu的屈服易导致迟滞现象，影响电路的正常工作。

表 9-13 Cu基复合引线框架、电子封装材料及性能

材 料	密度/(g/mm^3)	硬度HB	热膨胀系数/($\times10^{-6}/K$)	热导率/(W/mk)	制造商
Cu20FeNiCu20	8.4	90-120	5.2	160	美国Texas公司；德国IXYS公司
Cu20Mo60Cu20	9.7	130～170	6.8	244	美国AMAX；Climax Specialty公司
W80Cu20	15.6	220	7.6～9.1	180～210	西安盛华电工有限公司
W-15Cu	16.4	220～250	6.3～7.0	176	长沙升华电子材料公司
W90Cu10	17.0	250～280	5.6～6.5	140～170	奥地利PLANSEE公司
Mo85Cu15	10.0	187～200	6.5～7.1	150～170	美国POLESE公司
Mo70Cu30	9.7	143～170	7.6～8.5	170～210	日本住友公司

3. 引线框架制作技术

IC封装用引线框架是极为精密的零部件，主要有DIP和QFP以及SIP、SOP等类别，引线框架的引脚数不断增加，引线宽度和间距不断减小，0.4mm线宽、208～240条I/O引脚的铜合金引线框架早已商业化生产，296、304条引脚的引线框架获得广泛应用，正在研发1 000条引脚、线宽0.1mm的铜合金引线框架，线宽一般为铜带厚度的0.7倍。引脚形状从长引线直插→L形引线→J形引线→小型L形引线→薄型L形引线→短引线或无引线芯片载体、贴装发展，不同的封装往往采用不同的引脚数量的引线框架。开发出微引线框架MLF封装技术，MLF封装具有良好的热特性，最适于在CPU的电压控制组件、功率系列产品方面使用。芯片级封装CSP也有采用引线框架的类别，先进的阵列封装要使用高引线柱。

铜合金引线框架的加工制作方法向多样化发展，目前从冲制方法转向化学蚀刻、激光刻蚀等技术。按照惯用的模具冲制很难达到引线框架的图形结构复杂、尺寸及公差要求严格的技术标准，引线框架的大批量生产则是利用高精度带材经自动化高速冲床冲压而成的，具有很高的加工效率，但无法达到蚀刻加工的精细程度，提高加工精度是其关键。在高速冲床上高速大量地进行引线框架的冲制，其模具的设计和制造难度相当大，精密级进冷冲压模工位数多，加工形状复杂，精度高，IC引线框架多工位精密级进模CAD/CAM系统集成了引线框架模具设计与制造技术，将封装模具和引线框架冲制一体化。小批量、多品种、多引线小节距、尺寸精细、图形复杂的铜合金引线框架或载带引线大多采用蚀刻方法制作生产，用照相制板技术将设计的引线框架形状显像于铜带材表面，然后腐蚀除去不要的部分，腐蚀不只在板厚方向，而且还向板宽方向侧面腐蚀，约为板厚的80%，

板材越薄对加工越有利。蚀刻方法要求铜合金具有良好的光刻性，特别是表面和内部材质必须均匀，该方法可达到很高的加工精度，但需要较长的加工时间。可根据引线框架材料厚度、图形复杂程度、所选用材料来决定蚀刻时的感光抗蚀胶与腐蚀液的配方。

4. 金属铜基引线框架和电子封装材料展望

提高性能，降低成本一直是电子类材料发展的中心课题。从铜合金的开发研究来看，高强、高导铜合金的研制已达到了一个较高的水平，如 Cu-Ni-Si 系列合金所能达到的最优性能为抗拉强度 835～930MPa，电导率 50%IACS；日本开发的含 10%～16%Ag 的铜合金，经大量塑性变形后，形成纤维增强复合材料，其抗拉强度 1 000MPa，电导率 80%IACS。当前，采用新的材料体系、新的工艺技术开发铜基引线框架和电子封装复合材料显示出良好的发展前景。其要点有：

1）采用具有低膨胀特性而热导率却非常高、密度又小的材料作增强相，如高模量 C 纤维、B 纤维、石墨、AlN 等。用这样的材料与 Cu 制成复合材料，可望在保持低膨胀特性的同时，获得很高的热导率和强度。

2）采用负膨胀材料，如 ZrW_2O_8，ZrV_2O_5，HfV_2O_5 等化合物及 Ni-Ti 形状记忆合金，与 Cu 复合，在低膨胀材料的体积分数较小的情况下，也可获得与 Si 或 GaAs（集成电路中的主要材料）相匹配的热膨胀系数，而 Cu 的热导率却损失较小。

3）将引线和封装材料进行集成，作成整体电子元件来使用，如已研制成功的 Cu/Mo/Cu 和 Cu/W/Cu 多层功能梯度材料。

4）采用自生复合并与合适的强化方式相结合的方法来研制新合金，如日本开发的 Cu-15Cr-0.15Zr 合金，强度达到了 1 000MPa，电导率也在 70%IACS 以上。

5）将新技术、新工艺引入到复合材料的制备上。如把注射成型和熔渗烧结相结合，制得了致密度达 99%以上的 W-15Cu 材料，而且达到净成型的效果；先将 W 粉和 Cu 粉在高能球磨机中进行机械化合金化，然后再于真空热压成型烧结制，可得到几乎全致密的 WCu20 材料。

第三节　高分子材料

电子封装用高分子材料包括芯片粘结材料、模塑化合物、填充料、灌封料、各向同性导电胶和各向同性导电胶等。在电子封装过程中，高分子材料主要应用为印制电路板、半导体封装材料和导电粘结材料。

在印刷电路板的应用中，高分子材料-树脂（热固性树脂或热塑性树脂）与强化纤维（如玻璃纤维、碳纤维或有机纤维等）复合，形成一种复合的结构材料，该复合材料镀上一层铜箔再经蚀刻程序得到要求的印制电路板。这种复合的结构材料不但有优异的机械强度，同时有极佳的尺寸稳定性。目前印制电路板材料普遍采用玻璃纤维强化，采用热固性树脂复合。主要原因是热固性树脂在尺寸稳定性及耐热性上比热塑性树脂好。所以，树脂材料以采用热固性树脂为主，其中又以采用环氧树脂最为普遍。

在半导体封装中，塑料封装已取代陶瓷封装成为主流封装形式。而塑料封装中应用最广泛的是高分子树脂材料。所用高分子树脂材料的类型与半导体的封装形式有关。

DIP 和通过空穴封装是 IC 产业最老的封装工艺，它采用较低性能的模塑化合物，目前 DIP 仅限于低端应用之中。环氧树脂、甲氧甲酚、线性酚醛清漆(ECN)是最基本、最基础的树脂。ECN 是价格最低的树脂。石英玻璃(含一种非晶结构的角粒子)是最基本的填充料。

PLCC、QFP 等表面安装 IC 封装采用 EMC 树脂，EMC 树脂采用先进的 ECN/OCN 树脂或双环戊二烯树脂(DCPD)，它与 ECN 树脂相比具有较好的湿电阻和较低的应力。球状硅石也是一种填充料，它是可熔化的，它与石英玻璃相反，是含球粒子，所以它可与石英玻璃混合作为填充料使用。球状硅石在基本树脂中允许紧密封装，所以每单位体积能添加更多的填充料，并具有较好的湿电阻。球状硅石的价格随所采用的比例和等级而变化。

薄型表面安装封装和阵列封装采用的模塑化合物是最先进的树脂，它是基于联苯和多功能环氧树脂，其中混合的填充料为球状硅石。这种 BGA 封装所用的模塑化合物价格较贵。

由于半导体器件封装的小型化、片状化、薄型化和球阵列化，每个器件所用的封装材料越来越少，但对封装材料的要求越来越高。各种材料中，环氧树脂、聚酰亚胺为常用的高分子材料。

一、半导体封装对高分子材料的要求

封装材料应有较高的电气、机械和热防护性能，以满足电子、控制组件和系统性能的要求。主要参数有：绝缘电阻、介电常数、介质损耗、机械强度和工艺参数等，如固化温度和周期、配比、适用期、储存期等。

使用高分子树脂作为电子组件及晶元(Chip)的封装材料，因高分子材料与被封装基材在本质上的差异，要求有下列特性：

1)低应力化：当电子组件或晶元利用高分子树脂作为封装材料时，由于封装前后树脂特性的变化，以致于组件在定位上因而发生偏移，而使封装成品失败。以高分子封装材料中，最普遍的是热固性环氧树脂，其硬化前为具有流动性黏稠流体或半胶化的胶体，硬化后则形成交联网目的固体。树脂与晶元的热膨胀系数有极大的差异，因而在树脂硬化后，冷却收缩过程因热膨胀的差异，在树脂与晶元两者间可能产生内应力，导致树脂龟裂、晶元破裂、粘着分离或组件接着脚偏移或断裂等。为了降低封装树脂与芯片间的内应力，于树脂配方中皆添加相当量具低热膨胀系数的填充物(Filler),如二氧化硅粉、氧化铝粉、氮化硼粉、石墨纤维或其他无机化合物粉粒等。

2)高热传导性:随着电子组件高密集化,使用过程组件产生的热量随之增加,这些必须迅速移出系统之外,以免系统内部因热量持续累积而温度上升,进而使系统失效或部分组件被破坏。为有效传送热量,最便捷的方法就是改进封装树脂的热传导性。一般是在封装树脂配方中添加热传导性良好的填充物,如石墨纤维或氧化铝粉等。

3)高耐热性:因电子组件应用领域的扩展及使用环境的变化,树脂的耐热性要求亦相对提高。高分子树脂中添加无机化合物的填充物,对其耐热性的提升有一定的帮助。聚酰亚胺树脂(Polyimide)因具有良好的耐热性,其热裂解温度较环氧树脂高约100℃以上。

4)耐湿性及耐腐蚀性:在可靠度的要求下,湿气问题常是使电子组件失效的另一项主因,电子封装中湿气可能来自于封装过程的环境、应用时由外界扩散进入或因树脂及积层板所吸附的水份。湿气进入封装体可能造成接着面破坏,同时湿气亦可能与封装树脂中离子性不纯物起化学作用而腐蚀铝质电极线路。

5)电气性:如果封装过程不良,产生空隙的存在,不但会吸附湿气进而可能引发电路腐蚀,使组件在接受电压时会发生电晕现象,使电场集中在空隙前端,引起内部放电而造成绝缘破坏。

6)快速固化。

7)低成本。

此外还要求树脂品质高,其主要表现在:①色泽浅,液体树脂无色透明,固体树脂纯白色;② 环氧当量变化幅度小;③树脂中几乎没有离子性杂质,尤其是钠离子和氯离子;④相当低的水解性氯(有机氯端基不纯物);⑤ 挥发组分、杂质含量低。

二、环氧树脂

1. 环氧树脂的特点和作用

(1)特点　环氧树脂之所以广泛用作电子器件和集成电路的封装材料,是因为它具有以下特性:

1) 由于环氧树脂与固化剂反应属于加成聚合,一般来讲收缩率比较小,没有副产物,因此材料内部的应力比较小,而且避免气泡空洞的产生。

2)环氧树脂固化后的产物具有优良的耐热性、电绝缘性能、密着性和介电性能,能满足电子、电气的要求。

3)具有优良的密着性,这是其他材料所不能比的。

4)具有优良的电绝缘性能,这也是不饱和聚酯树脂和酚醛树脂等一般热固性树脂达不到的。

5)配方中选择不同的固化剂和固化促进剂,可制备各种性能的封装材料,以满足器件和集成电路的不同要求。

环氧树脂适于电子电器包封材料的应用，因其主要具备以下特性：

(2)组成　塑料封装中所采用的环氧树脂材料称为环氧塑封料 EMC（Epoxy molding compound)，它是一种单组分形式的固态复合物。环氧树脂封装材料通常是由环氧树脂、固化剂、固化促进剂、无机填料、脱模剂、着色剂等十几种组分配制而成(见表 9-14)，其中环氧树脂是主要组分，可选用酚醛环氧树脂或双酚 A 型环氧树脂。在热和促进剂的作用下，环氧树脂与固化剂发生交联固化反应，固化后成为热固性塑料。按其用途可分为塑封料、包封料和灌封料，其中对塑封料的要求最高。

表 9-14　环氧塑封料 EMC 的组成与配比

目　的	组成物	W_t(%)	目的	组成物	W_t(%)
主剂	线形酚醛环氧树脂	20	阻燃剂	溴化环氧树脂	少量
固化剂	线形酚醛树脂	10	脱模剂	酯类蜡	
填充剂	二氧化硅	70	表面处理剂	环氧硅烷	少量
固化促进剂	叔胺	少量	着色剂	碳黑	少量

其各种成分都发挥着各自独特的功能。环氧塑封料封装的对象是半导体元件，大都是精细娇弱的高科技组件，现代 IC 技术的飞速发展使得集成度越来越高，为满足高集成度 IC 的特性，据统计对环氧塑封料的技术要求达 30 项之多。如前所述，塑封料是单组分形式的模封料，要将这些要求高、种类多的特性集于一身，的确是项艰巨的任务，而且这些技术特性不是相互孤立的，而是互相牵制，有时甚至是相互矛盾的。它既要有良好的脱模性，又要对管芯、框架有良好的粘结性；既要有模塑固化快的优点，又要求这种材料适用期长；既要求物料熔融粘度低，又要求模塑时的飞边少。因此，环氧塑封料的制造者必须在这些特性要求之间进行非常复杂的平衡，但要想把全部的技术特性都兼收并蓄地满足，几乎是不可能的。因此不得不研制出针对性强的专用品种，以满足不同层次和特点的半导体元器件的要求。

国外的发展方向为低粘度化和提高耐热性、降低吸水率。

2. 环氧树脂在电子封装中的应用

塑料封装中所采用的环氧树脂材料称为环氧模塑料或塑封料 EMC（Epoxy Molding Compound)。EMC 主要组成为：环氧树脂、固化剂、固化促进剂、填料、润滑剂、着色剂和其他助剂，而环氧树脂所占比例约为 10%～25%左右。目前已商品化的半导体塑封材料，绝大多数均采用邻甲酚酚醛环氧树脂，固化剂采用甲阶酚醛树脂或线性酚醛树脂，这主要因为这种塑封材料具有优良的快速生产性和价格相对便宜，但是因其耐热性和吸湿性尚不能满足迅速发展的电子封装材料的需求，因此国外不少厂家正在致力于新品种的开发，有些品种已部分商品化。

（1）电子封装技术对电子塑封料的性能要求　随着集成电路线宽越来越小，集成度越来越高以及表面贴装技术（SMT）、球栅阵列（BGA），MCM 技术的广泛应用，对塑封料的性能要求越来越高。要求塑封料具有以下性能：

1）具有优良的化学稳定性、耐腐蚀性。

2）电绝缘性能好。

3）纯度高，挥发物质、杂质含量低，特别是离子型不纯物极少。

4）吸水性、透湿率低。

5）水解率低，Na 和 Cl 离子的含量应降至 1×10^{-6} 左右。

6）与器件及引线框架的粘结性能好、机械强度高；内部应力和成形收缩率小。

7）热膨胀系数（热膨胀系数 ）小，热导率高。

8）成形、硬化时间短，脱模性好。

9）流动性及充填性好，飞边少。

10）具有良好的阻燃性。

塑封料以其成本低、工艺简单而适于大规模生产，在集成电路的封装中已独占鳌头。并且塑封电路的可靠性已足以和陶瓷及金属封装电路媲美。

（2）半导体塑封用的环氧树脂　塑封料在电子封装材料中用量最大、发展最快，它是实现电子产品小型化、轻量化和低成本的一类重要封装材料。目前我国的塑封能力保持每年 30%以上的速度增长。塑封料所使用的材料为热固型塑料，主要包括酚醛类、聚酯类、环氧类和有机硅类（硅酮塑料）。作为环氧类塑封料的环氧模塑料（EMC）是由酚醛环氧树脂、苯酚树脂和填料（SiO_2）、脱模剂、固化剂、染料等组成。硅酮树脂塑封料是由硅酮树脂、添料（SiO_2），脱模剂、固化剂、染料等组成。下面主要介绍环氧模塑料。

现在商品化的环氧树脂品牌繁多，常用的环氧树脂有 4 种类型，即酚醛型（ECN）、联苯型、二茂铁型（ DCPD）和萘型。ECN 型树脂在常温下呈非晶态，在软化点以上的温度范围内，熔融粘度较高，因而在成形时流动性较差，难以充填过多的无机材料。联苯型树脂在常温下呈结晶状态，熔点高达 105℃，具有很低的熔融粘度。DCPD 型树脂中的固化剂具有很低的桥接密度（为 ECN 树脂的 1/4），因而吸湿率很低（为 ECN 树脂的 10%），耐热性好。萘型树脂是一种具有“骨架”型结构的高粘合力、低吸湿性树脂。经过研究筛选广泛用于半导体包封料的环氧树脂品种为邻甲酚酚醛环氧树脂（ECN）。这类环氧树脂其结构式如图 9-4 所示。这类树脂被开发后即投入了半导体塑封料的应用研究，经过了 20 多年的考核，已确定作为半导体塑封材料的主体地位的材料，目前 EMC 专用的邻甲酚酚醛环氧树脂在日本已达到年产 1.2 万吨。

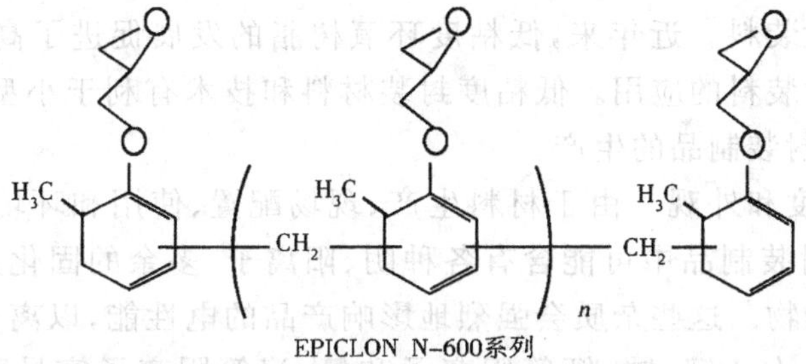

图 9-4 邻甲酚酚醛环氧树脂(ECN)的化学结构

邻甲酚酚醛环氧树脂除了具有通用型环氧树脂的优点外，还具有适用塑封料的以下优点：

1）速固成型性优良，特别适于流水线大批量生产。

2）具有更优良的耐热性。

3）具有更好的耐湿性，可靠性好。

随着高新技术的发展，以及半导体技术自身的发展，对半导体包封料不断提出新的要求，原有材料很难满足，因此新型环氧树脂不断被开发，新品种不断出现。

半导体包封的高密度实装化，显著地提高了生产性，但是至今这种实装方式，由于缺乏经验，常常发生焊接开裂现象。这种开裂不是指焊锡开裂，而是在表面实装时，吸湿的半导体封装件在经受高温时，潮气水分子气化膨胀导致包封材料发生开裂，如图 9-5 所示。

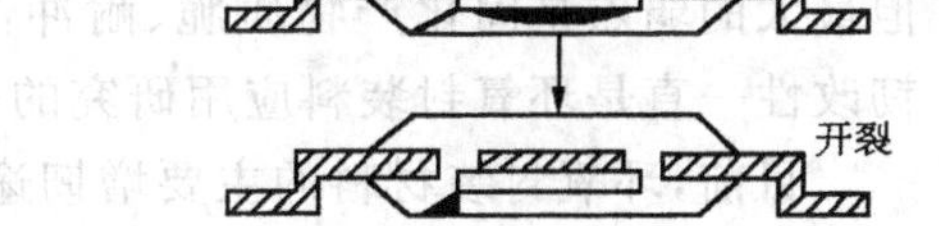

图 9-5 焊接开裂发生过程

这种塑封的工艺过程，对塑封材料主剂环氧树脂提出更高要求，提高耐热性和低吸水性，邻甲酚酚醛环氧树脂已很难满足要求，因此新型环氧树脂正在开发研究，以取代目前的邻甲酚酚醛环氧树脂，如邻甲酚线性酚醛环氧树脂、二苯基型环氧树脂、双环戊二烯型低粘度环氧树脂。

3. 环氧封装材料及其进展

环氧封装材料由环氧树脂、各种填料和助剂与固化剂（交联剂）配制而成。环氧树脂作为基本成分，对封装材料的性能起主导作用。常用环氧封装料有：A-12（A＋B）、Stycast2850FT，Stycast2651、Stycast2651 mm，Scotchcast8（A＋B）等，也有含潜伏性固化剂的单组分封装料。工作中常用各种耐热、耐低温、阻燃、低粘度或透明环氧树脂 E-51，E-44，Epon815，Epon828，711，CGY-331 等，加入氧化铝、SiO_2 类无机填料、改性剂等，与脂肪族和芳香族有机胺、酸酐或低分子聚酰胺类固化剂配制封装料。近年来，低粘度环氧树脂的发展促进了高流动、高填充液体和粉末环氧封装料的应用。低粘度封装材料和技术有利于小型、薄型、高性能、低应力、高填充封装制品的生产。

(1)改进纯度和外观　由于材料生产、现场配置、使用和环境等方面的原因，固化后的环氧封装制品中可能含有各种阴、阳离子、多余的固化剂、助剂、灰尘和油脂等杂质污染物。这些杂质会强烈地影响产品的电性能，以离子污染物对制品电性能的影响最大。钾、钠、钙等阳离子和氯、溴等阴离子容易引起漏电、击穿。控制封装工序过程可以有效地减少外来杂质，但无法去除环氧树脂和固化剂在原料合成过程中带入的离子污染物。鉴于离子污染物的危害，电子封装用环氧树脂和固化剂、助剂等的合成采用了更新的生产工艺或精加工纯化处理，将离子污染物控制在 10^{-6} 级。

良好的外观使封装产品美观、协调、更具有竞争力。浅色和无色环氧封装材料早期仅用于光学材料和有透明度要求的封装制品，如今，环氧树脂生产原料双酚 A 的硫酸法、氯化氢法已由离子交换法等先进工艺所代替。生产技术和设备的引进使国产环氧树脂、固化剂的纯度、色泽大为改观，逐步向国际接轨。高质量、低挥发(无味)封装料(固化剂)有助于灌封工序的“除气”操作，减小制品缺陷，提高生产效率。封装料的组分采用不同颜色，混合均匀后呈现第三种颜色有利于配胶操作、检验员观察和封装质量的控制。如环氧封装料 LCA4＋BAS，A 组分为白色，B 组分为绿色，混合料呈浅蓝色。此外，加有荧光物质的封装料也便于在紫外灯下发现封装缺陷。

(2)共混、增韧改性　环氧树脂具有优良的化学稳定性、粘结性和工艺性能，但最大的弱点是固化产物质脆、耐冲击性较差和容易开裂。为此，环氧树脂的增韧改性一直是环氧封装料应用研究的一个主要方向。

目前，环氧封装材料的主要增韧途径有：①采用橡胶类弹性体、热塑性树脂增韧改性。②刚性粒子以及纳米粒子增韧改性。③采用互穿网络(IPN)技术增韧改性，④通过共聚改变交联网络的结构和性能。⑤控制大分子交联的不均匀性进行结构增韧改性等等。现有环氧封装料都采用了一项或多项上述增韧改性技术。其中，采用弹性体改善封装产品冲击韧性的应用最多。如热塑性树脂作为增韧剂加入到环氧树脂中，形成第二相颗粒。它们的加入使得环氧树脂的韧性明显提高，同时固化物的模量及耐热性不受影响甚至更好。

(3)提高耐热性、降低吸水率　近年来，随着电子领域高密度实装技术的迅速发展，采用薄型化封装的越来越多。但是，当这种薄型封装件安装到印制线路板上时，要把封装件整体放到锡浴中浸渍，这种焊接工艺要经受200℃以上的高温，因而要求封装材料必须具备高耐热性。为了提高封装材料的耐热性，一般是要提高封装材料（固化物）的交联度。另外，在环氧树脂的结构中导入萘环、蒽环等多环基，或者在二聚环戊二烯骨架中导入酚基也可达到提高耐性的目的。很显然多官型的环氧树脂是有利提高封装材料（固化物）的交联度的。

随着封装件的高性能化，要求环氧树脂不仅要具有高耐热性，还必须具有低吸水率。如果所用环氧树脂封装材料的耐湿性不好，则封装件金属配线易被腐蚀钝化；另一方面，如果封装件处在高温高湿环境中，则水分易从封装材料和引出线框界面或孔隙处浸入，使配线结构产生松动等不良缺陷。为了降低封装材料的吸水率，在环氧树脂结构中尽量减少轻基和醚基等极性大的基团浓度，导入极性小的C-H基和憎水性较大的含硅和含氟结构。

提高耐热性和降低吸水率是一对矛盾。因为提高封装材料的耐热性，一般是要提高封装材料的交联度。但是，封装材料中的自由体积也增加了，导致吸水率也提高了。这就需要在两者中找到最佳平衡值，既使封装材料具有高耐热性，又具有低吸水率。

经试验证明：最好采用官能团数多，分子量大的原料与环氧氯丙烷反应后形成缩水甘油醚，这类原料包括联苯、萘和脂肪族多环化合物（如二聚环戊二烯）。

树脂的耐热能力是影响封装质量的一个主要因素，可通过以下方法提高树脂的耐热性能。

1）提高交联密度　耐热能力得以提高，但固化物的脆性增加，此法较少选用。

2）环氧树脂结构改性　通过改变大分子结构，合成具有新分子结构和优良性能的环氧树脂。如引入萘骨架在提高耐热性的同时，可改善其耐湿性；在环氧骨架中导入酞压胺基，随着 T_g 的提高，耐热性和耐水性也显著改善。

3）选择新型固化剂　环氧树脂的耐热性不仅与树脂的品种有关，而且与固化剂的品质及匹配有关。研究表明，选用含芴为骨架的各种二胺类作固化剂，T_g 可提高50～70℃，耐热性和耐水性得以提高。因此，开发特种固化剂是耐热耐湿技术的有效途径之一。

4）SiO_2 的高填充化　环氧封装材料中，SiO_2 的填充量一般为60%～80%，若采用选用适当的偶联剂并能调整 SiO_2 的粒度分布，将填充量提高到90%以上，耐热性得以提高的同时将大大降低材料的吸湿性和线性膨胀系数，这是一个一举数得的好方法。

（4）改善导热性能　随着电子仪器的发展，要求消费电力高的器件增加，因此包封材料散热性的课题已提出，因为环氧树脂属于有机高分子材料，基于分子结构的不同，热传导性的改善受到局限，因此从引线框架的金属材料着手，提出采用铜合金，因为有比较高的热传导率，铜合金引线框架表面有一层氧化膜，因此要求包封材料与其有良好的粘结密着性。国外有些厂家正在研究开发，通过引入链段，提高范德瓦尔引力，以提高环氧树脂与铜框架的引力。

高分子树脂材料的导热性都很低，要显著提高导热性，需要通过加入导热性能良好的无机填料来加以改善。导热灌封料的关键技术是如何选择导热性能好、无毒、价格低廉的无机填料及解决怎样增加填料在配方中的加入量。氮化硼、氮化铝及氧化铍具有很高的导热系数，但是氧化铍有剧毒，氮化硼在配方中的加入量有限，氮化铝来源困难且价格昂贵。因此，选用氧化镁、氧化铝作为配方中的填料比较适宜。

(5)阻燃改性　电子电气对阻燃性提出了越来越高的要求，因此有必要提高环氧树脂封装材料的阻燃性。目前改善其阻燃性能的主要方法有：①制备带有阻燃功能基团的环氧树脂，卤系环氧树脂(主要是含溴)如以四溴双酚 A 为基础的溴化环氧树脂，日本市场已经出现了溴化酚醛型环氧树脂；有关磷系环氧树脂也有报道，但目前还没有得到工业化应用；②在封装材料配方中直接添加阻燃剂如红磷，也可制备阻燃级封装材料。

(6)降低内应力　器件和集成电路用环氧树脂及其他封装材料封装成型后，由于材料线膨胀系数不同，成型固化收缩和热收缩导致封装器件内部产生热应力，将造成强度下降、耐热冲击差、老化开裂、封装裂纹、空洞、钝化和分层等各种缺陷。因此，必须采用有效的手段降低这种内应力，方法主要有以下三种：

1) 降低封装材料的玻璃化温度(T_g)，这种方法在降低 T_g 的同时，也降低了封装材料的耐热性，结果将导致封装器件的可靠性也降低了；

2) 降低封装材料模量，如在环氧树脂中添加弹性体如硅橡胶、丁睛橡胶等，配成封装材料时能形成海岛结构，对降低封装材料应力也有较好的效果；

3)降低封装材料的线膨胀系数的方法是最理想的方法，比添加改性剂更有意义，现在已成为降低封装器件内应力的主要方法。该方法通常是在环氧树脂中添加大量的二氧化硅之类的无机填充剂粉末，大幅度降低封装材料的线膨胀系数，达到降低内应力的目的，该法能使封装器件实现小型、薄型化，达到既提高性能又降低内应力的目的。

(7)降低粘度　低粘度化主要目的是降低封装树脂的内应力，使其具有高填充性和可操作性，以使封装器件具有高可靠性。当采用上述降低内应力的方法 1)时，在降低 T_g 的同时，也降低了封装材料的耐热性，最后的结果是封装器件的可靠性也降低了。方法 2)也存在上述类似问题。科技人员在研究中发现在环氧树脂中添加硅化合物或者是弹性体，如硅橡胶，丁睛橡胶，配成封装材料时能形成海岛结构，对降低封装材料的应力也有较好的效果。降低封装材料的线膨胀系数的方法 3)是最理想的方法，比添加改性剂更有意义，现在已成为降低封装器件内应力的主要方法。该方法通常是在环氧树脂中添加大量的二氧化硅之类的无机填充剂粉末,大幅度降低封装材料的线膨胀系数,达到降低内应力的目的。

(8) 快固化环氧胶 为了获得结构轻巧、紧凑、有序的封装制品,常用两类快速胶对电子器件、线束等在灌封前快速粘结定位:①α一氰基丙烯酸醋胶,按固化时间形成系列产品。②快固化环氧胶,如 5-Minute Epoxy 等,填隙、耐温、韧性等综合性能优于前者。快固化环氧胶多为双组分,组分一是改性环氧树脂,组分二为硫醇类化合物加少量叔胺催化剂,按 1:1 配制或装在带有混合器的注射器中,挤出时自动混合,便于快速操作。其中,Araldite Rapid Epoxy 和 5-Minute Epoxy 应用广泛,还可用于导弹外部−45℃低温和 120℃的短期(min)气动加热部位的粘结。快固化环氧胶目前还在朝耐温范围更宽、储存稳定、耐介质、高效的方向改进。

综上所述,目前高性能、低应力封装材料的开发和需求正向以下两个方面发展:(1)开发低粘度或熔融粘度低的二官能型的环氧树脂,通过填充高含量无机填充剂,大幅度降低封装器件的内应力,减少钝化开裂、配线滑动和导线断裂等不良缺陷;(2)开发多官能型的环氧树脂,同时在环氧树脂中导入耐热和耐湿结构化合物,使封装器件既具有高热性,又具有低吸水率和低的内应力。

4. 环氧树脂半导体封装材料今后发展动向

因为高新技术日新月异,不断发展,对半导体应用技术不断促进,所以对其环氧包封材料提出了更加苛刻的要求,今后环氧树脂半导体包封材料出现主要向以下四个方面发展的动向。

(1)适宜于表面实装化的高性能化和低价格化 上面已经提到这种倾向,适应这种要求的新型环氧树脂不断出现。ECN 等一般类型的环氧树脂属于无定形类树脂,这类树脂是没有明确的熔点、低熔融粘度(低分子质量)的树脂,所以软化点也低,对于传递成型的包封材料难以适用。与此相反,结晶性树脂,因分子质量低,熔融粘度低,但熔点高,由于具有优良的操作性,适用于高流动性的包封材料。目前已经有的结晶性环氧树脂,为了得到适用于包封材料的熔点范围,多数接枝了柔软的分子链段,但是成型性和耐热性难以满足包封材料的要求,所以必须开发新的结晶性环氧树脂,国外不少厂家目前正在致力于这项工作。

(2)适宜倒装芯片封装的液态环氧树脂材料 最近随着电子工业的发展,作为提高高密度实装方法,即所谓裸管芯实装引起人们的高度重视。这种方法不用引线连接,采用芯片表面格子型接端,直接与基板相结合,与以前的裸管芯倒装装备方法相比,高密度程序更加提高,用这种方法组装的元件如图 9-6 所示。

在裸管芯倒装法实装中,为了保护芯片防止外界环境的污染,采用液体包封材料。现在国外采用具有萘环结构的新型环氧树脂,如图 9-7 所示。

在液体包封料中,要求对芯片和基板间隙的浸润和充填,这种浸润和充填最终是通过毛细管原理进行的，因此要求树脂具有非常高的流动性，同时无机填充率要降低。但液体包封料与芯片的线膨胀系数会增大，因此要求树脂必须具有低的线膨胀系数，而萘结构的环氧树脂正好具备这种品质。因此将来大批量应用势在必行。

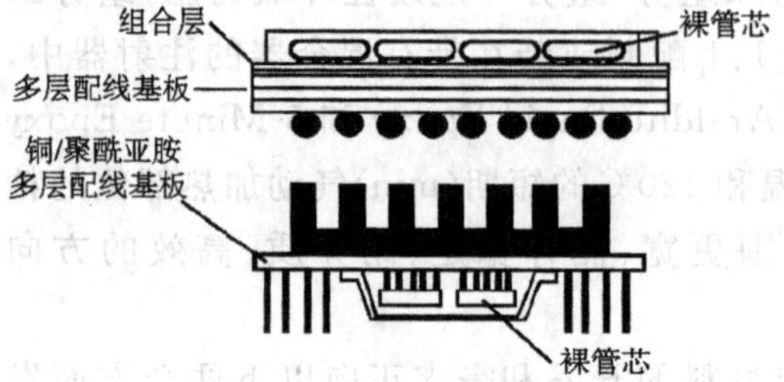

图 9-6　用裸管芯倒装实装器件

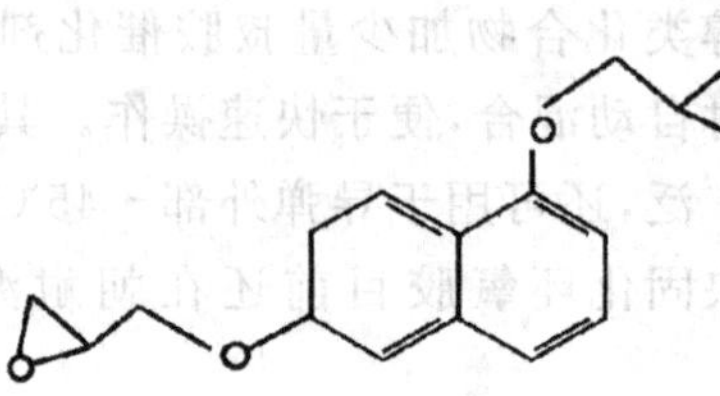

EPICLONHP4032

图 9-7　萘环结构型环氧树脂

(3)BGA/CSP 等新型包封方式要求开发新型包封料　裸管芯实装方法虽然是实现高密度化包封的理想方法，但目前仍存在一些问题，如实装装置和芯片质量保证等，因此出现了一种新的包封方式即 BGA 或 CSP，这是一种格子接头方式的包封，不仅可以小型化、轻量化，而且可达到高速传递化，在 2000 年将有近一半的存储器电路包封 CSP (chip-scale-package)化，即芯片规模包封化。这种工艺成型后在冷却工艺出现翘曲现象，这是由于基板与包封材料收缩率不同引起的。克服方法是尽量使包封料与基板线膨胀系数接近，从包封材料和基板粘合剂两方面均需开发新型环氧树脂，同时提高保护膜与材料的密着性。

5. 新型环氧树脂封装材料

(1) 液晶环氧树脂　液晶环氧树脂是一种高度分子有序、深度分子交联的聚合物网络，它融合了液晶有序与网络交联的优点，与普通环氧树脂相比，其耐热性、耐水性和耐冲击性都大为改善，可以用来制备高性能复合材料；同时，液晶环氧树脂在取向方向上线膨胀系数很小，而且其介电强度高、介电损耗小，是一种在电子封装领域具有美好应用前景的新型功能材料。

(2) 新型脂环式环氧树脂　脂环式环氧树脂的合成中，不用环氧氯丙烷为原料，因此产品的有机氯含量为零。因此有可能开发出超高纯度的环氧树脂新材料，这对于电子封装的高纯净要求十分有利。目前这方面的研究报道很少，几乎没有工业化的产品出现，是今后电子封装材料值得注意的一个开发方向。

(3) 绿色环保封装材料　塑封材料大多采用含各种添加成分的热固环氧树脂，固化后大部分可抵抗化学侵蚀，产品报废时难以溶解，有的还会释放出有害物质。随着信息产业的飞速发展，器件封装量日益增加，产品报废时产生的废物将迅速增加,这必然造成环境污染的问题。因此,开发绿色环保型封装材料是未来的必然趋势。解决这一问题的可能途径是使用热塑封装材料,但这会带来许多新的可靠性问题。

(4) 环氧树脂基纳米复合封装材料　环氧树脂中加入纳米材料是一种行之有效的改性方法。纳米材料的表面非配对原子多,与环氧树脂发生物理或化学结合的可能性大,增强了粒子与基体的界面结合,因而可承担一定的载荷,具有增强、增韧的可能,过精细控制无机超微粒子在环氧树脂中的分散与复合,能以很少的无机粒子体积含量,在一个相当大的范围内有效地改善复合材料的综合性能,增强、增韧、抗老化,且不影响材料的加工特性。因此,如能采用有效的方法,解决纳米材料在环氧基体中的分散问题,将有可能制备出强度好、韧性高、耐热的高性能封装材料。

三、先进电子封装中的聚酰亚胺树脂

1. 聚酰亚胺的类型

目前,聚酰亚胺树脂的品种由 200 多种,已工业化生产的主要有聚酰亚胺((PI)、聚酰胺酰亚胺(PAI)、聚醚酰亚胺(PEI)、双马来酰亚胺(BMI)等,聚酰亚胺不仅耐高温、耐辐射、耐水解,而且具有优异的电气性能,其形式可以是纤维、薄膜和塑料等,主要应用于航空航天、电子电器、机电、汽车等工业中。

聚酰亚胺树脂通常由有机芳香族四酸二酐和有机芳香族二胺在有机溶剂中通过缩合反应形成,首先生成聚酰亚胺的前置体一聚酰胺酸树脂。与聚酰亚胺不同,聚酰胺酸树脂通常可以溶解在非质子强极性有机溶剂中,因此,将聚酰胺酸溶液涂覆成膜,然后经加热固化使聚酰胺酸转化为聚酰亚胺。表 9-15 列出了聚酰亚胺常用的有机芳香族四酸二酐单体和芳香族二胺单体。聚酰亚胺的化学名称也通常以"二酐一二胺"的形式表示,例如,"PMDA-ODA"指的是由二酐单体 PMDA 与二胺单体 ODA 聚合而成的。如果在聚合过程中使用多于一种的二酐或二胺,则用"/"将其分隔开。例如,"BTDA-ODA/MPDA",系指由二酐单体 BTDA 与两种二胺单体,ODA 与 MPDA 共同聚合制备的材料。

表 9-15　合成聚酰亚胺常见的二酐与二胺单体

二酐单体	二胺单体
PMDA(均酐)	间苯二胺
BTDA(酮酐)	对苯二胺
BPDA(联苯酐)	4,4'-ODA
ODPA(醚酐)	3,4'-ODA
6FDA(六氟酐)	MDA

表 9-16 商品化的聚酰亚胺树脂

产 品	PI类型	e	lg$d$	热膨胀系数/(×10⁻⁶/K)	T_g/℃	模 量/GPa	抗拉强度/GPa	伸长率(%)
Amoco Ultradel 4212	含氟	2.9	0.005	50	295	2.7	-	-
Amoco Ultradel 7501	光敏	2.8	0.004	24	>400	3.4	-	-
Du Pont PI-2545	标准	3.5	0.002	20	>400	1.4	105	40
Du Pont PI-2555	标准	3.3	0.002	40	>320	2.4	135	15
Du Pont 2610	低应力	2.9	0.002	-	>400	8.4	350	25
Hitachi PIQ-13	标准	3.4	0.002	45	>350	3.3	130	20
Hitachi PIQ-L100	低应力	3.2	0.002	3	410	11	380	22
National Starch EL 5010	预亚胺化	3.2	<0.002	34	214	2.8	150	7
National Starch EL 5512	含氟预亚胺化	2.8	<0.002	35	225	2.8	150	6
OCG Probimide400	预亚胺化光敏	3.0	0.003	37	357	2.9	147	56
OCG Probimide500	低应力	2.9	0.003	6-7	400	11.6	444	28
Toray UR-3800	光敏	3.2	0.002	40	280	3.4	140	11
POME ZKPI-310	含氟低温固化	2.9	<0.002	25	274	4.2	180	16
POME ZKPI-530	光敏	3.0	0.003	20	289	2.8	125	12
POME ZKPI-305	标准	3.2	0.003	25	282	4.6	184	14

2. 聚酰亚胺的性能

(1)耐热型　各种聚酸亚胺的热及电性能数据如表 9-17 所示。

表 9-17　部分聚酰亚胺的热及电性能

项　　目	均苯型聚酰亚胺	聚双马来酰亚胺	聚醚亚胺
比热容/(J/g·K)	1.13	1.2	1.1
热导率/(kJ/mhK)	1.0～1.2	1.8	0.9
线膨胀系数/(10⁻⁵/K)	5	2.3(1.4)	5.6(2)
成型收缩率/(%)	0.2	(>0.1)	0.5(0.2)

（续）

项 目	均苯型聚酰亚胺	聚双马来酰亚胺	聚醚亚胺
氧指数(%)	43	40	40
流动温度/℃	>380	>250	>330
热变形温度/℃	360	300	200
相对介电常数/(10^6Hz)	3.0~3.2	4.0~4.8	3.2~3.4
介质损耗/(10^6Hz)	(1~1.5)×10^{-3}	(4~15)×10^{-3}	(3~8)×10^{-3}
体积电阻率/(Ω·cm)	10^{16}	10^{15}	10^{16}

(2)电性能　聚酰亚胺的大分子中虽然含有相当数量的极性基(如羰基、酰胺基和醚键),但其电绝缘性优良,原因是羰基氨基纳入五元环,醚键与相邻基团形成共轭体系,使其极性受到限制,同时由于大分子的刚性和较高的玻璃化温度,因此在较宽的温度范围内偶极损耗小,电性能十分优良。聚酰亚胺还具有优异的耐电晕性能。

(3)机械性能　PEI塑料在室温下拉伸强度为80~90MPa,与尼龙相似,弯曲模量为3~3.5GPa,与聚甲醛相似,伸长率为60%左右,缺口冲击强度为215.6J/m,对缺口敏感。纤维增强可以使聚酰亚胺类塑料的强度、模量和冲击强度提高。聚酰亚胺具有优良的耐磨减摩性。材料的机械性能随温度变化小,高温下蠕变增加小。并且聚酰亚胺耐热老化性能好,在200℃经1 500h老化处理,室温测得材料和拉伸强度降低很少。

(4) 耐化学药品性　因为聚酰亚胺大分子中最薄弱的碳-氮键在亚胺环中受到五元环的保护,键能提高,使其耐化学腐蚀性得到提高。聚酰亚胺具有优良的耐油和有机溶剂性,几乎不被所有的脂肪族碳氢化合物侵蚀,但聚酰亚胺不耐碱。

(5)其他　聚酰亚胺塑料具有高的阻燃性,燃烧时发烟量也少。此外还具有优良的耐候性及耐辐射性。

3. 聚酰亚胺的典型应用

(1)α一粒子屏蔽层膜　1978年,Intel公司的研究人员首次报道了在动态存储器中由于α一粒子所诱发的“软错误”问题。α一粒子等射线辐射的主要来源是核辐射和空间的宇宙射线以及集成电路原材料中残留的放射性物质,如铀、钍等。集成电路在遭受射线辐射后,将有可能发生性能劣化或瞬间失效。如果集成电路安装在导弹上,在受到射线的辐照后,导弹的电脑系统可能会发生逻辑误差,使得导弹失控。如果安装在核电站、核潜艇等设备中的集成电路受到射线的辐射,就会导致仪器设备的失控。因此人们采取了多种措施来解决这个问题。这些措施主要集中在以下三个方面:①设计具有足够操作窗口的电路,尤其是电荷存储元件来保证由于射线所引起的载荷小足以影响集成电路的逻辑状态;②使用含有非常低含量辐射物质的材料来封装集成电路；③使用可吸收 α 一粒子等射线的材料来保护集成电路的活性表面。第一类措施由于采用电荷存储设备，势必会增加集成电路的尺寸；第二类措施最为有效，但却难以实施，主要是因为目前还很难得到足够低含量杂质离子的材料；第三种措施由于操作简单、屏敝效果好，因此成为目前主要采用的方法。

采用第三种措施对IC芯片进行表而屏蔽主要有两种形式：①采用预制好的柔性带，如PI薄膜，在封装前将其粘结在IC活性表面上；②采用液体材料，如PI前体溶液，使用时将其分散于IC活性表面上，封装前进行固化。第一种形式由于操作过程中的均一性以及批量性等问题难以在实际生产中得到广泛应用。第二种形式虽然也存在诸如溶液与芯片表面的粘结性、固化后屏蔽膜厚度的控制以及固化过程中的应力造成引线或芯片破坏等问题，但这些问题均可以通过调节溶液性质与操作工艺来加以改善，因此第二种方式成为目前IC工业中主要采用的手段。

(2) 芯片的钝化膜　聚酰亚胺作为芯片钝化层和应力缓冲涂层在微电子上业中应用非常广泛。聚酰亚胺层膜既可以单独使用作为芯片的钝化膜(一级钝化)，也可以和 SiO_2 等无机钝化膜配合形成复合钝化膜(二级钝化)。PI钝化膜可有效阻滞电子迁移、防止腐蚀。具有PI钝化保护层的元器件具有很低的漏电流、较强的机械性能以及耐化学腐蚀性能。同时，PI膜也可有效地遮挡潮气，增加元器件的抗潮湿能力。

(3) 应力缓冲膜　PI薄膜具有缓冲功能，可有效地降低由于热应力引起的电路崩裂断路，减少元器件在后续的加工、封装和后处理过程中的损伤。近年来，所谓的封装崩裂引起人们极大的关注。它是由于在焊接过程中塑封料和芯片或引线接触表面上残留水份的突然挥发而引起的。因此，改善芯片底座和塑封料间的粘结性能可避免该崩裂的发生。通常工业上在芯片的表面涂覆聚酰亚胺膜作为缓冲层以防止封装崩裂。聚酰亚胺涂层可有效避免塑封器件的崩裂，但效果与使用的聚酰亚胺材料的性能密切相关。一般地，具有良好粘结性能，玻璃化转变温度高于焊接温度，低吸水率的聚酰亚胺是理想的防止器件崩裂的内涂材料。

(4) 多层金属互联电路的层间介电材料　聚酰亚胺材料可作为多层布线技术中多层金属互联结构的层间介电材料。多层布线技术是研制生产具有三维立体交叉结构超大规模高密度高速度集成电路的关键技术。在芯片上采用多层金属互联可以显著缩小器件间的连线密度，减少RC时间常数和芯片占用面积，大幅度提高集成电路的速度、集成度和可靠性。多层金属互联工艺与目前常用的铝基金属互联和氧化物介质绝缘工艺不同，它主要采用高性能聚酰亚胺薄膜材料为介电绝缘层，铜或铝为互联导线，利用铜的化学机械抛光(CMP)获得平坦的垂直通导金属连接。该技术的主要优点在于利用了铜的高电导和抗电迁移性能、聚酰亚胺材料的低介电常数、平坦化性能以及良好的可制图性能。

(5) 粘合剂 聚酰亚胺粘合剂主要用于电子工业,如集成电路、分立半导体器件、印制电路板等。它可在482℃下短期使用,371℃下长期使用。

Thermid 600 对钛、铝、铜等金属的粘结非常有效。聚酞胺酞亚胺胶 Nolibond 1的粘结头在 200～2 500℃几小时和大于 3 000℃短期使用,能粘不锈钢、钦、铝合金等。主要产品有美国氰胺公司的缩聚型酰亚胺粘合剂如 FM34B-18,BR34B-18 和 FM-36;PMR-15 型聚酰亚胺粘合剂 FM-35;双马来酰亚胺粘合剂;美国 DuPont 公司工业薄膜分部的 2 555 和 2 545 聚酰亚胺胶。

(6) 聚酰亚胺薄膜 聚酰亚胺薄膜用于电子工业中作密封剂、绝缘体和印制电路板的柔性基材最早用作半导体钝化膜和层间绝缘膜的聚酰亚胺薄膜是聚酰亚胺异吲哚喹琳二酮(PIQ)。由于聚酰亚胺薄膜具有平整性和可成像性,可使多层电路结构合理,通路安全可靠。

利用聚酰亚胺薄膜作绝缘材料对多个芯片进行封装的主要优点是:聚酰亚胺薄膜的介电常数在 3.1～4.1 之间,进行密封处理即真空 150℃处理 16h 后在 N_2 里密封,这样在 100℃时,吸湿小于 5 000×10^{-6},增加了聚酰亚胺薄膜与钢的粘结性,不产生缩孔。

美国 DuPont 公司工业薄膜分部的 Kapton 聚酰亚胺薄膜,其玻璃化温度为385℃,是宇航和耐高温包装的良好用材。德国用 PI 薄膜作为呼吸防护罩的表面材料,它透明、耐热难燃、光滑,也可用于航空、化工、核动力设施和装甲车辆等。

由于聚酰亚胺的线膨胀系数与铜的相近,与铜箔复合的粘结力强,用作柔性印制线路板得到大量应用。

我国聚酰亚胺薄膜材料从 20 世纪 60 年代开发以来,发展也较迅速,产品有 HF、FHF、聚酰亚胺 F-46 复合薄膜等,并在航空航天、电气电子、核工业中得到应用,销量日趋上升。

四、合成胶粘剂

1. 合成胶粘剂的分类和组成

(1) 合成胶粘剂的分类

按胶粘剂主要材料特性分类,胶粘剂可分为以下四类:

1)热固型胶粘剂包括环氧树脂、聚氨酯,酚醛树脂、不饱和聚酯及其改性物,有机硅树脂等。

2)热塑性胶粘剂包括丙烯酸酯类聚合物、聚乙烯及其共聚物、聚醋酸乙烯酯、聚乙烯醇、聚苯乙烯、聚酞胺。聚乙烯醇缩醛等。

3) 弹性体包括丁基胶、氯丁胶、丁腈胶、丁苯胶、硅橡胶、聚丁二烯、聚氨酯胶等。

4)胶粘剂合金(热固性材料与弹性体复合)包括酚醛复合型和环氧复合型结

构胶以及其他复合型结构胶以及其他复合型结构胶。

若按胶粘剂固化方法分类，可分为室温固化、热固化、与水反应固化、厌氧固化、辐射光、电子束、放射线固化、热熔冷固化、压力固化等。

(2) 合成胶粘剂的组成　合成胶粘剂通常是多组分体系，除了主要起粘结作用的材料外，为了满足特定的化学和物理特性，尚需加入各种添加剂，合成胶粘剂一般包括以下成分：

1) 粘料　为胶粘剂的主体，是胶粘剂配方中主要起粘结作用的物质。如环氧胶粘剂中的环氧树脂。丙烯酸酯类胶粘剂中的丙烯酸树脂等。

2) 固化剂和固化促进剂

直接参与化学反应使胶粘剂发生固化的物质，称为固化剂。如在常态下呈化学惰性，在特定条件下才起作用的称为潜伏性固化剂；如会暂时失去化学活性，但可按要求以物理或化学的方法使其重新活化的，称为封存性固化剂。环氧树脂胶粘剂最常用的是胺类或酸酐类固化剂以及双氰胺类潜伏型固化剂。

固化促进剂是在配方中促进化学反应，缩短固化时间、降低固化温度的物质。

3)稀释剂和溶剂　用来降低胶粘剂粘度和固体成分浓度的液体物质称为稀释剂。若分子中含有活性基团并能参与固化反应的称为活性稀释剂；而分子中不含活性基因的则为非活性稀释剂。

稀释剂在胶粘剂中起降低胶粘剂体系的粘度，使其具有好的渗透力，改进工艺性能；改善机械性能、耐介质性能和耐寒性等作用。

溶剂的作用与非活性稀释剂的作用基本相同，有时非活性稀释剂也可作为溶剂，在橡胶类胶粘剂中，溶剂使用较多。溶剂的选择主要根据胶粘剂的物理性能、粘度和所需的相对挥发速度。

4)填料　是为改善胶粘剂的性能或降低成本等而加入的一种非腋粘性的固体物质。填料的种类很多，常用的主要是无机化合物，如盐类、氢氧化物、氧化物、金属或非金属粉等。填料的加人主要起减小膨胀系数，降低固化过程的收缩率；增加导电、导热性；提高绝缘和介电性；改善尺寸(形状)稳定性和机械强度；降低吸水性，提高耐热性、耐燃性和耐化学药品性能等作用。

5)其他添加剂　根据胶粘剂性能的不同，尚可加入其他类型的添加剂，如增加表观粘度的增稠剂、增加胶膜粘性或扩展胶粘剂粘性范围的增粘剂，降低胶粘剂脆性并提高韧性的增韧剂，改进触变性能的触变剂以及有助于胶粘剂在配制、储存和使用期间保持性能稳定的稳定剂等。

2. 常用的胶粘剂

(1) 美国 Loctite(乐泰)公司 Chipbonder TM 贴装胶系列产品　其主要技术性能见表 9-18。

表 9-18 Chipbonder TM 贴装胶产品性能

项目名称	3607 技术指标	3608 技术指标	3604 技术指标
化学类型	环氧树脂	甲基丙烯酸酪	环氧树脂
颜色	桔红色	深红色	深红色
粘度(20 r/min) /(Pa·s), 25℃	250～450 (10 r/min)	100～250	125～225
剪切强度/MPa		10～30	15～35
体积电阻率/(Ω·cm)	2×10^{15}	2×10^{12}	2×10^{15}
相对介电常数 (1kHz,25℃)	3.7	5.0	3.7
介电损耗 (1kHz,25℃)	0.01	0.04	0.02
固化方式	热	光/热	热
固化时间/s	90(150℃)	120～300(150℃)	90(150℃)

(2) 美国 Ciba(汽巴)公司 Epibond 系列贴装胶产品　其主要技术性能见表 9-19。

表 9-19 Epibond 系列贴装胶产品性能

项目名称	7275 技术指标	7275-1 技术指标	7275 Yellow 技术指标
组成	环氧树脂	环氧树脂	环氧树脂
颜色	红	红	黄
密度/(g/cm³)	1.28	1.29	1.30
粘度(10 r/min) /Pa·s	420	320	400
触变指数(TI 值)	>6.0	>6.0	>6.0
剪切强度 (Al/Al)/MPa	13.8	13.8	13.8
体积电阻率 /Ω·cm	2.1×10^{15}	2.1×10^{15}	2.1×10^{15}
介电常数 1MHz	3.87	3.87	3.87
介电损耗 1MHz	0.025	0.025	0.025
固化时间/min,80℃	12	12	12
120℃	2.5	2.5	2.5
150℃	1.5	1.5	1.5

(3) 德国 Heraeus 贺利氏)公司 PD 系列贴装胶产品　其主要技术性能见表 9-20。

表 9-20 PD 系列贴装胶产品性能

项目名称	PD 860002 技术指标	PD955PY 技术指标	PD944 技术指标
密度/(g/cm³)	1.23	1.20	1.20
粘度/(Pa·s)(23℃)	25～50	60～90	20～50
附着力/MPa,(室温)	25	25	25
表面绝缘电阻/Ω	2.2×10^{9}	1.5×10^{12}	3.0×10^{10}
体积电阻率(Ω·cm)	1.9×10^{16}	/	/
相对介电常数 (1kHz,1.5V)	4±1	/	/

（续）

项目名称	PD 860002 技术指标	PD955PY 技术指标	PD944 技术指标
介电损耗（1kHz,1.5V）	<0.02	/	/
固化时间（125℃）/min	4	3	3
储存温度/（℃）	15～23	5～12	5～12
储存期/月	6	6	6

（4）化工部晨光化工研究院 MG 系列贴装胶　其主要技术性能，见表 9-21。

表 9-21　MG 系列贴装胶产品性能

项目名称		MG-1 技术指标	MG-2 技术指标
外观		红色粘稠物	红色粘稠物
粘度/Pa·S(10r/min 25℃)		80～200	80～200
剪切强度/MPa		-10	-9
触变指数(TI 值)		>3.5	>3.5
体积电阻率/(Ω·cm)		$>1\times10^{13}$	$>1\times10^{13}$
相对介电常数(1kHz,23℃)		4.0	4.0
介电损耗(1kHz,23℃)		8×10^{-3}	8×10^{-3}
固化时间/min	150℃	<20	5
	130℃	<20	12
储存期/月(<5℃)		6	3

第四节　陶瓷封装材料

一、常用陶瓷封装材料

陶瓷封装材料主要有 Al_2O_3、BeO、SiC、Si_3N_4 等。几种封装用陶瓷的特性如表 9-22 如示。

（1）Al_2O_3 陶瓷　传统的基板材料是 Al_2O_3 陶瓷，成分从 85% 到 99.9%，随着 Al_2O_3 含量增加，热导率增加。为满足机电性能需要，掺杂其他物质。Al_2O_3 有好的绝缘性，好的化学稳定性和力学性能，价格低，是目前主要的陶瓷封装材料。它的缺点是热导率低，介电常数高，与硅片热膨胀系数匹配不好，烧结温度高。作为高密度封装基板材料，前景不是很好。

（2）BeO 陶瓷　热导率较高，是 Al_2O_3 的 7 倍，但它的价格高且有毒。

（3）SiC 陶瓷　由表 9-22 可见，在几种陶瓷封装材料中，SiC 的热膨胀系数与 Si 相近，热导率也很高，是 Al_2O_3 的 13 倍，热膨胀系数也低于 Al_2O_3 和 AlN。但是，SiC 的介电常数太高，是 AlN 的 4 倍，所以仅适用于密度较低的封装而不适用于高密度封装。

(4) AlN 陶瓷 AlN 陶瓷是被国内外专家最为看好的封装材料。AlN 是一种具有纤锌矿结构的 111-V 族化合物，它具有与 SiC 相接近的高热导率，热膨胀系数与 Si 及 GaAs 极为相似，低于 Al_2O_3，断裂强度大于 Al_2O_3，其维氏硬度是 Al_2O_3 的一半。与同等的 Al_2O_3 相比，AlN 的低密度使重量降低 20%。AlN 的这些优点对于大功耗半导体基片和封装是至关重要的。

封装用 AlN 的制造方法有两种：①$A1_2O_3$ 碳热还原法，其反应式为：$A1_2O_3 + 3C + N_2 = 2AlN + 3CO$。② 直接氮化金属铝。与碳热反应相比较，直接氮化反应制得 AlN 粉体的颗粒尺寸分布范围较宽，平均颗粒尺寸较大。通常在氮气氛中约 1 800℃下烧结 AlN。烧结助剂 Y_2O_3 或 CaO 从 AlN 表面或晶格上获得氧，在晶界三相点处形成液体晶界相(Y-Al-O 或 Ca-Al-O)或者迁移到 AlN 烧结体表面。这促进了 AlN 致密化和晶粒生长，同时能防止氧原子扩散到 AlN 晶粒中，使之能够实现高达 200W/m·K 以上热导率的一种有效方法。在有添加成分和无添加成分下热压烧结 AlN，热导率均随原料粉体的氧含量增加而下降，所以原料粉体的氧含量不能超过 1%。

表 9 22 几种封装陶瓷的特性

项 目	AlN(东芝)	Al_2O_3	BeO	SiC
热导率/[W/m·K](25℃)	90、130、170、200、270	20	25～300	270
体积电阻率/(Ω·cm)(25℃)	>1011	$>10^{11}$	$>10^{11}$	$>10^{11}$
介电强度/(kV/cm)(25℃)	140～170	100	100	0.7
介电常数(25℃ ,1MHz)	8.8	8.5	6.5	40
tan δ/(1 MHz)	0.5～1	0.3	0.5	50
热膨胀系数/[($\times 10^{-6}$)/K](25～400℃)	4.5	7.3	8	3.7
密度/(g/cm³)	3.3	3.9	2.9	3.2
断裂强度/MPa	300～500	240～260	170～230	450
烧结方法	一定气压力下烧结	一定气压力下烧结	一定气压力下烧结	添加 BeO，热压烧结

(5)低温共烧陶瓷材料(LTCC)——未来的陶瓷封装 所谓的 LTCC 是与 HTCC(高温共烧陶瓷)相对应的一类封装材料，它主要是由一些玻璃陶瓷组成，烧结温度低(900℃左右)，可与碱金属共烧，介电常数低、介电损耗小、可以无源集成等，尤其是其特别优良的高频性能，使其成为许多高频应用的理想材料，该技术开始于 20 世纪 80 年代中期，经过十几年的开发和应用、已经日臻成熟和完善，并在许多领域获得了广泛的应用，在军事、航天、航空、电子、计算机、汽车、医疗等领域，LTCC 技术均获得了极大的成功，有人称 LTCC 代表着未来陶瓷封装的发展方向。

二、陶瓷封装材料的制备

陶瓷是通过制粉方法来制备的：将 Al_2O_3、BeO、SiC、Si_3N_4 等材料制成粉末；并与玻璃微粒、有机粘结剂、溶剂等混合；再用流延工艺（tape casting）压实；最后在 800～1 600℃进行烧结（热处理），在烧结过程中粘结剂和溶剂蒸发，粉末微粒粘结在一起呈玻璃状。在这个过程中材料的线性收缩一般为 15%～20%。

流延工艺用于薄层陶瓷的制备。粉末、玻璃、溶剂及粘结剂等组成的浆料盛装在一个浆料容器中，然后从其底部流出，通过导流带成为一个固定宽度的软薄层。出浆口与导流带的距离要严格精密地控制，它决定了陶瓷层的厚度。这种一致的流带形浆料较软而且柔润，称作"未加工带"。将这种流延带截成一定的长度后，进行金属化，钻孔等后续工艺。经常在一定压力下层层叠加，然后在高温下烧结。经过陶瓷烧结后变得硬而脆，一般很难再加工，其所能承受的机械冲击很小。

第五节　复合材料

由于传统的电子封装材料不能满足现代封装技术对封装材料提出的要求，材料的复合化已经成为必然趋势。先进的复合材料比传统的封装材料具有明显的优势：高的热导率（可以达到铜热导率的 3 倍以上）、低的可调的热膨胀系数、重量减轻到原来的 85%、体积是原来的 65%、高的强度及硬度、稳定性提高并减小执应力、生产成本不断下降。电子封装复合材料主要向四个方向发展：

1）MMC（金属基复合材料）；

2）PMC（树脂基复合材料）；

3）CMC（陶瓷基复合材料）；

4）CCCs（碳/碳复合材料）。

这里主要介绍金属基复合材料、由树脂材料和金属导电粒子组成的导电胶和由聚酰亚胺（PI）树脂/氮化铝（AlN）陶瓷组成的复合材料。

一、电子制造中的金属基复合材料

芯片集成度的提高导致其发热率升高，使得电路的工作温度不断上升，从而导致元件失效率的增大。与此同时，电子封装向小型化，轻量化和高性能的方向发展，高的封装密度进一步增大了系统单位体积的发热率。为了改善散热条件，一方面要求对封装的结构进行合理的设计；另一方面，采用具有高热导及良好综合性能的新型封装材料显得尤为重要。

实际上，目前没有一种单一材料能同时具备低热膨胀系数，高热导率、价格低廉、加工工艺简单的优点，故难以满足当今电子行业发展的需要。而金属基复合材料（MMC）则恰恰可以将金属基体优良的导热性能和增强体材料低膨胀系数的特性结合起来，获得既具有良好的导热性又可在相当广的范围内与多种不同材料的热膨胀系数相匹配。因此，封装材料采用 MMC 是未来发展的重要方向。

MMC 由基体金属的增强体两部分构成。目前电子封装用 MMC 的基体仍以 Al，Cu，Mg 及工程中常用的铝合金、铜合金及镁合金为主，这主要是由其良好的导热，导电及优良的综合力学性能所决定的。改变或调整基体成分将在以下两个方面影响材料的性能，首先表现在对基体材料本身热物性的影响，其次则表现为对基体与增强体界面结合状况的影响。

用作复合材料增强体的种类很多，根据形貌可分为长纤维、短纤维、晶须和颗粒四大类。作为电子封装材料使用时，增强体的选择应从以下几个方面衡量：低的热膨胀系数和高的 TC；与基体材料具有良好的相容性；密度小且成本低（见表 9-23 及表 9-24）。

表 9-23 各种增强体及其性能

增强体	热膨胀系数 $\alpha/(\times10^{-6}/K)$	热导率 /[W/(m·K)]	密度/(g/cm³)
硼纤维	约 5.00	40	2.60
SiC 纤维(NL200)	-3.10	12	2.18
ThornelP-120	-1.45	640	3.21
SiCp	4.00	80～200	3.98
Al_2O_3p	4.40	20～40	3.01
BeOp	4.10	×300	3.26
AlNp	2.69	150～250	3.18
Si_3N_4p	1.44	28	2.52
B_4Cp	3.38	29～67	4.50
TiB_2p	4.60	25	2.65
SiO_2p	<1.0	1.4	4.92
TiCp	7.40	40	3.52
金刚石	1.70	700～2000	2.60
SiC 晶须	3.40	32	2.18

表 9-24 电子封装用 MMC 的主要指标

材料	热膨胀系数/($\times10^{-6}$/K)	热导率/[W/(m·K)]	密度 /(g/cm³)
Si	4.1	150	2.3
GaAs	5.8	39	5.3
Al_2O_3	6.75	20	3.9
BeO	6.7	250	2.9
AlN	4.5	250	3.3
Cu-90%W	6.5	209	17.0
Cu-90%Mo	7.0	180	10.0
Be-30BeOp	8.7	210	2.1
Be-60%BeOp	6.1	240	2.55

（续）

材料	热膨胀系数/($\times10^{-6}$/K)	热导率/[W/(m·K)]	密度/(g/cm^3)
Al-50%Diamond	4.5	259	
Al-70%Si	6.8	120	2.4
Al-70%SiCp	7.5	180	3.0
Al-60%nSiCp	7.0	180	3.1

1. 铝基电子封装复合材料

铝基复合材料成功地应用于微波管的载体、密封式微波封装材料、MCM组件的热沉、PCB(印制电路板)用热沉。由于铝基复合材料密度比较小，所以它可以用于对密度有一定要求的场合，如航天航空电子仪表封装用材料、地面通信或者是移动通信电子设备(手机便携式电脑或便携式通信仪器)。目前研究最广泛应用最多的就是SiC/Al。

(1) Al/SiC材料特性　在各种封装用MMC中，最先引起人们的注意并得到大力发展的是Al/SiC颗粒增强复合材料。

作为MMC的增强剂，SiC颗粒具有性能优异、成本低等优点，其热膨胀系数(热膨胀系数)为4.7×10^{-6}/K，热导率(TC)为80～170 W/(m·K)，弹性模量达450GPa，密度为3.2g/cm^3。而作为基体材料，Al合金具有低密度(2.7g/cm^3)，高热导率(170～20W/mK)，价格低廉以及热加工容易等优点，其缺点是热膨胀系数较高。将SiC颗料与Al合金复合成为颗粒增强铝复合材料后，材料具有了Al和SiC各自的优点，即高热导率、低热膨胀系数、高强度、低密度、导电等，这些特性几乎代表了理想封装材料的所有性能要求。

Al/SiC的特性取决于SiC含量(体积百分比)、粒度分布及A1合金性质等因素。实际使用过程中，封装用Al/SiC MMC将与半导体芯片或陶瓷基板直接接触，这就要求两者的热膨胀系数尽可能的匹配。为满足这一性能要求，SiC的体积分数均需在55%～75%之间。

常规的复合材料制备工艺，如搅拌铸造法和粉末冶金法已不再适用于电子封装用Al/SiC，同时对于异形部件而言，也很难用传统的机加工成型，更谈不上规模化的生产了。只有发展净成型工艺才能有效地解决这一问题。采用净成型工艺，材料可以净尺寸加工，避免了繁杂的后加工处理。

通过金属铝熔液的压力渗透到特殊的SiC预制件制作的Al/SiC MMC由连续的铝金属和不连续的SiC颗粒构成。这种复合材料很致密、无空洞，是优良的气密性封装材料。图9-8为典型的Al/SiC断面显微照片。

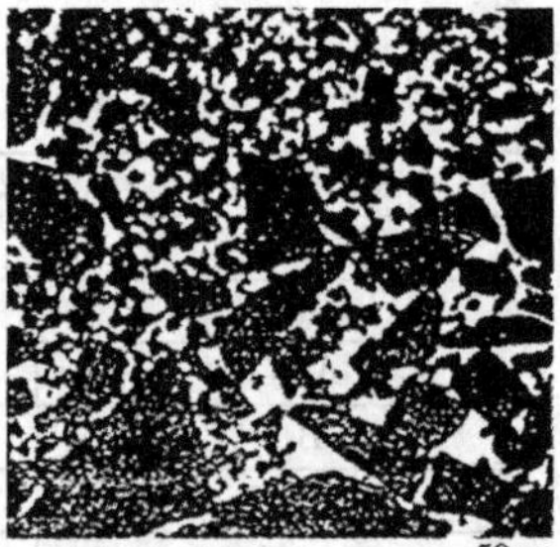

图9-8　Al/SiC (70% SiC)显微结构

常用封装材料与 AlSiC 金属基体复合材料特性比较如表 9-25 如示。由表 9-25可见 AlSiC MMC 的热导率高于 Al_2O_3，与 AlN 相当；热膨胀系数低于 Cu、Al。

表 9-25 Al/SiC 和其他封装材料的物理特性

材 料	组 分	密 度/(g/cm³)	热膨胀系数/(×10⁻⁶/K)(25～150℃)	热导率/[W/(m·K)]
Al/SiC	Al+50-67% SiC	3.0	6.5～9	160
Al/N	98%纯度	3.3	4.5	200
CuW	W+11-20% Cu	15.65～17.00	6.5～8.3	180～200
CuMo	Mo+15-20% Cu	10	7.0～8.0	160～170
Al-Si	60Al-40Si	2.53	15.4	126
可伐合金	Fe-Ni	8.1	5.2	11-17
Cu		8.96	17.8	398
Al		2.70	23.6	238
Si		2.30	4.2	151
CaAs		5.32	6.5	54
Al_2O_3		3.00	6.7	17
BeO		2.90	76	250

Al/SiC 的电、机械性能见表 9-26。受陶瓷增强剂的影响，Al/SiC 的电阻率比大多数单纯金属要高一个数量级。Al/SiC 的机械性能十分优异，其弹性模量是 Cu 的两倍，抗弯强度和抗拉强度也很好，因此保证了封装结构的牢固性。优异的机械性能同时也有利于封装的散热，这是因为 Al/SiC 散热板可以比 Cu 做得更薄，减小了热阻。另一方面，高的弹性模量有利于减小散热板的变形，使封装与安装面贴合更紧密。与陶瓷不同. Al/SiC 具有抗裂性，由于它是采用浇铸渗透工艺制成，表面覆有一层薄薄的 Al，起到了抑制裂纹沿表面扩展的作用。Al/SiC 的抗振性也很理想，含 75 % SiC 的复合物其减振比可达 5.867×10^{-3}，是 Al 的两倍，在航空电子装置中用它作芯材的标准电子模块(SEM-E)共振频率达 600Hz，比使用 Cu/W 时高一倍，这一点对于工作在强烈振动环境下的大尺寸封装尤为重要。

表 9-26 Al/SiC 的电、机械性能

材 料	电阻率/(μΩ·cm)	抗弯强度 /MPa	极限抗拉强度/MPa	弹性模量 /GPa
Al/SiC(70%)	34	270	192	224
Al	2.9	-	90	70
Cu	1.7	-	207	110
Steel(4140)	22	-	450	207
Kovar	49	-	551	138

（续）

材　料	电阻率/($\mu\Omega \cdot cm$)	抗弯强度 /MPa	极限抗拉强度/MPa	弹性模量 /GPa
Cu/W (10%Cu)	-	970	-	367
Al_2O_3	-	344	-	380
AlN	-	345	-	345

目前，AlSiC 已成为大功率 Si 片或 GaAs 芯片的高级混合微电路的理想封装材料。在不远的将来它将替代目前使用的 CuW、CuMo 材料，成为重要的电子封装热沉材料。

(2) 新型 60Si40Al 合金封装材料　硅铝合金密度小($<3\times10^3$ kg/ m^3)、热膨胀系数低，因此，通过设计材料的成分，可得到一种新型轻质、具有高热传导率、热膨胀系数与半导体硅和砷化镓匹配的高硅(50%～70%，质量分数)Si Al 合金材料，使之满足现代封装技术的要求。粉末冶金和搅拌熔铸法是制备高合金化 AlSi 合金材料的常规工艺，用粉末冶金法制备的材料硅分布均匀，不易出现偏析，但工艺繁杂，且加入硅含量有限(低于 50 %)。铸造法生产成本低，但材料的微观组织和性能差。而喷射成形技术在不改变材料成分的前提下，能大幅度提高材料的使用性能。

2. 铜基复合材料

Cu 的很高，达到 400 W/ (m · K)，但其热膨胀系数也很高约 17 $\times10^{-6}$/K。为了降低其热导率，可以将铜与热导率数值较小的材料如 Mo(热导率值约为 5.2 $\times$ 10^{-6}/K、W(热导率值约为 4.5 $\times$ 10^{-6}/ K)、Invar 合金等复合，得到具有高的导电导热性能，低膨胀系数、高硬度特性的复合材料。铜基复合材料被广泛地应用于基片、连接件和散热元件等电子封装材料和热沉材料及电触头材料。

(1) W/Cu 和 Mo/Cu 复合材料　W-Cu 和 Mo-Cu 复合材料同时融合了 W-Mo 的低膨胀、高硬度特性和 Cu 的高导热导电特性，表面可涂镀 Ni 等镀层，从而具有非常良好的综合性能。W/Cu 及 Mo/Cu 已经成功地用作大功率微波管、大功率激光二极管和一些大功率集成电路模块的热沉。表 9-27 列出了常用的几种 W-Cu 和 Mo-Cu 封装材料的性能。

表 9-27　W-Cu 和 Mo-Cu 封装材料的主要性能

材　料	密度 /(g/cm^3)	热膨胀系数 /($\times10^{-6}$/K)	热导率 /[W/(m · K)]
W90Cu10	17.0	5.6～6.5	140～170
W85Cu15	16.4	6.3～7.0	160～190
W80Cu20	15.6	7.6～9.1	180～210
Mo85Cu15	10.0	6.5～7.1	150～170
Mo80Cu20	9.9	7.2～8.0	160～190
Mo70Cu30	9.7	7.6～8.5	170～200

图 9-9 是一个 W-15Cu 用做微波管热沉的实例。

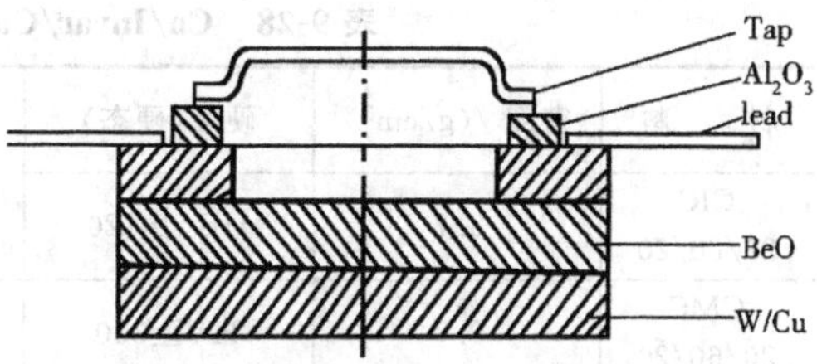

图 9-9 大功率脉冲微波管的 W-Cu 热沉

Cu-Mo 和 Cu-W 之间不相溶或润湿性极差，熔点相差很大，给材料制备带来了一些问题；另外制备的 W/Cu 及 Mo/Cu 复合材料气密性不好，致密化程度低，影响到其封装性能。W/Cu 及 Mo/Cu 合金致密化技术有：①化学活化烧结。②盐类活化。盐类活化可以提高润湿性，降低烧结温度。③氧化物粉末共还原烧结。④机械合金化（机械活化）。⑤热压（加压烧结）。

(2) Cu/Invar/Cu 复合材料　在因瓦合金板上双面覆以纯铜，制成 Cu/Invar/Cu 复合板（简称 CIC），就兼备了 Cu 的高导热导电特性和因瓦合金的低膨胀特性与电磁屏蔽特性。美国的得州仪器公司（Texas Instruments Co. ）最早开发了层状的 CIC 复合材料，应用在 F15 战斗机的电子设备上。德国的 IXYS 公司将 CIC 用在固态继电器中做功率模块的过桥（见图 9-10）。

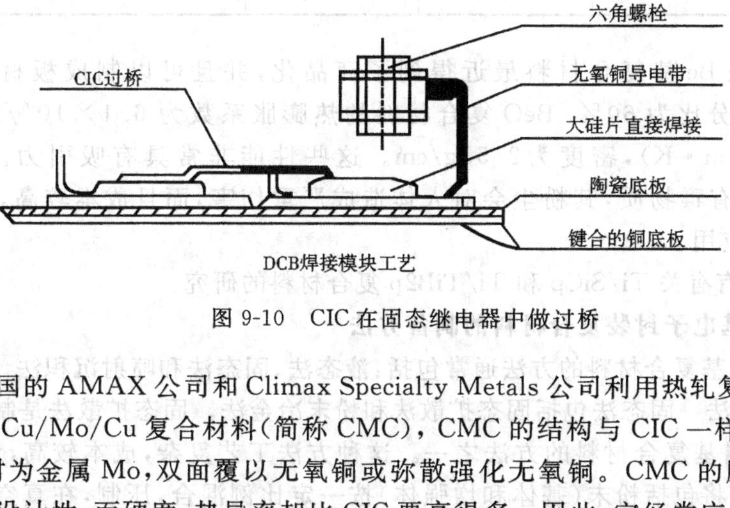

图 9-10 CIC 在固态继电器中做过桥

美国的 AMAX 公司和 Climax Specialty Metals 公司利用热轧复合的方法，生产出了 Cu/Mo/Cu 复合材料（简称 CMC），CMC 的结构与 CIC 一样，是三明治结构，芯材为金属 Mo，双面覆以无氧铜或弥散强化无氧铜。CMC 的膨胀系数同样具有可设计性，而硬度、热导率却比 CIC 要高得多。因此，它经常应用在一些比较重要的场合，用作热沉、引线框架和多层印制线路板（PCB）的低膨胀层与导热通道。表 9-18 是 CMC 和 CIC 的性能比较。CMC 已应用在 B2 隐形轰炸机和其他先进飞行器的电子元件中，以上两种材料都具有的缺点是：①密度较大；②由于 Cu 的屈服而容易导致迟滞现象（hysteresis）。

表 9-28　Cu/Invar/Cu 和 Cu/Mo/Cu 的性能

材　料	密度 /(g/cm³)	硬度(硬态)	热膨胀系数 /(×10⁻⁶/K)	X、Y 向热导率 /[W/(m·K)]	Z 向热导率 /[W/(m·K)]
CIC 20/60/20	8.7	HB 90-120	5.2	160	24
CMC 20/60/20	9.7	HV≥300	6.8	244	197

3. 其他复合材料

美国 POLESE 公司利用粉末冶金技术制得了 Ag/Invar(Silear)复合材料，该材料具有良好的导热导电性能、低的热膨胀系数，尤其可贵的是它的塑性好，可冲制成各种形状复杂的零件。它是很好的引线框架材料。其缺点是 Ag 的价格太高。表 9-29 是该材料的主要性能指标。

表 9-29　Silvar 的主要性能

成　分	热膨胀系数 /(×10⁻⁶/K)	热导率 /[W/(m·K)]	密度/(g/cm³)	硬度 HRB	电导率 (%IACS)
Ag/Invar 39/61	6.5	153	8.77	60	35

BeO 增强 Be 基复合材料最近得到了商品化，并且可以制成板材。据报道，含体积百分比为 60%- BeO 复合材料的热膨胀系数为 6.1×10^{-6}/K，热导率为 240W/(m·K)，密度为 2.55g/cm。这些性能非常具有吸引力。但是，BeO 和 Be 是有毒物质，其粉尘会对人体造成严重伤害，而且成本较高，这阻碍了它的推广应用。

另外，也有有关 Ti/SiCp 和 Ti/TiB2p 复合材料的研究。

4. 金属基电子封装复合材料的制备方法

制备金属基复合材料的方法通常包括：液态法、固态法和喷射沉积法。

(1) 固态法　固态法包括固态扩散法和粉末冶金法。固态扩散法是制造连续纤维增强金属基复合材料的方法之一。这种方法工艺复杂，成本较高，难度大。粉末冶金法是将包括粉末(基体和增强体)按一定比例混合，压制，在真空或者惰性气体保护下烧结，然后进行热等静压或挤压轧制。粉末冶金法的优点是：①成型温度低于基体合金的熔点，金属基体与增强体的界面反应少，减少了界面反应对材料性能的不利影响。②可以降低增强材料与基体相互润湿的要求，使得增强体材料在基体中有很好的分布，不易出现偏聚或偏析现象。③可以在同一零件的不同部位加入不同数量或品种的增强体，实现不同位置的热膨胀系数的匹配。但粉末冶金法对增强体的加入量也有一定的限制，以 SiC/ Al 为例，SiC 颗粒的加入量一般不超过 55%。

(2) 液态法　当基体与增强体相接触时处于熔化的状态，这种材料的制备方法统称为液相法。液态法包括：气体压力渗透铸造法、挤压铸造法、无压渗透铸造法。气体压力渗透铸造法的生产过程大致为：将预制件放入模子中，抽真空，加热熔化基体，保温，进气加压，最后去压冷却。该法生产电子封装材料十分有效，但也存在着生产过程较慢，施加压力小的缺点。挤压铸造法是先将增强体做成预制件，预制件放入模子中，通过液态压力作用将熔化的金属渗入增强体预制件中。尽管生产的电子封装材料中会存在一定的残留气体，但其生产的材料质量仍然较好，同时兼备生产周期短可以批量生产的优点。缺点是生产费用较高，对渗透压力及模具有很高的要求；零件的形状复杂性受到很大限制。无压渗透铸造法是另一种生产具有高体积分数和低热膨胀系数的电子封装材料的方法，它是 1989 年 Lanxide 公司提出的专利技术。其生产过程大致为：先把基体合金铸锭放入到预制件上面，通入含有 N_2 的可控气氛，加热直到合金熔化自发渗入到预制件中。优点是 SiCp 量可以根据需要而变化，生产成本比较低，可以生产形状复杂的网格状电子封装材料。主要缺点是：必须在 N_2 可控气氛中进行，预制件某些部位不能完全渗透，产品中有一定量的气孔，生产过程比较长。

这三者的差异只在于液态金属渗入增强体素坯或预制件时外部所施加条件的不同。可以将液态金属充填到形状规整的素坯中，对制成的复合材料再进一步进行机加工成型，也可将素坯制成一定的形状，直接模压成型。可见利用后者，液相法完全可以实现电子封装用 MMC 的净成型，当然前提是素坯的一次成型工艺的实现。

(3) 喷射沉积法　喷射沉积法是 20 世纪 80 年代由 Ospray 公司开发的一种制备金属基复合材料的方法。喷射沉积泛的优点：①高致密度，复合材料密度一般可达到理论材料密度的 95%～98%；②由于冷却速度比较快，制成的材料组织细化，成分均匀，几乎没有什么界面反应。工艺流程短，工序简单，效率高，有利于实现工业化生产。缺点是成本较高，沉积速度较慢。

二、聚酰亚胺(PI)树脂/氮化铝(AlN)陶瓷复合材料

目前聚酰亚胺(PI)树脂封装材料越来越引起人们的重视。这是与它的优良性能密不可分的。聚酰亚胺具有很高的机械强度，介电性能好，此外聚酰亚胺开始热分解温度达 500℃左右，是迄今聚合物中热稳定性最高的品种之一；同时又可耐极低温，在－269℃液氦中仍不脆裂。聚酰亚胺还有耐辐射、无毒性等优点，聚酰亚胺树脂是一种高性能树脂微电子封装材料，但导热和热膨胀仍然无法满足现代微电子的要求。

氮化铝(AlN)陶瓷导热性能好、热膨胀系数小。并且电性能好，介电常数和介电损耗小。将氮化铝加入聚酰亚胺制成聚酰亚胺/氮化铝复合材料作为微电子封装材料，可以结合聚酰亚胺和氮化铝的各自优点，具有高导热低热胀、低介电、电绝缘、耐高温等优异的性能，应用于现代电子领域前景良好。

这种封装材料的制备方法为：首先将单体反应物反应得到聚酰亚胺预聚体，然后将预聚体与氮化铝高能球磨混合，最后热压成型，由此可制备出一系列聚酰亚胺/氮化铝复合导热型高性能塑料微电子封装材料。

三、导电胶

导电胶是由高分子材料和导电粒子组成的复合材料。在某些场合，导电胶可取代焊料和键合用于电子互连。

1. 导电胶分类

导电胶可以分为各向同性(ICAs，Isotropic Conductive Adhesives)和各向异性(ACAs，Anisotropic Conductive Adhesives)两大类。前者在各个方向有相同的导电性能；后者在 X、Y 方向是绝缘的，而在 Z 方向上是导电的。通过选择不同形状和添加量的填料，可以分别做成各向同性或各向异性导电胶。图 9-11 为两类导电胶连接原理示意。

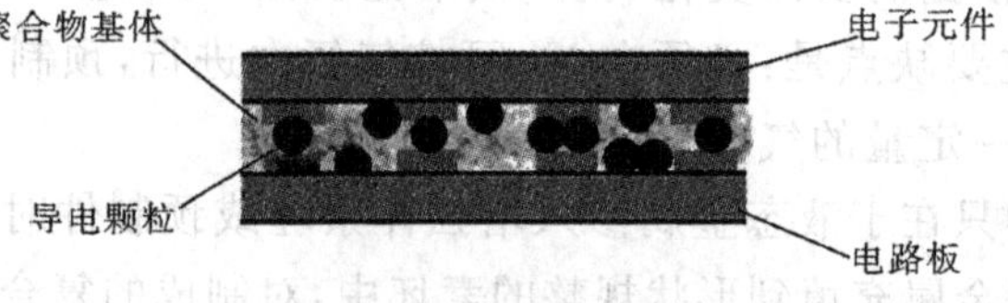

各向异性导电胶（ACA）

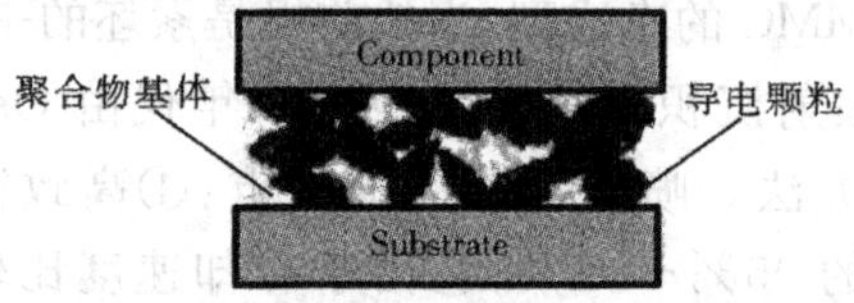

各向同性导电胶（ICA）

图 9-11 导电胶连接示意图

由于组成的不同，导电胶分为室温固化、中温固化(150℃)和高温固化(150～300℃)。室温固化需要的时间太长，需数小时到几天，工业上很少应用。高温固化速度快，但在电子工业中，温度高会对器件的性能产生影响，一般避免使用。中温固化一般需数分钟到一小时，应用最多。

2. 导电胶组成

导电胶是通过在有机聚合物基体中添加导电填料，从而使其具有与金属相近的导电性能。区别于其他导电聚合物，导电胶要求体系在储存条件下具有流动性，通过加热或其他方式可以发生固化，从而形成具有一定强度的连接。

导电胶一般由预聚体、稀释剂、交联剂、催化剂、金属粉末以及其他的添加剂组成。

预聚体作为主要组分含有活性基团，为固化后的聚合物基体提供分子骨架。

预聚体也是粘结强度的主要来源。导电胶的力学性能和粘结性能主要由聚合物基体决定。导电胶中使用的基体对粘结强度、固化前的粘度、固化后的韧性、耐腐蚀性等都有严格的要求。

常用的聚合物基体包括环氧树脂、硅脂、聚酰亚胺等。与硅脂和聚酰亚胺相比,环氧树脂具有粘结力强、耐腐蚀、柔顺性好等优点。但是,环氧树脂具有吸湿性,在加速老化实验中的表现一般。并且环氧树脂在固化前有一定的毒性。虽然如此,在还没有找到更好的替代材料之前,目前环氧树脂仍然是研究最多、使用最广的基体材料。通过对环氧树脂主链结构和取代基进行调整,可以进一步改善环氧树脂的性能。

稀释剂用来调节体系粘度,使之适合工艺要求。稀释剂分为两类:一类不参与交联,仅仅起调节作用,固化前需要去除;另一类含有活性端,可以参加交联反应,固化前不需去除,固化后成为体系的一部分。交联剂是多官能团化合物,可以连接预聚体,形成网络结构,也是固化后体系的一部分。预聚体、稀释剂以及交联剂是固化过程中体积变化的主要影响因素。催化剂可以提高固化速度,降低固化条件。

为提高固化后导电胶的强度和韧性,有时还需要添加一定的增强剂和增韧剂。

导电填料有碳、金属、金属氧化物三大类。导电填料以球形、片状或纤维状分散于基体中,构成导电通路。碳类材料中石墨的导电性随产地等变化很大,并且很难粉碎和分散,给应用带来很大困难;炭黑的导电性很好,但加工困难。金属氧化物导电性较差。

常用的填料多为电阻率较低的Au、Ag、Cu、Ni等金属粉末,最好的添加剂是Au粉末,但价格昂贵。Ag的价格较低,但在电场作用下会产生电迁移现象,使导电性降低,影响使用寿命。Cu、Ni价格便宜,在电场下不会产生迁移,但是温度升高时,会发生氧化,增加了电阻率,只能在低温下使用。综合考虑各方面的影响,在民用品上多选择Cu或Ag作为添加剂,在要求较高的情况下,选用Au作为添加剂。为降低颗粒之间的接触电阻,改善导电性能,低熔点合金(LMPA,Low-Melting-Point Alloy)开始被使用在导电胶中,这样在固化过程中随温度的升高,金属颗粒之间可以形成连接,降低电阻。

导电填料的粒度和形状对导电胶的导电性能有直接影响。粒度大的填料导电效果优于小的,但同时会带来连接强度的降低。不定形(片状或纤维状)的填料导电性能和连接强度优于球形的。但各向异性导电胶只能用粒度分布较窄的球形填料。不同粒度和形状的填料配合使用可以得到较好的导电性能和连接强度。

3. 固化过程

导电胶的固化分为热固化、光固化和光热双重化等方式。固化的实质是粘接剂发生固化反应,使胶体充分交联。例如环氧树脂的固化,就是使环氧树脂本身聚合而生成体形或网状结构产物。环氧分子可以和金属氧化物、陶瓷、玻璃等上的氧原子共享氢质子而形成氢键结合，增加其粘合力。对导电胶进行固化时，温度应缓慢升高。某些导电胶，如果要提高粘结强度，可采取加温加速固化，同时，要在其固化温度下预固化一定时间。

为获得导电性能和老化性能的最佳匹配，导电胶的固化程度应该加以控制，固化程度太高或太低都无法得到最佳效果。

4. 导电机理

导电胶的导电作用通常被认为是通过两种形式实现的：①通过导电填料间的直接接触产生传导；②通过导体之间的电子跃迁，即隧道（tunnel）效应，产生传导。通常条件下，导电填料在聚合物基体中并不能形成完全的均匀分散，部分颗粒互相接触，形成链状导电通道。另一部分以孤立体或小团聚体的形式存在，不参与导电。但在电场作用下，相距很近的粒子上的电子，能借热振动越过势垒而形成较大的隧道电流。如果被粘结材料之间的导电胶层很薄，接近填料粒子尺寸，也可以直接通过粒子导电。这种情况一般应用于各向异性导电胶中。

5. 加速老化实验

加速老化实验是电子连接材料设计和生产中不可缺少的重要部分。为便于对比，通常需要设计专门的器件同时对几种连接方式进行考验。实验主要测试老化前后连接强度和电阻率变化。老化过程包括：温度变化（-40～60℃，1 个循环/h；0～100℃，3 个循环/h），热老化（150℃，1 000h），腐蚀和电迁移（85℃，RH85%，15V，500h）等。一般情况下，加速老化实验前后的连接强度和电阻率变化低于 20%就可以认为是稳定的。

导电胶中金属粉末的电化腐蚀是影响老化性能的重要因素。

6. 导电胶的性能指标

通常认为电子封装用导电胶应满足以下条件：

体电阻率：$<1\times10^{-4}\Omega\cdot cm$

剪切强度：$>$ 15 MPa

老化实验：老化前后体电阻率、剪切强度变化$<$20%。

四、焊膏

1. 焊膏的分类

焊膏是表面组装技术中重要的工艺材料，品种很多，通常可按以下性能分类：

(1) 合金焊料粉的熔点　最常用的焊膏熔点为 179℃～183℃，随着所用金属种类和组成的不同，焊膏的熔点可提高至 250℃以上，也可降为 150℃以下，可根据焊接所需温度的不同，选择不同熔点的焊膏。

(2) 焊剂的活性　参照通用液体焊剂活性的分类原则，可分为无活性(R)，中等活性(RMA)和活性(RA)三个等级，根据 PCB 和元器件的情况及清洗工艺要求进行选择。

(3) 焊膏的粘度 粘度的变化范围很大,通常为100～600Pa·s,最高可达1 000Pa·s以上。依据施膏工艺手段的不同进行选择。

(4) 清洗方式 分有机溶剂清洗、水清洗、半水清洗和免清洗等方式。从保护环境的角度考虑,水清洗、半水清洗和免清洗是发展方向。

2. 焊膏的组成

是由合金焊料粉、糊状焊剂和一些添加剂混合而成的膏状体。它是一种均相的、稳定的混合物,有一定粘性和良好触变特性。在常温下焊膏可将电子元器件初粘在既定位置,当焊膏被加热到一定温度时,随着溶剂和部分添加剂的挥发、合金粉的熔化,焊膏再流使被焊元器件与焊盘互联在一起,经冷却形成永久连接的焊点。

(1) 合金焊料粉 合金焊料粉是焊膏的主要成分,约占焊膏重量的85%～90%,它是形成焊点和实现PCB和元器件互连的重要材料。常用的合金焊料粉有锡-铅(Sn-Pb)、锡-铅-银(Sn-Pb-Ag)、锡-铅-铋(Sn-Pb-Bi)等。合金焊料粉的成分和配比以及合金粉的形状、粒度和表面氧化程度对焊膏的性能影响很大。

不同的合金焊料粉的成分和配比有不同的熔化温度、特性和用途,见表9-30和表9-31。

表9-30 不同焊料合金的熔化温度

焊料合金	熔点/℃	焊料合金	熔点/℃
Sn/Zn	204～371	Sn/Sb	249
Pb/Ag	310～366	Sn/Pb/In	99～216
Sn/Pb	177～327	Sn/Pb/Bi	38～149

表9-31 常用焊膏的金属成分、熔点范围、性质及用途

金属成分	熔点/℃	性质与用途
Sn63/Pb37	183	共晶中温焊料,适于常用的SMT焊接,但不适于含Ag,Ag/Pd电极的元器件
Sn60/Pb40	183～188	近共晶中温焊料,易制造,用途同上
5n62/Pb36/Ag2	179～180	共晶中温焊料,易于减少Ag,Ag/Pd电极的浸析。广泛用于SMT焊接
Sn10/Pb88/Ag2	268～290	近共晶高温焊料,适于耐高温元器件及需两次经过再流焊的SMT的第一次再流焊
Sn96.5/Ag3.5	221	共晶高温焊料,适于要求焊点强度较高的SMA的焊接
In42/Bi58	138	共晶低温焊料,适于热敏元器件及需要两次经过再流焊的SMT的第二次再流焊

最常用的合金成分为 Sn63/Pb37 以及 Sn62/Pb36/Ag2，其中尤其值得提出的是含银体系，通常称为掺银焊料，它具有较好的物理特性和优良的焊接性能，且不具腐蚀性，适用范围极广，其熔点仅为179～180℃，且2%银的加入可提高焊点的机械强度，还可防止银离子在与元器件接触过程中发生迁移。尤其是多层陶瓷电容器往往具有银/钯镀层，当采用只含 Sn/Pb 的焊膏时，银镀层会与焊料的接触表面发生“溶蚀”现象，从而降低了焊点的结合强度。掺银焊料的物理特性见表 9-32。

表 9-32　Sn62/Pb36/Ag2 焊膏的物理特性

合金成分	熔点/℃	合金粉与焊剂的比例	合金粉粒度目	合金粉形状	拉伸强度/(MPa)	粘度/(Pa·s)	焊剂中氯含量(重量百分比)(%)	延伸率(%)
Sn62Pb36Ag2	179～180	85∶15	300	球形和无定形混合	56.6	300	0	159

(2) 焊剂　在焊膏中，焊剂可以看成是合金焊料粉的载体。其主要作用是清除被焊件以及合金粉表面的氧化物，使焊料迅速扩散并附着在被焊金属表面。焊膏中焊剂的组成与波峰焊及浸焊中用的焊剂基本相同，除活性剂、成膜剂、润湿剂、稳定剂和溶剂外，为改善粘结性、触变性和印制性，还需加入胶粘剂、增稠剂、触变剂和其他添加剂。一般占整个焊膏质量的8%～10%。焊剂的组成对焊膏的扩展性、润湿性、塌落度、粘度变化、清洗性、焊珠飞溅及储存寿命均有较大形响。

根据焊膏的特性，焊膏中的焊剂除具备通用焊剂的基本要求外，还应具备以下特点：

1)焊剂与焊料合金粉要能混合均匀。

2)要采用高沸点溶剂，防止再流焊时产生飞溅。

3)高粘度，使合金焊料粉与焊剂不会分层。

4)低吸湿性。防止因水蒸汽引起的飞溅。

5)氯离子含量低。

焊膏中的焊剂包括活性剂、成膜剂和胶粘剂、润湿剂、触变剂、溶剂和增稠剂及其他添加剂。

① 活性剂。与通用液体焊剂一样，活性剂的主要作用是去除焊料粉和被焊件表面的氧化层，使焊接时表面张力减小，增加元器件引脚和焊盘的润湿性，提高可焊性。对微细间距元器件，因为要采用小颗粒直径的焊料粉，表面积大，要求活性高，而对免清洗焊膏，为了使腐蚀性试验合格，并具的较高的表面绝缘电阻值，活性又不能太高。常用的活性剂有：

一元酸：丁酸、辛酸、C17-20 饱和脂肪酸、亚油酸、油酸、对一羟基苯甲酸、对一甲氧基苯甲酸等。

二元酸:丙二酸、丁二酸、己二酸、癸二酸、苹果酸,β-羰基戊二酸、柠檬酸等。

胺:单乙醇胺、二乙醇胺、三乙醇胺、苯并三唑单乙醇胺,环己胺、四乙基氢氧化胺。

胺盐:二乙胺·HBr、二乙胺·HC1、环已胺·HBr、环已胺·HCl、二苯胍·HBr、四正丙胺·HBr、二乙醉胺·HBr。

焊膏的活性与添加的活性剂有关。活性剂量太少可能因活性差而影响焊接效果,但活性剂量过多又会引起残留量增加,甚至使腐蚀性增强,特别是对焊剂中的卤素含量更需严格控制,对免清洗焊膏,焊剂中卤素含量必须小于0.05%,甚至完全不含卤素,其活性主要靠加入有机酸来达到。

② 成膜剂和胶粘剂。成膜剂和胶粘剂的主要作用是防止合金焊料粉进一步氧化,并具有一定的粘结作用,有利于元器件位置的临时固定,以免发生位移。另外,对焊膏的粘度和流变性有较大影响,其含量太低会使润湿性变差,扩展率降低,并产生焊膏塌落等缺陷。但松香或合成树脂含量高又会增加焊后残留里,对免清洗焊膏不利。常用的成膜剂和胶粘剂有:

各类松香,如:普通松香、水白松香、聚合松香及改性松香;其他聚合物:环氧树脂、聚丙烯酸酯、聚丙烯酸、聚氨酯、聚丁烯、聚乙烯基丙烯酸、多聚甲醛、聚酞亚胺硅氧烷和羟乙基纤维素等。

其中有些成分兼具多种性能,如松香和聚丙烯酸既有活性又有粘接性。还起增稠作用。另外上面所列聚合物既是胶粘剂又是增稠剂。在焊膏中可根据需要只加一种成分或两种同时加入。

③ 润湿剂。润湿剂的作用是增加焊膏和被焊件之间润湿性,有利于合金焊料粉的扩展,具有较好的可焊性,同时对焊后残留物的清洗有利。为增加润湿性,通常加入各类表面活性剂,尤其以非离子型表面活性剂使用较多。

④ 触变剂。焊膏的触变性是指焊膏的粘度随时间、温度、剪切强度等因素而发生变化的特性。为改善触变性需加入触变剂,常用的有蓖麻油、氢化蓖麻油、蓖麻蜡、脂肪酸酰胺、羟基脂肪酸、硬脂酸盐类等。

⑤ 溶剂和增稠剂。溶剂的作用主要是溶解活性剂、成膜剂、胶粘剂、润湿剂、触变剂以及其他添加剂,使焊剂能与合金焊料粉成为均匀的混合物。除加入低沸点的溶剂外,通常还需加入高沸点溶剂起增稠作用。所用溶剂的沸点由焊膏所需干燥时间的长短而确定,尤其要注意溶剂本身的吸水性不可太强。低沸点溶剂有利于焊膏干燥,但焊膏工作寿命缩短。而高沸点溶剂可相对增加焊膏工作寿命和可印性,但要控制好溶剂的挥发温度和时间,以防溶剂挥发不彻底,因飞溅而使元器件移位或产生焊料球。

常用的溶剂有:

一元醇:乙醇、异丙醇、新戊醇、辛醇、苯甲醇、十二醇、松油醇等。

多元醇及醚:乙二醇、丁二醇、甘油、二丙二醇、山梨糖醇、乙二醇醚、2-丁氧基乙醇、二甘醇二乙醚等。

酯及其他：邻笨二甲酸二丁酯、亚磷酸二丁酯、磷酸三丁酯、二甲苯、N一甲基吡咯烷酮等。

(3) 其他添加剂。为改进焊膏的抗腐蚀性，焊点的光亮度以及阻燃性能等，有时还需在焊剂的配方中加入抗蚀剂、消光剂、光亮剂或阻燃剂等。

随着对焊膏特性的不同要求，所加焊剂成分也各不相同。对水清洗焊膏，选择的焊剂成分应在水中有较大的溶解度，而对免清洗焊膏则要选择在再流焊温度条件下能挥发、升华、分解或转化的成分为好。但由于焊膏对焊剂粘结性和粘度的特殊要求，免清洗焊膏要达到焊后肉眼见不到残留物非常困难，只能要求残留物尽量少，表面绝缘电阻和离子洁净度能达到免清洗要求。

3. 典型焊膏配方

焊膏中合金焊料粉与焊剂的通用配比见表 9-33。

表 9-33 焊膏中焊料粉与焊剂的配比

成分	重量比(%)	体积比(%)
合金焊料粉	85～90	60～50
焊剂	15～10	40～50

其实，根据性能需要，焊剂的重量比还可扩大至 8%～20%。焊膏中焊剂的组成及含量对塌落度，粘度和触变性等影响很大。

金属含量较高(大于 90%)时，可改善焊膏的塌落度，有利于形成饱满的焊点，并且由于焊剂量相对较少可减少焊剂残留物，有效地防止焊料球的出现，缺点是对焊膏和焊接工艺要求更严格；金属含量较低时(小于 85%)。印制性好，焊膏不易粘刮刀，漏板寿命长，润湿性好，此外加工较易，缺点是易塌落，易出现焊料球和桥接等缺陷。对通常的再流焊工艺金属含量控制在 88%～92%，气相再流焊可在 85%左右。对细间距元器件的再流焊，为避免塌落，金属含量可大于 92%。下面介绍典型焊膏配方的实例。

(1) 溶剂清洗型焊膏

例 9-1 90%的 Sn63/Pb37 合金粉(250 目) 和 10%的焊剂焊膏，其中焊剂组成见表 9-34。

表 9-34 例 9-1 焊剂组成

焊剂组成	配 比
松香树脂	50%
二乙胺 · HBr	1%
蓖麻油	9%
苯基乙二醇	39%
乙醇胺	1%

例 9-2　90％的 Sn/Pb/Cu 合金粉 和 10％的焊剂焊膏，其中焊剂组成见表 9-35。

表 9-35　例如 9-2 焊剂组成

焊剂组成	配　比
己二醇	46％
松　香	40％
蓖麻油	4％
苯并三唑单乙醇胺	10％

(2) 水清洗焊膏

例 9-3　89％的合金焊料粉和 11％的焊剂焊膏，其中焊剂组成见表 9-36。

表 9-36　例 9 3焊剂组成

焊剂组成	配　比
苹果酸	8％
羟乙基纤维素	2％
山梨糖醇	20％
甘　油	70％

(3) 免清洗焊膏

例 9-4　88％的合金焊料粉和 12％的焊剂焊膏，其中焊剂组成见表 9-37。

表 9-37　例 9-4焊剂组成

焊剂组成	配　比
松　香	10％
二苯胍・HBr	0.3％
己二醇	82.7％
蓖麻油	7％

4. 焊膏的性能参数

焊膏的性能参数主要有粘度、密度、熔点、触变性能和储存性能等。

(1)粘度　焊膏是一种流体，它具有流变性，在外力作用下能产生流动。通常将流体分为以下几种类型：牛顿(理想)流体、塑性流体、假塑性流体、膨胀流体和触变性流体。

粘度是流体的重要物理性能，以公式 $K = s / r$ 来表示，即粘度定义为恒定的剪切应力 s 与恒定的剪切速率 r 之比值。若 K 为常数，则称为牛顿流体，而 K 为变量则为非牛顿流体。

焊膏属触变性流体，基本上与假塑性流体相同。当剪切速率增加时这两类流体的表观粘度都减小，只是触变性流体要经过一定时间才能返回原始粘度。当剪切速率恒定时，假塑性流体的粘度将为定值，而触变性流体的粘度将随时间增加有下降的趋势，达到平衡时才为定值。焊膏的上述特性在印制和再流焊过程中极为有用。焊膏在印制时，由于受刮刀压力的作用开始流动，通过丝网或漏板的孔眼流到 PCB 上，当刮刀压力消失时。焊膏恢复到原来的高粘度状态，这样才能在 PCB 上留下精确的图形。在再流焊时，环境温度同样影响焊膏的粘度。图 9-12 表示在焊膏印刷时的流动特性。根据粘度变化可将印刷过程分为搅拌、刮动、印刷和流平四个阶段，如图 9-13 所示。

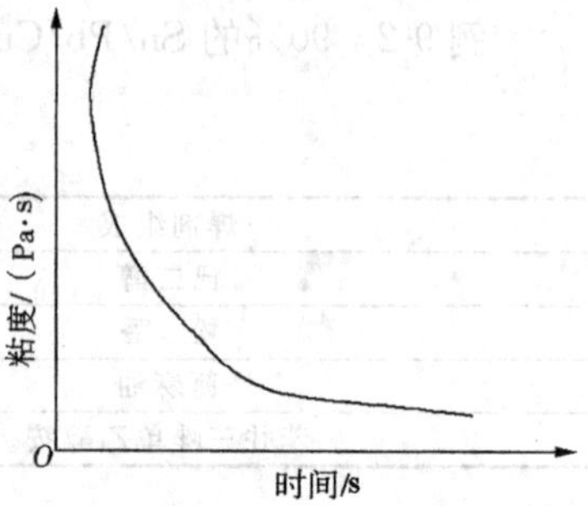

图 9-12 在恒定剪切速率下焊膏粘度随时间的变化

(2)密度、合金焊料粉成分、配比以及焊剂含量

前面已经提到，焊膏中合金焊料粉和焊剂的组成以及两者的配比对焊膏的特性有很大影响。通常在介绍焊膏时必须说明合金焊料粉的成分、配比以及焊料粉与焊剂的配比或者焊剂的含量。而焊膏的密度直观地反映了焊膏中合金粉的组成以及焊剂的含量，也可作为影响焊膏性能的重要参数。

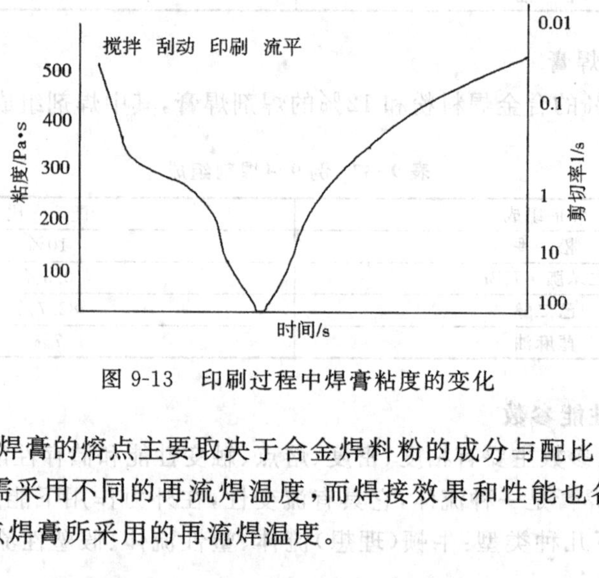

图 9-13 印刷过程中焊膏粘度的变化

(3) 熔点 焊膏的熔点主要取决于合金焊料粉的成分与配比。随着焊膏组成和熔点的不同，需采用不同的再流焊温度，而焊接效果和性能也各不相同。表 9-38 列出不同熔点焊膏所采用的再流焊温度。

表 9-38 不同熔点焊膏的再流焊温度

合金类型	熔化温度/℃	回流焊温度/℃
Sn63/Pb37	183	208～223
5960/Pb40	183～190	210～220
Sn50/Pb50	183～216	236～246
Sn45/Pb55	183～221	247～257
Si40/Pb60	183～238	258～268

（续）

合金类型	熔化温度/℃	回流焊温度/℃
Sn25/Pb75	183～266	286～296
Sn15/Pb85	227～288	308～318
Sn5/Pb95	305～312	332～342
Sn3/Pb97	312～318	338～348
Sn62/Pb36/Ag2	179	204～219
Sn96.5/Pb3.5	221	241～251
Sn95/Ag5	221～240	265～275
Sn1/Pb97.5/Ag1.5	309	329～339
Sn100	232	252～262
Sn95/Sb15	232～240	260～270
Sn42/Bi58	139	164～179
Sn43/Pb43/Bi14	114～163	188～203
In80/Sn20	280	300～310
In60/Pb40	174～185	205～215
In50/Pb50	180～209	229～239
In9/Pb81	270～280	300～310
Sn37.5/Pb37.5/In25	138	163～178
Sn5/Pb92.5/Ag2.5	300	320～330

(4)合金焊料粉的形状和粒度　大多数焊膏都采用球形焊料粉，而粒度最适用的范围为200～325目，超出此范围的焊料粉以不多于10%为宜。对细间距器件的组装，需采用更细的焊料粉，其粒度为270～500目或325～500目。

(5)触变指数和塌落度　焊膏作为触变性流体，触变指数是其重要参数。焊膏的塌落度主要与焊膏的粘度和触变性有关，即焊膏的粘度和触变性在很大程度上控制着印制后图形的保持特性，而且也影响着再流焊后焊膏的塌落情况，图9-14反映了焊膏触变指数与塌落度的关系。当触变指数高，塌落度就小，而触变指数低则塌落度。

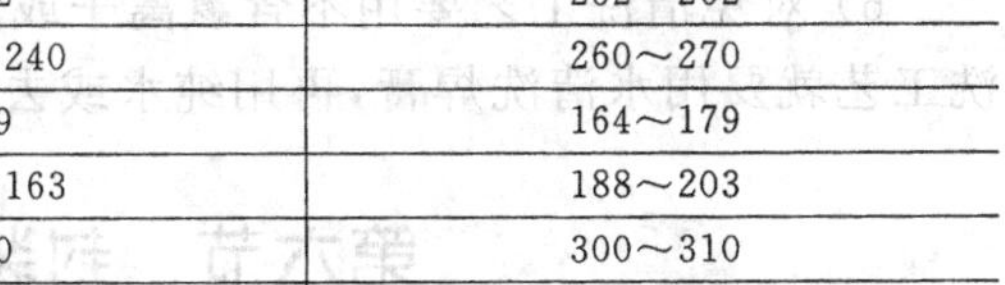

图9-14　焊膏触变指数与塌落度的关系

(6)工作寿命和储存寿命　由于焊膏的性能，尤其是粘度随时间和室温而变化，在一定时间后，焊膏将丧失原有特性而不能使用。通常对焊膏规定了工作寿命和储存寿命两个期限。工作寿命是指焊膏从被施加到PCB上至贴装元器件之前的不失效时间，一般要求为12～24h，有时需达到72h。储存寿命是指焊膏能够不失效的正常使用之前的低温或室温保存时间，要求在2～5℃下储存3～6个月。目前已研制出在常温下能保存3～6个月的焊膏。

5. 焊膏的选用

焊膏的选用的主要依据为：

1）焊膏的活性可根据PCB和元器件的存放时间以及表面氧化程度来决定。一般采用RMA级焊膏，如存放时间长，表面严重氧化，则可采用RA级焊膏。

2）根据不同的施膏工艺选用不同粘度的焊膏，一般注射滴涂用焊膏粘度为100～200Pa·s；丝网印刷用粘度为100～300Pa·s；漏板印制用200～500 Pa·s。

3）精细间距印刷时选用球形、细粒度焊膏。

4）双面再流焊时，第一面采用高熔点焊膏，第二面采用低熔点焊膏，保证两者熔点相差30～40%。以防止第一面已焊的元器件脱落。

5）当焊接热敏元件时，应采用含铋的低熔点焊膏。

6）对免清洗工艺要用不含氯离子或其他强腐蚀性化合物的焊膏；对采用水清洗工艺就要用水清洗焊膏，再用纯水或去离子水洗净残留物并干燥。

第六节　封装新材料展望

封装材料和封装技术的发展是相互制约、相互促进的，高性能封装材料将促进封装技术的发展，封装技术的发展也对封装材料提出了更高的要求。

跨入21世纪，微电子封装产业将更加迅猛发展，网络应用芯片将成为封装技术的新驱动，阵列技术将逐步取代周边引线技术，MCM将朝着更密集的方向发展，MEMS将成为封装技术的新亮点。随着微电子封装产业的发展，电子封装材料将成为一个技术含量高，经济效益好、具有重要地位的工业领域，有着广阔的发展前景。

1）在今后相当长的一段时间，电子封装材料仍将以塑封料为主流，它将向系列化、精细化、配套化方向发展。低应力、低α射线、低粘度、高粘结性、环保型环氧树脂模塑料将是市场上畅销产品。以专用聚酰亚胺树脂为主要成分的塑封料是一种很有发展前途的电子封装材料。

2）在军用集成电路和声表面波器件、晶体振荡器件、光电器件等领域，陶瓷封装材料有很大的发展空间，它将向多层化方向发展。可靠性好，柔性大、开发费用低的多层陶瓷封装外壳是发展重点。AlN作为高导热、高密封材料有很大的发展潜力，可取代SiC，甚至部分取代Al_2O_3，为进一步拓宽其应用范围，应努力突破添加物的选择与加入量、烧结温度、粉料粒度、氧含量控制等关键技术。

3）随着微电子封装技术大幅度朝SMT和MCM发展，许多目前使用的单一封装材料已很难满足高密度封装要求，必须另辟蹊径优先发展新型复合材料。电子封装材料将向复合化方向发展。

第十章 微电子制造设备

本章主要介绍电子制造涉及的主要设备。下面将重点介绍几个典型设备，如半导体工艺设备、IC 封装设备和电子 IC 组装设备以及辅助生产与测试设备。

第一节 半导体工艺设备

半导体制造设备是发展半导体工业和技术的关键。每一代半导体产品不仅由相应一代的技术、工艺来支撑，而且还由相应一代的制造设备来保障。半导体工业极大地依赖于半导体制造设备的投资，而且是同步增长的。

用于 IC 制造的半导体设备可以分为六大类型 100 多种，分别为：电路设计和掩模制作设备；晶体生长及圆片制备设备，圆片处理、光刻设备，薄膜生长、掺杂、圆片热处理设备，后道封装、检测、测试设备，工厂净化、水处理及其他设施。

按日本半导体制造设备协会(SEAJ)对半导体制造设备的分类，六类设备分别为：

1)硅单晶制造设备，包括单晶制造设备(CZ 法和 FZ 法)、圆片整形加工研削设备、切片设备、取片设备、磨片设备、抛光设备和各种检验设备等；

2)电路设计及 CAD 设备，包括计算机系统、各种输入输出设备和各种软件等；

3)制版设备，包括图形发生器、接触式打印机、抗腐剂处理设备、腐蚀设备、清洗设备和各种检验设备等；

4)前道设备(圆片工艺设备)，包括光刻设备(曝光设备、涂膜、显影设备、腐蚀设备等)、清洗设备、杂质掺入设备(离子注入设备、扩散炉)、氧化设备、CVD 设备、溅射设备、各种测试检测设备和分析评价设备等；

5)后道设备，包括组装设备(划片设备、键合设备、塑封设备、老化设备)、试验设备(验漏、测试、数据处理设备、环境试验设备)等；

6)半导体工程设备，包括净化室、净化台、SMIF 箱、自动搬送设备和环境控制设备(超净水制造、废气处理、废液处理、精制设备、分析设备、探测器)等。

按国际上 SEMI 协会(Semiconductor Equipment & Materials Institute)对半导体制造设备分类，可分为七大类：

1) 制版设备；

2) 晶片制备设备；

3) 薄膜生长设备；

4）图形加工设备；

5）掺杂设备；

6）微芯片组装设备；

7）测试设备。

一、外延设备

外延是在单晶衬底晶片上生长一层新单晶的技术。外延生长之所以重要，在于外延层中的杂质浓度可以通过控制反应气流中的杂质含量加以调节，而不依赖于衬底中的杂质种类与掺杂水平。新生长单晶层的晶向取决于衬底，由衬底向外延伸而成。

外延方法很多，硅半导体器件与集成电路生产中通常采用硅的气相外延法。砷化镓器件有时采用液相外延，也可通过真空蒸发、溅射等直接在衬底上形成外延层。

外延工艺所采用的设备有气相外延系统、液相外延系统、分子束外延系统、离子团束外延系统和化学束外延系统。气相外延系统是用于生长 Si 或 GaAs 外延膜的基本工艺设备，利用硅的气态化合物在加热的硅衬底表面与氢发生反应或自身发生热分解，还原生成硅，并以单晶的形式沉积在硅衬底表面。液相外延系统用于液相生长化合物半导体材料，是制造半导体激光器件、红外器件、可见光发射器件的关键设备之一。分子束外延系统基于真空蒸发，在超高真空环境中用一束或多束热能原子束或分子束喷射到具有适当温度的单晶基片上，通过化学反应而沿着基片晶向外延生长出新晶体的外延设备。离子束外延系统是真空蒸发与离子束辅助薄膜沉积方法相结合的外延生长设备。化学束外延系统是集分子束外延、金属有机化合物化学气相淀积的优点于一体的先进外延设备。

二、化学气相淀积设备(CVD)

化学气相淀积设备是使一种或数种物质的气体以某种方式激活后，在衬底表面发生化学反应，并淀积所需固体薄膜的生长技术。CVD 技术具有淀积温度低、容易控制薄膜成分和厚度、均匀性与重复性较好、台阶覆盖优良、操作简便、适用范围广等特点，膜厚与淀积时间成正比。CVD 技术淀积温度较低，台阶覆盖性良好，对 VLSI 的浅结与多层化要求十分有利，因而成为 VLSI 制造不可缺少的关键工艺技术。

常压 CVD 设备是广泛用于生长二氧化硅、磷硅玻璃、硼磷硅玻璃、非晶硅薄膜的一种设备。当设备工作时，将衬底（如硅片、玻璃）加热到一定温度，使气体匀速地从喷射装置下方通过，反应气体在衬底表面发生一系列反应后，生成物就沉积在衬底表面形成薄膜。

低压 CVD 设备用于多晶硅、氮化硅、氧化硅等薄膜淀积，是用加热方法在低压条件下(50～133Pa)使气态化合物在衬底表面反应并淀积形成稳定固体薄膜的设备。

等离子体增强 CVD 设备可用于淀积氮化硅、氧化硅、氮氢化硅、磷硅玻璃、硼磷硅玻璃、非晶硅及难熔金属硅化物等多种薄膜。这些薄膜用于多层布线及表面钝化。等离子体增强 CVD 工艺就是低压气体在射频电场中发生辉光放电，经过较复杂的等离子体产生、输运的物理过程及化学过程，依靠非平衡等离子体增强化学反应，从而在较低的温度下使之在衬底基片上淀积形成稳定的固体薄膜。

光化学气相淀积设备是利用光能激活气态物质分子，产生化学反应生成所需物质，并淀积在固体材料表面的一种能量辅助 CVD 系统。在半导体工艺中可用于芯片介质膜、导电膜及半导体材料等薄膜的制备。

电子回旋共振微波等离子体 CVD 设备是通过矩形波导和介质导入窗，把 2.45GHz 的微波导入放电室（等离子室）。由于等离子室周围的励磁线圈形成了与微波前进方向平行的强磁场，所以在磁场的作用下，腔体内自由电子作圆周运动。这种回旋的电子与反应气体粒子碰撞产生更多的活性粒子，从而在基片表面发生化学反应形成稳定的固体薄膜。

三、光刻机

步进式投影光刻机（Stepper）是利用光学投影成像的原理将 IC 图形以步进重复曝光的形式成像在涂胶硅片上，实现高分辨力图形转印的光学曝光设备。自 1978 年诞生以来，先后经历了 g 线、i 线、248nm、193nm 等几个技术阶段，现已步入了 157nm 波长的 F2 准分子激光光刻的研究开发阶段。它是当今应用最广、技术进步最快、生命力最强的曝光技术。该技术的发展，一直是驱动以 DRAM 为代表的微电子技术进步的核心。在大规模及超大规模集成电路生产中，步进重复投影光刻技术是大量使用的实用技术，其光刻设备已成为集成电路生产中的关键设备之一。为满足微米及亚微米光刻的需要，要求光刻设备具有较高的对准精度和调焦精度；因此，对硅片传输、预对准、调平及预调焦精度提出了更高的要求。同时，为实现较高的生产效率，则要求将设备运行的可靠性和自动化程度提高到新的水平。

一般来说，一个系统包括传输片控制、预对准控制、调平及预调焦控制三个分系统。调平及预调焦分系统除完成本身控制操作外，还将统一指挥传输片及预对准控制分系统完成相应的操作。

1. 传输片分系统

传输片控制分系统的控制对象是送片装置和收片装置。送片和收片均为各自独立的控制装置，各项工作的完成受传输片控制分系统的指令控制。其中，送片装置控制送片盒的升降及传送硅片到预对准台；收片装置控制收片盒的升降及传送硅片进收片盒。送片装置和收片装置均具有各自独立的状态检测手段。

传输片分系统的控制软件由复位、送片和取片程序组成。

复位程序：送片盒先上升到顶部后下降，到有硅片处时停止；收片盒先上升到顶部后下降到有硅片处时停止，若收片盒无硅片则到底部后停止。

送片程序：送片装置从送片盒送出硅片，到达预对准台后，送片盒自动下降到下一硅片处，为再次送片作准备。

收片程序：当有硅片到收片位置时，收片装置开始收片，确认硅片已进入收片盒时，收片盒自动上升一格，以便再次收片。

2. 预对准分系统

预对准控制分系统的对象主要有机械预对准、光学预对准、机械手转位等部分的执行部件和元器件。

预对准分系统的控制软件由复位、预对准、机械手吸片和机械手转位等程序组成。

复位程序：主要包括关机械手真空、关P针真空、关硅片气浮、P针下降、关光学对准光源、光学预对准复位等项工作。

预对准程序：其执行顺序是：光学预对准复位，开硅片气浮，硅片吹到位后进行机械预对准，机械预对准好后，开P针真空，关硅片气浮，P针上升，开光学预对准光源，光学预对准后关光学预对准光源，完成预对准操作。

机械手吸片程序：其执行顺序是：当送片机械手到达预对准台，收片机械手到达承片台时，开机械手真空，关P针真空，P针下降，完成送片机械手吸片工作（收片机械手吸片在调平及预调焦分系统控制下同步完成）。

机械手转位程序：机械手系一整体，有送片位、收片位和中间位三个位置状态。需要送片时，送片机械手到达预对准台，收片机械手到达承片台；收片时，送片机械手到达承片台，收片机械手到达收片位，平时，机械手处于中间位。机械手送取片工作是在调平及预调焦控制分系统的统一指挥下完成。

3. 调平及预调焦分系统

调平及预调焦分系统主要进行两项工作，一是和机械手配合将曝光完的硅片从承片台取回，同时，将预对准好的硅片送上承片台；二是对已送上承片台准备曝光的硅片进行调平及预调焦。

调平及预调焦控制分系统相当于本控制系统的主控系统，它不但要完成其本身的调平及预调焦控制和检测，而且要接收主计算机的指令，完成与主计算机的实时通信。同时，还要适时发出指令到传输片及预对准控制分系统，使其进行相应操作，完成与传输片和预对准分系统的实时通信。因此，调平及预调焦分系统的子程序中包含有对传输片和预对准分系统的控制指令输出程序。

复位程序：送复位指令到传输片和预对准分系统使其复位的同时，完成其本身的复位工作，即承片台下降，调平及预调焦机构上升，承片台松开，关承片台气浮，关承片台真空，关E针真空，E针降低位。

上下片程序：先输出送片指令到传输片分系统使其送硅片到预对准台，再输出预对准指令到预对准分系统使其预对准。预对准完成后，执行上下片子程序，其控制流程是：承片台松开，承片台上升，承片台锁紧，承片台下降，开E针真空，关承片台真空，E 针升高位，完成上下片的准备工作；送指令到预对准分系统打开机械手真空，送片机械手执行吸片操作，同时关 E 针真空，E 针降到低位，收片机械手吸片，完成机械手吸片工作；输出指令到预对准分系统，使机械手到中间位置后，E 针到中间位，完成准备接片工作；送指令到预对准分系统，使送片机械手转动到承片台，收片机械手到收片位，开 E 针真空，E 针升高位吸住硅片的同时，送指令到预对准系统使机械手真空关闭，收片机械手放片于收片位，完成接片工作；送指令到预对准分系统使机械手到中间位置（若有硅片到收片位则送指令到传输片分系统使之收片进收片盒，完成收片工作），开承片台真空。E 针降低位，放硅片于承片台，关闭 E 针真空后，完成整个上下片工作。

调平及预调焦程序：调平及预调焦程序的控制程序是：开承片台气浮，承片台松开，承片台上升，调平及预调焦机构下降，到位后关承片台气浮，承片台锁紧，承片台下降，调平及预调焦机构上升，到位后即完成对承片台上的硅片调平及预调焦工作。由于有以上各分系统的子程序作保障，系统主程序（在调平分系统内）主要是接收计算机的指令，根据其指令的不同调用相应的子程序或输出操作指令即可进行相应的操作，完成后回送操作结束指令到计算机。

第二节　IC 封装设备

一、芯片粘接机

芯片粘接机（Die Bonder），又被叫做粘片机或固晶机，一般完成将半导体裸片放置到基板（Substrate）并加以固定的操作过程。尽管设备的基本功能相同，但是各种类型设备随着应用、生产线或者封装方式的不同其放置方式、过程以及设备布局却存在着很大的差异。

不考虑高密度互连场合，芯片粘接机最基本的功能应包括裸片吸起与基板对位、施加粘结力以及加热。芯片对位采用视觉系统进行，它利用棱柱分光器，（在处理倒装芯片时）能够同时观察到芯片与基板的图像。但是视觉系统不能使操作者实时观察粘接的实际过程，有时希望能有一个如绕轴直接观察显微镜之类的放大系统，用来监控芯片贴放过程和进行故障诊断。图 10-1 所示为一典型的芯片粘接机外形图。

一般来讲，芯片粘接过程由下列步骤组成：

1）使用全局或局部的标记（或芯片上的电路）来对基板进行模式识别；

2）拾起芯片（单个或成组）；

3）图像处理和角度校正；

4）放置芯片。

在对晶片进行粘接操作之前，晶片已经预先经过了切割。送料盒一次可以送出 25 个晶圆片，其中一个经过编号后用于粘接。在机器拾取元器件时，采用了用顶针将芯片顶出的方法来方便操作。

不论采用何种芯片粘接技术，都要面临芯片送料以及基板操作的问题。芯片粘接机的送料方式有多种，比如晶片、晶片槽、带装或卷装。如何选取最优的芯片送料方式取决于诸如上游过程、晶片产出率、芯片尺寸以及芯片分类等生产线要求。一个专门的晶片操作机构既要适合于晶片的高产能还要适合芯片尺寸较小的应用场合。另一方面，带装或卷装则适合于晶片的产出率小同时芯片尺寸较大的情形。在直接芯片贴装的应用中，在芯片粘接操作之前需要提前对芯片进行分类处理。此时，芯片可能被保存成晶体晶片槽、带装或卷装等形式。

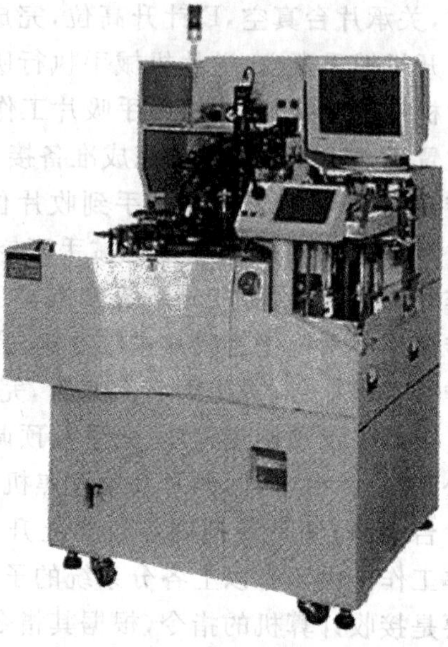

图 10-1　芯片粘接机外观图

尽管封装方式多种多样，要在生产线上对这些微小的、高密度的晶片（或封装块）及基座进行有效的操作，都需要将极少量的流体材料（比如焊剂，导电环氧树脂和粘结剂等等）进行精确的分配。点出的胶量大小不均匀就会造成芯片没有准确定位，经过热处理以后会容易产生应力分布不均匀的现象，进而引起引线之间发生短路并最终影响产品的合格率。半导体封装中要使用的胶体一般都是粘度极高、具有非牛顿流体特性，而且特性随温度、时间等变化。这就使得对胶体的精密操纵非常困难。目前采用的点胶技术可以分成如下几种：时间/压力型点胶技术、阿基米德螺线管点胶技术、活塞杆点胶技术，如图 10-2 所示。其中时间/压力型点胶技术在应用中占70%以上，由于它成本低，操作方便，易于维护，已成为一种通用标准。

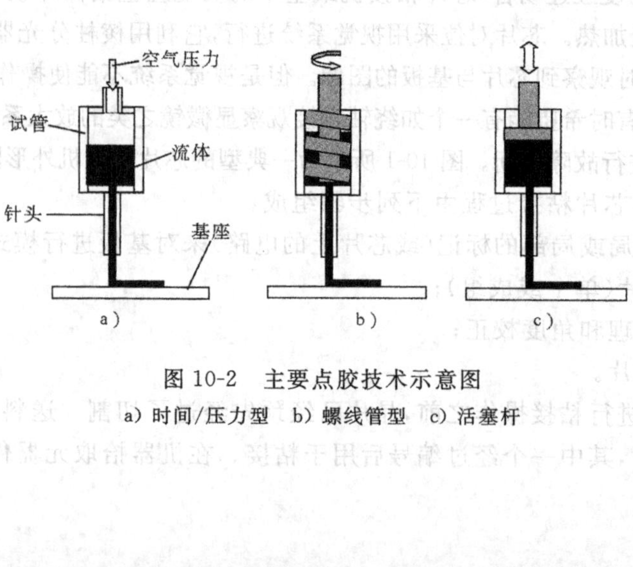

图 10-2　主要点胶技术示意图
a) 时间/压力型　b) 螺线管型　c) 活塞杆

在芯片生产线上最常用的做法就是将芯片抓取和点胶在同一台设备上即芯片粘接机完成。在大容量直接芯片贴装的场合，比如芯片在板上、芯片在陶瓷上或者多芯片组件，可先用点胶机点胶，后用专门的芯片抓取设备的生产方式则会得到最优的产出率。

工业界使用的基板范围也很广。绝大多数半导体器件还是采用了金属引线框架，比如 QFP 等塑料封装。其他类型材料还包括刚性板材，如 FR-4 和 BT、陶瓷材料、柔性聚合物等。有时粘结元器件被放在金属盒中，比如光电元器件。硅在某些应用中也能够成为基板，同时在一些三维封装中芯片也被直接叠放。

光路设计和摄像机放置对芯片粘接设备的工作非常关键且同具体应用相关。对柔性电路生产线，蓝光比传统的 660nm 红光提供了更好的成像分辨率。在陶瓷封装中，使用极化光则在铝陶瓷和电路金属之间提供了更好的对比度。

二、引线键合机

键合机是 IC 生产线后道工序的核心设备，随着器件设计水平和生产制造技术的飞速发展，尤其是封装工艺的日新月异，要求键合设备具有比以往更高的精度、速度、可靠性。近几年来，世界各知名公司大力发展并推出了焊线精度 2.5μm 以下，焊线速度大于 12 线/s 的自动金丝球焊机。所有这些机型，其精度及速度的提升，主要由于采用了包括直线电动机驱动、软接触控制等诸多新技术的三维工作台。同时，大规模集成电路的发展，对键合工艺也提出了更高的要求。图 10-3所示为一典型的引线键合机外形图。

图 10-3 引线键合机外观图

一般说来，引线键合机有三个分系统：

1）机械分系统 引线键合机的机械分系统主要由 $x-y$ 工作台、焊头、工作夹具及升降台、光学装置和电动送线机构组成。其中 $x-y$ 工作台和焊头是实现高精度高速焊接最重要部分，要求具有高的定位精度、快速响应和良好的稳定性，并且具有较大的刚度，高的固有频率、良好的可靠性和重量轻、体积小、寿命长。

$x-y$ 工作台和焊头应具有良好的伺服性能，要求传动机构应满足：转动惯量小；刚度大；机构固有频率高，超过机构频带宽度；阻尼合适。因此设计时使 $x-y$ 工作台的运动分离，即 x 和 y 伺服电动机可保持固定，由于大大的减轻了负重，故工作台可加速到高速运行。

送料机构由工作夹具、步进装置及升降台组成，工作夹具在进行焊接时自动运送框架。装有未焊接单元框架的料盒置入左升降台，之后顶料杆将一框架顶入步进装置内（步进装置由左步进器、右步进器及前导轨组成），框架以逐个单元步进到焊接位置上。当框架中的全部单元焊接完成后，将通过右步进器运送到右升降台的料盒内。

2）控制分系统　包括电源、伺服电动机等执行元器件及其驱动电路以及由计算机及其相应的硬件、软件所构成的控制系统，其中包括控制开关和各种指示器及控制器。

3）图像识别分系统　图像识别系统（PRS）的主要目的是用来测定各管芯确切的位置，此位置在管芯键合（粘片）期间可能偏转和偏离中心。为在数十毫秒内完成识别是采用电子学的方法，而不附用机械传动部件。该分系统由摄像镜头组件、CCD 微型摄像机及图像识别探测的软、硬件构成。

三、倒装焊机

倒装焊机是应用倒装焊微互连技术的先进装备，即芯片直接以倒扣的方式安装到基板、电路板及其他载体上，通过面阵列 I/O 端子与电路板上相应的电极实现电器连接。倒装技术以其优异的特性，在工业界得到了迅猛的发展，具有小尺寸、高性能、高 I/O 互连灵活性、高可靠性以及低成本的特点。以通信和移动显示为代表的平板显示器封装业，在倒装封装过程中大量的运用了 ACF（各向异性导电膜）。本节主要介绍 ACF-COG（玻璃基板载芯片）倒装焊机，其他的倒装焊机原理与其类似，图 10-4 所示为一典型的倒装焊机外观图。

图 10-4　倒装焊机外观图

一般来讲，一台 ACF-COG 倒装焊机由以下系统组成：

1）电路板配送系统：当电路板以手动的方式放置在传送带后，此系统将传送电路板送到传送带尽头，直到感应器感应到为止。传送带尽头就是所谓的电路板提取位置。

2）ACF 配送系统：在这个系统，指定长度的 ACF 会被粘贴在电路板的指定位置。粘贴的过程将在某一温度和压力并在预先设定的时间段内完成。ACF 工作台开启真空吸住电路板，并移动使视觉定位系统对准第一个标识点。当第一个标识点被找到之后，ACF 工作台移动使视觉定位系统对准第二个标志点。完成第二个标识点的找寻之后，视觉定位系统会自动读取位置和角度的坐标值。根据这些坐标值，ACF 工作台会移向 ACF 粘贴位置。ACF 粘贴头将向下，经过预先设置好的时间，ACF 将被贴在电路板上。最后，ACF 切刀将向前剪切下一段 ACF，为下一个循环做准备。

3)大规模集成电路芯片配送系统：此系统配备一个从芯片盘内提取芯片的机械手。芯片预先在芯片盘内被排列好。同时，电路板和芯片通过视觉定位系统进行定位。芯片以设定的温度和压力通过某一时间周期被放置在电路板上(就是所谓的预键合)。首先，机械手将移动到芯片提取位置，向下，开启真空状态。如果没有吸取到芯片，机械手将移动到下一位置，直到吸取到芯片为止。当真空感应器感应到芯片的存在时，机械手将移动到芯片配送位置，向下，同时启动芯片配送台的真空。机械手的真空将关闭并移向下一个芯片提取位置。同时，芯片配送台连同芯片向下翻转。当芯片配送台接收到预键合视觉系统发出的"准备"信号后，移动使视觉定位系统对准第一个标识点。当第一个标识点被找到之后，芯片配送台移动使视觉定位系统对准第二个标识点。完成第二个标识点的找寻之后，视觉定位系统会自动读取位置和角度的坐标值。根据这些坐标值，预键合工作台会移动到等候的位置。随后，翻转过后的芯片配送台移动直到视觉定位系统找到第一个标识点，之后，芯片配送台移动直到视觉定位系统找到第二个标识点。视觉定位系统读取到位置和角度的坐标值之后，芯片配送台和预键合工作台同时移动到预键合位置。芯片配送台将下降，经过预先设置好的时间，芯片被预键合在 ACF 上。

4)终键合系统：此系统通过预定的温度、压力和时间将电路板、ACF 和芯片最终键合在一起。另一套视觉定位系统将应用于此系统，主要是为了防止键合头直接接触芯片。所以，此系统中的清洗带(主要是聚四氟乙烯)可以防止键合头被 ACF 的残余物质污染。首先终键合系统接受到电路板传送系统发来的信号后开启真空系统，将模块吸附在终键合工作台上。视觉定位系统寻找到两个标志点之后，键合头下降，经过预先设置的时间最终将电路板、ACF 和芯片键合在一起。

5)电路板退出系统：在这一系统，已经键合好的模块(由电路板、ACF 和芯片组成)将被放置在退出传送带上。当模块退出后，模块就可以被手动取走。

6)电路板传送系统：此系统的功能主要是将电路板从以上所述的系统传送到另一系统。此系统在运作之前，必须等待和核对以上各系统发出的"准备"信号。然后此系统处于工作状态，真空吸头下降并开启真空状态。最后此系统将发出一个"准备"的信号使相关工作台的真空系统开启。当此系统收到真空工作台的反应后，真空吸头的真空状态将关闭，模块将被牢牢吸附在真空工作台上。

第三节 组装工艺设备

组装工艺设备主要包括印刷机、贴片机、波峰焊机和回流焊炉。

一、丝网印刷机

丝网印刷技术的应用日益广泛，诸如印刷线路板的生产，电子产品的表面装饰、电子元器件的图文说明、薄膜开关、厚膜电路，特别是电阻、电容等电子元器件的生产都离不开丝网印刷技术。当前，用于印刷焊膏的印刷机品种繁多，若以自动化程度来分类，可以分为手工调节、半自动、视觉半自动和全自动四类，图 10-5 所示为一典型的丝网印刷机外观图。

图 10-5　丝网印刷机外观图

手动印刷机的各种参数与动作均需人工调节与控制，通常仅用于小批量生产或难度不高的产品；半自动印刷除了 PCB 装夹过程是人工放置以外，其余动作机器可连续完成，但第一块 PCB 与模板的窗口位置是通过人工来对准的。通常 PCB 是通过印刷机台面上的定位销来实现定位对准，因此 PCB 版面上应设有高精度的工艺孔，以供装夹用。

全自动印刷机通常装有光学对准系统，通过对 PCB 和模板上的对准标识(Mark/FIDUCIAL)的识别，模板窗口与 PCB 焊盘的自动对准，印刷机重复精度达±0.01mm(6σ)，当配上 PCB 自动装载系统后，就能实现全自动运行。

根据对丝网印刷技术的综合分析，影响丝网印刷技术的因素多达 53 个变量，但按其性能特点可划分为印刷设备和印刷工艺两个方面。因此，一台性能优良的丝网印刷机是保证印刷结果及电子元器件性能的必要条件。一般来说，精密网版印刷机主要包括印刷头、刮板、网版架、丝网框、承片工作台和电气控制六大部分。

1. 印刷头

印刷头与刮板相连，也被称作刮板架。主要功能是通过它带动刮板作往复运动，完成对所要印刷图形的印刷。为了得到良好的印刷结果，一般要求印刷头的运动要均匀、平稳、无振动、无冲击。印刷头部分的设计主要是考虑印刷头运动的驱动方式，目前印刷机印刷头的驱动方式主要有液压驱动、气压驱动和电动机驱动三种方式。

采用液压驱动时，印刷头运动较平稳，但运动速度较慢，工作效率低；采用气压驱动时，印刷头运动速度较快，但印刷头在运动过程中有振动、有冲击，对印刷图形质量和印刷精度影响较大；采用电动机驱动时，印刷头运动速度快、运动平稳，无振动、无冲击。目前，国际上比较先进的精密丝网印刷机的印刷头多采用电动机驱动方式，通过调速电动机，还可实现无级调速。

2. 刮板

刮板的设计主要包括三个方面，即刮板的结构形式、刮板的材料和刮板的压力控制。刮板的结构形式一般有单刮板结构和双刮板结构。

双刮板结构可实现单向印制、双向印刷和涂墨印刷。在电子元器件的印刷中，丝网印刷机多采用双刮板的结构形式。刮板主要是完成印刷油墨以丝网上转移到承印的器件上，在印刷过程中刮板与丝网的接触为线性接触，因此在刮板的结构设计中还要考虑刮板角度的调整，一般调整范围 θ 角在 90°～60°之间。

刮板的材料通常为不锈钢板、镍板等金属和聚胺脂橡胶。聚胺脂材料具有一定的硬度和弹性，一般印刷时刮板的硬度通常为 80～90 肖氏硬度，对精密图形的印刷和窄间隙细线条的印刷，刮板的材料硬度应达到 90～95 肖氏硬度。

刮板压力也叫做印刷压力，印刷压力过小，印刷图形不全，油墨厚度不均；压力过大，会导致丝网变形，印刷图形模糊。工作过程中要求刮板压力恒定不变。控制刮板压力的方式有两种，一种是给刮板施加一个恒定的机械作用力，另一种方法是给刮板施加一个恒定的空气压力。保证空气压力恒定的方法是给刮板单独供气或进行二次减压，压力分级补偿。

3. 网版架

网版架主要用于网框的固定、印刷间隙的调整、印刷图形的对准和丝网的剥离。网框固定传统的方法是螺钉紧固或螺栓连接，这种方式结构简单，但每次更换网框后须对图形进行重新对准，工作量较大。目前国际上一些先进的丝网印刷机采用了一种气缸压紧、锥形孔自定位的新方法，避免了网框更换后图形的重新对准，提高了设备的使用效率。

印刷间隙的调整是通过网版架上下运动来完成的。一般通过蜗轮蜗杆减速机构和丝杠传动可获得很小的间隙调整量，当采用步进电动机驱动和精密丝杠传动时，印刷间隙的调整量可精确到 0.001mm。

为了在印刷过程中能够实现图形对准和套印准确，网版架通常应具备 x、y、θ 三维调节功能。丝网的剥离是指完成印刷后丝网与印刷图形的分离，丝网的剥离方式有网版架平行抬升和网版架一端抬起两种，在精密图形印刷和小间隙印刷中丝网的剥离方式常采用网版架一端抬起的结构。

4. 丝网框

丝网框的设计包括网框的材料、丝网的材料和网框尺寸的确定。根据网框使用的性能要求，网框的材料一般选用铝、铝合金或其他空心型材。丝网按材质分为：尼龙丝网、聚酯丝网和不锈钢丝网三种。对普通印刷可选用尼龙丝网或聚酯丝网三种，但对于高精密印刷或印刷油墨厚度要求较严的印刷须选用不锈钢丝网。一般情况下，丝网框的尺寸与印刷图形有关，刮板的长度 $R>a$，刮板的行程 $L>b$，则丝网框的尺寸关系为：

$A \geqslant 3R$（R 刮板的长度）

$R \geqslant 3L$（L 刮板的行程）

5. 承片工作台

承片工作台主要是考虑印刷器件在承片台上的定位方式,承片工作台在印刷位置的定位及工作台的三维调整。承片工作台是承放印刷物件或电子元器件的工作台面,在印刷过程中器件在工作台面上的定位方式有边定位、孔定位和真空吸附三种。

承片工作台在印刷位置的定位精度高低决定了印刷图形的质量和套印精度。对于作往复运动的承片工作台,它的定位与其运动的驱动方式有关,一般来讲承片工作台运动的驱动有,即气压驱动、液压驱动和电动机驱动 3 种方式。

承片工作台利用气压或液压驱动时,工作台的定位靠气缸或油缸的压力来保证,这种定位方式可靠性低,定位精度差。目前国际上一些先进的丝网印刷设备的工作台多采用电动机驱动、电磁制动器定位,这种方式定位精度高、可靠性好。对于高精密丝网印刷机的设计,一般情况下,除网版架具有 x、y、θ 三维调整功能外,为了保证印刷精度和图形对准方便,印刷机的承片工作台必须具有 x、y、θ 三维调节功能,调整精度应达到 0.001mm。

6. 电气控制部分

丝网印刷机的控制部分要求电气元器件的选型要有较高的可靠性和稳定性。目前对设计一般的丝网印刷设备,其电气控制方式多采用可编程控制器,但在国外一些全自动丝网印刷机的电气控制上,计算机已得到了较为广泛的应用。

二、贴片机

1. 贴片机分类

目前世界上已有近几十个贴片机生产厂家,生产的贴片机达几百种之多,贴片机的分类也没有固定的格式,习惯上有下列几种。

(1)按速度分类

1)中速贴片机:3 000 片/h<贴片速度<9 000 片/h;

2)高速贴片机:9 000 片/h<贴片速度<40 000 片/h;

3)超高速贴片机:大于 40 000 片/h。

通常高速贴片机采用固定多头(约 6 头)或双组贴片头安装在 $X-Y$ 导轨上,$X-Y$ 伺服系统为闭环控制,故有较高的定位精度,贴片器件的种类较广泛。这类贴片机种类最多,生产厂家也多,能在多种场合下使用,并可以根据产品的生产能力大小组合拼装使用,也可以单台使用(因它的贴片功能强)。而超高速贴片机则多采用旋转式多头系统,根据多头旋转的方向又分为水平旋转式与垂直旋转式,前者多见于松下和三洋产品,后者多见于西门子等产品。

还有一种超高速贴片机,如 Assembleon-FCM 贴片机,它们均由 16 个贴片头组合而成，其贴片速度达 9.6 万片/h。它的特点是 16 个贴片头可以同时贴装，故整体贴片速度快，但对单个头来说却仅相当于中速机的速度，故贴片头运动惯性小，贴装精度能得以保证。

(2)按功能分类　由于近年来元器件片式化率愈来愈高，SMC/SMD 品种愈来愈多，它们形状不同、大小各异，此外还有大量的接插件，因此对贴片机贴装品种的能力要求愈来愈高。目前，一种贴片机还不能做到既能高速度贴装又能处理异型、超大型元器件，故专业贴片机又根据能贴装，元器件的品种分为两大类：一类是高速/超高速贴片机，主要以贴片式元器件为主体；另一类能贴装大型器件和异型器件，称为多功能机。

通常多功能机的贴片头仍安装在 $X-Y$ 导轨上，贴片时 PCB 固定在导轨上，能处理各种异型或超大型元器件，并能贴装 100mm×90mm×2.4mm($L\times W\times T$)的异型器件。

当然，目前这两类贴片机的贴片功能可互相兼容，即高速贴片机不仅只贴片式元器件，而且能贴装尺寸不太大的 QPP 和 PLCC(32mm×32mm)，甚至能贴装 CSP，这样做的好处是将速度、精度、尺寸三者兼容，若两台贴片机连线工作时，能将所有元器件进行适当分配，以达到两台贴片机的总体贴装时间互相平衡，这对提高总体贴装速度是非常有意义的。

(3)按贴装方式分类　这种分类方法在现实生产中不常用，仅用于理论分析。

1)顺序式，即通常见到的贴片机，它是按照顺序将元器件一个一个贴到 PCB 上，因此又称之为顺序式贴片机。

2)同时式，使用专用料斗(每个斗中放一种圆柱式元器件)，通过一个塑料管送到 PCB 对应的焊盘上，每个焊盘都有一个元器件的料仓和塑料管，一个动作就能将元器件全部贴放到 PCB 相应的焊盘上。这种方法多见于高频头的生产中。它的缺点是，更换产品时，所有工装夹具全部要更换，费用高，时间长，目前这种方法已很少使用。

3)同时在线式，这类贴片机由多个贴片头组合而成，最典型的是 Assembleon FCM。工作时，16 个头依次同时对一块 PCB 贴片，故称之为同时在线式。

(4)按自动化程度分类　目前大部分贴片机是全自动化的，但也有手动的。

手动贴片机的机头有一套简易的手动支架，手动贴片头安装在 Y 轴头部，x，y，θ 定位可以靠人手的移动和旋转来校正位置。有时还可用光学系统配套来帮助定位，这类手动贴片机主要用于新产品开发，具有价廉的优点。

无论是全自动贴片机还是手动贴片机，无论是高速贴片机还是中低速贴片机，它们的总体结构均有类似之处，图 10-6 所示为一典型的贴片机外观图。贴片机的结构可分为：机架，PCB 传动机构及支撑台，x、y 与 z/θ 伺服定位系统，光学识别系统，贴片头，供料器，传感器和计算机操作软件。

2. 机架

机架是机器的基础，所有的传动、定位、传送机构均牢固地固定在它上面，大部分型号的贴片机及其各种送料器也安置在上面，因此机架应有足够的机械强度和刚性。目前贴片机有各种形式的机架，大致可分为两类。

1）整体铸造式：整体铸造的机架的特点是整体性强，刚性好，整个机架铸造后采用时效处理，机架的变形微小，工作时稳固。高档机多数采用此类结构。

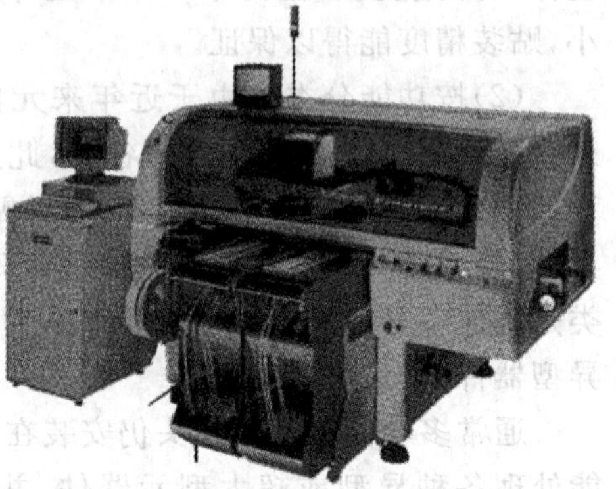

图 10-6　贴片机外观图

2）钢板烧焊式：这类机架由各种规格的钢板烧焊而成，再经时效处理以减少应力变形。它的整体性要比整体铸造低一些，但具有加工简单、成本较低的特点。在外观上（去掉机器外壳）可见到焊缝。

机器采用哪种结构的机架，取决于机器的整体设计和承重。通常机器在运行过程中应平稳、轻松、无振动感（用金属币立于机器上不会出现翻倒），从某种意义上来讲机架起着关键作用。

3. 传送机构与支撑台

传送机构是指机架上的轨道，它的作用是将需要贴片的 PCB 送到预定位置，贴片完成后再将贴有元件的 PCB 板送至下道工序。

传送机构是安放在轨道上的超薄型传动带传送系统。通常传动带轮安置在轨道边缘，传动带通常分为 A、B、C 三段，并在 B 区传送部位设有 PCB 夹紧机构，在 A、C 区装有红外传感器，更先进的机器还带有条形码阅读器，它能识别 PCB 的进入和送出，记录 PCB 数量。

传送机构根据贴片机的类型又分为整体式导轨和活动式导轨两种。

(1)整体式导轨　在这种方式贴片机中，PCB 的进入、贴片、送出始终在导轨上，当 PCB 送到导轨上并前进至 B 区时，PCB 会有一个后退动作并遇到后置限位块，于是 PCB 停止运行，与此同时，PCB 下方带有定位销的顶块上行，将销钉顶人 PCB 的工艺孔中，并且 B 区上的压紧机构将 PCB 压紧。

在 PCB 下方，有一块支撑台板，台板上有阵列式圆孔，当 PCB 进入 B 区后，可根据 PCB 结构需要在台板上安装适当数量的支撑杆，随着台面的上移，支撑杆将 PCB 支撑在水平位，这样当贴片头工作时就不会将 PCB 下压而影响贴片精度。

若 PCB 事先没有预留工艺孔，则可以采用光学辨认系统确认 PCB 的位置，此时可将定位块上的定位销钉拆除，当 PCB 到位后，由 PCB 前后限位块及夹紧机构共同完成 PCB 的定位。通常光学定位的精度高于机械定位，但定位时间稍长。

(2)活动式导轨 在另一类高速贴片机中，B 区导轨相对 A、C 区是固定不变的，A、C 区导轨却可以上下升降，当 PCB 由印制机送到导轨 A 区时，A 区导轨处于高位并与印制机导轨相接，当 PCB 运行至 B 区时，A 区导轨下沉到与 B 区导轨同一水平面，PCB 由 A 区移到 B 区，并由 B 区夹紧定位，当 PCB 贴片完成后送到 C 区导轨，C 区导轨由低位(与 B 区同水平)上移到与下道工序的设备导轨同一水平，并将 PCB 由 C 区送到下道工序。

4. x、y 与 z/θ 伺服定位系统

(1)功能 x、y 伺服定位系统是贴片机的关键机构，也是评估贴片机精度的主要指标，它包括 x、y 传动机构和 x、y 伺服系统。它的功能有两种，一种是支撑贴片头，即贴片头安装在 x 导轨上，x 导轨沿 y 方向运动从而实现在 $x-y$ 方向贴片的全过程，这类结构在通用型贴片机中多见。另一种功能是支撑 PCB 承载平台并实现 PCB 在 $x-y$ 方向移动，这类结构常见于塔式旋转头类的贴片机中。这类高速机中，其贴片头仅做旋转运动，而依靠送料器的水平移动和 PCB 承载平面的运动完成贴片过程。上述两种 x、y 定位系统中，x 导轨沿 y 方向运动，从运动形式来看，属于连动式结构，其特点是 x 导轨受 y 导轨支撑，并沿 y 轴运动，它属于动式导轨结构。

还有一类贴片机，贴片机的机头安装在 x 导轨上，并仅做 x 方向运动，而 PCB 的承载台仅做 y 方向运动，工作时两者配合完成贴片过程。其特点是 x、y 导轨均与机座固定，它属于静式导轨结构。

从理论上讲，分离式结构的导轨在运动中变形量要小于连动式，但在分离式的结构中，PCB 处于运动状态，应考虑贴装后的元器件是否产生位移。

(2)结构 x、y 传动机构主要有滚珠丝杠一直线导轨和同步齿形带一直线导轨两大类。

滚珠丝杠一直线导轨的结构是贴片头固定在滚珠螺母基座和对应的直线导轨上方的基座上，电动机工作时，带动滚珠螺母做 x 方向往复运动，有导向的直线导轨支承，保证运动方向平行，x 轴在两平行滚珠丝杠一直线导轨上作 y 方向移动，从而实现了贴片头在 $x-y$ 方向正交平行移动。同理，PCB 承载平台也以同样的方法，实现 $x-y$ 方向正交平行移动。

贴片速度的提高，意味着 $x-y$ 传动机构运行速度的提高，这将会导致 $x-y$ 传动机构因运动过快而发热，通常钢材的线膨胀系数为 15×10^{-6}，铝的线膨胀系数为钢的 1.5 倍，而滚珠丝杆是主要热源，其热量的变化会影响贴装精度，故最新研制出的 x、y 传动系统在导轨内部设有冷却系统，以减小因热膨胀带来的误差。

此外，在高速机中采用无摩擦直线电动机和空气轴承导轨传动，运行速度能做得更快。

同步齿形带由传动电动机驱动小齿轮，使同步带在一定范围内作直线往复运动。这样带动轴基座在直线轴承往复运动，两个方向传动部件组合在一起便组成 x、y 传动系统。由于同步齿形带载荷能力相对较小，仅适用于支持贴片头运动。

(3) x、y 伺服系统(定位控制系统)　随着 SMC/SMD 尺寸的减小及精度的不断提高，对贴片机贴装精度的要求越来越高，换言之，对 x、y 定位系统的要求越来越高。而 x、y 定位系统则由 x、y 伺服系统来保证，即上述的滚珠丝杠—直线导轨及齿形带—直线导轨，是由交流伺服电动机驱动，并在位移传感器及控制系统指挥下实现精确定位，因此位移传感器的精度起着关键的作用。目前贴片机上使用的位移传感器有圆光栅编码器、磁栅尺和光栅尺，现将它们的结构与原理介绍如下。

1) 圆光栅编码器。通常圆光栅编码器的转动部位上装有两片圆光栅，圆光栅由玻璃片或透明塑料制成，并在片上镀有明暗相间的放射状铬线，相邻的明暗间距称为一个栅节，整个圆周总栅节数为编码器的线脉冲数。铬线数的多少，也表示其精度的高低，显然铬线数越多，其精度越高。其中一片光栅固定在转动部位作指标光栅，另一片则随转动轴同步运动并用来计数，因此指标光栅与转动光栅组成一对扫描系统，相当于计数传感器。

编码器在工作时，可以检测出转动件的位置、角度及角加速度，它可以将这些物理量转换成电信号，传输给控制系统，控制系统就可以根据这些量来控制驱动装置，因此，圆光栅编码器通常装在伺服电动机中，而电动机直接与滚珠丝杆相连。

贴片机在工作时，将位移量转换为编码信号，输入编码器中，当电动机工作时，编码器就能记录丝杆的旋转数，并将信息反馈给比较器，直至符合被测线性位移量，这样就将旋转运动转换成了线性运动，保证贴片头运行到所需位置上。

采用圆光栅编码器的位移控制系统结构简单，抗干扰性强，测量精度取决于编码器中光栅盘上的光栅数及滚珠丝杆导轨的精度。

2) 磁栅尺。由磁栅尺和磁头检测电路组成，利用电磁特性和录磁原理对位移进行测量。磁栅尺是在非导磁性标尺基础上采用化学涂覆或电镀工艺在非磁性标尺上沉积一层磁性膜(一般 10～20μm)，在磁性膜上录制代表一定长度具有一定波长的方波或正弦波磁轨迹信号。磁头在磁栅尺上移动和读取磁信号，并转变成电信号输入到控制电路，最终控制 AC 伺服电动机的运行。通常磁栅尺直接安装在 x、y 导轨上。

磁栅尺的优点是制造简单，安装方便，稳定性高，量程范围大，测量精度高达 1～5μm。一般高精度自动贴片机采用此装置。贴片精度一般在 0.02mm。

3)光栅尺。该系统同磁栅尺系统相类似,它也由光栅尺、光栅读数头与检测电路组成。光栅尺是在透明玻璃或金属镜面上真空沉积镀膜,利用光刻技术制作均匀密集条纹(每毫米 100～300 条纹),条纹距离相等且平行。光栅读数头由指示光栅、光源、透镜及光敏器件组成。指示光栅有相同密度的条纹,光栅尺是根据物理学的莫尔条纹形成原理进行位移测量,测量精度高,一般在 0.1～1μm。光栅尺在高精度贴片机中应用,其定位精度比磁栅尺还要高 1～2 个数量级。

总之,上述三种测量方法均能获得很高的运动定位精度,但仅能对单轴向运动位置的偏差进行检测,而对导轨的变形、弯曲等因素造成的正交或旋转误差却无能为力。

(4) y 轴方向运行的同步性　由于支撑着贴片机头的 x 轴安置在两根 y 导轨上,为了保证运行的同步性,早期的贴片机采用齿轮、齿条和过桥装置将两 y 导轨相连接。但这种做法,机械噪声大,运行速度受到限制,贴片头的停止与起动均会产生应力,导致振动并可能会影响贴片精度。目前设计的新型贴片机 x 轴运行采用完全同步控制回路的双 AC 伺服电动机驱动系统,将内部振动降至最低,从而保证了 y 方向同步运行,其速度快,噪声低,贴片头运行流畅轻松。

(5) $x-y$ 运动系统的速度控制　在高速机中,$x-y$ 运动系统的运行速度高达 150mm/s,瞬时的起动与停止都会产生振动和冲击。最新的 $x-y$ 运动系统采用模糊控制技术,运动过程中分三段控制,即“慢—快—慢”,呈“S”型变化,从而使运动变得更“柔和”,也有利于贴片精度的提高,同时机器噪声也可以减到最小。

(6) z 轴伺服定位系统　在通用型贴片机中,支撑贴片头的基座固定在 x 导轨上,基座本身不做“z”方向的运动。这里的 z 轴控制系统,特指贴片头的吸嘴运动过程中的定位,其目的是适应不同厚度 PCB 与不同高度元器件的贴片需要。z 轴控制系统常见的形式有下列几种。

1)圆光栅编码器——AC/DC 电动机伺服系统。在通用型贴片机中,吸嘴的 z 方向伺服控制与 $x-y$ 伺服定位系统类似,即采用圆光栅编码器的 AC/DC 伺服电动机—滚珠丝杆或同步带机构。采用 AC/IX;伺服电动机—滚珠丝杆控制时,其电动机—滚珠丝杆安装在吸嘴上方;采用 AC/DC 伺服电动机—同步带控制时,其电动机则可安装在侧位,通过齿轮转换机构实现吸嘴在 z 方向的控制。由于吸嘴 z 方向运动行程短,以及采用光栅编码器,通常控制精度均能满足要求。

2) 圆筒凸轮控制系统。在松下 MVB 型贴片机中,吸嘴 z 方向运动则是依靠特殊设计的圆筒凸轮曲线实现吸嘴的上、下运动,贴片时在 PCB 装载台的配合下(装载可以自动调节高度),完成贴片程序。

(7) z 轴的旋转定位　早期贴片机的 z 轴/吸嘴的旋转控制是采用气缸和档块来实现的,只能做到 0°和 90°控制,现在的贴片机已直接将微型脉冲电动机安装在贴片头内部,以实现 θ 方向高精度的控制。

5. 光学对中系统

贴片机的对中是指贴片机在吸取元器件时要保证吸嘴吸在元器件中心，使元器件的中心与贴片头主轴的中心线保持一致，因此，首先遇到的是对中问题。早期贴片机的元器件对中是用机械方法来实现的(称为“机械对中”)。当贴片头吸取元器件后，在主轴提升时，拨动四个爪把元器件抓一下，使元器件轻微地移动到主轴的中心上来，QFP 器件则在专门的对中台进行对中。

这种对中方法由于是依靠机械动作，因此速度受到限制，同时元器件也易受到损坏，目前这种对中方式已不再使用，取而代之的是光学对中。

(1) 光学定位系统原理　贴装头吸取元器件后，CCD 摄像机对元器件成像，并转化成数字图像信号，经计算机分析出元器件的几何尺寸和几何中心，并与控制程序中的数据进行比较，计算出吸嘴中心与元器件中心在$\triangle x$、$\triangle y$和$\triangle \theta$的误差，并及时反馈至控制系统进行修正，保证元器件引脚与 PCB 焊盘重合。

(2) 光学系统的组成　光学系统由光源、CCD、显示器以及数模转换与图像处理系统组成，即 CCD 在给定的视野范围内将实物图像的光强度分布转换成模拟电信号，模拟电信号再通过 A/D 转换器转换为数字量，经图像系统处理后再转换为模拟图像，最后由显示器反应出来。

(3) CCD 的分辨率　光学系统采用两种分辨率——灰度值分辨率和空间分辨率。灰度值分辨率是利用图像多级亮度来表示分辨率的方法，机器能分辨给定点的测量光强度，所需光强度越小，则灰度值分辨率就越高，一般采用 256 级灰度值，它具有很强的精密区别目标特征的能力。而人眼处理的灰度值仅在 50～60 左右，因此机器的处理能力远高于人眼的处理能力。

空间分辨率是指 CCD 分辨精度，通常用像素来表示，即规定覆盖原始图像的栅网的大小，栅网越细，网点和像素越高，说明 CCD 的分辨精度越高。采用高分辨率 CCD 的贴片机其贴装精度也较高。

但通常在分辨率高的场合下，CCD 能见到的视野小(Frame)，而大视野的情况下则分辨率较低，故在高速高精度贴片机中装有两种不同视野的 CCD。在处理高分辨率的情况下采用小视野 CCD，在处理大器件时则使用大视野 CCD。

(4) CCD 的光源　为了配合贴片机贴好 BGA 和 CSP 之类的新型器件，在以往的元器件照明(周围、同轴)基础上增加了新型的 BGA 照明。所谓的 BGA 照明是 LED 比以往更加水平，早期的照明装置能同时照亮焊球与元器件底部，故难以将它们区别开来。改进后的照明系统，当 LED 点亮时，仅使 BGA 元器件的焊球发出反光，从而能够识别球栅的排列，增加可信度。

(5) 光学系统的作用　贴片机中的光学系统，在工作过程中首先是对 PCB 的位置确认。当 PCB 输送至贴片位置上时，安装在贴片机头部的 CCD，首先通过对 PCB 上所设定的定位标志的识别，实现对 PCB 位置的确认。所以通常在设计

PCB时应设计定位标志。CCD对定位标志确认后，通过BUS反馈给计算机，计算出贴片原点位置误差（$\triangle x$、$\triangle y$），同时反馈给运动控制系统，以实现PCB识别过程。

在对PCB位置确认后，接着是对元器件的确认，包括元器件的外形是否与程序一致、元器件中心是否居中、元器件引脚的共面性和形变。

在SMD迅速发展的情况下，引脚间距已由早期的1.27mm过渡到0.5mm和0.3mm等，这样仅靠上述两个光学确认还不够，因此在PCB设计时还增加了小范围几何位置确认，即在要贴装的细间距QFP位置上再增加元器件图像识别标志，确保细间距器件贴装准确无误。

（6）CCD安装位置　目前大部分贴片机中，CCD均固定安装在机器座上。贴片头吸嘴吸取元器件后先移至CCD上确认，以修正$\triangle x$、$\triangle y$和$\triangle \theta$，再将元器件贴放到指定位置，这种方法比较传统。随着细间距的IC大量使用，花费在器件光学对中的时间也越来越长，如贴装1.27mm间距IC速度高达每小时10 000片，但贴装0.5mm间距IC速度仅为1 000～2 000片/h，即速度下降到1/10～1/5；随着电子产品复杂程度的提高，细间距IC的应用已越来越广泛，目前先进的贴片机采用飞行对中技术，实现在QFP等器件吸起来后，在送至贴片位置之前，即在运动中就将位置校正好，因此大大节约了器件的对中速度。飞行对中的技术有下列几种形式：

1）CCD安装在贴片头上，用此方法QFP的贴装速度由原来的0.7s下降至0.3s。

2）CCD采用悬挂式安装，有利于SMC/SMD运动中校正位置。

6. 贴片头

贴片头是贴片机关键部件，它拾取元器件后能在校正系统的控制下自动校正位置，并将元器件准确地贴放到指定位置。贴片头的发展是贴片机进步的标志，贴片头已由早期的单头、机械对中发展到多头光学对中，下列为贴片头的种类形式：

（1）固定单头　早期单头贴片机是由吸嘴、定位爪、定位台和z轴、θ角运动系统组成，并固定在x、y传动机构上。当吸嘴吸取一个元器件后，通过机械对中机构实现元器件对中并给供料器一个信号（电信号或机械信号），使下一个元器件进入吸片位置。但这种方式贴片速度很慢，通常贴放一只片式元器件需1s。为了提高贴片速度，人们采取增加贴片头的数量的方法，即采用多个贴片头来增加贴片速度。

（2）固定式多头　这是通用型贴片机采用的结构，它在原单头的基础上进行了改进，即由单头增加到了3～6个贴片头。它们仍然固定在x、y轴上，但不再使用机械对中，而改为多种形式的光学对中。工作时分别吸取元器件，对中后再依次贴放到PCB指定位置上。目前这类机型的贴片速度已达3万个元器件/h的水准，而且这类机器的价格较低，并可组合联用。

随着贴片头由机械式改为吸嘴式，其吸嘴的技术要求也相应提高。

1）吸嘴的真空系统。吸嘴在吸片时，必须达到一定的真空度方能判别拾起元器件是否正常，当元器件侧立或因元器件“卡带”未能被吸起时，贴片机将会发出报警信号。

2）吸嘴的软着陆。贴片头吸嘴拾起元器件并将其贴放到PCB上的瞬间，通常是采取两种方法贴放，一是根据元器件的高度，即事先输入元器件的厚度，当贴片头下降到此高度时，真空释放并将元器件贴放到焊盘上，采用这种方法有时会因元器件厚度的超差，出现贴放过早或过迟现象，严重时会引起元器件移位或“飞片”缺陷；另一种更先进的方法是，吸嘴会根据元器件与PCB接触的瞬间产生的反作用力，在压力传感器的作用下实现贴放的软着陆，又称为Z轴的软着陆，故贴片轻松，不易出现移位与飞片缺陷。

3）吸嘴的材料与结构。随着元器件微型化，现已出现0.6mm×0.3mm的片式元器件(0603元件)，而吸嘴又高速与元器件接触，其磨损是非常严重的。对于高速贴片机，其吸嘴的材料与结构也越来越受到人们的重视。早期采用合金材料，以后又改为碳纤维耐磨塑料材料，更先进的吸嘴则采用陶瓷材料及金刚石，使吸嘴更耐用。

吸嘴的结构也做了改进，特别是在0603元器件的贴片中，为了保证吸起的可靠性，在吸嘴上有孔，以保证吸取时焊膏的平衡。此外还考虑到，不仅是元器件本身尺寸在减小，而且与周围元器件的间隙也在减小，因此不仅要能吸起元器件，而且要不影响周边元器件，故改进后的吸嘴即使元器件之间的间隙为0.15mm，也能方便地贴装。

(3) 旋转式多头　高速贴片机多采用旋转式多头结构，目前这种方式的贴片速度已达到4.5～5万只/h。每贴一个元器件仅需0.08s左右的时间。

旋转式多头又分为水平旋转式/转塔式与垂直方向旋转/转盘式，现分别介绍如下。

1)水平旋转/转塔式。这类贴片机中有16个贴片头，每个头上有4～6个吸嘴，故可以吸放多种大小不同的元器件。16个贴片头固定安装在转塔上，只能做水平方向旋转，习惯上人们称之为水平旋转式或转塔式。旋转头各位置的功能做了明确分工。贴片头在1号位从送料器上吸起元器件，然后在运动过程中完成校正、测试，直至5号位完成贴片工序。由于贴片头是固定旋转，不能移动，元器件的供给只能靠送料器在水平方向的运动将所需的贴放元器件送到指定的位置。贴放位置则由PCB工作台的x、y高速运动来实现。这类贴片机的高速度取决于旋转头的高速运行，在贴片头旋转的过程中，送料器以及PCB也在同步运行。

2)垂直旋转/转盘式贴片头。这类贴片头多见于西门子贴片机，旋转头上安装有12个吸嘴，工作时每个吸嘴均吸取元器件，并在CCD处(固定安装)调整$\triangle\theta$，吸嘴中均安装有真空传感器和压力传感器。通常此类贴片机中安装两组旋转头，其中一组在贴片，而另一组则在吸取元器件，然后交换功能，以达到高速贴片的目的。

(4) 组合式贴片　安必昂 FCM 型贴片机，由 16 个独立贴片头组合而成。16 个贴片头可以同时贴放元器件，每小时可以贴放 9.6 万个片式元器件，但对于每个贴片头来说，每小时只贴 6 000 个片式元器件，仅相当于一台中速机的水平，因此工作时贴片精度高，故障率小，噪声低，对一个需贴装的产品来说，只要将所要贴放的元器件按照一定的程序分配到 16 个贴片头上，就能实现均衡组合，并可获得极高的速度。

7. 供料器

供料器(Feeder)的作用是将片式元器件 SMC/SMD 按照一定规律和顺序提供给贴片头以便准确方便地拾取，它在贴片机中占有较多的数量和位置，它也是选择贴片机和安排贴片工艺的重要组成部分，随着贴片速度和精度要求的提高，近几年来供料器的设计与安装，愈来愈受到人们的重视。根据 SMC/SMD 包装的不同，供料器通常有带状(Tape)、管状(Stick)、盘状(Waffle)和散料等几种。

(1) 带状供料器

1)带状包装。带状包装在贴片生产中占有较大的比例。常见的元器件有电阻、电容以及各种小外形的 IC。带状包装由带盘与编带组成，类似电影拷贝。根据材质不同，有纸编带、塑料编带及粘结式塑料编带，其中纸编带包装与塑料编带的器件，可用同一种带状供料器，而粘结式塑料编带所使用的带状供料器的形式有所不同，但不管哪种材料的包装带，均有相同的结构。

纸编带由基带、底带和盖带组成，其中基带为纸，而底带和盖带则是塑料薄膜。基带上布有小元孔，又称同步孔，两孔之间的距离称为步距，是供带状送料器上棘轮传动时的定位孔。矩形孔是装载元器件的料腔，用来装载不同尺寸的元器件。带宽现已有标准化尺寸，有 8mm、12mm、16mm、24mm 和 32mm。用来装载 0603 以上尺寸元器件的同步孔步距均为 4mm，而小于 0603 尺寸的包装带上的同步孔孔距则为 2mm，故定购供料器时应加以区别。

塑料编带由基带、盖带和底带组成，均为塑料，同步孔及带宽与纸带类似。

粘结式编带常用于包装尺寸大一些的器件，如小外形的 IC 等，包装的元器件依靠不干胶粘合在编带上，但编带上有一个长槽元孔，供料器上的专用针形销将元器件顶出，以便使元器件在与粘结带脱离时被贴片机的真空吸嘴吸住。

2)供料器的运行原理。编带安装在供料器上，编带轮固定在供料器的轴上，编带通过压带装置进入供料槽内。上带与编带基体通过分离板分离，固定到收带轮上，编带基体上同步孔装入同步棘轮齿上，编带头直至供料器的外端。供料器装入供料站后，贴片头按程序吸取元器件并通过给“进给滚轮”手柄一个机械信号，使同步轮转一个角度，使下一个元器件送到供料位置上。更先进的供料器具有“清洁”功能，在带仓打开时，还能瞬时实现对元器件的“清洁”，去除元器件上“污染物”，供料器增加元器件的可焊性。上层带通过皮带轮机构将上层带收回卷紧，废基带通过废带通道排除到外面，并定时处理。

3)带状供料器的种类。根据驱动同步棘轮的动力来源，带状供料器可分为机械式、电动式和气动式。机械式就是棘轮传动结构，它是靠贴片头运动过程中向进给手柄打压来驱动同步棘轮前进的，所以称为机械式，而电动式的同步棘轮的运行则是依靠低速直流伺服电动机驱动的。

此外还有气动式供料器，其同步棘轮的运行依靠微型电磁阀转换来控制。目前供料器以机械式与电动式为多见。

(2) 管装供料器

1)管状包装。许多 SMD 采用管状包装，它具有轻便、价廉的优点，通常分为 PLCC 和 SOJ 两大类，采用 A 型管包装；SOP 采用 B 型管包装。

2)管状供料器的功能。管状供料器的功能是把管子内的器件按顺序送到吸片位置供贴片头吸取。管状供料器的结构形式多种多样，它由电动振动台、定位板等组成。早期仅安装一根管，现在则可以将相同的几个管叠加在一起，以减少换料的时间，也可以将几种不同的管并列在一起，实现同时供料，使用时只要调节料架振幅即可以方便地工作。

(3) 盘装供料器　盘装又称华夫盘包装，它主要用于 QFP 等器件。通常这类器件引脚精细，极易碰伤，故采用上下托盘将器件的本体夹紧，并保证左右不能移动，便于运输和贴装。

盘状供料器的结构形式有单盘式和多盘式。单盘式供料器仅是一个矩形不锈钢盘，只要把它放在料位上，用磁条就可以方便地定位。

对于多种 QFP 器件的供料，则可以通过多盘专用供料器，它又称为 tray feeder，现已广泛采用，通常安装在贴片机的后料位上，约占 20 个 8mm 料位，但它却可以为 40 种不同的 QFP 同时供料。

较先进的多盘供料器可将托盘分上下两部分，各容 20 盘，并能分别控制，更换元器件时，可实现不停机换料。

(4) 散装仓储式供料器　散装仓储式供料器是近几年出现的新型供料器。SMC 放在专用塑料盒内，每盒装有 1 万只元器件，不仅可以减少停机时间，而且节约了大量的编带纸。这也意味着节约木柴，故具有“环保概念”。散装供料器的供料原理是由于它带有一套线性振动轨道，随着导轨的振动，元器件在轨道上排队向前。这种供料器适合于矩形和圆形片式元器件，但不适用于极性器件。目前最小元器件尺寸已做到 1.0mm×0.5mm，散装仓储式供料器所占料位与 8mm 带状包装供料器相同。

目前已开发出带双仓、双道轨的散装仓储式供料器，即一只供料器相当于两只供料器的功能，这意味着在不增加空间的情况下，装料能力提高了一倍。

(5) 供料器的安装系统　由于 SMT 组装的产品愈来愈复杂，每种电子产品需贴装的元器件也愈来愈多，因此要求贴片机能装载更多的供料器，通常以能装载 8mm 送料器的数量作为贴片机供料器的装载数。大部分贴片机是将供料器直接安装在机架上，为了能提高贴片能力，减少换料时间，特别是产品更新时往往需要重新组织供料器，因此大型高速的贴片机采取双组合送料架，真正做到不停机换料，最多可放置 120×2 个供料器。

在一些中速机中，则采取推车一体式料架，换料时可以方便地将整个供料器与主机脱离，实现供料器整体更换，大大缩短装卸料架的时间。

8. 传感器

贴片机中装有多种传感器，如压力传感器、负压传感器和位置传感器，随着贴片机智能化程度的提高，可进行元器件电气性能检查，它们像贴片机的眼睛一样，时刻监视机器的运转。

传感器应用越多，表示贴片机的智能化水平越高，现将各种传感器的功能简介如下。

(1)压力传感器　贴片机，包括各种气缸和真空发生器，均对空气压力有一定要求，低于设备规定的压力时，机器就不能正常运转；压力传感器始终监视着压力变化，一旦异常，即及时报警，提醒操作者及时处理。

(2)负压传感器　贴片头上的吸嘴靠负压吸取元器件，它由负压发生器及真空传感器组成。负压不够，将吸不住元器件，供料器没有元器件或元器件卡在料包中不能被吸起时，吸嘴将吸不到元器件，这些情况的出现会影响机器正常工作。而负压传感器始终监视负压变化，出现吸不到或吸不着元器件的情况时，它能及时报警，提醒操作者更换供料器或检查吸嘴负压系统是否堵塞。

(3)位置传感器　PCB 的传输定位，包括 PCB 的计数，贴片头和工作台运动的实时检测，辅助机构的运动等，都对位置有严格要求，这些位置要求通过各种形式的位置传感器来实现。

(4)图像传感器　贴片机工作状态的实时显示，主要采用 CCD 图像传感器，它能采集各种所需的图像信号，包括 PCB 位置、器件尺寸，并经计算机分析处理，使贴片头完成调整与贴片工作。

(5)激光传感器　激光已广泛地应用在贴片机中，它能帮助判别器件引脚的共面性。当被测器件运行到激光传感器的监测位置时，激光发出的光束照射到 IC 引脚并反射到激光读取器上，若反射回来的光束长度同发射光束相同，则器件共面性合格，当不相同时，则由于引脚上翘，使反射光光束变长，激光传感器从而识别出该器件引脚有缺陷。

激光传感器还能识别器件的高度，这能缩短生产预备时间。

(6)区域传感器　贴片机在工作时,为了贴片头安全运行,通常在贴片头的运动区域内设有传感器,利用光电原理监控运行空间,以防外来物体带来伤害。

(7)元器件检查　元器件的检查,包括供料器供料以及元器件的型号与精度检查。过去只用于高档贴片机中,现在在通用型贴片机中也普遍采用。它可以有效地预防元器件误贴、错贴或工作不正常。

(8)贴片头压力传感器　随着贴片速度及精度的提高,对贴片头将元器件贴到 PCB 上的“吸放力”的要求越来越高,这就是通常所说的“z 轴软着陆功能”。它是通过霍尔压力传感器及伺服电动机的负载特性来实现的。当元器件放置到 PCB 上的瞬间会受到振动,其振动力能及时传送到控制系统,通过控制系统的调控再反馈到贴片头,从而实现 z 轴软着陆功能。有该功能的贴片头在工作时,给人的感觉是平稳轻巧,若进一步观察,则元器件两端浸到焊膏中的深度大体相同,这对防止出现“立碑”等焊接缺陷也是非常有利的。不带压力传感器的贴片头,则会出现错位以致飞片现象。

三、波峰焊机

波峰焊也称为群焊或流动焊接。最早起源于 20 世纪 50 年代英国 Fry’s Metal 公司。由于波峰焊技术能大幅度提高生产效率(50 倍之多),节约大批人力和焊料,焊点质量和可靠性明显地提高,故一直受到人们的广泛重视,是 20 世纪电子产品装联工艺技术中最成熟、影响最广、效率最明显的一项成果,至 80 年代仍是装联工艺的主流。尽管近 20 年来出现了焊膏一回流焊工艺,并在不断扩展其应用范围,但在今后的一段时期内,SMT 的混装工艺中仍缺不了波峰焊接技术。图 10-7 所示为一典型的波峰焊机外观图。

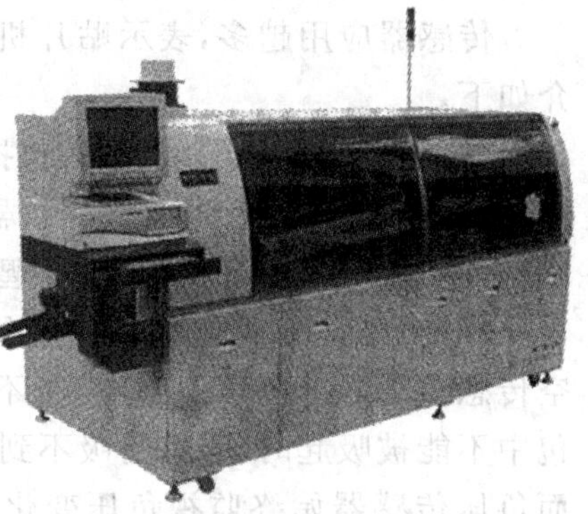

图 10-7　波峰焊机外观图

1. 波峰焊工艺流程及其功能

波峰焊工艺流程如图 10-8 所示,各工艺流程功能如下:

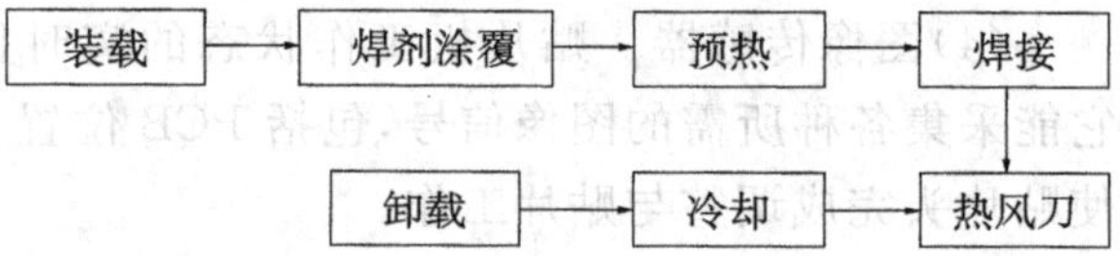

图 10-8　波峰焊的工艺流程

1)装载:将所焊接的 PCB 置于机器中(老式波峰机中需配置框架式夹具)。

2)焊剂涂覆:在 PCB 上喷涂助焊剂,常用的方法有发泡、浸渍、刷涂和喷雾等。

3)预热:预热 PCB/焊点,活化助焊剂。

4)焊接:完成实际的焊接操作。

5)热风刀:去除桥连,并减轻组件的热应力。

6)冷却:冷却产品,减轻热滞留带来的损坏。

7)卸载:取出焊好的电子组件板。

波峰焊机中,主要工位是焊料波峰与PCB接触工位,其余都是辅助工位,但波峰焊机是个整体,其余辅助工位也不可缺少或损坏。

2. 波峰面

仔细观察波峰焊机的波峰面(平波或称Chip波),会看到当焊料从喷嘴喷出时,看起来好像在波峰处连续不断地形成新的自由焊料表面,但仔细检查后可发现,除了最靠边的区域以外,波的表面均被一层氧化皮所覆盖,它在沿焊料波的整个长度方向上几乎都保持静态。若在波峰面上放一片纸屑,纸屑是静止不动的。

在波峰焊接过程中,PCB接触到锡波的前沿表面,氧化皮破裂,PCB前面的锡波无皱褶地被推向前进,这说明整个氧化皮与PCB以同样的速度移动。波峰焊机以这种方式工作时,其特点是形成的焊料渣最少。焊料波上没有PCB时,焊料从喷嘴边和焊料氧化皮间的通道流出。在沿边和表皮上,焊料的流速为零,在中央位置则有流速分布。当焊料波上有PCB时,情况有所不同,PCB正下方,焊料总是与PCB同速而行,但对插装长引脚元器件的PCB,会出现扰乱焊料流的速度分布。

3. 焊点成型与防止桥连的发生

当PCB进入波峰面前端时,基板与引脚被加热,并在未离开波峰面尾端之前,整个PCB浸在焊料中,即被焊料所桥连,但在离开波峰尾端的瞬间,少量的焊料由于润湿力的作用,沾附在焊盘上,并由于表面张力的原因,会出现以引线为中心收缩至最小状态。此时锡料与焊盘之间的润湿力大于两焊盘之间焊料的内聚力。因此会形成饱满、圆整的焊点。离开波峰尾端的多余焊料,由于重力的原因,回落到锡锅中。

相反,如焊盘的可焊性差,焊接温度不够,就会出现锡料与焊盘之间的湿润力不足以克服两焊盘之间的焊料的内聚力,造成桥连。

通常采取下列办法来解决桥连的形成:

1)使用可焊性好的元器件/PCB;

2)提高助焊剂的活性;

3)提高PCB的预热温度,增加焊盘的润湿性能;

4)提高焊料的温度;

5)去除有害杂质,减低焊料的内聚力,以有利于两焊点之间的焊料分离。

四、回(再)流焊炉

回流焊又称再流焊(Reflow),它的本意是通过重新熔化预先放置的焊料而形成焊点,在焊接过程中不再添加任何额外焊料的一种焊接方法。早期预置的是片状和圈状焊料,随着片式元器件的出现,膏状焊料应运而生,并取代了其他形式的焊料,回流焊技术成为SMT的主流工艺。

回流焊与传统的波峰焊相比，具有下列优点：

1）焊膏能定量分配、精度高、焊料受热次数少、不易混入杂质且使用量相对较少。

2）适用于焊接各种高精度、高要求的元器件，如0603电阻电容、QFP、BGA和CSP等芯片封装器件。

3）焊接缺陷少，不良焊点率小于10×10^{-6}。

目前，通孔元器件的回流焊工艺已成熟，随着对电子产品轻薄短小的要求，以及使用无铅焊料进程的加快和焊料价格的提高，原有波峰焊价廉的优势逐渐丧失，将使更多的电子产品采用回流焊工艺。

回流焊技术，根据加热方式的不同，可将回流焊分为：气相回流焊、热板传导回流焊、红外回流焊、热风对流回流焊以及激光回流焊等5种。图10-9所示为一台典型的热风对流回流焊炉的外观图。

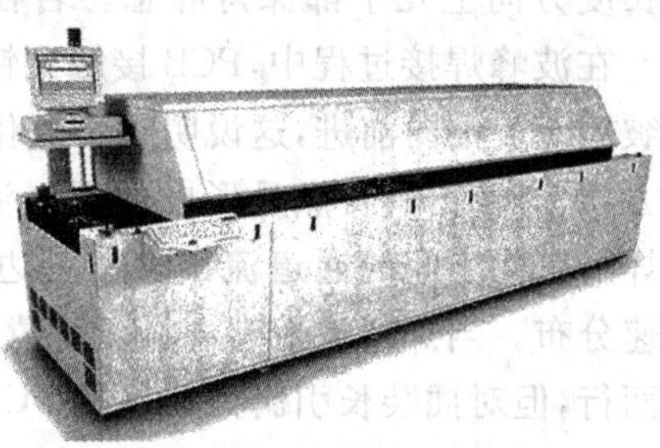

图10-9　热风对流回流焊炉外观图

1. 气相回流焊（Vapor phase）

气相回流焊是以氟系惰性有机溶剂作热媒介质，利用其饱和蒸气凝聚为液体时放出的汽化潜热作为热源，对PCB组装件进行软钎焊。气相回流焊的焊接温度由有机溶剂的沸点决定，而后者是固定的，因此可以精确控温，不必担心温度过高。此外，它还具有升温快、热稳定性好、焊件受热均匀以及能焊接各种形状的表面安装元器件等优点。其缺点是，不能按表面贴装元器件的种类来确定升温条件，并且氟化物价格昂贵，还会造成环境污染。气相焊接系统有批量式和流水线式两种，前者用于产品的试制阶段或小批量生产，后者常用于大批量生产，如图10-10所示。

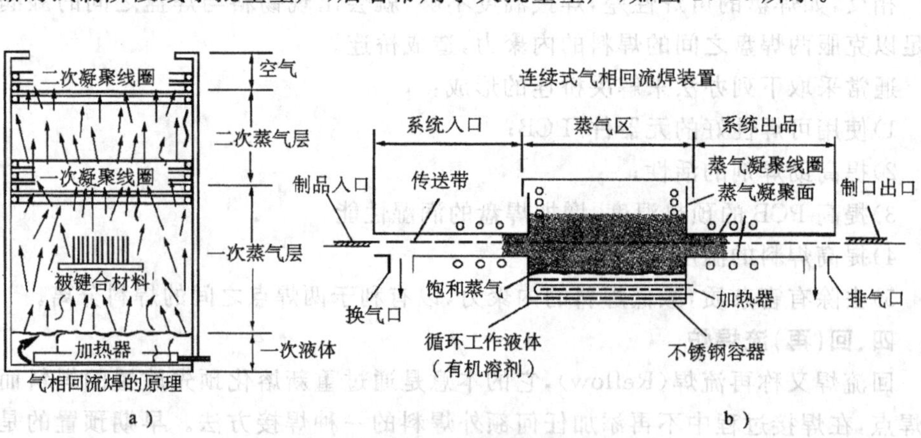

图10-10　气相回流焊炉的结构

a）纵型（批量式）　b）横型（连续式）

2. 热板传导回流焊(Hot Belt Conveyer)

热板传导回流焊是利用热板的热传导来加热印制电路板，也称为热传导回流焊。在这种焊接系统中，传送带由导热性能良好的材料制成。将待焊接电路板放在传送带上，热量先传至电路板，再传至锡膏与SMC/SMD，软钎锡膏受热熔化，进行SMC/SMD与焊盘的焊接。热板传导回流焊可以通过改变加热板的温度和线性传送速度来控制锡膏温度的变化。由于其传热方式主要是通过印制板的热传导，因此要求印制板非常平整，还要求基板材料受热不易翘曲、扭曲或分层。这种工艺适合于高纯度氧化铝基板、陶瓷基板等导热性能良好的印制板的单面贴装。普通覆铜箔层的印制电路板由于其导热性能较差，焊接效果不佳。

3. 红外回流焊(IR, Infra-Red)

红外回流焊的主要加热方式是红外辐射加热，红外辐射是一种电磁波形式的能量，其传播速度与光速一样，当红外辐射时，热源不需要与受热工件之间直接接触，它通过空气(或惰性气体)传播热量，而空气本身很少或几乎不产生热效应。因此，它能高效率地直接转换能量。通常，在焊件所吸收的全部热量中，辐射只占其中的40%，其余60%热量是从炉中热空气的对流中得到。红外焊是一种较早应用于表面贴装焊接的回流焊工艺，但由于其存在一些固有的缺点，比如，使组装件褪色，各元件由于材质不同而受热不均匀，使某些元器件过热和板子变形等，近年来已逐渐被其他回流焊工艺所取代。

4. 热风对流回流焊(Forced Convection)

热风对流回流焊是利用加热器与风扇，强制炉膛内空气对流，将热量传递给待焊接印制板，如图10-11所示。其主要传热方式是对流，也有部分热辐射和传导。它具有加热均匀、温度稳定的优点，克服了热板传导和红外两种方式的不足。为获得合适的回流曲线，热风对流回流焊炉一般在传送带上、下各设置若干个温区，分别进行温度控制。这种回流炉的缺点是强风可能将贴装的元器件吹移位，并可能带来氧化。为此可采用氮气保护办法，可防止氧化，同时也提高了焊接润湿力，润湿速度加快。目前这种回流焊炉应用最广。

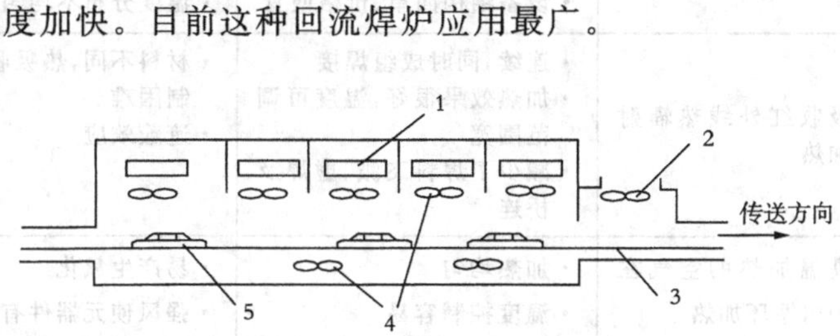

图10-11　热风对流回流焊炉的结构

1—加热器　2—冷却风扇　3—传送带　4—强制对流风扇　5—PCB组装件

5. 激光回流焊(Laser)

激光回流焊是利用激光束精确地聚焦到涂有锡膏的焊盘上,焊接部位便迅速升温直至焊料熔融,随后激光束移开后,焊接部位迅速冷却凝固形成焊点。其原理如图 10-12 所示。激光焊十分适合温度敏感元器件和湿敏元器件的焊接。适合对手工难以达到的部位进行焊接,对焊点的污染小以及焊点质量好。激光焊是一种局部加热方式,具有不少其他焊接方法无可比拟的优点,但焊接速度远比群焊工艺慢,成本较高。

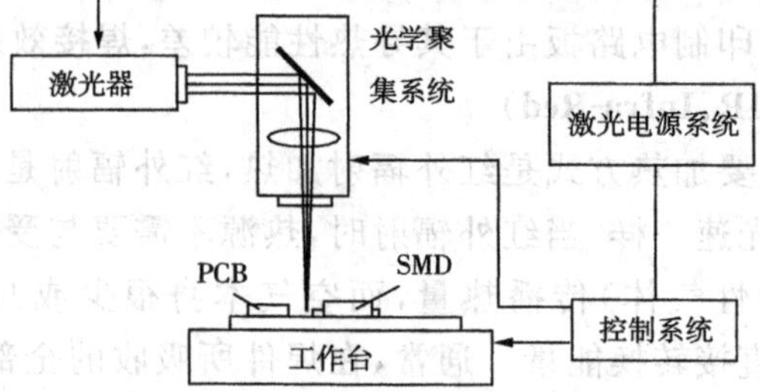

图 10-12 激光回流焊的原理图

各种回流焊技术比较见表 10-1。

表 10-1 回流焊加热方法比较

加热方式	原　理	优　点	缺　点
气　相	利用惰性溶剂的蒸气凝聚时放出的气体潜热加热	·加热均匀,热冲击小 ·升温快 ·温度控制精确 ·同时成组焊接 ·可在无氧环境下焊接	·设备和介质费用高,不利于环保 ·容易出现吊桥和芯吸现象
热　板	利用热板的热传导加热	·由于基板的热传导可缓解急剧的热冲击 ·设备结构简单、价格便宜	·受基板的热传导性能影响 ·不适合于大型基板、大元器件 ·温度分布不均匀
红　外	吸收红外线热辐射加热	·连续,同时成组焊接 ·加热效果很好,温度可调范围宽 ·减少了焊料飞溅、虚焊及桥连	·材料不同,热吸收不同,温度控制困难 ·遮蔽效应
热风对流	高温加热的空气在炉内循环加热	·加热均匀 ·温度控制容易	·易产生氧化 ·强风使元器件有移位的危险
激　光	利用激光的热能加热	·集光性很好,适合于高精度焊接 ·非接触加热 ·局部加热	·CO_2 激光在焊接面上反射率大 ·设备昂贵

第四节　辅助生产与测试设备

辅助设备包括检测设备、返修设备、清洗设备、干燥设备和物料存储设备等。此节主要介绍检测和返修设备。

一、在线测试仪(ICT)

为了保证产品质量,在生产过程中需要采用各类测试技术进行检测,及时发现缺陷和故障并修复。根据测试方式的不同,SMT 测试技术可分为非接触式测试和接触式测试。非接触式测试已从人工目测发展到自动光学检查(AOI)、自动射线检测(AXI),而接触式测试则可分为在线测试和功能测试两大类。

电气测试使用的最基本仪器是在线测试仪(ICT,In-circuit Tester),传统的在线测试仪测量时使用专门的针床与已焊接好的线路板上的元器件接触,并用数百毫伏电压和 10mA 以内电流进行分立隔离测试,从而精确地测出所装电阻、电感、电容、二极管、晶体管、晶闸管、场效应晶体管、集成块等通用和特殊元器件的漏装、错装、参数值偏差、焊点连焊、线路板开短路等故障,并准确确定故障是哪个元器件或开短路位于哪个点。

针床式在线测试仪优点是测试速度快,适合于单一品种民用型家电线路板大规模生产的测试,而且主机价格较便宜。但是随着线路板组装密度的提高,特别是细间距 SMT 组装以及新产品开发生产周期越来越短,线路板品种越来越多,针床式在线测试仪显现出不足之处,如测试用针床夹具的制作、调试周期长、价格贵;对于一些高密度 SMT 线路板,由于测试精度问题,无法进行测试。

飞针式测试仪是对针床在线测试仪的一种改进,它用探针来代替针床,在 X-Y 机构上装有可分别高速移动的 4 个头共 8 根测试探针,最小测试间隙为 0.2mm。工作时,根据预先编排的坐标位置程序移动测试探针到测试点处,与之接触,各测试探针根据测试程序对装配的元器件进行开路/短路或元器件测试。与针床式在线测试仪相比,在测试精度、最小测试间隙等方面均有较大幅度提高,并且无需制作专门的针床夹具,测试程序可直接由线路板的 CAD 软件得到,但测试速度相对较慢。图 10-13 为 APT-8400 飞针测试仪及测试时的状态。

二、功能测试

ICT 能够有效地查找在 SMT 组装过程中发生的各种缺陷和故障,但是它不能够评估整个线路板所组成的系统在时钟速度时的性能。而功能测试(Functional Tester)就可以测试整个系统是否能够实现设计目标,它将线路板上的被测单元作为一个功能体,对其提供输入信号,按照功能体的设计要求检测输出信号。这种测试是为了确保线路板能否按照设计要求正常工作。所以功能测试最简单的方法，是将组装好的某电子设备上的专用线路板连接到该设备的适当电路上，然后加电压，如果设备正常工作，就表明线路板合格。这种方法简单，投资少，但不能自动诊断故障。

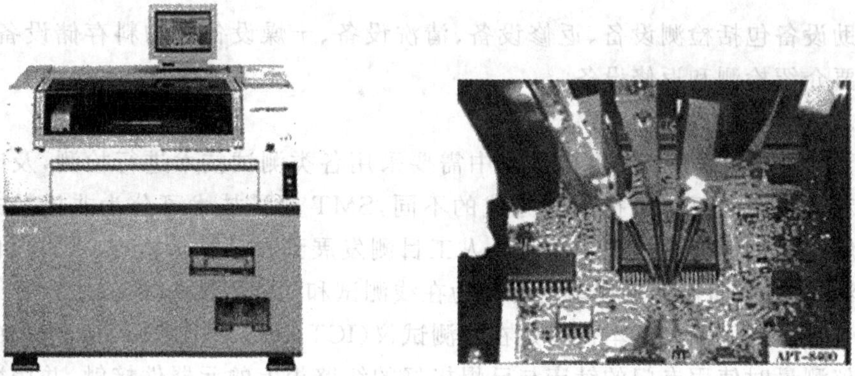

图 10-13　APT-8400 飞针测试仪及其测试时的状态

三、自动光学检查(AOI)

随着器件封装尺寸的减小和电路板贴片密度的增加，SMA 检查难度越来越高，人工目测就显得力不从心，其稳定性和可靠性都难以满足生产和质量控制的需要，故采用专用检查仪实现自动检测就越来越重要。首先用于生产的仪器是光学系统，这类仪器都有一个共同特点即通过光源对 SMA 进行照射，用光学镜头将 SMA 反射光采集进行运算，经过计算机图像处理系统处理从而判断 SMA 上元器件位置及焊接情况，所以这类设备称为自动光学检查(AOI，Automated Optical Inspection)。图 10-14 所示为一典型的 AOI 机外观图。

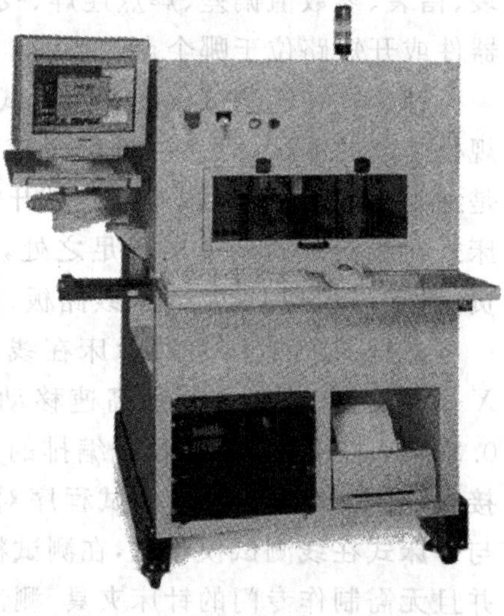

图 10-14　自动光学检查机外观图

AOI 设备根据在流水线上的位置通常分为三种：第一种是放在丝网印刷后检测焊膏故障的 AOI，称为丝网印刷后 AOI；第二种是放在贴片后检测器件贴装故障的 AOI，称为贴片后 AOI；第三种是放在回流焊后同时检测器件贴装和焊接故障的 AOI，称为回流焊后 AOI。

下面将对上述三类 AOI 的故障检测能力和原理进行介绍。

1. 丝网印刷后 AOI

在生产中，焊膏印刷质量将直接影响元器件的焊接质量。例如焊膏缺失将导致元器件开焊，焊膏桥接将导致焊接短路，焊膏坍塌将导致元器件冷焊或虚焊等故障。因此，在丝网印刷后采用AOI，将可以及时发现故障，提高产品质量，减少返工及维修成本，目前对该道工序检测与监控越来越受到人们的关心和重视。

现在，在流水线上使用的AOI，通常是检测焊膏有没有印上，焊膏之间有没有短路，生产中对该类机器的更进一步要求是能够测量焊膏的高度以及面积。有些机器采用激光测量的方法满足测高与测面积的需求，但测试速度较慢，难以满足生产线上生产周期的要求。到目前为止，该工位后AOI还处于发展的初期，尚不成熟，许多公司的产品尚处于研发之中。

2. 器件贴装后 AOI

器件贴装后AOI，能及时检出的贴片缺陷有：元器件漏贴；元器件极性贴错；器件品名识别；元器件偏移/歪斜；片式元器件侧立与直立。

该工位后的AOI，为了能实现快速检测上述贴片缺陷，通常采用高分辨率彩色CCD，对被测贴片的基板进行整体扫描，捕获被测元器件图像信息，并通过元器件图像的外观匹配、结构以及几何尺寸的分析，快速地检测出有缺陷的元器件以及对贴片工序能力实时统计分析。

所谓的外观匹配、结构尺寸分析是指CCD摄取元器件图像信息后，首先将元器件外观与计算机程序元器件图像信息相比较，以判别元器件是否放置错误，若能判别出外观一致，即外观匹配的话，则说明器件存在并是正确的器件，并将进一步通过结构分析的方法对器件的位置进行检测，从而判别器件是否有偏移、歪斜、侧立等缺陷。

而所谓的几何分析，则是指贴片后的AOI除了能检测出器件的贴装故障外，还能精确地测量出元器件贴装的位置，即能精确地测量出元器件贴装后引脚与焊盘之间的偏移量，贴片精度不仅取决于贴片机的贴片精度，而且取决于PCB定位标志、焊盘尺寸、元器件、锡膏印刷、机器调试等多方面的影响，采用贴片后的AOI则能快速地分析出贴片缺陷，实时统计出贴片机的Cp/Cpk值，从而使工艺人员知道当前贴片工作状态，并根据统计出的信息反馈回贴片工位，对贴片进行调整，校准偏移量，使贴片更加精确，预防故障的发生，因而贴片后的AOI是生产流程控制中重要的检测工具，也是实现“贴片生产零缺陷”控制目标的不可缺少的工具。

3. 回流焊后 AOI

在该工位的AOI可用来检测出元器件焊接后的各种焊接缺陷（也包括贴片缺陷）。其测试原理在于焊接强度W_A与焊锡元器件引脚之间润湿角的$cos\theta$存在着正比关系，也就是通过焊锡的浸润状态可以推断出焊锡的焊接强度。

摄像头拍摄下的图像，是由许多像素组成，并且每一个像素都有一定的灰度值(0～256)，因此，通过一定数学模型进行图像信息处理，可以精确地判定焊接质量。

回流焊后AOI通常分为二维AOI和三维AOI两种，其中二维AOI采用垂直摄像头并通过彩色高亮度方法实现对焊点质量的判别，典型的产品是欧姆龙VT-RBT-S，该机在工作时红色、绿色、蓝色三种环形光线能从不同的高度照射基板，彩色摄像机垂直安装在环形照明的中心线上。

当光线照射到焊锡表面上，光线产生反射，由于红、绿、蓝三色光可分别从不同的角度照射到焊锡的表面。由于红色光线比另两种颜色光线位于离基板面更远的位置(更高的位置)，所以相对基板面入射角较大。照射到平坦焊锡表面的光线向正上方的摄像机方向反射，而照射到倾斜的焊锡表面的光线不向正上方反射。因此对于平坦的焊锡表面部分，摄像机拍摄到的是红色区域。

与红色光线的原理相同，绿色区域为摄像拍摄到的轻微倾斜的焊锡表面，而蓝色区域为摄像拍摄到的陡峭倾斜的焊锡表面。这样三维焊点外形就可以通过彩色亮度模式转化为二维的彩色图像，从而进一步通过图像处理并结合一定的数学模型以实现对焊点质量的检测。

而三维AOI则在使用垂直摄像头的同时，增加角度摄像头。当垂直摄像头从上往下看的同时，角度摄像头则同时从侧面来观察焊点图像，就好像人工目检一样，为看清局部细节，往往需要调节光线与观察角度，因此三维AOI比二维AOI有更强的故障检测能力，例如当检测PLCC器件焊接质量时，三维AOI的优势就能充分显现出来。

三维AOI中的照明系统则采取独立可控的LED发光二极管阵列作为光源，LED发光二极管排成一个精密环形阵列，全部聚焦在视场上，越靠内圈灯光接近垂直角度，越靠外圈灯光照射角度越倾斜，并可以用编程来控制这些二极管，以实现最优的照明纹理、角度、方向和密度。可为每一幅检测画面调整照明的角度、方向和亮度，满足任何检测所需的独特要求。

不同于单个氙气闪频管或荧光管，LED阵列可以提供可靠检测焊点所需的更高的照明灵活性，精确的控制光源确保精确和稳定地检测故障。

四、自动X射线检查(AXI)

AXI(Automatic X-ray Inspection)是近几年才兴起的一种新型测试技术。当组装好的线路板沿导轨进入机器内部后，位于线路板上方有一个X-Ray发射管，其发射的X射线穿过线路板后被置于下方的探测器(一般为摄像机)接受，由于焊点中含有可以大量吸收X射线的铅，因此与穿过玻璃纤维、铜、硅等其他材料的X射线相比，照射在焊点上的X射线被大量吸收，而呈黑点产生良好图像，使得对焊点的分析变得相当直观，故简单的图像分析算法便可自动且可靠地检验焊点缺陷。AXI技术已从以往的2D检验法发展到目前的3D检验法。前者为透射X射线检验法，对于单面板上的元器件焊点可产生清晰的视像，但对于目前广泛使用的双面贴装线路板，效果就会很差，会使两面焊点的视像重叠而极难分辨。而3D检验法采用分层技术，即将光束聚焦到任何一层并将相应图像投射到一高速旋转的接收面上，由于接收面高速旋转使位于焦点处的图像非常清晰，而其他层上的图像则被消除，故3D检验法可对线路板两面的焊点独立成像。

3D X-Ray技术除了可以检验双面贴装线路板外，还可对那些不可见焊点如BGA等进行多层图像“切片”检测，即对BGA焊接连接处的顶部、中部和底部进行彻底检验，如图10-15所示。同时利用此方法还可测通孔(PTH)焊点，检查通孔中焊料是否充实，从而极大地提高焊点连接质量。

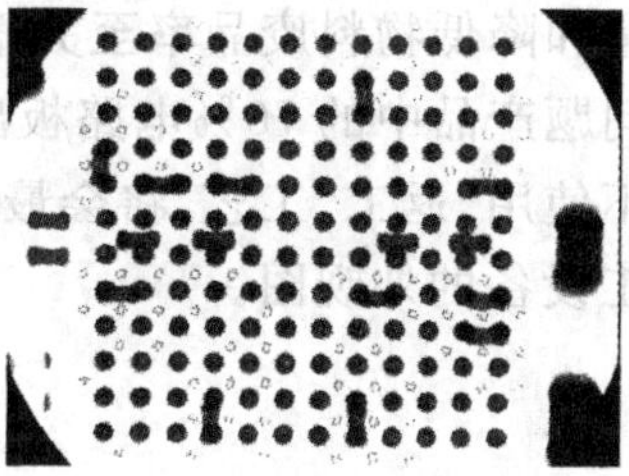

图10-15 采用AXI技术检测BGA的图像

由于目前线路板越来越复杂，传统的电路接触式测试受到了受到了极大限制，通过ICT测试和功能测试很难诊断出缺陷。随着大多数复杂线路板的密度不断增大，传统的测试手段只能不断增加在线测试仪的测试接点数。然而随着接点数的增多，测试编程和针床夹具的成本也呈指数倍上升。开发测试程序和夹具通常需要几个星期的时间，更复杂的线路板可能还要一个多月。另外，增加ICT接点数量会导致ICT测试出错和重测次数的增多。AXI技术则不受上述因素的影响，其对工艺缺陷的覆盖率很高，通常达97%。而工艺缺陷一般要占总缺陷的80%～90%，并可对不可见焊点进行检查，但AXI技术不能测试电路电气性能方面的缺陷和故障。将AXI检测技术和传统的ICT在线测试方法相结合，则可以取长补短，使SMT检测技术达到完美的结合。需要特别指出的是随着AXI技术的发展，目前AXI系统和ICT系统可以“互相对话”，这种被称为“Aware Test”的技术能消除两者之间的重复测试部分。通过减小ICT/AXI多余的测试覆盖面可大大减小ICT的接点数量。这种简化的ICT测试只需原来测试接点数的30%就可以保持目前的高测试覆盖范围，而减少ICT测试接点数可缩短ICT测试时间，加快ICT编程并降低ICT夹具和编程费用。

五、返工(修)(Rework)设备

英文Repair一词我国专家译为返修或者修理，是指功能的恢复，并没有强调达到这一目的的方法或过程。也就是说操作者可以采取任何手段(如焊盘的损坏可采用飞线的方式)使电路板实现其逻辑功能。原则上讲，通过Repair的电路板组件，其品质会下降。

在国外对于生产线上故障板的修复使用的是另外一个单词——Rework，即重复工作。我国专家将其准确地译为返工。从该词的字面意思就不难理解，所谓的返工就是采用基本上与原生产过程相同的材料与工艺来对故障板进行修复。也就是说，通过返工的电路板组件，不仅实现了其原有的逻辑功能，而且由于采用了与正常生产相同的材料与工艺，完全符合产品的生产工艺标准，从而保证经返工后的电路板组件不仅功能得以恢复，而且品质没有丝毫下降。

从产品生产过程的价值链来看，返工工序是一个非增值环节，充其量也只能达到保值目的。但从质量保证体系来说，返工具有更深层的意义，是确保产品质量和降低物料废品率至关重要的环节。据统计，最终用户使用产品时发现有质量问题产品中的70%电路板出于故障板的修复环节，也就是说如果对故障板的修复不使用"返工"工艺，将会最终造成严重的质量问题。图10-16所示为一典型的返工设备的外观图。

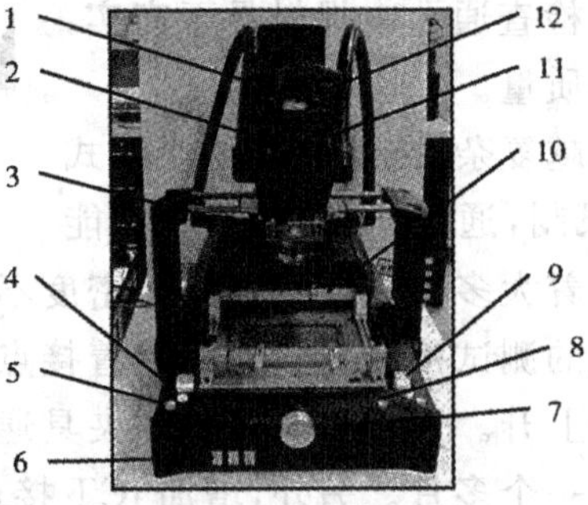

图10-16 返工设备外观图

1—LED电源指示灯 2—热风加热头 3—摄像电缆线输出接口 4—计算机RS232电缆线输入接口 5—PCB板可调节支撑架 6—热风头沿 X、Y 移动控制按扭(One Of Each Side of Casting) 7—热风头上移动控制按钮 8—热风头下移动控制按钮 9—真空吸嘴沿 X、Y 移动和自转调节控制杆 10—真空吸嘴沿 X、Y 移动和自转调节控制杆 11—热电偶输入接口 12—I/O开关。

根据返工工艺的要求，返工设备的基本要求为：

1）器件对中与贴片：应采用光学对中系统，精度至少应达到0.025mm(0.001in)。

2）顶部加热：应能准确自由地控制升、降温速率，因此加热体应具有低密度、热惰性小等性能。

3）喷嘴结构：应能够保证加热温度均匀，对角线温差小。

4）底部加热：应能保证电路板表面加热区对角线温差小，而且具有低密度、低热惰性等性能。

5）降温控制：必须能够控制降温速率，这是取得良好焊接效果的必要条件。

6）操作软件：应能实现动态温度调整。

7）风速调节：对于热风焊接而言，风速是相当关键的参数，因此要求风速能够灵活调节。

在加热器方面，目前不同厂家的返工系统所采用的加热方式不同，其性能比较见表10-2。

表 10-2 返修工作台的性能比较

顶部加热方式	底部加热方式	降温方式	热惯性比较
红 外	红 外	移动电路板	顶、底部均大
热 风	红 外	外部风扇	底部大
热 风	红外/散热器	顶、底部同时降温	底部大
热风/旁路降温	热 风	顶、底部同时降温	顶、底部均小

返修设备加热方式有红外加热与全过程控制热风加热。全过程控制热风加热技术是目前较新的加热技术。两种技术的比较见表10-3。

表 10-3 返修设备加热方式的比较

红外加热	全过程控制热风加热
热惯性大，因此热量控制难度大	热量控制容易
热惯性大，降温过程几乎不可控	降温控制容易
随芯片材质的不同，热量吸收差异很大	不受芯片材质的影响
点热源加热，电路板易变形	电路板受热均匀，不易变形

由于红外加热技术的致命缺陷是点热源，其加热原理是直接对物体加热会造成热能量穿透芯片再到达焊球。由于器件是由不同颜色和材质的材料构成，因此各处所吸收的红外线波长不同，从而造成器件各部位的温度不同。

返工的核心问题是如何实现最佳回流焊曲线。一旦电路板结构和板上元器件分布确定，对于焊接而言，这个电路板就只有一条最佳的回流焊接曲线来实现最佳的焊接。这就对工艺人员构成了直接的挑战，即如何取得最佳焊接条件。在返工过程中，由于使用的设备，辅料等变量的局限性，工艺人员有时不得不作出各种折衷的选择。但是，形成完善的工艺条件应该是质量保证的最高标准。

不论设备采用何种加热方式反馈控制电路，单芯片返工设备对整个电路板而言是一个开放式加热设备，因此，不同于回流焊炉是在全封闭状态下进行焊接过程控制。由于被返工芯片周围已经有了其他元器件，目前世界上的单芯片返修（无过程控制系统）和单芯片返工系统（全过程控制）均采用开放式加热系统。因此，无论是红外、热板、红外加热板还是热风加热系统都面临着同样的技术要求，即如何控制回流焊接曲线接近或重复批量生产中 SMT 回流焊炉的焊接曲线。

六、微分析设备

随着 IC 集成度的不断提高，要求 IC 的设计尺寸越来越小，为了确保 IC

的性能、成品率及可靠性，必须对比 IC 设计尺寸小一个数量级的微区形貌、结构、组份和数量杂质有全面、定量的分析。为此，产生 IC 微分析技术是综合应用离子束、电子束、激光束、红外线和 X 射线等近代分析技术来探测 IC 表面、近表面、界面和体内的微区结构、组份、杂质分布、沾污、应力和缺陷等。在具体应用中，采用哪一种微分析技术最合适，要考虑微分析技术和设备的 10 项指标：① 检测元素灵敏度和覆盖范围；② 空间分辨率；③ 化学状态信息量；④ 对有机物的灵敏度；⑤ 非破坏性；⑥ 表面带电引起的副效应；⑦ 重复性和定量精度；⑧ 分析速度和剖面分析能力；⑨ 成像能力；⑩ 成本。由于每种微分析技术和设备都有优缺点，在大多数情况下，一般应考虑前四项指标。

IC 常用微分析技术名称及英文缩写对照由表 10-4 给出。

表 10-4　IC 常用微分析技术及英文缩写

AA	原子吸收光谱	LSM	激光扫描显微镜
※AES	俄歇电子能谱	NAA	中子活化分析
AP	原子探针	OBIC	光子束感生电流
DCD	X 射线双晶衍射	OM	光学显微镜
DCT	X 射线双晶貌相	PIXE	质 X 线荧光
EBIC	电子束感生电流	PL	光荧光光谱
EDX	X 射线能量色散谱	※RBS	卢瑟福背散射
EMM	光辐射显微镜	※SAM	扫描俄歇微探针
EMP	电子微探针	※SEM	扫描电子显微镜
※ESCA	化学分析电子能谱	※SIMS	二次离子质谱
FIM	场离子显微镜	STM	扫描隧道显微镜
FMI	荧光微热像仪	※TEM	透射电子显微镜
FTIR	傅里叶变换红外光谱	TXRF	全反射 X 射线荧光光谱
GDMS	辉光放电质谱	WDX	X 射线波长色散谱
HREM	高分辨透射电子显微镜	※XPS	X 射线光电子能谱
IC	离子色谱	XRD	X 射线衍射
IRM	红外显微镜	XRT	X 射射貌相
ISS	离子散射谱	XRF	X 射线荧光光谱
L IMS	激光离子质谱	μFTIR	微束傅里叶红外光谱

注：※表示是最广泛采用的微分析技术和设备。

参考文献

1 Rao R. Tummala. Fundamentals of Microsystems Packaging. McGRAW-HILL Company, 2001

2 Rao R. Tummala, Eugene J. Rymaszewski, Alan G. Klopfenstein 编. 微电子封装手册. 第 2 版. 北京:电子工业出版社, 2001

3 曾晓雁,吴懿平. 表面工程学. 北京:机械工业出版社, 2001

4 丁汉等. 面向芯片封装的高加速度运动系统的精确定位和操作. 自然科学进展. 2003,13(6):568~574

5 张文典. 实用表面组装技术. 北京:电子工业出版社, 2002

6 孙钟秀. 电子信息技术. 南京:江苏科学技术出版社,1992

7 田民波,林金堵, 祝大同. 高密度封装基板. 北京:清华大学出版社, 2003

8 田明波. 电子封装工程. 北京:清华大学出版社,2003

9 Johan Liu. Conductive Adhesives for Electronics Packaging. Electronchemical Publication Ltd., 1999

10 周德俭,吴兆华. 表面组装工艺技术. 北京:国防工业出版社,2002

11 邱成梯. 电子组装技术. 南京:东南大学出版社,1998

12 沈锡宽. 印制电路技术. 北京:科学技术出版社,1987

13 盛菊仪. 电子产品的工艺管理及技术. 北京:高等教育出版社,2000

14 (美)R. P. 普拉萨德. 表面安装技术、原理和实践. 北京:科学出版社,1994

15 张臣,沈能珏. 电子封装材料现状与发展. 新材料产业,2003,3:5~11

16 刘金刚,何民辉,范琳等. 先进电子封装中的聚酰亚胺树脂. 半导体技术. 2003,28(10):37~ 41

17 倪晓军,梁彤翔. 导电胶的研究进展. 电子元件与材料,2002,21(1):1~7

18 田春霞. 电子封装用导电丝材料及发展. 稀有金属, 2003, 27(6):782~787

19 黄强,顾明元. 电子封装用金属基复合材料的研究现状. 电子与封装,2003, 3(2):22~25

20 刘正春,王志法,姜国圣. 金属基电子封装材料进展. 兵器材料科学与工程, 2001,4(2):49~54

21 蒋文玖. 浅谈平板显示器用玻璃基板的生产. 玻璃,2001(3):43~45

22 武高辉,张强,姜龙洁等. SiCpAl 复合材料在电子蓟装应用中的基础研究. 电子元件与材料,2003,22(6):27~29

23 罗正全．0.8～1μm 分步重复投影光刻机主要机构控制系统研制．电子工业专用设备，2000，29(4)：31～34

24 翁寿松．IC 微分析技术及设备．电子工业专用设备，1998，27(3)：27～30

25 王延风，何惠阳，孙宝玉等．全自动金丝球焊机的 CAD/CAE 设计研究．光学精密工程，2002，10(5)：466～470

26 王志越．IC 与 MEMS 制造技术及其发展趋势．电子工业专用设备，2002，31(4)：188～195

27 电子工业专用设备编辑部．芯片粘接设备的选择策略．电子工业专用设备，2002，31(2)：96～99

28 翁寿松．当前半导体制造设备的几个新概念．电子工业专用设备，1994，24(2)：35～38

29 刘涛．丝网印刷机设计中的关键技术简介．电子工业专用设备，1999，28(2)：41～44

30 Generic Reliability Assurance Requirements for Optoelectronic Devices Used in Telecommunications Equipment GR-468-CORE Issue 1，December 1998

31 鲜飞．测试技术综述．世界电子元器件，2001(7)：76～78

32 郝宇．电子清洗的进展．印制电路与贴装，2000(11)：89～92

33 李桂云．表面贴装加工领域的清洗技术及市场现状．洗净技术，2003，8：42～45

34 顾本斗．SMT 再流焊设备的选择．航天工艺，1998(3)：52～55

35 朱炳忠．表面安装组装件回流焊技术．广播电视通信技术，1996(1)：54～57

36 沈新海．贴片胶印制涂覆工艺初探．电子工艺技术，2001，22(2)：69～71

37 陶金，银万根．贴片胶的特性与使用方法．电子工艺技术，1999，20(3)：100～102

38 鲜飞．贴片胶的特性与使用方法．中国电子商情，2003(3)：47～49

39 吕淑珍．表面组装返修技术．电子工艺技术，1994，5：11～13

40 IPC-7711，Rework of Electronic Assemblies，Institute for Interconnecting and Packaging Electronic Circuits，1998

41 田艳红，王春青．微电子封装与组装中的再流焊技术研究进展．焊接，2002(6)：5～9

42 徐聪，吴懿平．电子封装与组装中的激光再流焊．电子工艺技术，2001，22(6)：252～255

43 翁寿松．无铅回流焊工艺及设备．电子工业专用设备，2004，1：57～60

44 顾霭云，曹白杨．表面组装技术的应用与发展(上)．华北航天工业学院学报，2003，13(3)：1～5

45 叶洪勋．模版印刷机及其进步．丝网印刷，2003(3)：23～27